染色实用技术答疑

崔浩然 著

中国纺织出版社

内 容 提 要

本书对染整企业生产中存在的实际问题,包括产品质量问题,节能减排问题,降耗增效问题等,以问答的方式,逐一作了翔实的解答。既分析了存在问题的根源,又指出了解决问题的措施。与此同时,还介绍了"节能减排增效"优势突出的新染料、新助剂和新工艺。因此,可以帮助读者更好地制订生产工艺,更正确地使用染料助剂,更有效地预防染色疵病的产生。

本书可供染整行业有关生产技术人员阅读,也可供大专院校相关专业师生参考。

图书在版编目(CIP)数据

染色实用技术答疑/崔浩然著. —北京:中国纺织出版社,2013.8(2024.8重印)

ISBN 978 - 7 - 5064 - 9867 - 8

Ⅰ.①染… Ⅱ.①崔… Ⅲ.①染色(纺织品)—实用技术—问题解答 Ⅳ.①TS193 - 44

中国版本图书馆 CIP 数据核字(2013)第 148108 号

策划编辑:秦丹红　责任编辑:范雨昕　责任校对:楼旭红
责任设计:李　然　责任印制:何　艳

中国纺织出版社出版发行
地址:北京市朝阳区百子湾东里 A407 号楼　邮政编码:100124
邮购电话:010—67004461　传真:010—87155801
http://www.c-textilep.com
北京虎彩文化传播有限公司印刷
各地新华书店经销
2013 年 8 月第 1 版 2024 年 8 月第 4 次印刷
开本:787×1092　1/16　印张:18
字数:368 千字　定价:55.00 元

凡购本书,如有缺页、倒页、脱页,由本社图书营销中心调换

前　言

近几年来,国内外客商对染色质量的要求日趋苛刻,不仅外观质量(色光、色深等)要与客户提供的标样相符,内在质量(牢度、强力等)也必须达到客供标样的水平。而且,能源成本、环保成本、用工成本居高不下,利润空间越来越小。如今又面临欧美经济疲软,订单严重下滑。所以,染整企业的生存十分困难。

在如此严峻的形势下,"提高染色成品的一等品率,降低复修率",已成为染整企业求生存谋发展的唯一出路。为此,笔者曾在《染整技术》杂志"浩然染坊"专栏中,以及中国纺织工程学会举办的各种染色进修班、培训班、咨询会上,就染色如何实现"优质、高效、减排"相关的技术问题,做过翔实的讲述。

此书是笔者从广大读者和学员提出的生产实际问题中,选具代表性的问题所做的解答汇集而成。旨在帮助读者更好地制订染色工艺,更正确地使用染料、助剂,更有效地预防和解决染色中的质量问题,从而提高企业的生存能力、应变能力和竞争能力。

本书得到唐育民教授、陈立秋高工的支持和鼓励以及本公司蒋丽娟、朱跃兰的真诚帮助,在此一并致谢。

由于笔者的水平有限,本书内容难免会有疏漏与不当之处,恳请同行朋友指正。

崔浩然

2012 年 9 月 15 日

目　录

第一章 直接染料篇

1 直接耐晒染料染纤维素纤维,为什么中温(65～75℃)染色比高温(95～100℃)染色的 K/S 值高? 其最佳染色温度该怎样确定?

答:(1)中温染色 K/S 值高的原因。直接耐晒染料染纤维素纤维,特别是染粘胶纤维织物或丝光棉纤维(织物)时,除个别染料(如直接耐晒翠蓝 FBL)外,绝大多数染料,都是中温(65～75℃)染色的 K/S 值(表面色深)最高。染色温度提高,其 K/S 值反而下降(图 1-1)。

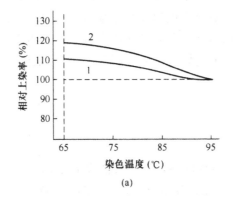

(a)

1—直接蓝B2RL   2—直接蓝FFRL

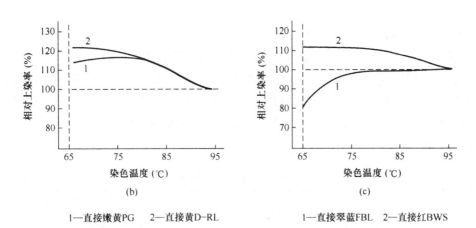

(b)   (c)

1—直接嫩黄PG   2—直接黄D-RL   1—直接翠蓝FBL   2—直接红BWS

图 1-1 耐晒型直接染料对染色温度的依附性

实验条件:

①配方:染料 1.5%(owf)、六偏磷酸钠 1.5g/L、食盐 15g/L(翠蓝 FBL、蓝 FFRL 25g/L,蓝 B2RL 10g/L)

1

②工艺:浴比 1:40,以 2.5℃/min 升温速度分别升温至 65℃、75℃、85℃、95℃,加入食盐,保温染色 40min,水洗、固色、水洗、烘干。

③测试:以 95℃染色的得色深度作 100%标准,相对比较。以 Datacolor SF 600X 测色仪检测。

经实验研究,这种现象的产生,是染料性能决定的。直接耐晒染料的分子结构较大,染料分子的缔合度较高。加之在电解质的存在下,亲和力大,上色快,扩散慢,吸色速率大于扩散速率的问题表现。因而,在纤维表层堆积的染料(浮色)较多。尤其是当染色温度较低时,纤维的溶胀度较小,染料的缔合度较大,染料的扩散能力较弱,纤维表层堆积的浮色染料会更多,所以,纤维的表面色深会相对更高。

染色温度提高后,纤维的溶胀度增大,染料的扩散性能提高,移染性增强。由于染料的匀染透染效果更好,浮色染料减少,纤维的表面色深会自然下降。再加上染色温度提高后,染料的水溶性增大,染料的平衡上染率会适度降低,也是引起高温(95~100℃)染色表面色深下降的一个因素。

(2)最佳染色温度的确定。可见,中温(65~75℃)染色得色深,高温(95~100℃)染色得色浅的现象,并不能说明这些染料的最佳染色温度是中温 65~75℃。因为,所谓最佳染色温度,是指得色较深,而且匀染透染性和染色牢度也较好的染色温度。而中温(65~75℃)染色,虽说表面色深较深,但匀染效果和染色牢度却远比高温(95~100℃)染色差。这可从以下移染实验中得到证实。

实验条件:

①染色。

a. 配方:染料 1.5%(owf)、六偏磷酸钠 1.5g/L、食盐 15g/L。

b. 工艺:浴比 1:40,以 2.5℃/min 升温速度分别升温至 65℃和 95℃,加入食盐,保温染色 40min,水洗、不固色(作移染基布)。

②移染。

a. 配方:六偏磷酸钠 1.5%、食盐 15g/L。

b. 工艺:浴比 1:40,将 1/2 质量的基布(色布)和同质量同规格的白布,一起浸入染杯中,以 2.5℃/min 升温速度升温至 95℃,保温移染 40min。然后取出,水洗、固色、水洗、烘干。

③测试。以移染基布(色布)的深度作 100%相对比较。以 Datacolor SF 600X 测色仪检测。白布沾色按 ISO.105—A02.1989 标准,以变色用灰色样卡评级。

④结果见表 1-1。

表 1-1　移染测试结果

染料	65℃恒温染色布			95℃恒温染色布		
	相对得色深度(%)		白色沾色(级)	相对得色深度(%)		白色沾色(级)
	染色原样(基布)	移染后样		染色原样(基布)	移染后样	
直接嫩黄 PG	100	60.57	1~2	100	72.10	2~3
直接黄 D—DL	100	58.75	1~2	100	65.32	2~3
直接红 BWS	100	65.45	1~2	100	72.80	2~3

染料	65℃恒温染色布			95℃恒温染色布		
	相对得色深度（%）		白色沾色（级）	相对得色深度（%）		白色沾色（级）
	染色原样（基布）	移染后样		染色原样（基布）	移染后样	
直接翠蓝 FBL	100	39.02	1	100	43.75	2
直接蓝 FFRL	100	32.22	1	100	38.75	2
直接蓝 B2RL	100	75.50	1～2	100	82.98	2～3

　　表 1-1 移染结果显示，中温 65℃恒温染色布移染后，色布原样表面色深下降（褪色）率为 24.5%～67.8%。高温 95℃恒温染色布移染后，色布原样表面色深下降（褪色）率为 17%～61%。在相同的条件下移染，高温（95℃）染色布与中温（65℃）染色布相比，高温染色布少褪色 7%～7.5%。而且，移染程度（白布沾色），高温染色布要高一级（沾色较轻）。

　　这清楚地表明，高温（95℃）染色比中温（65℃）染色匀染透染性好、浮色染料少，水洗牢度高。

　　综合以上分析，有理由认为：直接耐晒染料染纤维素纤维，其最佳染色温度当居高温 95～100℃，绝非中温 65～75℃。

　　不过，采用高温 95～100℃保温染色结束后，应该降温至 70℃再保温染色一个时段。这样做，不仅能适当提高得色深度，还能有效改善色泽的重现性。而对染色牢度、匀染效果不会产生负面影响。这是因为，绝大多数直接耐晒染料，在降温（70℃）染色过程中，由于溶解度降低仍会有部分染料上色的缘故，实验结果见表 1-2。

表 1-2　高温恒温染色与高温降温染色效果比较

染料	最大吸收波长（nm）	高温恒温染色（95℃）			高温降温染色（70～95℃）		
		K/S	相对得色深度（%）	水洗牢度（级）	K/S	相对得色深度（%）	水洗牢度（级）
直接嫩黄 PG	420	15.193	100	E　4～5 C　1～2 N　4～5	16.109	106.03	E　4～5 C　1～2 N　4～5
直接黄 D—RL	420	12.948	100	E　4～5 C　2 N　4～5	14.075	108.71	E　4～5 C　2 N　4～5
直接红 BWS	530	14.945	100	E4～5 C2～3 N4～5	16.033	107.28	E　4～5 C　2 N　4～5
直接蓝 FFRL	580	4.674	100	E　4～5 C　1 N　4～5	5.388	115.26	E　4～5 C　1 N　4～5
直接蓝 B2RL	590	11.061	100	E　4～5 C　1 N　4～5	11.336	102.49	E　4～5 C　3 N　4～5

　　注　1. 得色深度以高温（95℃）恒温染色的得色深度为 100% 相对比较。

　　　　2. 水洗牢度按 ISO 105—C02（50℃×45min）标准，色样经固色。

　　　　3. E—变色，C—沾棉，N—沾锦。

2 直接耐晒(混纺)染料,能不能适应高温高压 130℃ 染色?

答:众所周知,直接耐晒(混纺)染料最适合的染色温度是沸温 100℃ 染色。但在实际生产中,却常常用来与分散染料同浴高温高压 130℃ 染涤/棉(T/C)织物或涤/粘(T/R)织物。可是,在高温高压 130℃ 弱酸性条件下,直接耐晒(混纺)染料的染色效果究竟如何? 确实值得探讨。

检测实验结果见表 1-3、表 1-4。

表 1-3 直接耐晒染料在不同染色条件下的得色深度

染色条件	相对得色深度(%)					
	嫩黄 PG	黄 D—RL	红 BWS	蓝 FFRL	翠蓝 FBL	蓝 B2RL
100℃ 中性浴染色(pH=7.1)	100	100	100	100	100	100
130℃ 酸性浴染色(pH=4.5)	66.81	85.09	80.69	71.59	78.95	85.26
130℃→70℃酸性浴染色(pH=4.5)	82.54	101.57	93.62	100.70	85.53	89.44

注 检测条件:染料 1.5%(owf)、食盐 15g/L、六偏磷酸钠 1.5g/L、浴比 1:25;中性浴染色 100℃,30min;酸性浴染色 130℃,30min 与 130℃,30min 降温至 70℃,20min;水洗、固色、水洗。pH 值以醋酸调节。
以 95℃ 中性浴染色的得色深度作 100% 相对比较,以 Datacolor SF 600X 测色仪检测。

表 1-4 直接混纺染料在不同染色条件下的得色深度

染色条件	相对得色深度(%)					
	大红 D—F2G	蓝 D—3GL	嫩黄 D—GL	黑 D—RSN	藏青 D—R	黄 D—3RNL
100℃ 中性浴染色(pH=7.1)	100	100	100	100	100	100
130℃ 酸性浴染色(pH=4.5)	73.99	80.12	82.75	87.47	89.34	92.69
130℃→70℃酸性浴染色(pH=4.5)	82.62	82.56	111.23	87.51	94.27	103.19

注 检测条件同表 1-3。

检测数据表明以下两点:

(1)在弱酸性(pH=4.5)条件下,采用 130℃ 恒温染色,与沸温 100℃ 中性浴染色相比,其上染率普遍下降,下降幅度直接耐晒染料为 15%~33%,直接混纺染料为 7%~26%。

究其原因,除了在高温(130℃)条件下,染料的匀染透染性好会适度降低织物的表面色深,以及染料的水溶性较大,使染料的平衡上染率有所降低,且在高温高压(130℃)条件下,直接耐晒(混纺)染料似乎还存在着耐热稳定性问题。因为染料一旦经高温(130℃)处理,在常规条件(100℃)下的上染能力就会明显下降。这一点,可以从以下实验中得到佐证。

实验方法

①配方:染料 1.25%(owf)、六偏磷酸钠 1.5g/L、食盐 20g/L、80% 醋酸 0.4mL/L。

②处理:不加织物,以 2℃/min 升温速度升温至 130℃,保温处理 30min,快速降温至室温。

③染色:经高温(130℃)预处理的染液,与未经高温(130℃)预处理的染液,同时染色。

染色条件:浴比 1:25,以 2℃/min 升温速度升温至 100℃,保温染色 30min,水洗、固色、水洗、烘干。

④检测:以未经 130℃ 预处理染液的得色深度作 100% 相对比较。以 Datacolor SF 600X 测色仪检测。

⑤结果见表 1-5。

表 1-5 直接耐晒(混纺)染料的耐热稳定性

相对得色深度(%) ／ 染料	染液未经高温(130℃)预处理		染液经高温(130℃)预处理	
	表面色深	残液色泽	表面色深	残液色泽
直接耐晒黄 RS	100	淡黄色,清澈透明	30.61	深黄色,清澈透明
直接耐晒蓝 FFRL	100	浅蓝色,清澈透明	78.61	中蓝色,清澈透明
直接耐晒红 BWS	100	浅红色,清澈透明	87.51	中红色,清澈透明
直接混纺蓝 D—3GL	100	浅蓝色,清澈透明	44.47	深蓝色,清澈透明
直接混纺藏青 D—R	100	浅蓝色,清澈透明	82.15	中蓝色,清澈透明
直接混纺大红 D—F2G	100	浅红色,清澈透明	99.27	浅红色,清澈透明

(2)在弱酸性(pH=4.5)条件下,采用先高温(130℃)染色,再降温至 70℃ 染色,比 130℃ 弱酸性浴(pH=4.5)恒温染色的得色量普遍提高,直接耐晒染料可提高 4%~29%,直接混纺染料可提高 0~28%。究其原因,主要是染温降低,染料的水溶性随之下降,平衡上染率增加的缘故。

先高温(130℃)再低温(70℃)染色,与沸温(100℃)中性浴染色相比,其得色深度,有些染料可以持平,如直接耐晒黄 D—RL、直接耐晒蓝 FFRL、直接混纺黄 D—3RNL 等,个别染料甚至可以显著提高,如直接混纺嫩黄 D—GL 等。但多数染料的得色量依然偏低 6%~17%。

可见,直接耐晒及直接混纺染料,对高温高压 130℃ 染色工艺的适应性,并不是很好。倘若用来与分散染料同浴 130℃ 染涤/棉(T/C)或涤/粘(T/R)织物,严格来讲,只能染较浅色泽,而且必须采用降温染色法染色。对多数染料来说,原则上不适合染深浓色泽。因为,竭染率偏低,不完全符合绿色环保的染色理念。

3 直接耐晒(混纺)染料,能否用于沸温练、漂、染一浴工艺染色?

答:直接耐晒(混纺)染料,采用沸温练、漂、染一浴工艺染色的报道,在相关文献资料中并不少见。可是,在双氧水漂白浴中,直接耐晒(混纺)染料的上色性能是否正常? 检测实验结果如表 1-6、表 1-7 所示。

表1-6　直接耐晒染料在不同染浴中的得色深度

相对得色深度（%）　　染料	染色条件		
	中性浴 pH=7.19 100℃,30min	碱性浴 pH=9.92 100℃,30min	碱氧浴 100%H₂O₂　1.5g/L pH=9.48 100℃,30min
直接耐晒红 BWS	100	104.09	56.75
直接耐晒蓝 FFRL	100	94.12	66.07
直接耐晒棕 RL	100	106.08	69.26
直接耐晒棕 AGL	100	95.46	69.68
直接耐晒翠蓝 FBL	100	109.63	71.71（变暗绿色）
直接耐晒棕 GTL	100	104.06	72.09
直接耐晒紫 BK	100	74.06	73.97
直接耐晒黄 R	100	93.67	85.76
直接耐晒黑 G	100	93.09	86.13
直接耐晒黄 R3	100	107.93	88.85
直接耐晒玫红 FR	100	96.94	94.00
直接耐晒橙 GGL	100	96.42	95.66
直接耐晒黄 PG	100	99.31	97.70
直接耐晒大红 F2G	100	98.49	98.02
直接耐晒黄 D—RL	100	106.40	101.22
直接耐酸大红 4BS	100	104.65	102.11
直接耐晒红 3BLN	100	108.13	103.05
直接耐晒橙 TGL	100	104.38	103.25
直接耐晒黑 VFS	100	118.61	111.03

表1-7　直接混纺染料在不同染浴中的得色深度

相对得色深度（%）　　染料	染色条件		
	中性浴 pH=7.19 100℃,30min	碱性浴 pH=9.92 100℃,30min	碱氧浴 100%H₂O₂　1.5g/L pH=9.48 100℃,30min
直接混纺蓝 D—3GL	100	91.74	44.89
直接混纺大红 D—GLN	100	92.28	77.56
直接混纺灰 D—B	100	89.35	88.14

相对得色深度 （%） 染料	染色条件		
	中性浴 pH＝7.19 100℃,30min	碱性浴 pH＝9.92 100℃,30min	碱氧浴 100%H₂O₂ 1.5g/L pH＝9.48 100℃,30min
直接混纺玫红 D—FR	100	95.35	88.52
直接混纺藏青 D—R	100	98.83	90.48
直接混纺黄 D—3RNL	100	106.32	90.94
直接混纺大红 D—F2G	100	98.14	94.82
直接混纺黑 D—R5N	100	101.05	96.85
直接混纺嫩黄 D—GL	100	100.74	97.24
直接混纺橙 D—GGL	100	100.74	99.87

注 检测条件:

(1)织物:18.2tex/18.2tex(32英支×32英支)、268根/10cm×268根/10cm丝光棉布。

(2)处方:染料1.25%(owf)、六偏磷酸钠1.5g/L、食盐20g/L;碱性浴染色,另加一浴练染剂RTK(浙江闰土公司)3g/L;碱氧浴染色,另加一浴练染剂RTK3g/L,27.5%双氧水5.5mL/L。

(3)工艺:浴比1:25,以1.5℃/min升温速度升温至100℃,保温染色30min,水洗、固色、水洗。

(4)检测:pH值以杭州雷磁分析仪器厂pH S－25型数显酸度计检测得色深度以Datacolor SF 600X测色仪检测。

(5)分析:综合表1-6、表1-7,可以得到表1-8。

表1-8 不同染浴染色的效果

相对染色效果 染料	中性浴染色 pH＝7.19	碱性浴染色 pH＝9.92	碱氧浴染色 pH＝9.48 100%H₂O₂ 1.5%
直接耐晒染料	深度为100% 作为深度标准 匀染效果良好	深度平均为100.8% 深度与标准相当 匀染效果良好	深度平均为86.65% 深度比标准浅13.35% 匀染效果良好
直接混纺染料	深度为100% 作为深度标准 匀染效果良好	深度平均为97.45% 深度比标准浅2.55% 匀染效果良好	深度平均为86.93% 深度比标准浅13.07% 匀染效果良好

从表1-8可知。直接耐晒(混纺)染料,在碱性浴中沸温染色,其染色效果与常规中性浴沸温染色也相当。而在碱氧浴中沸温染色,其得色量则偏低约13%。(注:在实验条件下,织物白度的增加,对得色深度的影响很小)

这表明,碱氧浴对直接耐晒(混纺)染料的上染,存在一定的负面影响。但是,鉴于一浴练、漂、染工艺具有突出的"节能、减排、增效"优势,在实际生产中,必要时采用直接耐晒(混纺)染料,以一浴练、漂、染工艺,染一些对色牢度要求不高的浅淡色泽,也不失为一种有益的尝试。

4　直接耐晒染料染粘胶纤维艳绿色,为什么得色色光不稳定? 该怎么应对?

粘胶纤维虽然也属于纤维素纤维,但在染色性能上却与棉纤维有两大不同:一是粘胶纤维的非结晶区比棉纤维大约一倍,其吸湿溶胀度相当棉纤维的二倍左右,故在染浴中(尤其是在温度较低的染浴中),身骨会变僵硬,很容易产生"擦伤"、"折皱"等病疵;二是粘胶纤维的皮层,结晶度高结构紧密,在温度较低的染浴中,染料从纤维表层向内部扩散较困难。

因此,粘胶纤维染色,必须在较高的温度下进行。因为较高的染色温度,不但可以使粘胶纤维的身骨变柔软,不易产生"擦伤"或"折皱"病疵,而且还可以提高粘胶纤维皮层的溶胀度,使其变松弛,染料扩散更顺畅,匀染透染效果更好。

正因为如此,在实际生产中,染色牢度要求一般的色单(尤其是染深色),往往不采用低温型活性染料40℃染色,也不采用中温型染料60℃染色,而常采用直接耐晒染料100℃染色。

粘胶纤维染艳绿色,通常采用直接耐晒嫩黄PG(C.I.Y142)与直接耐晒翠蓝FBL(C.I.B 199)拼染。因为两者色光嫩亮,容易染得各种艳绿色泽。但是,直接耐晒嫩黄PG和直接耐晒翠蓝FBL配伍组合,对染色温度严重缺乏上色的同步性(图1-2)。

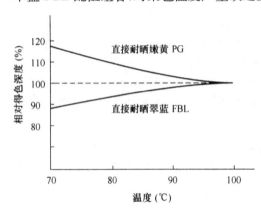

图1-2　得色深度与染色温度依附关系的示意图

从图1-2可见,在70~100℃,随着染色温度的提高,直接耐晒嫩黄PG的表面色深逐渐走低。这是因为,在染色温度较低的中性盐浴中,直接耐晒嫩黄PG的直接性相对较高,上染相对较快、扩散相对较慢。有较多的染料堆积在纤维表面,导致纤维的表面色深较高。随着染色温度的提高,染料扩散速率的加快,移染作用的激化,匀染透染效果的提高,纤维表层浮色染料的减少,纤维的表面色深自然会随着染色温度的升高而相应下降。而直接耐晒翠蓝FBL的表面色深,则是随着染色温度的提升而逐渐走高。这是由于它的亲和力较低,扩散能力较弱,对染色温度的依赖性较大,只有在染色温度提高的条件下,其吸附上色量才会随之增加的缘故。可见,两者拼染艳绿色,对染色温度十分敏感。染温不同其得色色光就会明显不同。

$$70℃ \xrightarrow{\text{染色温度}} 100℃$$

$$黄 \xrightarrow[\text{渐蓝}]{\text{得色色光}} 绿$$

有效的应对措施有以下两点:

(1)要求用沸温100℃染色。沸温100℃染色,温度容易控制,不容易产生波动。而且可以确保直接耐晒翠蓝FBL实现最高得色量的上染平衡。

但必须注意,所谓沸温染色,是指染液温度为98~100℃,并非指温控仪表的显示温度。因为,温控仪表存在测温精度问题。它所显示的温度往往与染液温度不符。所以,染色前,必须以留点温度计进行现场检测,并对控温仪表显示的温度进行修正。倘若实际染色温度存在差异,势必会因两只染料的上染量不同,而产生色差。

(2)要严格控制染色的"终止温度与时间"。这是因为,直接耐晒染料普遍存在着染浴温度降低,溶解度随之下降,平衡上染率随之增高的现象。所以,在98～100℃保温染色结束后,在降温过程中,会产生"增深"效应,即还会有部分染料继续上色(表1-9)。

表1-9 直接耐晒嫩黄PG和直接耐晒翠蓝FBL不同染色方式的得色深度

相对得色深度(%) 染色方式 染料	恒温(100℃)染色60min	恒温(100℃)染色60min 降温(70℃)染色20min
直接耐晒嫩黄PG	100	117.50
直接耐晒翠蓝FBL	100	105.08

注 (1)织物:18.2tex/18.2tex(32英支×32英支)、630根/10cm×394根/10cm粘纤布。
　　(2)处方:染料1.5%(owf)、六偏磷酸钠2g/L、食盐20g/L。
　　(3)工艺:1.5℃/min升温至100℃,保温染色,水洗、固色、水洗。

这里值得注意的问题是,直接耐晒嫩黄PG的增深幅度,远比直接耐晒翠蓝FBL高。而且,染色终止温度的高低与染色时间的长短,对两者的增深度有着直接的影响。因此,一旦染色终止温度高低不同,或者降温后的染色时间长短不同,也会因两者的增深幅度不同而产生显著色差。

实验表明,两者拼染较深的艳绿色,沸温100℃保温染色一定时间,再降温至70℃保温续染20min比较合适。由于该工艺符合直接耐晒嫩黄PG与直接耐晒翠蓝FBL的性能要求。所以色泽稳定,重现性好。

5 直接耐晒染料卷染荧绿色,为什么"黄边""黄头子"现象严重? 该如何应对?

棉、粘织物(尤其是人丝人棉织物)染荧绿色,由于色光异常艳亮,而且带有十足的荧光,所以,染边的染料非大爱非尼尔艳嫩黄TGFF(瑞士)-5直接耐晒翠蓝FBL(天津)莫属。

然而,大爱非尼尔艳嫩黄TGFF为中温型染料,其最佳上染温度为70～80℃,温度升高得色会减浅。而直接耐晒翠蓝FBL为高温型染料,其最佳上染温度为98～100℃,染温降低,得色会随之变浅。

由于两者的上染温度曲线严重不符,而且对染色温度又异常敏感,所以,两者拼染,务必会出现以下情况:

其一,沸温卷染时,卷轴中间的织物,由于层层包覆散热少、温度高,直接耐晒翠蓝FBL的上染量较多。卷轴两端的织物,由于外露散热较快温度较低,直接耐晒翠蓝FBL的上染量较少。故"黄边"染疵显著。

其二,卷染机的卷布轴,由于金属导热快散热多,加之在往复浸染过程中,卷在布轴上的"头子布"浸不到染液,故卷布轴的温度较低。于是布卷两头接近卷布轴的织物(10m左右),会因染色温度较低,直接耐晒翠蓝FBL的上染量较少,而产生明显的"黄头子"染疵。

由于大爱非尼尔艳嫩黄 TGFF 与直接耐晒翠蓝 FBL 的上色同步性差。倘若按传统的一浴一步法染色,不仅"黄边""黄头子"染疵突出,还会因染色温度特别是染色终止温度的差异产生缸差或批差。

实验表明,采用先黄色打底后套蓝色的一浴二步套染工艺染色,可以有效提高其匀染效果与重现性。

以人丝人棉绸染荧绿色为例。

(1)织物:经 8dtex(75 旦)粘胶丝×纬 18.2tex(32 英支)粘胶纱,701 根/10cm×315 根/10cm 人丝人棉绸。

(2)工艺:一浴二步套染工艺。

(3)处方:(轴 480m,重 74kg)。

①黄色打底:

大爱非尼尔艳嫩黄 TGFF	0.64％(owf)
六偏磷酸钠	1.5g/L
元明粉	12g/L

②套蓝色:

直接耐晒翠蓝 FBL	1.2％(owf)
元明粉	18g/L

③操作:在黄色打底染液中,75℃保温加罩染色 8 道(染料在第 1 道按 6/10 与 4/10 分两头加入,元明粉在第 3 道分两头加入)→升温至沸,保持沸温套蓝染色 10 道(溶解好的直接耐晒翠蓝染液和追加的元明粉,按 6/10 与 4/10 分别从第 9 道的两头加入黄色打底染液中)→流动温水 2 道→固色(50～60℃)4 道(固色剂 900g、醋酸 80g)→流动冷水上轴。

④提示:

a. 大爱非尼尔艳嫩黄 7GFF 对水中的金属离子(特别是铜、铁离子)表现敏感,容易引起荧光消退,艳度下降。所以,染色时必须添加适量的软水剂,预先将水质净化。

b. 大爱非尼尔艳嫩黄 7GFF,在无盐的染浴中上色很少,其上染速率和上染量受电解质的影响很大。所以,黄色打底染色时,电解质不宜加入过多,这有利于匀染。直接耐晒翠蓝 FBL 的上染能力弱,需要相对较多的电解质促染。所以,后套蓝时尚需补加适量的电解质,以提高直接耐晒翠蓝 FBL 的上染率。

c. 在 75℃黄色打底时,虽说大爱非尼尔艳嫩黄 7GFF 已经达到上染平衡,在高温(98～100℃)套蓝过程中,由于温度高染料溶解度大,依然会有部分染料溶落,产于新的上染平衡,从而导致上染率降低。当降温至 75℃再染色时,由于染料的溶解度减小,溶落下来的部分染料又会重新上染,直至重新达到上染平衡。因此,降温染色可提高大爱非尼尔艳嫩黄 7GFF 的吸尽率。这一点,对喷射溢流染色或气流染色具有重要意义。(注:卷染机无降温装置,不可行)

d. 无论打小样还是染大样,染色水洗后都必须立即固色处理。这是因直接耐晒翠蓝 FBL 湿处理牢度较差,在搁置风干的过程中,染料容易泳移产生色花。固色处理可以有效预防此类现象发生。

e. 当大爱非尼尔艳嫩黄 7GFF 与直接耐晒翠蓝 FBL 采用喷射溢流染色机或气流染色机拼

染荧绿色时,由于织物呈绳状环染,不可能产生头尾色差或边中色差。所以,无论染小样还是染大样,都不需要用先黄色打底后套蓝色的特别法染色。只要采用传统的一浴一步法染色即可。但是,务必要落实四点:

第一,必须分段(75～100℃)保温染色。而且保温时间要充分。这对提高染色重现性至关重要。

第二,要采用降温染色法染色。即100℃保温染色后,要降至75℃再保温染色一段时间。这有利于大爱非尼尔艳嫩黄7GFF提高竭染率,并使得色色光保持稳定。

第三,要严格控制升温降温速度以及保温染色时间。这对稳定色光有利。

第四,电解质要先少后多分次添加,这有利于匀染。

6 棉/粘交织物,怎样染出深浅分明的色织或提花风格?

答:在实际染色中,有时会出现深浅分明的色织或提花风格的棉/粘交织物色单。棉纤维与粘胶纤维同属纤维素纤维,直接染料、活性染料等能同时上染。然而,通过染色却能染出鲜明的色织或提花风格。其原因,是由于天然棉纤维与粘胶纤维的吸色容量不同,而且差异颇大。

众所周知,天然棉纤维的结晶区约占70%,染料不可及。染料可达的非结晶区仅占30%左右。所以,天然棉纤维的吸色容量小,染深性差。粘胶纤维与天然棉纤维不同,其结晶区占30%～40%,仅为天然棉纤维的1/2左右。可染色的非结晶区比天然棉纤维大约一倍。所以,吸色量大,染深性好。

因此,棉/粘交织物无论采用直接染料浸染,还是采用活性染料浸染,其染色结果总是棉纤色浅、粘胶色深。只是染料不同,两者的深浅差异不同而已(表1-10～表1-15)。

表1-10 部分直接染料对棉与粘胶纤维的上色性比较

染料	相对得色深度(%)		染料	相对得色深度(%)	
	未丝光棉织物	粘胶纤维织物		未丝光棉织物	粘胶纤维织物
直接嫩黄 PG(C.I. 直接黄 142)	100	108.43	直接棕 GTL(C.I. 直接棕 210)	100	113.03
直接黄 D-RL(C.I. 直接黄 8G)	100	193.20	直接棕 AGL(C.I. 直接棕 115)	100	125.15
直接黄 RS(C.I. 直接黄 50)	100	182.21	直接棕 RL(C.I. 直接棕 116)	100	136.90
直接橙 TGL(C.I. 直接橙 34)	100	116.32	直接蓝 FFRL(C.I. 直接蓝 108)	100	73.00
直接橙 GGL(C.I. 直接橙 37)	100	142.17	直接翠蓝 FBL(C.I. 直接蓝 199)	100	52.06
直接大红 4BS(C.I. 直接红 23)	100	107.56	直接蓝 B2RL(C.I. 直接蓝 71)	100	129.95
直接红 BWS(C.I. 直接红 243)	100	158.56	直接黑 VSF(C.I. 直接黑 22)	100	139.22
直接红 3BLN	100	174.57	直接黑 G(C.I. 直接黑 19)	100	146.38

注 (1)织物:18.2tex/18.2tex(32英支×32英支)、512根/10cm×276根/10cm未丝光棉织物,83dtex(75旦)粘胶丝+18.2tex(32英支)粘胶纱,700根/10cm×315根/10cm粘胶纤维织物。

(2)直接染料为天津亚东化工染料厂产品。

(3)染色条件:染料1%(owf),六偏磷酸钠1.5g/L,食盐20g/L,以2℃/min升温速度升温至100℃保温30min,水洗、固色、水洗。

表 1-11　冷染型活性染料对棉纤与粘纤的上色性比较

染料＼相对得色深度（%）	未丝光棉织物	人丝人棉织物	染料＼相对得色深度（%）	未丝光棉织物	人丝人棉织物
活性嫩黄 X—6G	100	223.34	活性红 X—3B	100	254.36
活性嫩黄 X—7G	100	196.55	活性紫 X—2R	100	176.70
活性黄 X—QG	100	160.61	活性蓝 X—BR	100	176.32
活性橙 X—GN	100	209.29			

注　(1)染色条件:染料 1%（owf）,六偏磷酸钠 1.5%,食盐 40g/L,纯碱 15g/L,室温（14℃）吸色 30min,固色 40min,水洗、皂洗。

　　(2)冷染型活性染料为泰兴锦鸡染料公司产品。

表 1-12　低温型活性染料对棉纤与粘纤的上色性比较

染料＼相对得色深度（%）	未丝光棉织物	人丝人棉织物	染料＼相对得色深度（%）	未丝光棉织物	人丝人棉织物
嫩黄 L—2G	100	468.02	艳蓝 L—R	100	378.37
黄 L—NLC	100	466.51	蓝 L—HLF	100	353.35
黄 L—3R	100	393.93	藏青 L—3G	100	326.07
红 L—4B	100	283.91	黑 L—N	100	307.30
艳蓝 L—PP	100	329.41	黑 L—PN	100	310.91

注　(1)染料 1%（owf）,六偏磷酸钠 1.5g/L,食盐 40g/L,复合碱（纯碱 5g/L＋固体烧碱 1g/L）40℃恒温,中性盐浴吸色 30min,碱浴固色 40min,水洗、皂洗、水洗。

　　(2)低温型活性染料为上海安诺其纺织化工公司产品。

表 1-13　中温型活性染料对棉纤与粘纤的上色性比较

染料＼相对得色深度（%）	未丝光棉织物	人丝人棉织物	染料＼相对得色深度（%）	未丝光棉织物	人丝人棉织物
嫩黄 6GLN	100	143.32	翠蓝 BGFN	100	127.65
黄 M—3RE	100	257.67	蓝 M—2GE	100	237.17
橙 2RLN	100	171.73	艳蓝 KN—R	100	449.55
大红 3G	100	212.63	黑 A—ED	100	369.85
红 M—3BE	100	315.69	黑 ED—Q	100	383.24
红 4BD	100	288.01	黑 KN—B	100	415.33
紫 A—R	100	222.39			

注　(1)未丝光棉织物为 18.2tex/18.2tex（32 英支×32 英支）,512 根/10cm×276 根/10cm（130 根/英寸×70 根/英寸）,人丝人棉织物为 83dtex（75 旦）人丝×18.2tex（32 英支）人棉 701 根/10cm×315 根/10cm（178 根/英寸×80 根/英寸）。

　　(2)检测染料为上海科华素与纺科素。

　　(3)检测条件:染料 1%（owf）,六偏磷酸钠 1.5g/L,食盐 30g/L,纯碱 20g/L,65℃恒温,中性盐浴吸色 30min,加碱固色 40min,水洗、皂洗、水洗。

表 1－14　高温型活性染料对棉纤与粘纤的上色性比较

染料＼相对得色深度（％）	未丝光棉织物	人丝人棉织物	染料＼相对得色深度（％）	未丝光棉织物	人丝人棉织物
嫩黄 H—E4G	100	156.68	翠蓝 H—A	100	70.23
黄 H—E4R	100	262.29	宝蓝 H—EGN	100	204.11
橙 H—ER	100	152.89	蓝 H—ERD	100	312.18
红 H—E3B	100	364.95	藏青 H—ER	100	219.86
大红 H—E3G	100	292.75	绿 H—E4BD	100	256.80
红 H—E7B	100	302.96			

注　(1)检测染料为台湾永光化学工业公司产品。

　　(2)检测条件:只有染色温度为 80℃,其他与中温型活性染料检测条件相同。

表 1－15　热固型活性染料对棉纤与粘纤的上色性比较

染料＼相对得色溶度（％）	未丝光棉织物	人丝人棉织物
活性黄 NF—GR	100	103.10
活性红 NF—3B	100	237.06
活性蓝 NF—BG	100	246.72

注　检测织物:同上。

　　检测染料:上海雅运公司的雅格素染料。

　　检测条件:染料 1%(owf),六偏磷酸钠 1.5g/L,食盐 30g/L,缓冲剂 1g/L(pH＝7),以 2℃/min 的升温速度升至 100℃保温染色 30min,水洗、皂洗、水洗。

表 1－10～表 1－15 数据显示:

棉/粘织物,采用常用染料以常规工艺浸染,棉纤维与粘胶纤维的得色深度差异显著。特别是低温型活性染料、中温型活性染料,以及高温型染料染色,棉、粘之间的深度差尤为突出(见表 1－16)。

表 1－16　棉纤维与粘胶纤维同浴浸染,粘胶纤维的相对(平均)增深率

染料类别	直接染料	活性染料				
		冷染染料	低温染料	中温染料	高温染料	热固染料
粘胶纤维的相对(平均)增深率(%)	31.17	99.60	261.78	176.50	135.97	95.63

注　不同染料的具体增深率(%)参见前文表 1－10～表 1－15。

显而易见,棉/粘交织物,只要选用染棉纤与粘纤得色深度差异大的活性染料(如低温型活性染料)染色,就可以染得深浅差异突出的色织或提花风格。如果选用染棉纤与粘纤深度差大小不同的染料,恰当组合染色,还可以染得不同色光的色织或提花风格。

7 反应性直接染料与普通直接染料和活性染料有什么不同？有什么实用特点？

反应性直接染料，是近年问世的染料新品种。它染纤维素纤维的实用性能，不同于常用直接(耐晒、混纺)染料，又类似于直接(耐晒、混纺)染料；不同于常用活性(中温型、热固型)染料，又类似于活性染料。

(1)耐盐溶解稳定性。经检测，反应性直接染料除少数染料外，多数染料的耐盐溶解稳定性良好。在浓度≤100g/L的染浴中，即使染深色，也不容易因染料过度凝聚，而产生色花、色点等染疵。这一点，类似于常用活性染料，而优于常用直接染料。

(2)对电解质的需求量。反应性直接染料和普通直接染料、活性染料一样，只有在足够的电解质存在下，才能获得较高的得色量。而且，反应性直接染料对电解质浓度的要求相对更高。比如，棉染2%(owf)的深度，电解质浓度需80～90g/L。浓度降低，其得色深度会明显下降。

(3)对染色温度的要求。仅从染色物的表面色深看，反应性直接染料对染色温度的适应范围较宽(80～100℃)。而且，其得色深度是中温(80～90℃)染色深于沸温(100℃)染色。这一点和常用直接(耐晒、混纺)染粒类似。这是由于这些染料在较低温度下，缔合度较大，吸附较快，扩散较慢，染料的吸附速率大于扩散速率，染料在纤维表面堆积浮色过多所致。

提高染色温度(100℃)染色，由于染料的聚集度减小，扩散性提高，移染能力增大，所以得色深度虽有所下降，但匀染透染效果更好，染色牢度更好。因此，反应性直接染料并不属于中温染色的染料，而最适合沸温(100℃)染色。

(4)对pH值的要求。染浴的pH值，对反应性直接染料的上染，有着举足轻重的作用。经检测，在中性浴中染色，大多数染料的得色深度仅有碱性浴(pH=10.65)染色的30%～35%。这一点，与普通直接染料截然不同，而与活性染料则有些类似。这是因为，反应性直接染料带有特殊的反应性基团，能和纤维素纤维发生化学性交联。只是在高温(100℃)的条件下，对碱的依赖性比中温型活性染料(pH=10.5～11)要小，比热固型活性染料(pH=7)要大。一般仅需纯碱1g/L，pH=10.5左右。pH值过高或过低，得色量均会下降。

(5)不耐100℃以上高温。经检测，反应性直接染料在130℃碱性浴中染色的得色深度，仅有100℃碱性浴染色的40～45℃。显然，这是由于染料的反应性基团遭到破坏，失去固着能力所致。这一点，既与活性染料相似，又与直接染料类同。

(6)移染能力较差。根据检测，反应性直接染料的移染能力，显著低于普通直接染料。因此，在升温阶段产生的吸色不匀，在100℃保温染色过程中通过染料的移染达到色泽"匀化"的效果欠佳。故而从染色开始就有控制地确保染料均匀吸附，对提高反应性直接染料的匀染效果十分重要。

(7)各项湿牢度优异。反应性直接染料的各项湿处理牢度好，普通直接染料无法与之相比，完全可以和活性染料相媲美。这是因为，直接染料是靠染料—纤维间的分子引力(氢键、范德华力)染着。而反应性直接染料则是靠染料—纤维间的化学交联而固着，其上染机理和活性染料相类似。

(8)染色工艺简短。反应性直接染料的染色程序，与普通直接染料相类似。不同点有以下三点：

①染色初始要预加纯碱 1g/L,使染浴 pH 值保持在 10.5 左右。

②电解质要在染色初期施加。因为电解质后加,会产生"骤染"现象,影响染色效果。(注:普通直接染料由于亲和力高,上色快,电解质宜在沸染一个时段后添加,以提高匀染效果)

③染色后,只需高温皂洗,没有用固色剂再固色之必要。

推荐工艺如下:

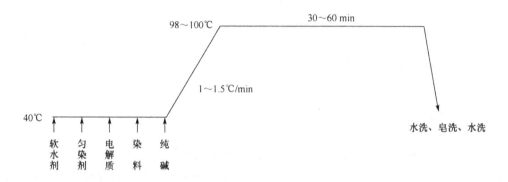

(9)适用范围较宽。反应性直接染料很适合染棉、粘织物。也适合与中性染料同浴一步法染棉/锦或锦/棉织物。而且,还适合与精练剂、渗透剂同浴,采用一步练、染工艺染纯棉针织物深浓色泽。其亮点是:

①湿处理牢度好。完全克服了普通直接染料湿处理牢度差的缺陷。

②匀染性好。完全摒弃了中温型活性染料在加碱固色初期,"凝聚"性大,"骤染"性强的不匀染问题。

因此,反应性直接染料,可以称为普通直接染料的升级换代产品。也可以作为中温活性染料染深浓色泽时的最佳替代品。

8　反应性直接染料最适合染什么织物？有什么应用亮点？

反应性直接染料,是近年来问世的染料新品种。它类似直接染料又不同于直接染料;类似活性染料又不同于活性染料的性能,使它在染色领域产生了独特而且超高的应用价值。

(1)染纯棉针织物深浓色泽。应用亮点:反应性直接染料的染深性和色牢度俱佳。而且最适合沸温 100℃碱性浴染色。所以,可以与精练助剂同浴,将纯棉针织物的练、洗、染多浴多步工艺染色,改为一浴一步工艺染色,并且匀染透染效果良好。因而,具有突出的"节能、减排、增效"的优势。

①染色配方:

反应性直接染料	x(owf)
精练渗透剂	2g/L
去油灵	1～2g/L
纯碱	1.5g/L(pH＝10.8)
电解质	80g/L

②染色工艺：

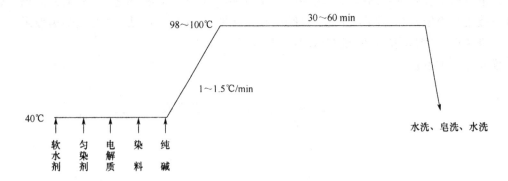

③工艺提示：

a. 该工艺是练、洗、染一步完成,故保温染色时间要适当延长。

b. 纯碱用量不可过多,更不可加烧碱,以免影响得色深度。

c. 反应性直接深蓝和反应性直接黑,各项湿处理牢度优异,而且染深性特好。所以,很适合纯棉针织物染深浓的藏青色与黑色。

(2)染棉/锦织物深浓色泽。应用亮点:反应性直接染料染棉纤与中性染料(2∶1型)染锦纶,具有良好的同浴适应性。可以将传统的二浴二步套染工艺,改为一浴一步快速工艺染色。并且匀染性好,染深性好。因而,"节能、减排、增效"优势特别突出。

应用方法详见本稿82题。

注:反应性直接染料不耐100℃以上高温。染温大于100℃,会因活性基团水解使得色深度严重下降。所以,不能和分散染料同浴高温高压染涤/棉织物。

第二章 还原染料篇

9 蓝色还原染料在连续轧染中,其得色色光为什么容易发暗?

答:常用蓝色还原染料,如还原蓝 RSN、还原蓝 GCDN、还原漂蓝 BC、还原艳蓝 3G 等,在连续轧染中,容易产生色光不纯正、色光发暗,原本艳亮的色光显现不出的现象。原因是,这些蓝蒽酮蒽醌类染料,具有容易"过还原"与"过氧化"的性能缺陷。

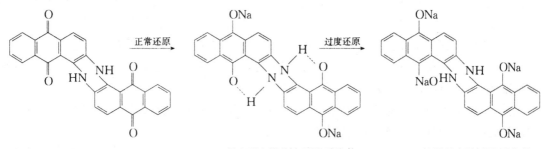

以还原蓝 RSN 为例:

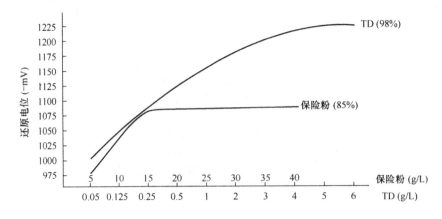

正常为艳蓝色红光　　　　　　　　　　过氧化为吖嗪结构化合物,变暗绿光

经检测,常用还原染料的还原电位,实测值都在 $-927mV$ 以下。其中,蓝蒽酮蒽醌类染料的还原电位相对较低,一般在 $-800mV$ 以下,故还原更容易。

传统还原剂保险粉 20g/L,在 60℃时的实测值为 $-1080mV$,因此,在烧碱的存在下,已经具有将所有还原染料还原成隐色体的能力。而在轧染中,由于汽蒸温度高(100～102℃),保险粉 20g/L 的还原电位短时间内可达 $-1135mV$,远远超越了常用还原染料所需还原电位负值的上限。这就给容易"过还原"的蓝蒽酮蒽醌类染料的正常还原带来了隐患。即一旦还原液中保险粉的浓度偏高,就可能造成染料"过还原",使得色色光发生异变。

当前,市场上推出一些保险粉的替代品,具有实用量少、耐热性好、成本较低的特点。但是,必须注意,这类还原剂均为复配物,其中含有二氧化硫脲。

二氧化硫脲又称甲脒亚磺酸,简称 TD。它具有两种自身内部的异变结构,其示性式和结构式如下:

$$NH_2 \cdot C(\vdots SO_2) \cdot NH_2 \quad 或 \quad NH_2 \cdot C(SO_2H) \cdot NH$$

TD 的还原负电位比保险粉高得多,这可以从下图看出。

TD 保险粉的还原电位(30%NaOH 40mL,温度为 95～96℃,用上海产 ZD-2 型自动电位滴定仪测试)

18

上图表明,保险粉在碱性水溶液中的最高还原电位值是-1080mV,TD在相同条件下的最高还原电位是-1220mV,比保险粉高-140mV。

实验证明,即使使用量只有保险粉的1/10(2g/L),其还原电位依然有-1175mV,仍会使蓝蒽酮、蒽醌类还原染料产生"过还原"。所以,这类所谓"新型还原剂"根本不能用于蓝蒽酮蒽醌类还原染料染色。

为此,常用蓝色还原染料轧染时,还原液浓度的确定,既要考虑所染色泽的深浅,也要顾及所用染料的还原性能。

实践表明,还原染料(尤其是容易过还原的蓝色染料)轧染时,还原液中的烧碱、保险粉浓度,一定要严格控制,绝非多多益善。据实践,干布还原时,比较合适的还原补充液浓度如表2-1所示。

表2-1　还原液浓度

用量(g/L)　　　　深度 用料	浅色	中色	深色
100%烧碱	15～20	20～25	25～30
85%保险粉	15～20	20～25	25～30

注　保险粉在浸轧过程中容易分解损耗。而烧碱对棉纤具有一定的亲和力,在浸轧过程中棉纤会超量带走烧碱。所以,还原浸轧槽中的平衡浓度约为补充液浓度的70%～80%。这可通过滴定来确认。

此外,由于蓝色还原染料容易氧化,一旦氧化过度,也会因"过氧化"使色泽变暗失去原有的亮丽色彩。因此,蓝色还原染料轧染,氧化条件绝不可和其他还原染料(如还原黄G、还原桃红R、还原红青莲RH、还原艳橙RK等)一刀切,其氧化条件一定要温和。

为此,汽蒸水洗要加强,去碱宜净,尽量使染料呈现隐色酸状态进行氧化,以减缓其氧化速率;采用温和的氧化条件:

双氧水浓度(100%)	0.6～1.0 g/L
氧化温度	自然水温
氧化时间	12～15s

10　还原黄G轧染染色,在皂洗过程中容易落色,是否色牢度差?该如何应对?

答:还原黄G(C.I.还原黄1)是还原染料连续轧染中不可或缺的黄色染料。但它在皂洗过程中,往往落色较多,常常因还原黄上色量的波动,引起小样放大样符合率降低,大生产拼色色光不甚稳定。实用者多认为它皂洗牢度差,其实并不完全正确。因为,它在皂洗过程中容易落色,主要原因是轧染工艺未能满足其性能要求所致。

还原黄G的结构式如下:

还原黄 G 的染色性能与其他还原染料有所不同。最突出的性能特点,是还原负电位最低($-640mV$),还原最容易,氧化最困难。

在常用还原染料中,许多染料的氧化速率很快,汽蒸后只需水洗、透风就可完全氧化。比如,蓝蒽酮蒽醌染料中的还原蓝 RSN、还原蓝 GCDN、还原漂蓝 BC、还原艳蓝 3G 等。紫蒽酮蒽醌染料中的还原艳绿 FFB、还原艳绿 2G、还原深蓝 BO 等。咔唑蒽醌染料中的还原橄榄绿 B、还原卡其 2G 等。

而有些染料的氧化速率却很慢。比如,黄蒽酮染料中的还原黄 G、蒽醌染料中的还原艳橙 RK、硫靛染料中的还原桃红 R、还原红青莲 RH 等。其中还原黄 G 是最难氧化的一个代表。这部分染料,必须在适当的条件下,以氧化剂氧化才行。

现实的问题是,许多染色工作者,对还原染料汽蒸后的水洗、氧化工序并未引起高度重视。对水洗程度、氧化条件的设定,具有很大的随意性、盲目性,常由于采用氧化速率快慢差异大的染料拼染,氧化条件顾此失彼,或氧化条件不当,使还原黄 G 未能充分氧化,以还原态进入高温皂洗蒸箱皂洗。由于还原态的染料比氧化态的染料具有相对较大的水溶性,所以导致纤维上的染料落色较多。

有效的应对举措有以下三条:

第一,还原黄 G 等难氧化的染料,尽量避免与氧化快但容易"过氧化"的染料作拼染,以免氧化条件顾此失彼,造成色光波动或萎暗。

第二,采用双氧水作氧化剂。实践证明,双氧水在适当条件下,能把所有还原染料从还原态变为氧化态。而且,即使容易氧化的染料也不易产生"过氧化"问题。比较合适的氧化条件为:

100% H_2O_2	1.5～2g/L
氧化温度	50～55℃
氧化时间(或含透风)	25～30s

第三,还原黄 G 等难氧化的染料轧染,汽蒸后的水洗程度要控制,去碱不宜太净。原因有两个:

(1)织物适当带碱,使纤维上的染料基本保持隐色体状态进行氧化,其氧化速率要比去碱干净、染料呈隐色酸状态氧化快得多。

(2)织物适当带碱,可以充分发挥双氧水的氧化能力,使染料的氧化速率更快。

11　还原染料轧染耐氯浸牢度要求高的色单,染料应如何选择?

答:通常认为常用还原染料的耐氯浸牢度良好,其实并不尽然(表 2-2)。

表 2-2　常用还原染料的耐氯浸牢度

染料	氯浸褪变色牢度(级)(GB/T　8433—1998 标准)		
	有效氯 20mg/L	有效氯 50mg/L	色光变化
还原黄　G	5	5	不明显
还原棕　BR	5	5	不明显
还原红　F3B	5	5	不明显

续表

染料	氯浸褪变色牢度(级)(GB/T 8433—1998 标准)		
	有效氯 20mg/L	有效氯 50mg/L	色光变化
还原金橙 3G	5	5	不明显
还原艳橙 GR	5	5	不明显
还原艳绿 FFB	5	5	不明显
还原橄榄绿 B	4～5	4～5	偏绿色
还原棕 GS	4～5	4	偏红光
还原艳黄 GCN	4～5	4	嫩、亮
还原黄 3RT	4	4	浅、亮
还原桃红 R	4	3～4	变浅
还原棕 R	4	3～4	偏浅偏红
还原橄榄 T	3～4	3～4	偏灰绿光
还原灰(混拼) BG	3～4	3～4	浅
还原艳紫 2R	3	3	偏蓝光
还原深蓝 BO	3	3	偏蓝光
还原灰 M	3	3	偏绿光
还原蓝 RSN	2	1～2	变蓝灰色
还原深蓝 VB	1～2	1～2	变青灰色
还原蓝 GCDN	2～3	2	偏灰光
还原漂蓝 BC	3	2～3	偏灰光
还原直接黑 RB	4	3～4	偏绿光

注 以上试样深度为 10g/L。

从表 2－2 可见,不同结构的还原染料,其耐氯浸牢度并不一样。

还原黄 G、还原棕 BR、还原红 F3B、还原艳橙 GR、还原金橙 3G、还原艳绿 FFB、还原橄榄绿 B、还原艳黄 GCN、还原棕 GS、还原黄 3RT 等,耐氯稳定性良好,其耐氯牢度(有效氯 50mg/L)可达 4 级以上。

还原桃红 R、还原棕 R、还原橄榄 T、还原灰(混拼)BG、还原直接黑 RB 等,耐氯牢度(有效氯 50mg/L)可达 3～4 级。

还原艳紫 2R、还原深蓝 BO、还原灰 M 等,氯浸变色变浅较明显,耐氯浸牢度(50mg/L)一般只有 3 级左右。

还原蓝 RSN 遇活性氯变色严重,原有的艳亮光泽完全消失而变为灰绿色。因而,其耐氯浸牢度(50mg/L)只有 1～2 级。以其为主拼混的还原深蓝 VB(还原蓝 RSN、还原深蓝 BO、还原橄榄绿 B 拼成),耐氯浸牢度同样很差。

还原蓝 RSN 之所以不耐氯,可能是因为结构中的二个亚氨基(N—H)被活性氯氧化,使原来的二氢吩嗪结构变成吩嗪结构的缘故。

显然，还原染料染高耐氯牢度的色单，存在两大难点：

（1）以常用还原染料染不出耐氯牢度好的艳蓝色。这是因为，在常用还原染料中，适合染艳蓝色（宝蓝色）的还原蓝 RSN（C. I. 还原蓝 4）耐氯牢度极差，其他蓝色染料，如还原蓝 GCDN（C. I. 还原蓝 14）、还原漂蓝 BC（C. I. 还原蓝 6）等，耐氯牢度也欠佳的缘故。

（2）以常用还原染料染不出耐氯牢度优良的乌黑色。这是因为，还原直接黑 RB（C. I. 还原黑 91）的耐氯牢度一般，而且染深性较差的原因。

染料的选择：染耐氯浸牢度要求高的色单，必须选用耐氧浸牢度（有效氯 50mg/L）在 4 级以上的染料。染耐氯浸牢度要求一般的色单，可选用耐氧浸牢度（有效氯 50mg/L）在 3 级以上的染料。染耐氯浸牢度要求高的艳蓝色或黑色，则必须选用耐氯浸牢度高的新品还原染料。

还原蓝 RC 和还原直接黑 BCN，是徐州开达精细化工有限公司研制的高耐氯浸牢度的还原染料新品。

还原蓝 RC 具有蒽醌结构，是一只新型的低重金属染料。它既不含多氯联苯，又不含芳香胺。重金属含量（铜含量低于 250mg/kg，铁含量低于 1000mg/kg），低于欧洲染料工业生态和毒性研究协会（EDAT）的限量值。外观为深蓝色超细粉（粒度小于 $2\mu m$），既适合浸染也适合轧染。其浸染提升率和轧染提升率均佳。

还原蓝 RC 最大的性能亮点，是具有优异的耐氯稳定性，其耐氯牢度远远高于常用还原蓝 RSN、还原蓝 GCDN、还原漂蓝 BC（表 2-3）。因此，最适合染耐氯牢度要求高的艳蓝色。

表 2-3　还原蓝 RC 与其他还原蓝耐氯牢度的比较

染料名称			还原蓝 RC	还原蓝 RSN	还原蓝 GCDN	还原漂蓝 BC
氯漂前	强度（%）		100	101.58	94.62	98.69
	色光	Δa	0.00	2.33	-2.21	-3.22
		Δb	0.00	-6.53	-3.35	-5.49
		Δc	0.00	2.99	3.41	2.20
氯漂后	强度（%）		96.063	78.073	83.77	90.728
	色光	Δa	-0.682	-12.836	-6.49	-4.245
		Δb	2.781	14.378	7.24	5.158
		Δc	-1.325	-6.990	-4.11	-2.292
耐氯漂牢度（GB/T 7069—1997）			4 级	1～2 级	2 级	2～3 级

还原直接黑 BCN 为蒽醌结构，它不含芳香胺和多氯联苯。重金属含量（铜含量低于 250mg/kg，铁含量低于 500mg/kg），低于欧标（EDAT），是另一只环保染料。其外观为黑色颗粒物，粒度小于 $1.5\mu m$。

该染料既适合浸染又适合轧染，而且还适合印花。其匀染性好，提深性好，还原、氧化容易，氧化后色光为蓝黑，能直接染得纯正的乌黑色。注：浸染染色染浴中加入纯碱 3g/L，红光黄光

(橙光)增加,可使深度提高 15%。

还原直接黑 BCN 与常用还原直接黑 RB 相比,力份高约 40%,色光偏蓝绿,染深性更好。迁湿热基本不变化(RB 黑泛红严重)。耐氯稳定性更加优秀(比 RB 黑高半级)。所以,它更适合染耐氯牢度要求高的铁灰色和黑色(表 2-4)。

表 2-4　还原直接黑 BCN 的染色牢度

染料用量 (%,owf)	耐光(氙弧)	耐洗(95℃)			氯漂牢度 GB/T 7069-1997	耐汗渍牢度						摩擦级	
						酸			碱				
		变色	棉沾	粘沾		变色	棉沾	毛沾	变色	棉沾	毛沾	干	湿
2 级	6~7 级	4 级	4~5 级	4~5 级	4 级	4 级	4~5 级	4~5 级	4 级	4~5 级	4~5 级	4~5 级	3~4 级

12　还原染料连续轧染,染后经湿热整理,为什么色光容易波动?

答:还原染料轧染后的织物,在湿热整理(柔软、预缩等)的过程中,容易发生色光的变化。并常常因此导致染色色光超出光标的允许范围,而必须返工复修。究其根源,这是由于还原染料的"皂洗效应"特别显著的缘故。

所谓皂洗效应,是指染着在纤维上的染料,在皂洗前后显现出来的色光会发生改变的现象。检测结果表明,还原染料与活性染料有所不同,多数还原染料的"皂洗效应"特别显著(表 2-5)。

表 2-5　常用还原染料皂洗前后色光的变化

染料名称	皂洗前后色光变化	染料名称	皂洗前后色光变化
橄榄绿 B	黄棕光消失,明显变蓝光	灰 BG	明显转红光,有浅色效应
深蓝 BO	蓝光消退,变红莲色光	蓝 RSN	蓝青光消退,变红光亮蓝
深蓝 VB	蓝灰光消失,变红光暗蓝	灰 BM	红光消退,转青灰光
黄 G	红光加重,较艳亮	桃红 R	显著转黄光
艳紫 2G	转红光	蓝 GCDN	显著转红光
漂蓝 BC	红光加重	艳绿 FFB	蓝光加重
卡其 2G	显著转绿	棕 G	转灰绿光
棕 GG	转灰绿光	棕 RRD	显著变红
棕 BR	黄光加重	棕 R	变艳亮

可见,还原染料经浸轧、汽蒸、水洗、氧化后,纤维上的染料并非呈稳定态,而是亚稳态。所以,在后道湿热整理的过程中,染料容易发生以下变化:

(1)纤维中处于高度分散状态的染料分子会相互聚集而结晶,使结晶状态发生改变。

(2)染料分子在纤维内,会从与纤维分子链平行状态变为垂直状态,使存在的取向发生改变。

（3）有些染料会发生分子异构化（顺式⇌反式），使分子构型发生改变。

正是由于在湿热整理的过程中，纤维内的染料会发生结晶、取向、构型等方面的改变，导致染料的吸光性能产生不同程度的变化，所以才引起纤维（织物）色光的波动。

实验结果证明，高温皂洗可以有效促进纤维中的染料"发色"，实现色光稳定。然而，不同结构的还原染料，其发色速率快慢不一，实现"充分发色"达到色光稳定所需的时间差异悬殊（表2-6）。

表2-6 常用还原染料所需皂洗时间

染料名称	基本发色		充分发色			
	皂洗	时间/min（100℃）	皂洗	时间/min（100℃）	皂洗	时间/min（80℃）
橄榄绿　B		2		8		25
灰　BG		1		3		15
深蓝　BO		6		8		15
蓝　RSN		2		6		10
深蓝　VB		4		8		20
灰　BM		3		7		15
黄　G		1		3		10
桃红　R		5		20		40
艳紫　2R		1		6		20
蓝　GCDN		1		4		15
漂蓝　BC		1		3		10
艳绿　FFB		1		2		10
卡其　2G		2		7		20
棕　G		4		15		30
棕　GG		4		15		30
棕　RRD		5		10		20
棕　BR		0.5		1		5
棕　R		1		3		10

从表2-6可知，

大部分还原染料，实现"基本发色"所需的皂洗时间，最少也要1min以上。而实现"充分发色"至少需4～5min以上。而在现行的轧染工艺中，由于设备的限制，皂洗时间通常只有60～70s（容布量60m的大皂洗箱，车速50～55m/min）。

这对发色快的染料，如还原灰BG、还原黄G、还原艳紫2R、还原蓝GCDN、还原漂蓝BC、还原艳绿FFB、还原棕R等，可以达到"基本发色"，而达不到"充分发色"。

这对发色慢的染料，如还原深蓝BO、还原深蓝VB、还原桃红R、还原棕G、还原棕GG等，不要说"充分发色",就是"基本发色"也实现不了。

这就给轧染染色物留下了一个很大的隐患：

第一，在连续轧染过程中，一旦皂洗条件(温度、时间)发生波动，就会直接造成落布色光发生变化，产生色差。

第二，由于落布色光呈现亚稳态(特别是发色慢的染料)，在染后湿热整理的过程中，纤维内的染料会继续发色(直到充分发色实现稳定)，因此会造成染色物色光的波动。

第三，在皂洗色牢度(95℃±2℃、30min)的测试过程中，由于纤维中的染料会继续发色，会使皂洗原样变色牢度显著变差，甚至达不到外销要求。

可见，"皂洗"对还原染料轧染效果的作用，不仅仅是为了去除浮色，提高色泽鲜艳度和染色坚牢度。而使纤维中的染料"发色"，提高色光稳定性，也是一个十分关键的环节。所以，对还原染料轧染中的"皂洗"工序，必须认真对待。

为此，必须落实以下举措：

(1)皂洗温度宜高不宜低。皂洗温度越高，染料发色越快，达到色光基本稳定所需的皂洗时间越短。所以，要保持95℃高温皂洗。既不能边开车边升温，也不能采用中温(80℃)皂洗。

(2)皂洗时间宜长不宜短。皂洗时间越长，染料的发色程度越好，色光越稳定。所以，车速要控制，宜慢不宜快(注：还原染料轧染车速的确定，不能只考虑色泽的深浅、织物的厚薄、染料还原、氧化速率的快慢，还必须与染料发色的难易程度相适应。)采用两只皂洗箱串联的设备染色，以有效增加皂洗时间。

然而，实践表明，即使落实以上举措，也只能使常用还原染料达到"基本发色"。实现"充分发色"还是困难的。特别是以发色慢的染料(如棕、桃红、卡其等)染色时，其色光依然存在一定程度的"不稳定"问题。所以，放样对样时，必须预先把经湿热整理后色光的变化趋向考虑进去。

13　如何提高还原染料的染色物剥色复染的正品率？

答：当客商对染色牢度(尤其是耐晒与耐氯牢度)的要求较高，活性染料染色难以达标时，常以还原染料做连续轧染。由于连续轧染与浸染不同，开车途中不能加染料调色。所以，轧染下来的织物，一旦色泽(深度、色光)与标样不符，客商不予接受，或者产生色差、色花、色渍等上色不匀的染疵，就必须先在碱性还原浴中进行剥色，而后再加染料复染。

可是，还原染料的耐还原稳定性很高，其发色团不容易被破坏，加之还原染料的隐色体与纤维素纤维具有很高的亲和力，所以实际的剥色率很低。由于减色程度不够，或者剥色均匀度不佳，以及色光偏暗等，即使加染料复染，其符样率(正品率)也往往不高。无奈，只能重新投坯补染。这不仅会拖延交货期，还会大幅度增加生产成本。应对举措如下：

(1)施加新型剥色助剂剥色。近年来，市场上推出了新型剥色助剂(青岛英纳化学科技有限公司的还原染料剥色助剂 DA－BS 800 具有代表性)。

这类剥色助剂，对纤维素纤维具有强烈的亲和性，能极大地减弱染料与纤维的结合力。因此，将其加入剥色浴中，可显著提高还原染料的剥色效果(表2－7)。

表 2-7 还原染料剥色助剂 DA-BS 800 对还原染料的剥色效果

相对色力度 (%) 染料	还原染料染色 (20g/L)原样	30%(36°Bé)烧碱 15mL/L,保险粉 6g/L 80℃剥色 50min 水洗后样	30%(36°Bé)烧碱 15mL/L,保险粉 6g/L 剥色助剂 5 g/L 80℃剥色 50min 水洗后样
还原黄 G	100	76.24(减色 23.76%)	8.58(减色 91.42%)
还原棕 BR	100	86.62(减色 13.38%)	22.32(减色 77.68%)
还原红 F3B	100	81.80(减色 18.2%)	30.72(减色 69.28%)
还原橄榄 T	100	96.06(减色 3.94%)	27.39(减色 72.61%)
还原艳绿 FFB	100	73.76(减色 26.24)	4.77(减色 95.23%)
还原灰 BG	100	92.36(减色 7.64%)	18.31(减色 81.69%)
还原橄榄绿 B	100	75.41(减色 24.59%)	9.78(减色 90.22%)
还原直接黑 RB	100	92.27(减色 7.73%)	25.25(减色 74.25%)

注 剥色浴比 1:50,封闭式剥色,色样深度用 Datacolor SF 600X 测色仪检测。

从表 2-7 可见,还原染料的染色物,采用常规烧碱—保险粉法剥色,其相对平均剥色率仅为 15.96%。在相同条件下,追加剥色助剂 DA-BS 800 5g/L,其相对平均剥色率高达 81.61%,实际剥色效果提高 65.92%。

检测结果显示,剥色助剂 DA-BS 800,对还原染料染色物的剥色(减色)三大效果突出:其一,剥色(减色)率高,即使是深色也可以剥至浅淡的程度。完全可以满足进行大幅度修色或复染的要求。其二,剥色色光几乎不变,而且剥色匀净,经修色或复染完全可以获得原来的色泽。其三,由于对彩色的促进作用大,所以剥色用料(烧碱、保险粉)浓度可以显著降低,这对"减排"有重要意义。

可见,剥色助剂 DA-BS 800 对还原染料染色物的剥色(减色),功效卓著。

(2)采用 TD 替代保险粉剥色。保险粉耐热稳定性很差,用作剥色剂,无效分解率高,用量多,污染重。所以,最好以二氧化硫脲替代。

二氧化硫脲,又称甲脒亚磺酸,简称 TD。其示性式和结构式如下:

$$NH_2 \cdot C(:SO_2) \cdot NH_2$$

$$\begin{array}{c} NH_2 \quad O \\ | \quad \| \\ C = S \\ | \quad \| \\ NH_2 \quad O \end{array}$$

TD 在热碱性浴中,会逐渐分解。

$$NH_2 \cdot (:SO_2) \cdot NH_2 \xrightarrow{\text{热碱}} NH_2 \cdot CO \cdot NH_2 + H_2SO_2 \quad \text{次硫酸}$$

尿素

$$\downarrow$$

$$Na_2SO_4 + [H]$$

新生态氢

因此,TD 在热碱性浴中是个还原剂。

TD 和保险粉相比,有两大特点:

第一,还原负电位高(-1220mV),比保险粉高约-140mV。因此,其还原能力比保险粉强。

第二,耐热稳定性好,其分解速率比保险粉要温和得多,即使在沸温(100℃)条件下使用,其无效分解率也比较低。因此,TD的利用率高,剥色效果好(相对平均剥色率可达85.66%,比保险粉高4.05)。而且,剥落的染料也不容易因还原力不足过早氧化而沉淀。并且污染小,劳动保护好,实用成本可降低约40%。

但其缺点是,蓝蒽酮结构的还原染料,如还原蓝RSN、还原蓝GCDN、还原漂蓝BC、还原深蓝VB等,会发生"过还原"使色泽明显改变(表2-8)。

表2-8 还原染料剥色助剂DA-BS 800对还原染料的剥色效果

染料 \ 相对色力度(%)	还原染料染色(20g/L)原样	30%(36°Bé)烧碱15mL/L,TD1.2g/L 100℃剥色50min 水洗后样	30%(36°Bé)烧碱15mL/L,TD1.2 g/L 剥色助剂5 g/L 100℃剥色50min 水洗后样
还原黄 G	100	57.74(减色42.26%)	7.44(减色92.56%)
还原红 F3B	100	71.14(减色28.86%)	28.98(减色71.02%)
还原橄榄绿 B	100	70.18(减色29.82%)	9.03(减色90.97%)
还原艳绿 FFB	100	62.89(减色37.11%)	3.74(减色96.26%)
还原橄榄 T	100	80.28泛黄(减色19.72)	20.52泛黄(减色79.48%)
还原棕 BR	100	70.49泛黄(减色29.51%)	16.33泛黄(减色83.67%)
还原灰 BR(拼混)	100	色相变浅橄榄色	色相变淡橄榄色
还原蓝 RSN	100	色相变浅灰色	色相变淡灰色

注 TD以保险粉1/5量替代。

剥色工艺提示:

①由于剥色温度高(80~100℃),剥色浴的还原负电位会随着剥色时间的延长而下降(特别是烧碱—保险粉法),容易导致剥落下来的还原染料逐渐氧化丧失水溶性而聚集或絮集,甚至会沾污织物形成色点、色渍,影响复染的质量效果。因而,还原染料深浓色泽剥色时,最好添加1~2g/L分散效果强劲的分散剂,以防染料氧化后析出。

②还原染料的染色物,采用浸渍法(施加剥色助剂)剥色,剥色效果优良而且工艺简便。而采用轧—蒸法剥色,即使用料浓度提高,其剥色效果也欠佳。原因是,染着在织物(纤维)上的还原染料,在汽蒸过程中,只是从氧化态变为还原态,从疏水性变为亲水性。水洗氧化后,又重新从还原态变为氧化态,从亲水性变为疏水性,因此染料的溶落量相对较少,剥色效果不如浸渍法好。

③剥色助剂DA-BS 800的实用量视色泽的深浅与剥色率的高低而定。色泽较深剥色率要求又较高时,用量宜多些,反之则可少些。推荐用量范围为2~5g/L。

④剥色助剂DA-BS 800对活性染料与直接染料的剥色,助剂效果不明显。原因是:活性染料与直接染料的剥色(减色)机理和还原染料不同。在热的碱性还原浴中,前两者是以分子结构中的发色团遭到破坏而产生消色(或减色)效果。而后者则是以染料溶落而产生剥色(减色)效果。

第三章　活性染料篇

14　活性染料喷射液流机染机织物,为什么容易色泽不匀? 如何应对?

答:机织物采用活性染料卷染染色,尤其是巨卷染色,最容易产生的问题是头尾色差和边中色差。而由于染料在纤维上分配不匀,造成布面色花问题,则相对较少。但采用喷射液流机染色时,则最容易产生染料分配不匀的布面色花。

活性染料采用喷射液流染色,产生布面色花的根源有两个方面:一是喷射液流染色机染色方式的缺欠,二是活性染料上色性能的缺欠。

(1)喷射液流染色机染色方式的缺欠。目前,国内常用的喷射液流染色机,大多是国产的单管、双管、四管卧式管道机。

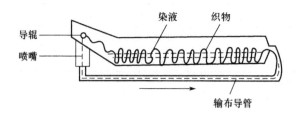

图 3-1　染色方式示意图

从图 3-1 可看出,染色织物通过导辊进入喷嘴,利用循环泵产生的液压,将织物送入输布导管,而后从机尾送入缸体,并随着染液缓慢地向前推移,到达机头后,再通过导辊进入喷嘴,从而形成环状循环。

问题是,织物从尾部进入缸体后,在浸渍染液的过程中,存在以下五个特点:

(1)织物基本呈绳束状态。

(2)有 2/3~3/4 的织物浸于液下,1/4~1/3 的织物浮于液面(尤其是克重小的轻薄织物或亲水性差的织物)。

(3)缸体内的织物,其堆置状态基本不变,并呈相对静止状态。

(4)织物与织物之间,相互挤压,堆置较紧密(尤其是当织物的配缸量较大时)。

(5)织物在缸体内,静止堆置的时间较长(国产机车速较慢,当每管配缸 700~800m 时,一般要 4min 左右才循环一次。特别在染某些娇嫩的织物时,如锦纶为正面的锦/棉斜纹、锦/棉直贡等,为避免擦伤,往往有意减慢车速,则堆置的时间更长)。

生产实践表明,以上特点是喷射液流染色容易产生色泽不匀的根源之一。

原因是显而易见的。因为,织物在浸渍染液吸色时,织物呈绳束状,相互挤压,紧密接触,又相对静止较长时间堆置,再加上部分织物外露于液面上,这必然要产生以下情况:

在外层织物的表面,染液流动更新的速度快,而内层织物的表面,染液的更新速度则慢得多。

众所周知,染料上染纤维,通常是分三步(图3-2)。

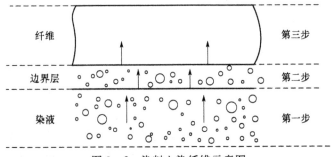

图3-2 染料上染纤维示意图

第一步,染料随着染液的流动,进入纤维表面的扩散边界层。

第二步,染料通过扩散边界层,靠近纤维,被纤维表面吸附。

第三步,染料从纤维表面扩散进入纤维内部。

这里值得注意的是,染料从染液中进入纤维表面"边界层"的速度和数量,与染液的流动速度呈正比。也就是说,染液流动越快,纤维表面染液的交换更新越快,染料进入纤维边界层的速度越快,数量越多,被纤维表面吸附的速度也就越快,数量也就越多。染料从纤维表层扩散进入纤维内部并发生染着的速度自然也就越快,数量也就越多,即上色越快,得色越深。

因此,喷射液流染色,织物在缸体内浸渍染液时,由于织物内外表层染液的交换更新速度客观上存在着差异,织物内层的染料浓度总是低于主体循环染液的,特别是中途加碱的初始阶段,碱剂分布的不均匀性,尤为突出。所以,当所用的染料,上染速率较快或者加碱操作不当,就很容易造成染料分配不匀而色花。

(2)活性染料上色性能的缺欠。活性染料在中性盐浴染液中的吸色过程中,由于染料的水溶性大(因为每个染料分子一般含2~4个强水溶性基团—SO_3Na),以及对棉纤的亲和力小,因此,染料的移染性能良好,容易获得匀染透染效果。而在碱性盐浴的固色过程中,染料的上色行为则发生了改变。

第一,染料与棉纤的亲和力显著提高(表3-1)。

表3-1 部分活性染料的比较值

染料	染液质量浓度 (g/L)	染料的比移值(亲和力)		
		条件1	条件2	条件3
活性黄 M—3RE	10	0.60	0.31	0.26
活性红 M—3BE	10	0.63	0.37	0.29
活性蓝 M—2GE	10	0.66	0.32	0.27
活性黄	10	0.54	0.31	0.28
活性红 LF—2B	10	0.81	0.51	0.35
活性蓝 BRF 150%	10	0.81	0.45	0.31

注 (1)条件1:室温、中性、无盐;条件2:60℃、中性、盐40g/L;条件3:60℃、盐40g/L、纯碱5g/L。

　　(2)比移值大,亲和力小,比移值小,亲和力大。

第二,染料与棉纤迅速发生键合反应,并因此打破染料原来的吸附平衡,使第二次吸色显著加快,吸色量迅速提高(图3-3)。这里要注意的问题是:

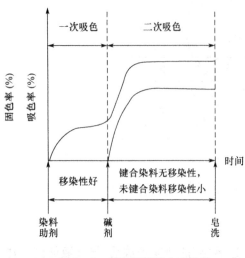

图3-3 活性染料的上染曲线

①与棉纤发生键合反应而固着的染料,已成为纤维素大分子链的一部分,因而,完全失去了移染作用。

②在热的碱性浴中,乙烯砜硫酸酯活性基已发生消去反应(硫酸酯基脱落),但尚未与棉纤发生键合的染料,由于其化学活性比较强,亲和力较大,水溶性又较低,所以其移染作用较小。

③未水解但又未固着的少数染料,尚有移染作用。但由于在盐、碱固色浴中,与棉纤维的亲和力较高,溶解度较小,再加上这类染料所占比例小,所以虽有一定的移染作用,但不足以产生有效的匀染效果。

④全水解和半水解染料的移染行为对匀染效果无意义。

显而易见,活性染料在碱性固色阶段,其移染匀染性是很差的。一旦纤维上色不匀,便会产生永固性的色花。欲通过延长固色时间,实现匀染是徒劳的,这与直接染料和酸性染料染色截然不同。因此,浸染染色,要实现匀染,只能是从染色开始就应控制均匀吸附,而不是靠高温移染或延时移染来获得,尤其是对活性染料。

然而,客观现实却是,大多数活性染料的上色(吸色、固色)行为,对碱剂都特别敏感。即在加碱固色的初始阶段(10~20min),确切来说,是在染液由中性转变为碱性的短暂时间内,染料的吸色速率和固色速率有一个陡然飞跃。

如活性黑KN—B、活性艳蓝KN—R、活性嫩黄M—7G等。在碱剂加入后10~15min,其吸色率会突升30%~50%。

10~15min对中型卷染机和巨型卷染机而言,是走1/2~1/3道的概念。因此在实际染色时,一旦加料操作不当,很容易造成头尾染料分配不匀,产生头尾色差。

对容布量每管600~800m的喷射液流染色机而言,10~15min是织物运转2~3圈的概念。这在60~65℃染色中途加入碱剂的初始阶段,织物带碱很难及时拉匀,因此很容易因织物带碱不匀,染料上色快慢相差太大,而造成布面色花。

生产实践表明,有两种情况,产生色泽不匀的概率最大。

第一,染比较浅的色泽时。这是因为,活性染料对棉纤的亲和力(吸附上色能力)与色泽深浅密切相关。规律是,色泽越浅,染液浓度越低,其亲和力越大,移染匀染性越差。这是由于色浅染液浓度低,染料凝聚倾向相对较小的缘故。

这也可以从不同染液浓度的吸色率变化趋势中得到印证。

图3-4显示,染液浓度越低,其一次吸色率越高。

这表明,在同一条件下,印染的色泽越浅染料的吸附上色越快,匀染性相对越差。

表 3-2　不同染料用量对比移值的影响

染料	比移值(亲和力)	
	染料 10g/L	染料 40g/L
活性黄 M—3RE	0.60	0.73
活性红 M—3BE	0.63	0.74
活性蓝 M—2GE	0.66	0.72
活性金黄 A—4RFN	0.78	0.90
活性红 A—2BFN	0.85	0.92
活性蓝 A—2GLN	0.60	0.72
活性黑 KN—G2RC	0.67	0.76
活性黑 A—ED	0.63	0.73

注　比移值越小,亲和力越大。

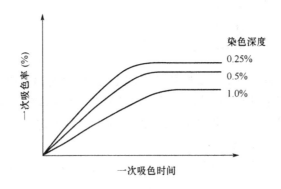

图 3-4　不同染料用量的吸色曲线

因此,喷射液流染色机染浅色比染深色更容易产生色泽不匀。

第二,使用拼混染料染色时。在常用活性染料品种中,活性黑一般都是拼混产品。其中部分品号,是由中温型高浓度活性黑 KN—B(实为藏青色)与中温型活性黄、活性红等拼混而成。如天津天成活性黑 N、天津恒泽活性黑 TES 等,由于拼混两组分,都是中温型,所以,匀染性良好,色光也相对稳定。

而有些品号的活性黑,则是由中温型活性黑 KN—B 与低温型活性橙拼混而成。如常用的活性黑 A—ED、B—ED、活性黑 KN—G2RC 等。

由于拼混组合的不合理,在喷射液流染色时,势必存在两个矛盾。

第一,染色温度的矛盾。低温活性橙需要低温 40℃吸色固色。温度提高上色加快(水解也加快),匀染性下降,很容易产生色花。中温型活性黑 KN—B,需要中温 60～65℃吸色固色,温度降低,上染力弱,得色显著变浅。

第二,pH 值的矛盾。低温活性橙适合中性浴吸色,这样上色温和,匀染性好。若碱性浴吸色,上色快,匀染性差,极易染花。尤其是 60～65℃的条件下,问题更加严重。中温活性黑 KN—B,则适合碱性浴吸色(预加纯碱 1～2g/L)。这样,吸色量高,在加碱固色前,可以达到较高的吸色率,从而在加碱固色的初期阶段,不会因大量染料骤然上色,染料在纤维表层大量堆积,而造成匀染性和色牢度下降。

因此,用低温活性橙和中温活性黑拼混的染料,采用常规喷射液流工艺染色,匀染性很差,很容易产生云状色花。

(3)应对措施。实验研究表明,要提高活性染料喷射液流染色的匀染效果,必须根据活性染料对碱敏感性的大小,分别采取不同的染色工艺染色。

①对碱剂的敏感性一般,在加碱固色的初始阶段,"瞬间上色"现象相对较缓和的染料,可采用先中性盐浴吸色,再碱性盐浴固色的传统工艺染色。具体工艺为:

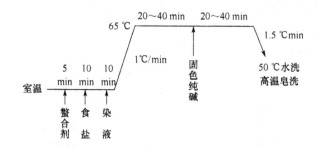

②对碱剂敏感,在加碱固色的初始阶段,"瞬间上色"现象突出的染料,应采用"预加碱升温法"染色。即在室温染液中,加入 1～2g/L 纯碱,使染浴呈现弱碱性。这样,在缓慢升温和保温吸色过程中,可以有效提高纤维对染料的吸色量,减缓加碱固色初期"瞬间上色"的程度,从而提高匀染效果。但要注意以下两点:

第一,预加纯碱量不宜过多,以浅色 1g/L、中色 1.5g/L、深色 2g/L 为宜,若预加碱过多,反而容易色花。

第二,必须以 1℃/min 缓慢升温。升温太猛,上色快对均匀吸附不利。

具体工艺为:

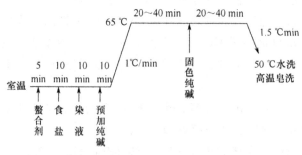

③以低温活性橙和中温活性黑拼混的染料,应采用"分段染色法"染色。即先在低温 40℃吸色固色,使低温活性橙先正常均匀上色,而后升温至 65℃,再保温吸色固色,使中温活性黑 KN—B 组分均匀上色。实践表明,采用该工艺染色,布面色光匀净,重现性好。

以染活性黑为例,具体工艺为:

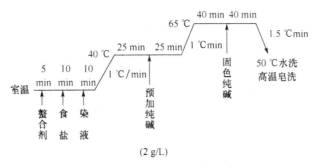

(2 g/L)

④生产实践还说明,无论采用何种工艺染色,都必须注意以下要点:

a. 对中温型活性染料浸染而言,要采用单一纯碱作碱剂。这是因为纯碱具有良好的 pH 值缓冲能力和较宽的 pH 值缓冲范围,可以在较宽的浓度范围内,使固色液的 pH 值稳定在 11 上下。既可满足染料与纤维发生键合反应的碱性需要,又可减少染料水解的程度。

生产实践证明,采用单一纯碱作碱剂,比采用单一磷酸三钠作碱剂,或者采用纯碱—磷酸三钠、纯碱—烧碱等复合碱作碱剂,得色更纯正,色光更稳定,匀染效果更好。

b. 碱剂要缓慢加入,使染液的碱性逐步增强,以确保染料对纤维的吸色固色能平缓地进行,使"瞬间上色"现象尽可能减小。这样,既可实现匀染透染,色光稳定,又可改善染色牢度。

为此,一是纯碱一定要用大浴比的热水(60～70℃),充分溶解,必要时要分次溶解;二是纯碱溶液一定要用回流染液边稀释边缓慢压入。实践证明,纯碱溶液缓慢加入,是活性染料喷射液流染色实现匀染的最大关键点。

c. 在确保织物不产生"擦伤"的前提下,尽量加快车速。以提高织物在染液中的运行速度,有效缩短织物内外表层所带染液的更新时间,以促进匀染,防止色花。

生产实践证明,认真落实以上匀染措施,可以有效地提高活性染料喷射液流染色的匀染效果。

15 中温型活性染料打浸染样,染色时间与染色温度该如何设定?

答:在常规染色条件下,染色(吸色、固色)时间必须充裕。这是因为,吸色时间充裕,不仅染料的扩散效果与移染效果好,而且由于一次吸色量高,染液浓度降低幅度大,加碱固色初期,染料的"骤染"程度与"聚杂"程度低(特别是乙烯砜型染料)。所以,匀染效果相对较好,染色牢度相对较高。固色时间充裕,染料—纤维间的键合反应充分,固色率较高,得色较深,重现性较好。

而现实情况是,中温型活性染料染样,通常是采用习惯条件:染色温度:60℃;吸色时间:浅色 30min、深色 40min;固色时间:浅色 30min、深色 40min。

经检测,这样的染色条件根本达不到染色平衡(表 3-3)。

表 3-3 60℃染色不同固色时间的相对得色深度

染 料	深度(%)	固色时间(min)						
		30	40	50	60	70	80	90
活性黄 M-3RE	0.5	—	100	104.2	★107.4	107.7	107.1	
	3			100	106.2	109.4	★112.3	112.1

续表

染料	深度(%)	固色时间(min)						
		30	40	50	60	70	80	90
活性红 M—3BE	0.5	—	100	102.4	★105.3	106.6	105.3	
	3			100	106.3	109.4	★111.4	111.1
活性蓝 M—2GE	0.5	—	100	104.5	★107.2	107.6	106.8	
	3			100	104.2	108.3	★110.7	110.2
活性黑 KN—B	0.5	97.4	100	★102.7	102.9	102.3		
	3			100	106.1	★108.8	109.1	108.3

注 (1)浅色(0.5%),以60℃吸色30min,固色40min的表面色深作100%相对比较。深色(3%),以60℃吸色30min,固色50min的表面色深作100%相对比较。
  (2)符号"★"为达到染色平衡时间(以下相同)。
  (3)染色处方:染料0.5%、3%(owf),六偏磷酸钠1.5g/L、食盐30g/L(浅)、50g/L(深)、纯碱15g/L(浅)、20g/L(深)浴比1:30,吸色30min,固色30~90min,95℃要洗5min。

不仅得色深度要浅5%~10%,而且,还会由于上色未能达到平衡,一旦染色条件(温度、时间、pH值、电解质等)波动,还容易因上染量不同而导致重现性下降,准确性不佳。

检测数据表明,在实验条件下,真正达到染色平衡所需的固色时间较长。异双活性基染料,染浅色(0.5%owf)需60min左右,染深色(3%owf)需80min左右。乙烯砜型活性染料,染浅色(0.5%owf)需50min左右,染深色(3%owf)需70min左右。

注:这主要是因为,在异双活性基的染料中,一氯均三嗪活性基反应性较弱,对固色时间的要求相对较高。而乙烯砜活性基的反应性较强,对固色时间的要求较低的缘故。

显然,按上述染色时间打样,工作效率太低,难以适应实际生产的要求。

染色温度的高低,主要由染料所带活性基反应能力的大小与耐热稳定性的好坏决定的。恰当的染色温度,应该是匀染性最好、固着率最高,而且达到染色平衡所需的染色时间相对较短。

但是,染色温度的高低,必须与染料的染色性能相适应。

乙烯砜型染料,由于乙烯砜活性基属于中温型活性基,其反应性较高,耐热稳定性较差。经检测,以纯碱作固色碱剂,其最佳染色温度应该是60~65℃。染温大于65℃,其得色量会明显下降。

异双活性基染料,既带乙烯砜活性基,又带一氯均三嗪活性基。而一氯均三嗪活性基属于高温型活性基,其反应性较弱,耐热稳定性较高。两种活性基共存,具有取长补短的协同效应。经检测,以纯碱作固色碱剂,其最佳染色温度应该是65~70℃。染温大于70℃,其得色量会产生下降趋势。这可从表3-4、表3-5检测数据中看出来。

表3-4、表3-5数据同时显示,染色温度与染色时间之间,存在着显著的依存关系。即染色温度偏高,实现染色平衡所需的时间较短;染色温度偏低,实现染色平衡所需的时间较长。

表 3-4　65℃染色,不同固色时间的相对得色深度

染　料	染料用量(%)	相对得色深度(%)					
		30min	40min	50min	60min	70min	80min
活性黄 M—3RE	0.5	100.8	103.5	★107.1	106.6	107.4	3
	3		103.6	107.8	109.7	★111.8	110.7
活性红 M—3BE	0.5	98.9	102.1	★106.2	106.4	105.1	
	3		103.5	105.3	109.4	★112.2	111.9
活性蓝 M—2GE	0.5	101.6	102.9	★107.5	107.7	108.1	
	3		103.2	105.6	108.7	★111.0	110.9
活性黑 KN—B	0.5	100.6	★102.8	101.9	98.5	96.4	
	3		103.1	105.2	★107.7	106.5	104.3

表 3-5　70℃染色,不同固色时间的相对得色深度

染　料	染料用量(%)	相对得色深度(%)					
		30min	40min	50min	60min	70min	80min
活性黄 M—3RE	0.5	103.2	★106.7	107.2	106.5		
	3		104.1	106.6	★110.2	110.7	109.5
活性红 M—3BE	0.5	101.3	★105.6	106.1	105.7		
	3		109.1	110.2	★113.1	112.5	111.7
活性蓝 M—2GE	0.5	103.5	★108.2	107.2	106.6		
	3		108.7	109.4	★112.1	111.6	110.3
活性黑 KN—B	0.5	★96.1	95.9	94.2	92.2		
	3		★95.3	95.6	94.1	92.2	91.4

注　表 3-4、表 3-5 检测条件同表 3-3。

据此,笔者建议:中温型活性染料染样,可以将染色温度适当提高。乙烯砜型染料,设定为 65℃。异双活性基染料,设定为 70℃。这可以使乙烯砜型染料的固色时间缩短 10min。异双活性基染料的固色时间缩短 20min。即,染浅色,(吸色 30min)固色 40min,染深色,(吸色 30min)固色 60min。

实验证明,适当提高染色温度,在有效缩短染色时间提高打样效率的同时,对得色深度(固着率)不会产生负面影响。

先决条件是:一是必须以碱性温和的纯碱作固色碱剂。若以碱性较强的代用碱、复合碱或磷酸三钠作碱剂,则会因碱性较强染料水解较多而色浅。二是染色温度(指染液温度),必须准确无误。为此,对染样机温控仪表的测温精度一定要定时校验。

16　全棉针织物喷射溢流染色,为何得色不稳定、重现性差? 该如何应对?

答:(1)产生原因。全棉针织物常规喷射溢流染色,往往存在着不同程度的得色(深度、色

光)不稳定、色差缸差,大小样不符合的问题。产生问题的症结,是全棉针织物常规喷射溢流染色工艺模式存在着缺陷造成的。

全棉针织物喷射溢流染色与全棉机织物喷射溢流染色有所不同。全棉机织物喷射溢流染色,是练漂半制品进缸直接进行染色。而全棉针织物喷射溢流染色,则是坯布练漂与染色同机处理。其流程是:针织坯布进缸→练漂→水洗→活性染料染色。

这里的问题是,针织坯布以烧碱(或纯碱)和双氧水练漂后,经常规绳状水洗,织物所带碱剂和双氧水难以去净。而需用活性染料耐双氧水的稳定性差,即使染液中残留微量双氧水,在常规染色条件下,部分活性染料的活性基团或发色基团也会遭到破坏,从而失去上染能力。

经检测,常用活性染料耐双氧水的稳定性顺序如下(表3-6～表3-9):

热固型(100℃)活性染料＞高温型(80℃)活性染料＞中温型(60℃)活性染料和低温型(40℃)活性染料。

表3-6 H_2O_2 对热固型活性染料染棉得色深度的影响

相对得色深度(%) 染料	100% H_2O_2 浓度(mg/L)		
	0	5	10
活性黄 NF—GR	100	97.55	94.47
活性红 NF—3B	100	97.91	84.07
活性蓝 NF—MG	100	90.62	82.36

注 (1)处方:染料1.25%(owf),六偏磷酸钠2g/L,食盐40g/L,pH值缓冲剂2g/L。

(2)工艺:2℃/min升温,65℃保温染色10min,100℃保温染色30min,水洗、皂洗。

(3)检测:Datacolor SF 600X测色仪测试。

表3-7 H_2O_2 对中温型活性染料染棉得色深度的影响

相对得色深度(%) 染料	100% H_2O_2 浓度(mg/L)			相对得色深度(%) 染料	100% H_2O_2 浓度(mg/L)		
	0	5	10		0	5	10
活性黄 M—3RE	100	94.69	90.95	活性红 4BO	100	87.25	78.97
活性红 M—3BE	100	80.45	73.04	活性橙 B—2RLN	100	97.57	96.73
活性蓝 M—2GE	100	96.84	93.65	活性艳蓝 KN—R	100	80.78	64.95
活性嫩黄 B—6GLN	100	76.03	62.91	活性黑 KN—B	100	82.81	72.94
活性翠蓝 Q—BGFN	100	93.01	88.83	活性黑 A—ED	100	82.35	69.36

注 (1)处方:染料1.25%,六偏磷酸钠1.5g/L,食盐40g/L,纯碱20g/L,100% H_2O_2 0.5.10mg/L。

(2)工艺:浴比1:30,60℃保温吸色30min,固色50min,水洗、皂洗、水洗。

(3)检测:以不含 H_2O_2 的得色深度作100%相对比较。

Datacolor SF 600X测色仪检测。

表3－8　H_2O_2 对高温型活性染料染棉得色深度的影响

相对得色深度(%) / 染料	100％H_2O_2 浓度(mg/L)			相对得色深度(%) / 染料	100％H_2O_2 浓度(mg/L)		
	0	5	10		0	5	10
活性嫩黄 H—E4G	100	91.83	87.44	活性宝蓝 H—EGN	100	86.83	75.66
活性黄 H—E4R	100	90.90	89.08	活性蓝 H—ERD	100	93.71	92.70
活性大红 H—E3G	100	92.62	85.84	活性藏青 H—ER	100	94.76	89.08
活性红 H—E3B	100	90.67	83.92	活性翠蓝 H—A	100	86.43	80.03
活性红 H—E7B	100	93.71	92.32	活性绿 H—E4BD	100	96.36	85.61

注　80℃染色,吸色30min,固色60min,其他同表3－7。
染料系台湾永光化学工业股份有限公司产品。

表3－9　H_2O_2 对低温型活性染料染棉得色深度的影响

相对得色深度(%) / 染料	100％H_2O_2 浓度(mg/L)			相对得色深度(%) / 染料	100％H_2O_2 浓度(mg/L)		
	0	5	10		0	5	10
活性嫩黄 L—2G	100	85.64	76.91	活性艳蓝 L—PP	100	84.26	72.64
活性黄 L—3R	100	72.39	59.35	活性深蓝 L—H	100	97.43	92.97
活性黄棕 L—F	100	98.63	84.62	活性藏青 L—3G	100	88.93	78.47
活性红 L—S	100	96.79	86.61	活性黑 L—W	100	88.09	78.47
活性深红 L—4B	100	84.76	73.56	活性黑 L—G	100	92.70	80.81

注　(1)固色碱剂为复合碱:纯碱5g/L＋固体烧碱1g/L(pH＝12.20)。
　　(2)染色温度采用低温40℃。其他条件同表3－7。
　　(3)染料系上海安诺其纺织化工股份有限公司产品。

从以上表的数据可见,染全棉针织物常用的中温型活性染料和低温型活性染料耐双氧水稳定性相对最差。因此,练漂后一旦洗水不净,染液中有双氧水残留,拼染染色时,势必会因部分染料遭到破坏而产生减色、变色。如果双氧水残留量不同或不匀,又必然要造成色差、缸差或色花。

(2)应对措施。消除双氧水对活性染料的染色结果(深度、色光、匀染性)的负面影响,行之有效的举措有以下两个:

①水洗涤法。即织物在练漂后,经热水、温水、冷水多次洗涤,将残留的碱剂和双氧水除净。这种传统的洗涤方法,显然具有耗能大、排污多、成本高的缺点,不符合当今"节能、减排、增效"的染整理念。

②生物酶法。即,织物在练漂后,采用生物酶——过氧化氢酶将残留的双氧水除尽。

过氧化氢酶,是由非病原性微生物经深度发酵制成的。它具有专一性,只和双氧水起作用,能快速将双氧水分解成水和氧气。

$$2H_2O_2 \xrightarrow{\text{过氧化氢酶}} 2H_2O+O_2$$

即使浓度过量,也不会给织物以及染色结果造成负面影响。由于它对染料、助剂具有良好的相容性,所以织物练漂后,只需做一次水洗 。而后中和、脱氧、染色可同浴进行。显然,生物酶法脱氧,具有突出的"节能、减排、增效"优势。

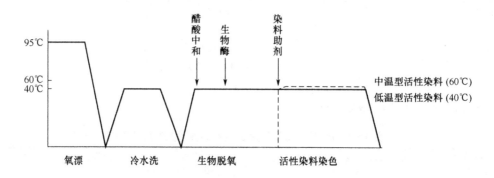

a. 工艺模式:

b. 操作流程:织物经练漂或染白后,放掉漂液。先用冷水洗涤约 10min,排掉洗水。加入清水,边运转边加入适量醋酸,调 pH 值至 6.5～7.5,同时升温至 40～50℃(根据需要)。加入生物酶(0.25～0.5g/L),运转脱氧 10～20min,不排液。常用脱氧酶见表 3－10。加入染色用助剂、染料,调温至染料所需要的温度,按常规染色、水洗 、皂洗、水洗。

表 3－10 市供部分脱氧剂名录

商品名称	商品性状	生产厂家
诺和®过氧化氢酶 10L	棕灰色液体	诺维信(中国)公司
H₂O₂ 分解酶 TMU	液体	杭州美高华颐化工公司
脱氧酶 HS—180	液体、非离子性	无锡开莱生物科技公司
脱氧酶 TM	液体	杭州力朗化工公司
除氧酶 EDH	棕色液体	上海昉雅精细化工公司
除氧酶 C—320	浅褐色液体	上海康顿纺织化工公司
除氧酶 BK—250	液体	苏州维明化学工业公司
过氧化氢酶 KDN—TO4	液体	青岛康地思生物集团
H₂O₂ 去除剂 MK	液体	广东汉科精细化工公司
除氧催化酶 JL—3	棕色液体	山东金鲁化工公司
除氧酵素 EDU	液体	上海富尔纺织材料公司

17　中温型活性艳蓝浸染染色，“坏汤”现象是怎样产生的？该怎样预防？

答：(1)产生原因。所谓“坏汤”，是指染液的染色体系遭到破坏，染料失去上染能力的现象。中温型活性艳蓝，如活性艳蓝 KN—R、活性艳蓝 A(B)—RV 等浸染染色，会产生“坏汤”现象，是由于它在固色液中凝聚性大引起的。有实验结果为证(图 3－5、图 3－6)。

染　料　10g/L 六偏磷酸钠　1.5g/L 食　盐　45g/L 纯　碱　0g/L	染　料　10g/L 六偏磷酸钠　1.5g/L 食　盐　45g/L 纯　碱　1g/L	染　料　10g/L 六偏磷酸钠　1.5g/L 食　盐　45g/L 纯　碱　10g/L	染　料　10g/L 六偏磷酸钠　1.5g/L 食　盐　45g/L 纯　碱　20g/L

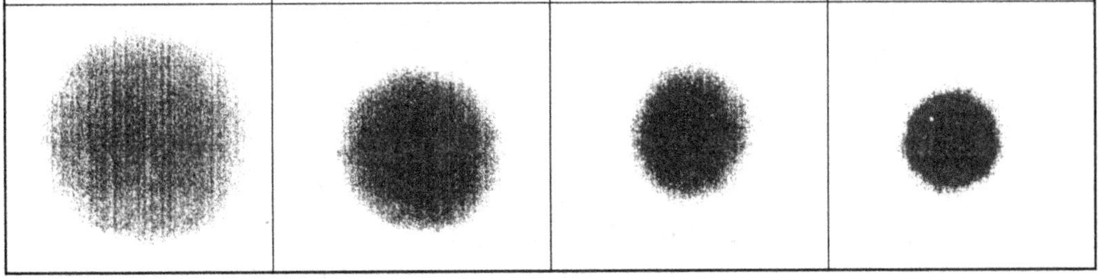

图 3－5　活性艳蓝 KN—R 的耐盐碱溶解稳定性(g/L)

染　料　10g/L 六偏磷酸钠　1.5g/L 食　盐　30g/L 纯　碱　20g/L	染　料　10g/L 六偏磷酸钠　1.5g/L 食　盐　40g/L 纯　碱　20g/L	染　料　10g/L 六偏磷酸钠　1.5g/L 食　盐　50g/L 纯　碱　20g/L	染　料　10g/L 六偏磷酸钠　1.5g/L 食　盐　60g/L 纯　碱　20g/L

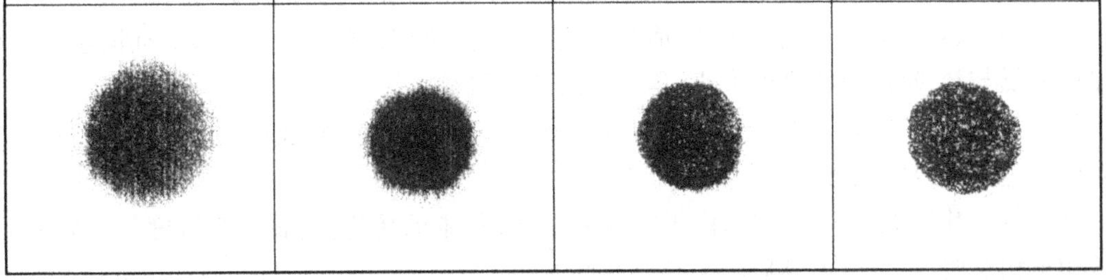

图 3－6　活性艳蓝 KN—R 的耐盐碱溶解稳定性

(注：先溶解染料，再加入食盐，而后加入纯碱，保温 60℃放置 10min 后检测)

①活性艳蓝的耐盐溶解稳定性表现良好。比如，在染料 15g/L、60℃的软化水中，加入食盐 120g/L，仍能保持良好的溶解状态。

②活性艳蓝的耐碱溶解稳定性也表现优良。比如，在染料 10g/L、60℃的软化水中，加入纯碱 20g/L，其染液依然能保持稳定状态。

③活性艳蓝在盐、碱共存的固色液中，其溶解稳定性会严重下降。比如，在染料浓度为 10g/L 时，固色液的盐、碱混合浓度一旦超过 60g/L，染料便会发生严重的絮聚，甚至是染料、水

产生分离,使染料基本失去或完全失去上染能力(即产生"坏汤"现象)。

活性艳蓝 KN—R 在盐、碱共存的固色液中凝聚严重,其原因有四:

①电解质(纯碱也是电解质)的施加,带入大量的钠离子(Na^+),由于钠离子具有很强的水合能力,对染料的溶解会产生"盐析作用"。

②染液中大量钠离子的存在,会因同离子效应,使染料母体所含水溶性基团($—SO_3Na$)的电离度减小,导致染料自身的溶解度降低。

③碱剂的施加,会使染料中的羟乙基砜硫酸酯基,产生消去反应。由于亲水性的硫酸酯基脱落,仅剩一个磺酸基,使染料的水溶性严重下降。反应式如下:

$$\xrightarrow[\text{消去反应}]{OH^-}$$

+NaHSO_4

(亲水性基团)　　　　　(疏水性基团)

④在染液中,艳蓝分子之间存在两种力,一是亲水性基团之间产生的斥力,二是分子中的羰基与氨基之间产生的氢键引力。在水溶液中,分子间的引力小于斥力,分子不容易聚集。在盐碱液中,分子间的引力大于斥力,分子容易聚集。

这一点,活性艳蓝与活性翠蓝有些相似。不同的是活性艳蓝的耐盐、碱溶解稳定性显得更差,其凝聚程度更加严重,只是很少随泡沫浮于液面。因此产生色点、色渍染疵的概率比活性翠蓝要小。

(2)预防措施。活性艳蓝浸染染色,预防产生"坏汤"现象,有效措施有以下五点:

①控制盐、碱用量。从实验可知,活性艳蓝发生过度凝聚,是在固色阶段。而固色液中染料浓度的高低与盐、碱混合浓度的大小,是两个决定性因素。

染浅色时,由于染料浓度低,盐、碱用量也相对较小,因而在固色阶段的凝聚程度较小,通常不会给染色质量造成危害。

染深色尤其是小浴比染色时,由于染料浓度高,所能承受的盐、碱混合浓度低。再加上盐、碱的用量相对较多,所以很容易产生凝聚过度。

活性艳蓝的耐盐、碱溶解稳定性,在常用中温型活性染料中表现最差,所以盐、碱的实用浓度必须低于其他活性染料。

根据实验,活性艳蓝的用量为2%~3%(owf)(特别是小浴比染色)时,盐、碱的混合浓度必须控制在60g/L以下。如果浓度超高,染料很可能因凝聚过度,产生"坏汤"现象(图3-5、图3-6)。

注:实验结果证明,盐、碱混合浓度控制在60g/L以下,对活性艳蓝的最终得色深度不会产生明显影响。

②碱剂要缓慢施加。固色碱剂"先少后多,分次施加",对凝聚性大的活性艳蓝来说,其作用无疑更大。因为碱剂"先少后多,分次施加",可以确保固色液的碱性与电解质浓度(纯碱也是电解质),能随着染料浓度的下降,而逐步提高。这可以避免在染料浓度较高时,盐、碱浓度骤增,

导致染料凝聚过度,产生"坏汤"问题。

③采用预加碱法染色。所谓预加碱染色,是在初始染浴中,预加纯碱 0.5~0.8g/L,使之在弱碱性(pH＝9.3~9.5)条件下吸色。由于活性艳蓝的化学活性较高,在弱碱性浴中便能和纤维素纤维发生缓慢的共价键结合。因此,可以使一次平衡吸色率得到显著提高。由于加碱固色前染液浓度大幅度下降,不仅可以减小固色初期染料的"凝聚"程度,提高染液的稳定性,而且可以减小固色初期染料的"骤染"程度,提高匀染透染效果(表 3-11)。

表 3-11 不同吸色浴 pH 值的吸色率

吸色浴 pH 值	pH＝6.87 纯碱 0g/L	pH＝9.35 纯碱 0.5g/L	pH＝9.55 纯碱 0.8g/L	pH＝9.78 纯碱 1g/L	pH＝9.98 纯碱 1.5g/L
吸色率(%)	14.94	37.72	44.56	51.70	58.53

注 检测条件:
(1)染料 2%(owf),食盐 30g/L,预加碱 0~1.5g/L。
(2)浴比 1:30,60℃吸色 30min,可见分光光度计法测试。

④以复合碱作固色碱剂。所谓复合碱,由纯碱 5g/L＋固碱(烧碱)0.3g/L 组成,pH＝11.15。经检测,活性艳蓝 KN—R 的用量为 2%~3%(owf),以复合碱固色的得色深度与纯碱(20g/L)固色的得色深度接近。

可是,由于复合碱的 pH 值较高,实际用量很少,与纯碱作碱剂相比,固色浴中的盐、碱混合浓度却大大下降。因此,可有效提高染料在固色浴中的溶解稳定性(图 3-7)。

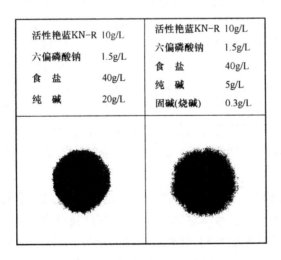

图 3-7 不同碱剂对染液稳定性的影响
(注:60℃加入食盐、纯碱,放置 10min 检测)

⑤选用改进型活性艳蓝染色。针对活性艳蓝的耐盐、碱溶解稳定性差,在固色浴中凝聚倾向严重,甚至会产生"坏汤"问题,国内生产厂家,有的放矢地推出一些改进型活性艳蓝新品种。

a. 活性艳蓝 CP。活性艳蓝 CP,是浙江龙盛集团股份有限公司推出的活性艳蓝新品。

活性艳蓝 CP 与普通活性艳蓝相比,其分子结构并未发生改变。因此其基本特性如故,其色泽依然高贵华丽。但是,由于对染料添加剂做了全新改进,使得染料的耐盐、碱溶解稳定性有了大幅度提高。在常规条件下,基本上解决了固色初期染料的凝聚问题(图 3-8)。

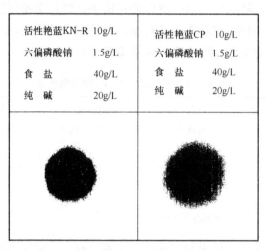

活性艳蓝KN-R 10g/L	活性艳蓝CP 10g/L
六偏磷酸钠 1.5g/L	六偏磷酸钠 1.5g/L
食 盐 40g/L	食 盐 40g/L
纯 碱 20g/L	纯 碱 20g/L

图 3-8 活性艳蓝 CP 的耐盐碱溶解稳定性
(注:60℃加入食盐、纯碱,放置 10min 检测)

虽然活性艳蓝 CP 在固色初期的"骤染"问题依旧存在,但可通过碱剂先少后多分次施加得到有效解决。因此,活性艳蓝 CP 仍不失为活性艳蓝家族中的佼佼者。以它替代普通活性艳蓝染色,其染色质量定然会有一个飞跃,特别是筒子纱染色和经轴染色。

b. 活性艳蓝 GN S/P。活性艳蓝 GN,是南京虹光化学工业股份有限公司推出的双官能异型艳蓝新品。其色泽为艳亮的彩光艳蓝色。最适合以纯碱作碱剂,于 60～70℃染色。它在中性盐浴中亲和力高,一次吸色率可达 50% 以上。它耐盐、碱溶解稳定性好,即使固色浴中的盐、碱混合浓度达到 80g/L(相当盐 60g/L＋纯碱 20g/L),也不会因电解质浓度高而产生过度"凝聚"。也不会因盐、碱共存发生"骤染"。所以,它较好地克服了普通型活性艳蓝(C.I. 活性蓝 19)所存在的性能缺陷,匀染透染性好,提染性、重现性好。因此,它特别适合与活性嫩黄(C.I. 活性黄 160)或活性翠蓝(C.I. 活性蓝 21)配伍组合,染鲜艳的亮绿色或艳蓝色。

18 中温型活性翠蓝染棉,为何染深性及色牢度差? 该怎样应对?

答:(1)产生原因。中温型活性翠蓝染棉,导致染深性及色牢度差的根源,主要有两个:

①中温型活性翠蓝为铜酞菁染料,其相对分子质量较大,且严重缺乏线性。加之在电解质存在下的染液中,染料分子间的聚集度大,故扩散特别困难(在中温型活性染料中,属扩散性最差的一个)。致使许多染料附着在纤维的表层(浮色)。所以染色牢度表现低下。

②中温型活性翠蓝的反应能力弱,是其固有的性能缺陷(在中温型活性染料中,其反应能力属最差的)。加上即使染料扩散进入纤维内部,也会因染料的结构模式,难以和纤维素大分子链紧密接触而固着。所以,染料—纤维间的固着率较低,染深性较差。

(2)应对举措。提高中温型活性翠蓝的染深性和色牢度,行之有效的举措有下列五点:

①要强化丝光效果。众所周知,染料只能进入纤维素纤维的非结晶区,纤维的结晶区染料是不可及的。而成熟棉的非结晶区只有30%左右,所以,棉自身就存在着染深性差的缺陷。为此,染色前必须经丝光处理,使棉纤维的微结构的自由空间显著增大增多。实验证明,这可大幅度提高活性翠蓝的扩散速率,以及与棉纤维大分子紧密接触彼此发生键合反应的概率。因而,对提高活性翠蓝的染深性与色牢度十分有效。

但是,这里必须提示:

对棉织物做丝光处理,碱浓应保持在220g/L以上。原因是,这样高的碱浓,才能产生真正意义上的"全丝光"效果。即即使碱浓波动,也不会给丝光效果造成明显的影响。所以,染色质量稳定。

碱浓在220g/L以下丝光,严格来讲,只能产生"半丝光"效果,而达不到"全丝光"的稳定程度。因而,碱浓一旦波动,就会导致染色结果发生变化,产生各类色差。

当前,有两种情况值得关注:

a. 不少印染企业,为了节水、节汽、节约成本,片面降低丝光碱液浓度,采用的丝光碱浓度为180~220g/L。实际只能获得"半丝光"效果。

b. 许多印染企业,近年来,在棉织物的前处理中,都采用了碱氧或酶氧一浴冷堆、(短蒸)、水洗工艺。该工艺在发挥节能优势的同时,却存在着毛效欠佳的问题。

织物的毛效低,严重地影响着棉纤的丝光充分度和丝光的透彻度,即使采用浓碱(220g/L以上)丝光,也难以获得稳定的"全丝光"效果,充其量只能是"半丝光"或"表面丝光"。

因此,在实际生产中,染色半制品即使经过丝光处理,活性翠蓝上染率低、色牢度差的缺欠,依然没有显著改观。

②要采用高温染色。提高染色温度,对活性翠蓝染棉来说,以下三大效果明显:

a. 可明显提高棉纤维的膨化度,使染料更容易和纤维内部扩散,并与棉纤维大分子较好接触。

b. 可明显提高染料的溶解度,降低凝聚度,从而提高染料的扩散速率。

c. 可明显提高染料的扩散性能,以及与棉纤维键合的化学活性,从而使染料扩散得更快,与棉纤维键合的能力更高。

表3-12 浸染温度对活性翠蓝得色量的影响

相对得色量(%) \\ 染色温度	丝光碱浓度(100%)(g/L)					
	0	160	190	220	250	280
65℃中温染色	100	100	100	100	100	100
80℃高温染色	119.79	107.47	109.16	109.57	110.33	109.89

注 检测条件:浴比1:30,染料4%(owf),六偏磷酸钠1.5g/L,食盐60g/L,纯碱20g/L,80℃吸色40min,固色60min,水洗,皂煮,水洗。以丝光半制品的得色深度作100%相对比较。以Datacolor SF 600X测色仪检测。

表3-12数据说明,提高染色温度(65→80℃),可以明显提升活性翠蓝的上染率。特别是未经丝光的半制品,高温(80℃)染色比中温(65℃)染色其相对上染率可提高近20%。这主要是由于未丝光棉纤维微结构中的结晶区,所占比例相对较多,且自由空间相对较少较小,相对分子质量较大又缺乏线性的活性翠蓝,对其扩散、固着都较困难,故上色能力较弱。提高染色温度,棉纤维可以充分溶胀,因此棉纤维的上色能力,可以得到明显改善。

而经浓碱丝光的半制品,虽说棉纤维自身的吸色能力较强,但高温(80℃)染色的得色深度仍比中温(65℃)染色提高10％左右,这主要是由于染温的提高,使染料分子的活化能也得到相应提高的缘故。

可见,采用高温(85℃)染色,是中温型活性翠蓝染棉,提高上染率、改善染深性与色牢度的重要举措。

③要正确选用碱剂。中温型活性染料浸染棉纤维,在固色温度与固色pH值之间,有一种相互依存的平衡关系。即固色温度低,固色pH值要高;固色温度高,固色pH值要低。否则,必然要影响上染率。

因此,中温型活性翠蓝,采用不同染温(65℃、80℃)染棉时,所适用的固色碱剂也不一样(表3-13)。

表3-13 不同固色碱剂对活性翠蓝得色量的影响

相对得色深度(％) 染色温度	固色碱剂与pH值		
	纯碱 20g/L pH＝11.05	磷酸三钠 20g/L pH＝11.82	复合碱 pH＝12.04
65℃中温染色	100	109.68	107.35
80℃高温染色	100	97.13	95.42

注 活性翠蓝B—BGFN 4％(owf),六偏磷酸钠1.5g/L,食盐60g/L,碱剂分别为:纯碱20g/L,磷酸三钠20g/L,复合碱[纯碱5g/L＋烧碱(100％)0.66g/L]。浴比1∶30。分别以65℃与80℃,吸色40min,固色60min,水洗、皂洗、水洗。以纯碱固色的得色深度作100％相对比较。以Datacolor SF 600X测色仪检测。

表3-13数据说明,中温型活性翠蓝在不同温度下染棉,对固色碱剂(实际是对固色pH值)的适应性不同。

中温(65℃)工艺染色时,磷酸三钠的固色率最高,复合碱次之,纯碱最低。

高温(80℃)工艺染色时,纯碱的固色率最高,磷酸三钠次之,复合碱最低。

这是因为,中温型活性翠蓝的反应性弱,而且染温越低,其反应性越弱。因此,在较低温度(60～65℃)下染色,提高固色pH值,可以明显改善活性翠蓝的反应能力,提高其固着率。故最适合采用碱性较强的碱剂(磷酸三钠)固色。而纯碱则因碱性较弱并不适合。

而在高温(80℃)条件下染色时,提高固色pH值却会因水解量增加使得色变浅。所以,最适合采用碱性较弱的纯碱作碱剂。碱性较强的磷酸三钠与复合碱,则因得色量偏低而不适用。

④要施加匀染的助剂(表3-14)。

表3-14 活性染料匀染剂对中温型活性翠蓝上染率的影响

匀染剂类别	不加	杭州美高匀染剂 230K	上海康顿匀染剂 L—800	上海奈斯匀染剂 NL
相对得色量(％)	100	102.73	102.18	100.78

注 活性翠蓝B—BGFN 4％(owf),六偏磷酸钠1.5g/L,食盐60g/L,磷酸三钠15g/L(pH＝11.72),匀染剂1.5g/L。浴比1∶30。65℃吸色40min,固色60min,水洗、皂煮、水洗以未加匀染剂的得色深度作100％相对比较。以Datacolor SF 600X测色仪检测。

从表3－14数据来看,适量施加匀染剂,对提高活性翠蓝的上染率,并无明显作用。但不可忽视的是,活性染料匀染剂,却可以凭借自身的助溶功能与分散功能,提高活性翠蓝的耐盐碱溶解稳定性。从而间接提高其扩散速率,改善其匀染、透染效果与染色牢度。

⑤适当延长固色时间。在固色阶段,活性染料的吸附、扩散、固着是同步进行的。活性翠蓝固有扩散困难、固着缓慢的缺陷。所以,与其他中温型染料相比,其固色时间需要更长,见表3－15。

表3－15　不同固色时间对活性染料浸染结果的影响

相对得色深度(%)　染料 固色时间(min)	活性翠蓝 B－BGFN		活性艳蓝 KN－R	
	0.5%(owf)	2.0%(owf)	0.5%(owf)	2.0%(owf)
20	71.00	67.16	99.81	97.74
30	85.96	83.87	100.97	100.31
40	100	100	100	100
50	108.31	114.42	99.79	100.65

注　染料0.5%、2%(owf),六偏磷酸钠1.6g/L,食盐40g/L,纯碱20g/L。浴比1∶30,60℃吸色30min,固色20～50min,
　　水洗、皂洗 二次、水洗 。

实验证明,适当延长固色时间,不仅可以明显提高活性翠蓝的得色深度,而且对其染色牢度的改善也有积极作用。

19　中温型活性翠蓝浸染染色,为什么容易产生色点、色渍染疵? 该如何预防?

答:(1)产生原因。中温型活性翠蓝浸染染色时,之所以容易产生色点、色渍染疵,是由于活性翠蓝存在耐盐、碱溶解稳定性差的缺陷所致。

实验表明,中温型活性翠蓝在电解质的常规浓度(＜80g/L)下,耐盐溶解稳定性尚好。染料的凝聚程度不足以危害染色质量。在纯碱的常规浓度(＜25g/L)下,耐碱溶解稳定性良好,染料的聚集不明显。但在盐、碱共存的固色液中,其溶解稳定性则会大幅度下降。经检测,固色浴中的盐、碱混合浓度,一旦＞80g/L,染液中的染料不仅会发生显著甚至严重的"絮聚",而且会在染液液面形成含有染料絮聚体的大量泡沫。这些泡沫一旦黏附到织物上,便会造成色点、色渍染疵。

导致活性翠蓝在固色浴中产生絮聚的原因有以下两个:

①在固色浴中盐、碱共存(纯碱也是电解质),使染液中的钠离子(Na^+)浓度大幅度提高。一方面,由于同离子效应的影响,使染料中的亲水性基团电离度变小,从而导致染料的亲水性下降。

$$D—SO_3Na \rightleftharpoons D—SO_3^- + Na^+$$
亲水性较弱　　　亲水性较强

另一方面,由于 Na^+ 具有较大的水合能力,它能以直接或间接水化层的形式吸附大量极性水分子,从而对已溶解的染料产生较大的盐析作用。

②在碱性浴中,染料中的 β-羟乙基砜硫酸酯活性基,会发生消去反应,硫酸酯基脱落,变为乙烯砜基。从而使原本亲水性的基团变为疏水性基团,使染料自身的水溶性显著下降(图3－9)。

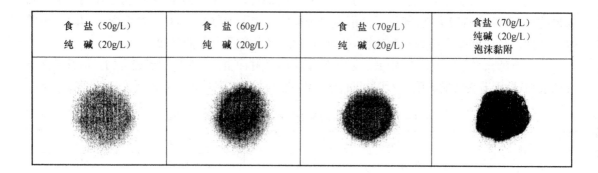

| 食 盐（50g/L）
纯 碱（20g/L） | 食 盐（60g/L）
纯 碱（20g/L） | 食 盐（70g/L）
纯 碱（20g/L） | 食 盐（70g/L）
纯 碱（20g/L）
泡沫黏附 |

图 3-9　活性翠蓝 BGFN 的耐盐、碱溶解稳定性

（注：染料 10g/L，80℃软化水溶解，10min 后检测）

$$D-SO_2CH_2CH_2OSO_3Na \xrightarrow{OH^-} D-SO_2CH=CH_2 + Na^+ + SO_4^{2-}$$

　　亲水性基团　　　　　　　　　　　疏水性基团

染料的亲水性骤然变小，受水的排斥力骤然增大，水中的染料为求得稳定而发生相互聚集。

（2）预防的措施。

①电解质的施加。

a. 施加浓度。活性翠蓝的水溶性高。经检测，在 80℃的软化水中，其溶解度可达 150g/L（注：活性翠蓝与其他活性染料有所不同，其染液的胶凝性十分突出，但与染料的凝聚性有着本质的区别，它不会因此产生色点、色渍染疵）。所以，其竭染率受电解质的制约性较大，只有在较多电解质的存在下染色，才能获得较高的上染量。

然而，电解质浓度必须适当。倘若浓度过高，最终的平衡上染率提高不明显，反而会使固色液的盐、碱混合浓度超高（>80g/L），导致染料发生过度凝聚，产生色点、色渍危害染色质量。

实验表明，染中深色泽[>2%（owf）]时，电解质浓度以 60g/L 比较合适（表 3-16）。

表 3-16　电解质浓度与固色率的依附性

固色率(%) 染料	食盐浓度(g/L)						
	0	10	20	30	40	50	60
活性翠蓝 BGFN	42.0	49.35	56.7	60.78	65.87	68.14	69.57

注　检测条件：染料 2%（owf），六偏磷酸钠 2g/L，食盐 0～60g/L，纯碱 20g/L。

　　　浴比 1∶30；染温 80℃，时间：吸色 40min，固色 60min，水洗（皂洗 ）。

　　　以 72/N 型可见分光光度计检测。织物：18.2tex×18.2tex（30 英支×30 英支），268 根/10cm×268 根/10cm（68 根/英寸×68 根/英寸）丝光棉布。

b. 施加方法。染色方式不同，电解质的施加顺序也要不同。

卷染染色，电解质应按传统加料方法施加。即先将化好的染料加入，溶透走匀，再从布卷二头按 3/5、2/5 加入染浴中。

喷染染色(气流机染色、喷射溢流机染色),电解质的施加顺序必须颠倒过来。即先加电解质,而后用含电解质的回流水稀释溶解染料,再压入缸内。原因是,如果染料先行加入,再以含染料的回流水在化料桶中溶解电解质,会因电解质浓度超高(一般呈饱和状态),使回流水中的染料凝聚析出,压入缸内很容易造成色点、色渍染疵。

②碱剂的施加。

a. 施加浓度。中温型活性翠蓝的反应性弱。

中温(60℃)染色时,由于固色温度低,纯碱作碱剂因碱性较弱固色率较低。故以碱性较强的磷酸三钠作碱剂固色率最高。

高温(80℃)染色时,由于固色温度较高,磷酸三钠作碱剂会因碱性较强,染料水解较多,得色较浅。而以碱性较弱的纯碱作碱剂,固色率最高。

实验表明,染中深色泽[>2%(owf)]时,中温(60℃)染色磷酸三钠的浓度,以 $15\sim20$ g/L,pH$=11.72\sim11.82$ 比较合适。高温(80℃)染色纯碱的浓度,以 $15\sim20$ g/L,pH$=10.88\sim10.93$ 比较合适。如果碱剂浓度再增加,其得色深度变化不大,反而会使固色液中盐、碱的混合浓度超高(80g/L),使染料发生过度凝聚,从而使色点、色渍的产生概率增大。

b. 施加方法。中温型活性翠蓝对碱不甚敏感,在加碱固色初始阶段,虽然"骤染"现象不明显,但如果碱剂加入过多或过快,却会使染料的"凝聚"现象加剧。所以,无论是中温(60℃)染色、高温(80℃)染色,还是卷染染色、喷染染色,碱剂都必须"先少后多,分次加入"。目的是使固色液中的盐、碱混合浓度逐步增加。实验证明,这对防止色点、色渍的产生十分有效。

③匀染剂的施加。实验证明,中温型活性翠蓝浸染染色时,加入 2g/L 活性染料匀染剂(如杭州美高华颐化工公司的活性染料匀染剂 203K、上海康顿纺织化工公司的活性染料匀染剂 L—800 等),虽说对提高得色深度作用不大,但由于这些匀染剂,具有较强的助溶与分散功能,对缓解染料的凝聚,减少色点、色渍染疵的产生,却有一定的积极作用。

④复合碱作碱剂。纯碱作固色碱剂,由于纯碱也是电解质,而且用量较多,所以,固色浴中的盐、碱混合浓度较高。经实验,一旦大于80g/L,中温型活性翠蓝就会产生过度絮聚,很容易产生"色点、色渍"染疵。复合碱作固色碱剂,由于碱剂用量少,固色浴中的盐、碱混合浓度大大降低。所以,中温型活性翠蓝的溶解稳定性表现良好(图 3-10)。在常规染色条件下,既不会

活性翠蓝 BGFN 10g/L 六偏磷酸钠 2g/L 食　盐 70g/L 纯　碱 20g/L	活性翠蓝 BGFN 10g/L 六偏磷酸钠 2g/L 食　盐 70g/L 纯　碱 5g/L 烧　碱 1.5g/L	活性艳蓝 KN—R 10g/L 六偏磷酸钠 2g/L 食　盐 35g/L 纯　碱 15g/L	活性艳蓝 KN—R 10g/L 六偏磷酸钠 2g/L 食　盐 35g/L 纯　碱 5g/L 烧　碱 1.5g/L

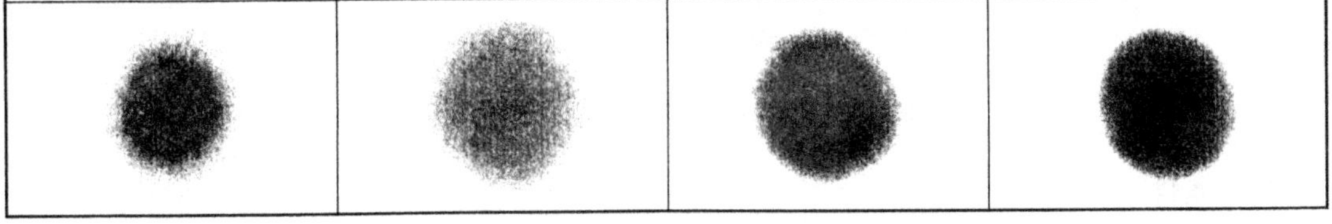

图 3-10　不同固色碱剂对活性翠蓝溶解稳定性的影响

(注:60℃保温染 10min 后检测)

发生过度凝聚,更不会产生掺有染料聚集物的有害泡沫。

经检测,以复合碱(纯碱5g/L+烧碱1.5g/L)作碱剂,在中温(60℃)条件下染色,其固色率并不比纯碱(20g/L)作碱剂低。因此,中温型活性翠蓝以复合碱替代纯碱作碱剂染色,既可有效克服纯碱固色因染料凝聚而引发的质量问题,又不会影响得色深度。

需注意的是:a. 经检测,复合碱与代用碱在实用性能上有着惊人的相似性。所以,复合碱可用代用碱替代。但染色成本要提高。

b. 中温型活性艳蓝(C.I.B 19)以复合碱作碱剂染色,也有活性翠蓝同样的效果。只是因为活性艳蓝的反应能力较强,在较低的温度(50℃)下染色,即可达到良好的固色效果。中温(60℃)染色,反而会因温度偏高,水解量增加使得色减浅。

20 C. I. 活性艳蓝 19 实用性能不佳,有无性能好的活性艳蓝可替代?

答:C. I. 活性艳蓝 19 系蒽醌型乙烯砜染料。它有耐盐、碱溶解稳定性差,在盐、碱共存的固色液中,凝聚性、骤染性很强的性能缺陷。很容易因此产生色泽不均匀,深浅不稳定,色光不纯正,牢度不理想等诸多质量问题。因此,在实际应用中很难操控,通常染色一次成功率不高。

针对 C. I. 活性艳蓝 19 的性能缺陷,近年来,境内外的染料生产企业,相继推出了两只活性艳蓝新品。一只是浙江龙盛集团股份有限公司的活性艳蓝 CP,一只是台湾虹光化学工业(南京)有限公司的活性艳蓝 GN。

(1)活性艳蓝 CP。活性艳蓝 CP 是普通型活性艳蓝的改进型产品,染色色光基本相同。其染色特征值(SERF 值)如图 3-11、图 3-12 所示。

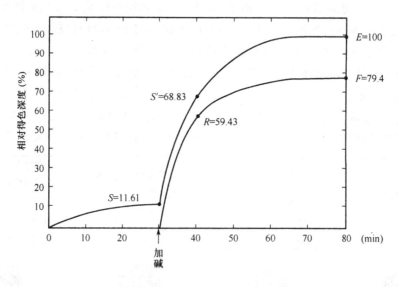

图 3-11 活性艳蓝 CP 的相对 SERF 值曲线

检测条件:

染料 1.25%(owf)、食盐 40g/L、纯碱 12.5g/L。

浴比 1:30,60℃吸色 30min、固色 50min。

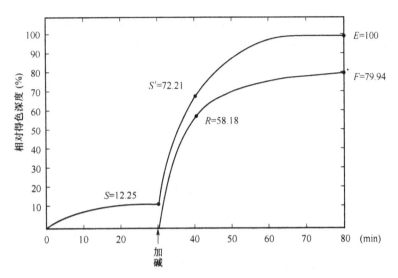

图 3－12　活性艳蓝 KN—R 的相对 SERF 值曲线

以吸色 30min 固色 50min 时的吸色深度作 100％相对比较。

以 Datacolor SF 600X 测色仪检测。

从图 3－11、图 3－12 可见，改进型活性艳蓝 CP 与普通型活性艳蓝（如 KN—R），在浸染中的 SERF 染色特征值，具有惊人的相似性。这表明，改进型活性艳蓝 CP 的分子结构并未发生改变。

然而，活性艳蓝 CP 在商品优处理时，对添加剂（主要是扩散剂、助溶剂）却做了重大改进。这可从以下几个方面得到证实。

①耐盐、碱溶解稳定性（图 3－13）。

从图 3－13 可看出，改进型活性艳蓝 CP 的耐盐、碱溶解稳定性提高显著。这表明，活性艳

	染　料 10g/L 食　盐 40g/L 60℃，5min	染料 10g/L、食盐 40g/L、 纯　碱 15g/L 60℃，5min	染料 10g/L、食盐 40g/L 纯　碱 20g/L 60℃，5min
活性艳蓝 CP（改进型）			
活性艳蓝 KN—R（普通型）			

图 3－13　改进型与普通型活性艳蓝的耐盐、碱溶解稳定性比较

蓝 CP 在实用条件下,不会因固色浴中盐、碱混合浓度较高,而产生过度凝聚,造成诸多质量问题。这是活性艳蓝 CP 与普通型活性艳蓝相比,最大的改进亮点。

②对电解质的依附性(图 3-14)。

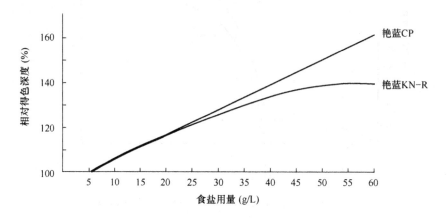

图 3-14 活性艳蓝的得色深度与电解质的依附关系

检测条件:

染料 2%(owf)、食盐 5~60g/L、纯碱 15g/L。

浴比 1∶30,65℃吸色 50min,固色 60min,二次皂煮。

从图 3-14 可见,65℃染 2%(owf)深度时,改进型活性艳蓝 CP 的得色深度,是随食盐用量的增加而增加。而普通型活性艳蓝 KN—R 的得色深度,则是食盐 50g/L 时最高。食盐浓度大于 50g/L 后,反而产生走浅趋势。这显然表明,活性艳蓝 CP 的耐盐、碱溶解稳定性良好。而普通型活性艳蓝 KN—R 的耐盐、碱溶解稳定性较差,随着食盐浓度的走高,染料的凝聚程度也会随之增大。

③染料的提深性(图 3-15)。

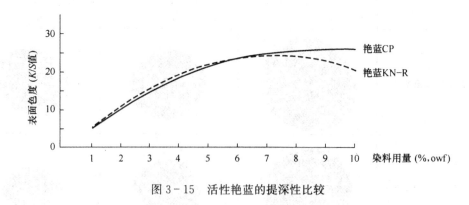

图 3-15 活性艳蓝的提深性比较

检测条件:

染料 1%~10%(owf)、食盐 40g/L、纯碱 20g/L。

浴比 1∶30,65℃吸色 50min,固色 60min,二次皂煮。

图 3-15 显示,在实用条件下,普通型活性艳蓝 KN—R 的染色饱和值在 7%(owf)左右,染料用量增加,得色深度反而会下降。改进型活性艳蓝 CP 的染色饱和值则可达 9%~10%。两者相比提高 30%~40%。这也说明,改进型活性艳蓝 CP 在高浓染液中的凝聚性小,染料依然具有良好的上染能力。

以上分析表明,活性艳蓝 CP,通过添加剂的改进,卓有成效地解决了 C.I. 活性艳蓝 19 在固色浴中凝聚性过大的缺陷。但在固色阶段(尤其是固色初期)的"骤染"问题仍旧存在。但是,骤染问题可以通过采取预加碱法染色(在染色初始,预加纯碱 1g/L,使之在弱碱性浴中吸色),以及固色纯碱"先少后多,分次施加"等举措,得到有效克服。因而,以改进型活性艳蓝 CP 替代普通型活性艳蓝染各种宝蓝色,其色光、艳度相同,染色质量却可得到显著提高。

(2)活性艳蓝 GN。活性艳蓝 GN,系带双官能团的活性艳蓝新品种。它是一只略带绿光的艳蓝染料。其色泽与高温型活性宝蓝 H—EGN 相似,在中温型活性染料中没有色光相近的品种。

活性艳蓝 GN 与普通型活性艳蓝(C.I. 活性蓝 19)相比,其染色性能有三大特点:

①耐盐、碱溶解稳定性好。经检测,活性艳蓝 GN 在食盐 60g/L、纯碱 20g/L 的固色液中,仍能保持良好的溶解稳定状态。(普通型活性艳蓝当盐、碱混合浓度大于 60g/L,便会发生严重的凝聚现象)。这表明,活性艳蓝 GN 在常规实用条件下,因固色浴中盐、碱混合浓度较高过度凝聚而产生质量病疵的隐患很小。

②固色初期骤染现象不明显(图 3-16)。

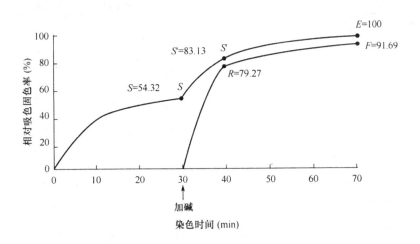

图 3-16　活性艳蓝 GN 的吸色、固色曲线

检测条件:

染料 2%(owf)、六偏磷酸钠 1.5g/L、食盐 40g/L、纯碱 20g/L。

浴比 1:30,70℃吸色 30min,固色 40min。

从活性艳蓝 GN 的吸色、固色曲线可见,活性艳蓝 GN 在加碱固色初期阶段,吸色平稳、和缓,显然,这与活性艳蓝 GN 在中性盐浴(吸色浴)中,亲和力较大,一次吸色量较高,在加碱固色前染液浓度较低密切相关。根本不存在明显的骤染现象。

③最佳染色温度较高。经检测,活性艳蓝 GN 的最佳染色温度为 70℃。染温低于或高于 70℃,其得色深度均会下降。这比常用中温型活性艳蓝(C.I.19)的最佳染色温度,足足提高了 10℃。

从以上分析可知,活性艳蓝 GN,在加碱固色初期,既不会产生显著的"凝聚",也不会发生明显的"骤染"。而且和活性嫩黄(C.I.160)或活性翠蓝(C.I.21)的最佳染色温度相同或更接近(注:活性嫩黄的最佳染色温度为 70℃,活性翠蓝的最佳染色温度为 80℃)。所以,以活性艳蓝 GN 替代 C.I.19 活性艳蓝(如 KN—R),与活性嫩黄或活性翠蓝拼染各种艳绿色与青光艳蓝色,不仅匀染效果优良,其染色牢度与色泽重现性更好,而且由于彼此都呈现黄绿光,没有色光冲突,所以色光的艳亮度与纯正度也最佳。

21 活性染料拼染艳绿色,为什么色光不稳定? 且色牢度差又容易产生色点?

答:中温型活性染料染成艳绿色的棉布,通常采用活性嫩黄 B—4GLN 与活性翠蓝 B—BGFN 拼染。优点是色光鲜嫩亮丽,其他染料染不出。缺点是得色色光忽蓝忽黄不稳定,而且色牢度还容易产生色点,染色质量难以掌控。

(1)引起得色色光不稳定的主要原因有以下两点:

①活性嫩黄 B—4GLN 与活性翠蓝 B—BGFN 的上色速率差异颇大,严重缺乏同步性(图 3-17、图 3-18)。

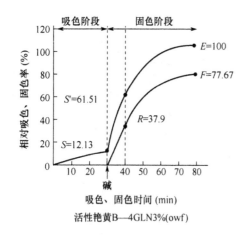

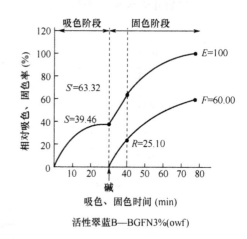

图 3-17 活性艳黄 B—4GLN 的 SERF 值曲线 　　图 3-18 活性翠蓝 B—BGFN 的 SERF 值曲线

从两者的相对 SERF 值中可以看出:在中性吸色阶段,翠蓝的上色速率与上色量远远大于嫩黄。而在碱性固色阶段,翠蓝的上色速率与上色量又远远小于嫩黄。可见,在不同染色时段,由于两者的上色比例不同,其色光各异。

所以,活性嫩黄 B—4GLN 与活性翠蓝 B—BGFN 拼染艳绿色,对染色时间的要求很高。一旦染色时间不足,特别是染色时间长短不同,必然要产生色光差异。

②活性嫩黄 B—4GLN 与活性翠蓝 B—BGFN,对染色温度的要求显著不同,配伍性很差。(表 3-17)的检测结果可以证明:

表 3-17　染色温度对得色深度的影响

染料 ＼ 相对得色深度（％）	染色温度（℃）			
	60	70	80	90
活性嫩黄 6GLN	100	117.02	111.21	91.02
活性翠蓝 BGFN	100	125.53	137.01	133.78

注　检测条件:染料 2％(owf)、六偏磷酸钠 1.5g/L、食盐 50g/L、纯碱 20g/L(先加 10％10min 后再加 90％)。

浴比 1:30,分别保温 60～90℃吸色 40min、固色 60min,水洗皂洗二次。

Datacolor SF 600X 测色仪检测。

从表 3-17 数据可见:活性嫩黄 B—4GLN 70℃染色得色量最高。染温低于或高于 70℃,得色量都会下降。活性翠蓝 B—BGFN 80℃染色得色量最高。染温低于或高于 80℃,得色量都会下降。由于两者得色量最高的染色温度不同,而且差异颇大,所以两者拼染绿色,即使采用 80℃染色,其得色色光对染色温度依然十分敏感。即,染色温度偏高,会由于翠蓝的上色量下降幅度小,嫩黄的下降幅度大,而产生"偏蓝"色差。染色温度偏低,又会由于翠蓝的上色量会显著下降,嫩黄的上色量会明显增加,而产生"偏黄"色差。

(2)造成色牢度差且容易产生色点的原因有以下三点:

①活性嫩黄 B—4GLN 与活性翠蓝 B—BGFN 的水溶性优良。在 80℃的软化水中,其溶解度高于 150g/L。耐盐溶解稳定性也都很好,染料 10g/L、食盐 80g/L、80℃的染液,依然能保持良好的溶解状态。但在盐、碱共存的固色液中,其溶解稳定性却很差。

经检测,活性翠蓝 B—BGFN,在染料 10g/L、80℃的染液中,盐、碱混合浓度一旦超过 80g/L,染液中的染料便会发生显著甚至严重的凝聚或絮聚,且产生泡沫。活性嫩黄 B—4GLN 的耐盐、碱溶解稳定性就更差。在染料 10g/L、80℃的染液中,加入食盐 40g/L,纯碱 20g/L,染料一水会立即发生分离而析出。如表 3-18 所示。

表 3-18　活性嫩黄与活性翠蓝的耐盐、碱溶解稳定性

检测项目		耐盐溶解稳定性			耐碱溶解稳定性				耐盐、碱溶解稳定性			
染液组成（g/L）	染料	10	10	10	10	10	10	10	10	10	10	10
	六磷	1.5	1.5	1.5	1.5	1.5	1.5	1.5	1.5	1.5	1.5	1.5
	食盐	70	90	110					40	50	60	70
	纯碱				10	15	20	25	20	20	20	20
溶解状态	活性嫩黄 6GLN	良好	良好	良好	絮聚明显	絮聚显著	絮聚严重	絮聚严重	絮聚析出	絮聚析出	絮聚析出	絮聚析出
	活性翠蓝 BGFN	良好	较好	轻度絮聚	良好	良好	良好	良好	良好	较好	絮聚明显	絮聚严重

注　染液保温 80℃,先加盐溶解后再加纯碱,在缓慢搅拌下放置 10min 后检测。

在染色实用条件(食盐 40～80g/L、纯碱 15～25g/L)下的固色液中,两者的溶解稳定性缘何会突然变差? 其原因有以下两点:

a. 固色纯碱(也是电解质)的加入,使染液中的电解质混合浓度陡然提高。对染料的"盐析

作用"瞬间增大。

b. 固色纯碱的加入,使染液迅速变为碱性,染料中的 β-羟乙基砜硫酸酯活性基,快速发生"消去反应",硫酸酯基脱落,使原来的活性基由亲水性变为疏水性,导致染料自身的水溶能力大幅度下降。

在固色阶段,染料的溶解状态不佳,势必会造成匀染透染效果不良,较多染料浮于纤维表面,使色牢度低下。而且,染料的絮聚体一旦随泡沫黏附在织物上,还会产生色点、色渍染疵。

②活性翠蓝 B—BGFN 具有铜酞菁母体,其结构特征使其具有扩散性差、反应性弱的性能缺陷。因此,活性翠蓝的透染性差、固色率低、浮色率高,无疑也是造成拼染的绿色色牢度欠佳的主因之一。

③活性嫩黄 B—4GLN 对碱敏感,在加碱固色初期,具有明显的"骤染"问题。染料吸附过快,加上染料溶解状态欠佳,必然产生吸附速率大于扩散速率,较多染料堆积在纤维表面成为浮色。因此,对拼染的绿色产生牢度不良,也是一个关键的影响因素。

(3)应对措施。实践证明,落实以下综合措施,对稳定活性染料拼染艳绿色的染色质量,是可行的和有效的。

①提高染色半制品的丝光效果。染色半制品、经浓烧碱丝光,可以使微结构的自由空间显著增大增多。从而使纤维的吸色容量增加,染料的扩散速率加快。这对于活性嫩黄与活性翠蓝拼染艳绿色,提高染深效果,改善染色牢度,稳定得色色光,具有不同于其他活性染料的特殊意义。

但是,必须以 220g/L 以上浓度的烧碱做"大丝光",绝不能以 220g/L 以下浓度的烧碱做"半丝光"。实验证明,只有"大丝光"才能避免织物产生"表面丝光",真正实现丝光效果的匀、透,才能从根本上保证艳绿色的染色质量更加稳定。

②电解质用量要控制。活性嫩黄与活性翠蓝的耐盐溶解稳定性良好。但在盐、碱共存的固色液中、溶解稳定性却表现很差。而且,染料的凝聚程度受益、碱混合浓度大小的直接制约。即盐、碱混合浓度越高、染料的凝聚程度越大。因此,两者拼染艳绿色时,绝不能因染料的上染率低,染深性差,而过多施加电解质。实践证明,电解质过多,不但不能明显提高最终得色深度,反而会因盐、碱混合浓度过高,染料过度凝聚而诱发吸色不匀,色牢度下降,以及色点、色渍染疵。实验表明,两者拼染较深的艳绿色时,电解质浓度以低于 60g/L(盐、碱混合浓度低于 80g/L)为宜。

③要以预加碱工艺染色。所谓预加碱工艺,就是在染色初始预加纯碱 0.5～1g/L,使织物在弱碱性浴中吸色。经检测,这可显著提高活性染料的一次吸色量。由于预加碱染色,在正式加碱固色前,染液浓度可以大幅度下降,加碱后染料的凝聚现象与骤染现象能得到有效缓解。所以,对于活性嫩黄的正常上染有特殊意义。对于提高活性嫩黄与活性翠蓝拼染艳绿的质量效果,也有举足轻重的作用。

④染色温度要正确、稳定。由于活性嫩黄和活性翠蓝对染色温度的要求不同且差异颇大。所以,两者拼染染色对染温特敏感。染色温度一旦存在差异,即使是较小的差异也会影响其重现性。因此,确保染色温度的正确性与一致性,是两者拼染染色的关键。

经实验,两者拼染艳绿色时,以 80℃ 染色为宜。理由:一是 80℃ 染色活性翠蓝的上染量最高,而活性嫩黄的上染量下降幅度较小;二是采用较高温度(80℃)染色,染料的扩散性较好,反应性较高,这对活性翠蓝的上染具有特殊意义。

然而,在实际生产中,由于机台温控仪表受温度传感器与控温电脑测温精度的影响,通常不能准确反映染液的实际温度。即温控仪表的显示温度与染液的实际温度之间,存在着一定的差异。而且,这种隐性温差在不同机台之间并不相同,有的差异颇大。因此,温控仪表所显示的温度,即使与工艺设定温度相符,也不能说明实际染色温度正确。为此,活性嫩黄与活性翠蓝拼染艳绿色时,务必要用精密的留点温度计,对不同染色机台进行测温精度的检测,并把检测温差作为修正系数,对相应机台的显示温度进行修正,以确保染色温度的正确性。

⑤染色温度要分二段保温。活性嫩黄的最高得色温度为 70℃,活性翠蓝的最高得色温度为 80℃。两者的染色温度配伍性很差。为此,两者拼染艳绿色时,必须分二段保温染色。即先 80℃ 保温染色,使活性翠蓝达到最高上色平衡。而后降温至 70℃ 再保温染色一个时段,目的是使活性嫩黄在其最佳染色温度(70℃)下继续上色,实现新的最高上色平衡。实验证明,由于二段保温染色工艺,与活性嫩黄、活性翠蓝的性能要求相适应,所以拼染的艳绿色色光稳定,重现性良好。

⑥纯碱要先少后多、分次施加。固色纯碱先少后多、分次施加,使固色液的 pH 值从低到高逐步提升,可有效缓解活性嫩黄在固色初期的凝聚程度与骤染程度。因而,对提高艳绿色的染色质量能产生积极作用。

⑦要强化水洗、皂洗。由于活性嫩黄与活性翠蓝的固色率较低、浮色率较高,所以,染后在充分水洗的基础上,必须选用净洗、润湿、渗透、乳化、分散、增溶和防沾效果好的高效皂洗剂皂洗 。必要时,皂洗 后再以固色剂做适当处理,以进一步改善其染色牢度。

应注意的是,活性嫩黄与活性翠蓝的浮色率与易洗性各不相同。因而,皂洗条件(温度、时间、浴比等)的差异,也会造成得色色光产生缸差。所以,在实际生产中要引起重视。

22　活性染料浸染黑色,为什么色光不稳定而且容易产生云状色花? 该怎样应对?

答:(1)产生原因。当前,市场上供应的活性黑品种很多。诸如:活性黑 KN—G2RC、活性黑 GR、活性黑 GWF、活性黑 ED、活性黑 GFF、活性黑 TBR 等。这些活性黑,由于染深性良好,售价低廉,如今已成为纤维素纤维(织物)浸染黑色时染料的首选。

但是,这些活性黑在浸染染色中,得色色光容易波动,而且容易产生云状色花。问题的根源来自于染料组成中存在着缺陷。

活性黑并非单一结构,而是复配型染料。普通型活性黑通常都是以高浓 C. I. 活性元青 5 作主色(占 60%～80%),以 C. I. 活性橙 82 作副色(占 10%～20%)复配而成。C. I. 活性元青 5,相当国产活性黑 KN—B、活性元青 B、活性藏青 GD。其分子结构如下。

$$NaO_3SOH_2CH_2CO_2S-\text{〇}-N=N-\text{〇}-N=N-\text{〇}-SO_2CH_2CH_2OSO_3Na$$

(OH, NH_2 在萘环上方;NaO_3S, SO_3Na 在萘环下方)

由于 C. I. 活性元青 5 的最大吸收波长为 600nm，实际是一只灰度较高的藏蓝色而并非黑色。所以，以 C. I. 活性元青 5 为主拼混黑色，必须添加适量蓝色的余色——橙色染料，将其蓝光转变为灰色，以提高其乌黑度。因此，活性橙所占比例虽然不多，但对得色色光却起着决定性作用。其上染量一旦产生差异，便会导致得色色光波动。

常用的橙色染料，一般是 C. I. 活性橙 82，其分子结构如下。

$$NaO_3SOH_2CO_2S \longrightarrow \text{(结构式)} \longrightarrow NH \longrightarrow \text{(环丙基)} \begin{smallmatrix} Cl \\ Cl \end{smallmatrix}$$

C. I. 活性元青 5，系双偶氮母体双乙烯砜活性基染料。其分子结构凸显三大性能特点：

①分子两端各含一个中温型活性基团——β-羟乙基砜硫酸酯基。故最适合中温 60℃ 染色。染温低于 60℃，反应性会减弱，固着率会降低。染温高于 60℃，染料的水解量会增大，得色会减浅。

②由于 β-羟乙基砜硫酸酯活性基，遇碱会迅速发生"消去反应"，硫酸酯基（—OSO_3Na）脱落，变为反应性很强的乙烯砜基（—$SO_2CH=CH_2$）。所以，对碱剂特敏感。在加碱固色初期，会因染料—纤维间的反应速率过快，迅即打破原有的吸色平衡，以及染浴中电解质（盐、碱）混合浓度猛然增高，盐析作用陡然增大，产生严重的"骤染现象"。经检测，在染料 2%（owf）、食盐 50g/L、60℃ 吸色 30min 后，加纯碱 20g/L，固色 10min 内，其吸色量可净增 60% 以上。

③由于分子结构中 H 酸上带有两个强亲水性基团——磺酸基（—SO_3Na），分子两端又带有两个亲水性的 β-羟乙基砜硫酸酯活性基，所以在中性盐浴中染料具有较高的水溶性。这会使染料的一次吸色量明显降低。经检测，按常规升温染色法染 1.25%（owf）的深度，其一次吸色率仅有 15% 左右。由于大量的染料残留在染浴中，必然会导致二次吸色速率加快，从而加剧固色初期的"骤染"程度。

C. I. 活性橙 82，系单偶氮母体，其中一端带有一个中温型活性基——β-羟乙基砜硫酸酯基。另一端则带有一个二氯均三嗪活性基。

其分子结构显示出两大性能特点：

①由于二氯均三嗪活性基为低温型活性基，反应活性很高，在中温 60℃ 染色上染速率极快。故只适合在低温 30～40℃ 吸色、固色。

②低温型活性基的耐热耐碱稳定性差，在温度较高的碱性浴中，极易发生水解。经检测，染料 10g/L、pH=11.8、60℃ 的染液静置 4h，其水解率高达 40%。

可见，C. I. 活性元青 5 与 C. I. 活性橙 82 的染色性能。配伍性很差，对染色条件的要求有很大不同。倘若按中温型活性染料应用，以常规升温法 60℃ 染色，势必会产生以下质量问题。

a. 60℃ 染色，会因温度过高，使活性橙组分大量水解，从而导致色光显著"走蓝"，乌黑度下降。而且还容易因水解程度不一，造成得色色光的"走蓝"程度忽轻忽重，产生明显色差。

b. 60℃ 染色，会因温度过高，使活性橙组分上色太快，引起上色不匀，从而使织物产生云状色花。

c. 常规升温法 60℃ 染色，会因 C. I. 活性元青 5 在中性盐浴中亲和力弱，一次吸色量低，大量染料残留在染浴中,致使加碱固色初期的二次吸色过多过快(骤染),这即会造成上色不匀,又会导致色牢度低下。而且还会因浮色过重,降低乌黑度的纯正性。

显然,C.I.活性元青5与C.I.活性橙82为主拼混的活性黑,其实并非真正的中温型染料。按普通中温型活性染料以常规升温法60℃染色,并不合适。

(2)应对措施。

①要采用分段染色法染色。所谓分段染色法,实为一浴二段染色法。即先在低温35～40℃染色,使C.I.活性橙82均匀吸色、固色。而后,再升温至60℃染色,使C.I.活性元青5正常吸色、固色。

一浴二段染色法推荐工艺如下:

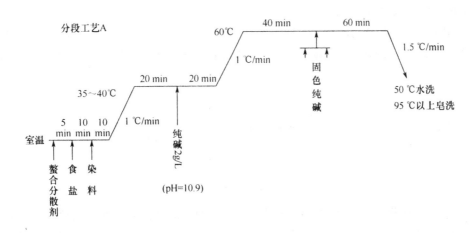

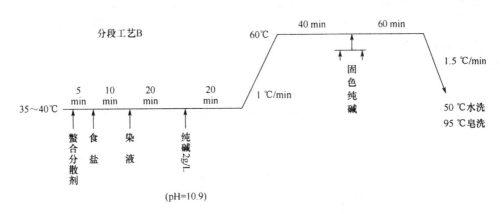

实验证明,由于分段染色法能够满足C.I.活性元青5与C.I.活性橙82对染色温度的特定要求。所以,两者因染色温度不同而诱发的诸多质量问题可以迎刃而解。而且,由于该工艺从低温(35～40℃)就在弱碱性浴中染色(实际相当预加碱染色法染色)。所以,C.I.活性元青5的一次吸色量可以大幅度提高(经检测,C.I.活性元青5在相同条件下,弱碱性浴中吸色比中性浴中吸色的吸色量可提高4倍左右。但由于碱性较弱,移染能力犹存,通常不会产生吸色不匀)。由于加碱固色前,染液浓度大幅度降低,使固色初期阶段的骤染现象,可以得到显著缓解。

从而使活性元青的匀染效果,得到明显改善。

正因为如此,分段染色工艺可以从根本上消除这类活性黑的质量隐患,确保色泽均匀,色光稳定。

②碱剂要分次施加。固色纯碱先少后多、分次施加,使染液的碱性由弱渐强,这可有效缓解固色阶段染料的二次上色速率。因而,对实现匀染稳定色光,也会产生积极效果。

③进厂染料要加强检测。国内活性黑的生产大多采用湿法拼混。而每次合成的染料量较大,生产一批次的活性橙,需要与几批次的活性元青来复配。由于 C. I. 活性橙 82 在湿态稳定性差,在放置过程中染料会陆续水解。因此,前后拼混的活性黑,往往会因 C. I. 活性橙 82 力份的不同,在色光、乌黑度等方面产生一定的差异。所以,这类活性黑进厂后,对其色光、力份应进行认真检验,以杜绝色差的产生。

注:在市售活性黑中,有部分品种是真正意义上的中温型活性黑。因为,它们完全摒弃了 C. I. 活性橙 82,而采用了中温型活性橙替代。常用的中温型活性橙有 C. I. 活性橙 107 等。

$$NaO_3SOH_2CH_2CO_2S - \bigcirc\hspace{-0.3em}- N=N - \bigcirc\hspace{-0.3em}- N=N - \bigcirc\hspace{-0.3em}- SO_2CH_2CH_2OSO_3Na$$

C. I. 活性橙 107

由于 C. I. 活性橙 107 也是中温型染料。所以,和 C. I. 活性元青 5 的染色性能相近似。完全没有 C. I. 活性橙 82 带来的性能缺陷,只是售价较高。因此,没有必要采用特殊染色法——分段染色法染色。但是,由于这类活性黑还是以 C. I. 活性元青 5 为主拼成,在加碱固色初始阶段,二次吸色过猛,即骤染现象突出,不利于匀染。所以,有必要采用预加碱染色法染色,以提高一次吸色量,缓解"骤染"现象。

预加碱染色法工艺曲线:

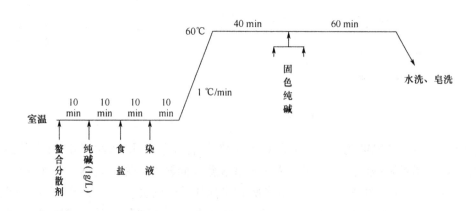

23 棉织物浸染,怎样才能染好青光艳蓝色?

答:艳蓝色,由于色泽鲜嫩亮丽,在实际生产中,几乎都是采用 C. I. 活性艳蓝 19 为主拼染。

但是，以 C. I. 活性艳蓝 19 为主拼染，存在三大质量隐患。

（1）C. I. 活性艳蓝 19，色泽虽艳丽，但红光很重。因此，比较适合与活性艳红（如艳红 3BS、艳红 M—3BE、艳红 2BFN 等）拼染艳亮的红光宝蓝色。如果用来染青光艳蓝色，则必须添加适量活性翠蓝或活性黄，将其原有的红光消掉。可是，这样一来，活性艳蓝便会失去原有的艳亮度，使得色色光明显萎暗。因此，常达不到客商对鲜艳度的要求。

（2）C. I. 活性艳蓝 19，存在三大性能缺陷。在加碱因色阶段（尤其是固色初始阶段），即会因盐、碱混合浓度较高（一旦≥60g/L），盐析作用较大，以及 β-羟乙基砜硫酸酯活性基发生“消去反应”，硫酸酯基脱落，染料自身的水溶性下降，而产生显著甚至严重的“凝聚现象”（见图 3-19）。又会因 β-羟乙基砜硫酸酯活性基的“消去反应”过快，染料—纤维间的键合反应过猛，导致加碱后二次吸色速率过高，而产生突出的“骤染现象”。这可从染料的吸色、固色曲线（图 3-20）中看出来。

染　料　10g/L 六偏磷酸钠　1.5g/L 食　盐　30g/L 纯　碱　20g/L	染　料　10g/L 六偏磷酸钠　1.5g/L 食　盐　40g/L 纯　碱　20g/L	染　料　10g/L 六偏磷酸钠　1.5g/L 食　盐　50g/L 纯　碱　20g/L	染　料　10g/L 六偏磷酸钠　1.5g/L 食　盐　60g/L 纯　碱　20g/L

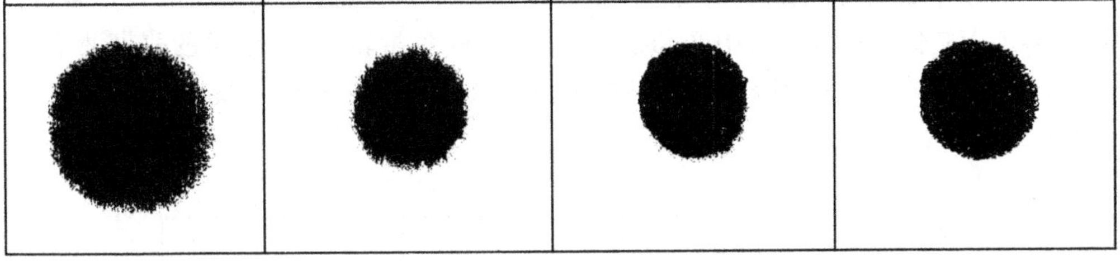

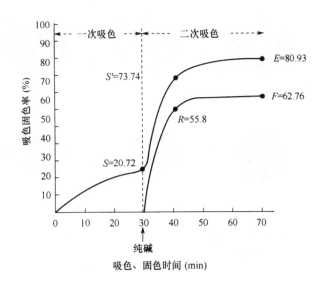

图 3-19　活性艳蓝 KN—R 的耐盐碱溶解稳定性

（注：先溶解染料，再加入食盐，而后加入纯碱，保温 60℃放置 10min 后检测）

图 3-20　中温活性艳蓝 KN—R 的吸色、固色曲线（常规升温法染色）

检测条件：

染料 1.25%(owf)、六偏磷酸钠 2g/L、食盐 30g/L、纯碱 20g/L。

浴比 1：30，保温 60℃吸色、固色。水洗、皂洗、水洗。

以 721N 型可见分光光度计检测染液与残液的吸光度。

因此，C.I. 活性艳蓝 19 在工艺操作上很难驾驭。非常容易产生上色不匀（色花）、色光波动（色差）以及色牢度低下等质量问题。

(3)经实验对比，以高温型活性宝蓝 H—EGN 替代中温型活性艳蓝，可以染得色光更亮，匀染透染效果更好，色泽更稳定的青光艳蓝色。原因有以下三个：

①高温型活性宝蓝 H—EGN，是一只略带黄光的艳蓝色。以其为主染青光艳蓝色，通常只需根据色光的需要，添加少量高温型活性蓝 H—ERD 微调蓝光即可。所以，染得的青光艳蓝色明亮度较高。

②高温型活性宝蓝 H—EGN 与 C.I. 活性艳蓝 19 不同，不含 β-羟乙基砜硫酸酯活性基，而是带有双一氯均三嗪活性基。在碱性浴中，其活性基不会发生"消去反应"。因而，染料自身固有的水溶能力，并不会因纯碱的加入而明显下降。又由于活性宝蓝 H—EGN 与活性蓝 H—ERD 的耐电解质溶解稳定性良好（经检测，在含盐 60g/L、65℃的水中，染料的稳定溶解度高达 50g/L）。再加上它们在中性盐浴中亲和力较大，一次吸色量较高，加碱固色前染液浓度较低。所以，在常规染色条件下，不会因固色浴中盐、碱混合浓度较高，而产生"凝聚现象"（图 3－21～图 3－23）。

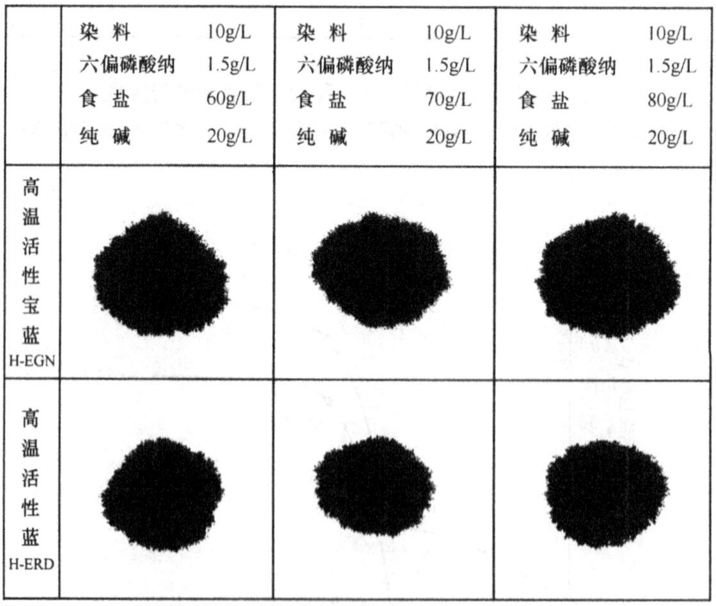

染料 六偏磷酸纳 食盐 纯碱	10g/L 1.5g/L 60g/L 20g/L	染料 六偏磷酸纳 食盐 纯碱	10g/L 1.5g/L 70g/L 20g/L	染料 六偏磷酸纳 食盐 纯碱	10g/L 1.5g/L 80g/L 20g/L
高温活性宝蓝 H-EGN					
高温活性蓝 H-ERD					

图 3－21　高温型活性染料的耐盐、碱溶解稳定性

（注：先溶解染料，再加入食盐，而后入纯碱，保温 80℃）

③高温型活性染料，只带有一氯均三嗪活性基。而一氯均三嗪活性基与乙烯砜活性基的最

大不同,就是与纤维素纤维的反应活性较弱,耐热稳定性较好,对碱剂的敏感性较小。所以,在加碱固色阶段,其反应速率较低,致使染料的二次吸色速率相应较慢。因而,不存在明显的"骤染"问题。这可从图 3-22、图 3-23 看出来。

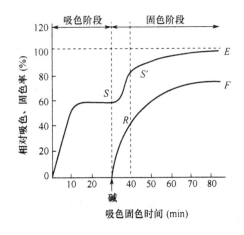 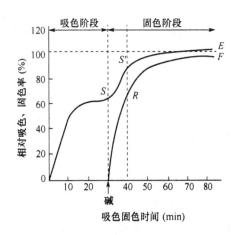

图 3-22　活性宝蓝 H—EGN 的吸色、固色率曲线　　　图 3-23　活性蓝 H—ERD 的吸色、固色率曲线

（4）推荐工艺

①用料配方:

高温型活性宝蓝 H—EGN	x
高温型活性蓝 H—ERD	y
螯合分散剂	1.5g/L
食盐	20～60g/L
纯碱	10～20g/L

②工艺操作:

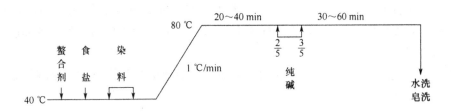

③工艺提示:

a. 高温型活性染料对纤维素纤维的亲和力比中温型活性染料高。所以,在中性盐浴中的吸色速率相对较快,具有潜在的吸色不匀问题。为此,升温速率必须严格控制,宜慢不宜快。

b. 高温型活性染料的相对分子质量较大,且居双侧型。再加上对纤维素纤维的亲和力较高,与中温型活性染料相比,其扩散能力与移染能力明显较弱。因此,保温(80℃)吸色时间必须充裕。这对改善匀染透染效果具有重要意义。

c. 在 80℃固色条件下,高温型活性染料的最佳固色 pH 值为 11 左右。pH 值过低或过高,

61

得色量都会下降。因此,固色碱剂以纯碱为最佳。

d. 高温型活性宝蓝 H—EGN 的反应能力较弱,固着率较低,浮色率较高(图 3 - 22)。所以,染后水洗、皂洗必须强化,以确保染色坚牢度。

24 活性染料染耐光牢度要求高的色单,染料该如何选择?

答:实验表明,活性染料染纤维素纤维,拼合染料之间在耐光牢度方面彼此缺乏"保护"作用。因此,在拼染染色时,其耐光牢度不但没有"加和性",甚至还会产生负面影响。表现在拼色后的耐光牢度,总是等于或低于拼合组分中耐光牢度最低的染料水平。这就是说,在拼染处方中只要有一只染料耐光牢度低下(即使用量较少),其他拼合染料中的耐光牢度再好,其拼色后的耐光牢度也将是很差的。

所以,活性染料拼染纤维素纤维时,一定要选用耐光牢度相同或相近的染料配伍拼合。这对稳定和提高活性染料拼染染色的耐光牢度,具有积极意义。

(1)染深浓色泽染料的选择。染深浓色泽,对染料的耐光牢度要求较低。这是由于深浓色泽纤维上的染料浓度高,染料分子的聚集度大,同样数量的染料接触空气、水分、日光的表面积小,染料遭受破坏的程度小。

经检测,染 3%(owf)以上的深浓色泽,国产常用三原色[活性黄 M—3RE 或 A(B)—4RFN、活性红和 M—3BE 或 A(B)—2BFN、活性蓝 M—2GE 或 A(B)—2GLN]通常就可以达到 ISO.105—BO2 蓝标 5 级(相当 AATCC 标准 3 级)的外销要求。因此,可以选用。

(2)染浅淡色泽染料的选择。染浅淡色泽,对染料的耐光牢度要求较高。这是因为,浅淡色泽纤维上的染料浓度低,染料在纤维上呈高度分散状态,遭受空气、水分、日光破坏的程度和概率明显较大的缘故。

经检测,普通活性染料染浅淡色泽,其耐光牢度远远达不到 ISO.105—BO2 蓝标与级(AATCC3 级)的外销要求。必须采用高耐光牢度的染料染色。

当前,市供活性染料中,耐光牢度较高比较适合染浅色的中温型活性染料主要有三组:台湾永光公司的活性黄 C—GL、活性红 C—3B、活性蓝 C—BB。亨斯迈纺化公司的汽巴可隆黄 FN—2R、汽巴可隆红 FN—2BL、汽巴可隆蓝 FN—R。德司达公司的雷马素艳黄 GL、雷马素红 3B、雷马素艳蓝 BB。

①亨斯迈公司的浅三原色组合。这组 FN 型浅三原色染料为浸染型。染浅淡色泽耐日晒牢度很好(表 3 - 19)。

表 3 - 19　亨斯迈公司 FN 型三原色的耐日晒牢度

染料名称	染料用量 (%,owf)	耐日晒牢度(级) ISO.105—BO2 蓝标
汽巴可隆黄　FN—2R	0.27	5～6
汽巴可隆红　FN—2BL	0.62	5
汽巴可隆蓝　FN—R	0.08	5～6

但是,这组染料在实用中有三个缺点值得注意(表 3 - 20):

其一，汽巴可隆红 FN—2BL 亲和力较低，反应性较弱，其上染速率明显滞后于黄色和蓝色染料。因此，染色色光较难掌控。

其二，汽巴可隆红 FN—2BL 的色光特别灰暗，染不出较鲜亮的红色。

其三，这组染料的耐汗—光牢度和耐氯浸牢度较差（特别是红 FN—2BL），所以，不适合染耐汗—光牢度和耐氯浸牢度要求高的色泽。

表 3－20　亨斯迈公司 FN 型三原色的耐汗—光牢度和耐氯浸牢度

染料用量 0.5％(owf)	碱性汗—光牢度(级) ISO.105—BO2/EO4	氯浸牢度(级) ISO.105—EO3　20mg/L
汽巴可隆黄　FN—2R	4	4
汽巴可隆红　FN—2BL	2～3	2
汽巴可隆蓝　FN—R	3	3～4

②永光公司的浅三原色组合。这组 C 型浅三原色染料，在中性染液中对棉的亲和力低，而且三者的亲和力基本相同。所以，属于轧染型，适合连续轧染染色。

其最大的优点是染棉的耐日晒牢度很好。染 0.3％(owf) 的浅色可达 ISO.105—BO2 蓝标5～6 级。因此，很适合染耐日晒牢度要求高的浅淡色泽。

其实用缺点有四个（表 3－21）：

其一，耐汗—光牢度和耐氯浸牢度较差。所以，用来染耐汗—光牢度与耐氯浸牢度要求高的浅色时要谨慎。

表 3－21　永光公司 C 型三原色的耐光牢度和耐氯浸牢度

染料名称	耐日晒牢度(级) ISO.105—BO2 蓝标	耐碱性汗—光牢度(级) ISO.105—BO2/EO4	耐氯浸牢度(级) ISO.105—EO3　20mg/L
活性黄　C—GL	5～6	4	2～3
活性红　C—3B	5～6	3	4
活性蓝　C—BB	5～6	3	4

注　染料用量：耐日晒牢度 0.5％(owf)，耐碱性汗—光牢度 5g/L，耐氯浸牢度 1％(owf)。

其二，活性红 C—3B 的色光与汽巴可隆红 FN—2BL 相似，色光灰暗染不出艳亮的红色。而且在浸染条件下其吸色、固色速率明显滞后于黄色和蓝色染料，三者的上色同步性不理想。

其三，活性蓝 C—BB 为带黄色的浅蓝，拼色强度低，而且吸尽率（竭染率）也较差。

其四，三者的耐盐、碱溶解稳定性不同。活性蓝 C—BB 良好，活性黄 C—GL 特别是活性红C—3B 较差，容易凝聚。因而，在盐、碱共存的固色浴中，有产生色点、色渍染疵的隐患。

③德司达公司的浅三原色组合。这组浅三原色组合（雷马素艳黄 GL、雷马素红 3B、雷马素艳蓝 BB），最大的亮点是耐日晒牢度优秀（与永光公司 C 型浅三原的耐日晒牢度相当）。所以，很适合染耐日晒牢度要求高的浅淡色泽。而其他染色性能也与永光公司的 C 型浅三原染料相

似,应用时可参照。

④建议浅三原色组合。从以上分析可以看出,无论是亨斯迈公司推出的 FN 型浅三原色染料,还是台湾永光公司推出的 C 型浅三原色染料,或是德司达公司推出的浅三原色染料,它们都具有耐日晒牢度优良,耐汗—光牢度和耐氯浸牢度较差的缺陷。所以,严格来讲,这三组浅三原色染料只适合染耐日晒牢度要求高的浅色,并不适合染耐汗—光牢度和耐氯浸牢度要求高的浅色。

经实验和实践,纤维素纤维浸染,以台湾永光公司的活性黄 3RS、活性红 LF—2B、活性蓝 BRF 配伍组合染色,其耐光牢度会显得更好(表 3 - 22)。

表 3 - 22 永光两个三原色组合染料的耐光牢度和耐氯浸牢度

染料	耐日晒牢度(级)(ISO. 105—BO2 蓝标)	耐汗—光牢度(级)(ISO. 105—BO2/EO4)		耐氯浸牢度(级)(有效氯 20mg/L)
		酸性	碱性	
活性黄 C—GL	5～6	4～5	4	2～3
活性红 C—3B	5～6	3～4	3	4
活性蓝 C—BB(133%)	5～6	3～4	3	4
活性黄 3RS	5	5	4～5	4
活性红 LF—2B	6	5	4～5	2～3
活性蓝 BRF(150%)	5～6	4～5	4	3～4

注 染料用量:耐日晒牢度为 0.5%(owf),耐汗—光牢度为 5g/L,耐氯浸牢度为 1%(owf)。

从表 3 - 22 可见,建议浅三原色染料的常规耐日晒牢度与永光 C 型浅三原色染料相当。而耐汗—光牢度却比 C 型浅三原色染料好。因此,建议浅三原色染料更适合染耐光牢度要求高的浅色。不过,这两组染料都不适合染耐氯浸牢度要求高的颜色。

建议浅三原色染料在应用时要注意以下三点:

a. 在室温中性浴中,活性红 LF—2B 与活性蓝 BRF 对棉的亲和力,明显小于活性黄 3RS。因此,这组染料若用于连续轧染,初开车阶段势必要产生明显的头尾色差(黄头现象)。所以,不适合连续轧染。

b. 在浸染吸色阶段,这组染料的亲和力大小不一致,吸色同步性较差,红、蓝色染料上色滞后,存在一定程度的跳黄现象。

c. 活性红 LF—2B 和活性蓝 BRF 对碱相对敏感,在碱性浴中亲和力的提高幅度明显大于活性黄 3RS。因此,这组染料比较适合预加碱法染色。因为,在弱碱性浴中吸色,不仅可以使三者吸色同步性差的缺陷得到显著改善,而且,还可以大大缓解加碱固色初期染料的"骤染"现象,使匀染透染效果更好。

在实际生产中,倘若客商对耐光牢度的要求特别苛刻,即使选用高日晒牢度的活性染料染色,也达不到客商要求的话,可考虑用日晒牢度增进剂做后整理。部分日晒牢度提升剂及防紫外线整理剂名录见表 3 - 23。

表 3－23　部分日晒牢度提升剂及防紫外线整理剂名录

品名	离子性	用量	生产企业
日晒牢度增进剂 L41	阳	3%～5%(owf)	上海防雅精细化工有限公司
日光牢度增进剂 W—51	阳	3%～6%(owf)	上海大祥化学工业有限公司
日光牢度提升剂 DM—41	非	1%～5%(owf)	江阴德玛化学工业有限公司
日光牢度固色剂 EH—27	阳	4%～8%(owf)或 30～50g/L	上海大祥化学工业有限公司
耐晒牢度提升色剂 KDN—HSP	弱阳	5%～10%(owf)或 30～60g/L	上海康顿精细化工有限公司
耐光牢度增进剂 SUN	弱阳	3%～5%(owf)或 20～50g/L	上海湛和贸易有限公司
耐晒牢度提升剂 D41	非	4%～6%(owf)	上海德桑精细化工有限公司
日晒牢度提升剂 TDS	阴	5%～8%(owf)或 20～40g/L	宁波鄞州佰特化工助剂厂
抗紫外加工剂	非	10～30g/L	上海湛和贸易有限公司
紫外线吸收剂 UVH	阴	5%～7%(owf)或 30～60g/L	上海德桑精细化工有限公司
防紫外线整理剂 SH—CVA	阴	3%～6%(owf)或 30～50g/L	深圳双虹实业有限公司
紫外线整理剂 UV—CS	阴	3%～6%(owf)或 30～60g/L	宁波鄞州佰特化工有限公司

　　经检测，多数日晒牢度增进剂，对防止染料光变褪色有一定效果，可提高 0.5 级左右 (ISO.105—BO2 蓝标)。但存在着色光有变、成本过高的问题。

　　多数紫外线整理剂，对防止紫外线穿透织物有较好效果。有的紫外线屏蔽能力可达 60% 左右。因此，适用于儿童服装、沙滩衣裤、运动服装以及遮阳伞和遮阳篷等面料的整理。对防止紫外线降解纤维，导致纤维黄变或脆损的问题，也有一定效果。而对防止染料光变褪色效果并不明显。这是因为，活性染料的光变褪色是可见光引起的，并非紫外线造成的。

　　注：分散染料的光变褪色是紫外线引起的，所以，经防紫外线整理剂处理，可明显提高耐光牢度。

25　活性染料染耐氯浸牢度要求高的色单，要怎样应对？

　　答：不同结构的中温型活性染料，其耐氯浸牢度不尽相同，而且差异颇大。

　　模拟国标"GB/T 8433—1998 耐氯化水色牢度"标准，实测结果如表 3－24。

表 3－24　常用中温型活性染料的耐氯浸牢度

染料名称	耐氯浸牢度(级)		染料名称	耐氯浸牢度(级)	
	有效氯 20mg/L	有效氯 50mg/L		有效氯 20mg/L	有效氯 50mg/L
泰兴活性黄 M—3RE	4～5	4	永光活性艳蓝 BRF	4	4
纺科活性黄 4—4RFN	4～5	4	活性翠蓝 B—BGFN	1～2	1
永光活性黄 3RS	4～5	4	科华活性藏青	4	3～4
永光活性黄 G—GL	2	1	科华活性藏青 3GF	3～4	3
汽巴活性黄 FN—2R	4～5	4	泰兴活性黑 KN—B	2	1

染料名称	耐氯浸牢度(级)		染料名称	耐氯浸牢度(级)	
	有效氯 20mg/L	有效氯 50mg/L		有效氯 20mg/L	有效氯 50mg/L
泰兴活性红 M—3BE	4～5	4	泰兴活性黑 KN—G2RC	2	1
纺科活性红 A—2BFN	4～5	4	纺科活性黑 A—ED	2	1
汽巴活性红 FN—2BL	2	1～2	恒泽活性黑 TES	2	1
永光活性红 LF—2B	2	1～2	永光活性黑 EO	3	2
永光活性红 C—3B	4～5	4	永光活性黑 GDP	3	2
永光活性红 3BS	4～5	4	永光活性黑 NR	2	1
泰兴活性蓝 M—2GE	4～5	4	永光活性黑 N	2	1
纺科活性蓝 A—2GLN	4～5	4	永光活性黑 C—RL	2	1
永光活性艳蓝 C—BB	4～5	4	科华活性黑 W—NN	2	1
汽巴活性蓝 FN—R	3～4	3	科华活性黑 ED—Q	2	1
泰兴活性蓝 KN—R	4	4	科华活性元青	2～3	1～2

从表 3-24 可见：

(1)常用中温黄色染料，耐氯稳定性大多数都很好。耐氯浸牢度(有效氯 50mg/L)一般都可达到 4 级左右。唯台湾永光活性嫩黄 C—GL 表现很差。

(2)常用中温红色染料，如活性红 C—3B、活性红 3BS、活性红 M—3BE、活性红 A(B)—2BFN 等，耐氯稳定性都比较好，可以达到有效氯 50mg/L 达 4 级左右。而活性红 FN—2BL、活性红 LF—2B 等，耐氯牢度却很差，在同条件下只有 2 级左右。

(3)常用中温蓝色染料，多数品种的耐氯牢度也表现良好。如台湾永光活性蓝 C—BB、泰兴活性蓝 M—2GE、浙江纺科活性蓝 A—2GLN 等，同条件下可达 4 级以上。唯活性翠蓝 A(B)—BGFN 耐氯稳定性很差，只有 1～2 级。

(4)常用中温黑色染料，耐氯稳定性都很差，其耐氯浸牢度(有效氯 50mg/L)只有 1～2 级。这是由于市供中温型活性黑都是以 C.I. 活性元青 5B(又称活性黑 KN—B)为主(占 60%～80%)拼混而成的。而 C.I. 活性元青 5B 的耐氯浸牢度很差引起的。

显而易见，中温型活性染料染耐氯牢度要求高的色单，存在两大难点：

第一，以常用中温型活性染料染不出高耐氯牢度的黑色。因为，常用活性黑的耐氯牢度都很差。

第二，以常用中温型活性染料染不出高耐氯牢度的皎月色(翠蓝色)。因为，常用活性翠蓝的耐氯稳定性非常差，氯浸变色褪色十分严重，而且没有替代染料。

相应的应对举措为：在常用中温型活性染料的黄、红、蓝色谱中，有不少染料的耐氯牢度(GB/T 8433—1998 标准，有效氯 50mg/L)可达 4 级左右，能够达到客商对耐氯牢度的一般要求。因此，这些染料可以直接选用。倘若客商对耐氯牢度的要求较高，依然达不到客商标准时，则可以在染色后以耐氯牢度固色剂做固色处理。这可使染色物的耐氯牢度得到明显改善(通常可提高一级)。

耐氯牢度固色剂又称耐氯牢度增进剂或盐素牢度提升剂。之所以能提高染色物的耐氯牢度,是由于这类助剂比棉用染料对有效氯的反应性更大,反应速度更快,能抢先与试液中的有效氯发生反应,将其消耗,从而使染料得到保护。可见,这类助剂并不是真正能改善染料的耐氯稳定性,而是通过降低测试液中有效氯的含量间接地产生"提升"效果。因此,它对染料几乎没有选择性,对各类棉用染料都能产生明显作用。

以盐素牢度提升剂 DF—2 为例:

产品性状:阳离子性易溶于水的淡棕色液体

使用方法:浸渍法:提升剂 DF—2　　　　　　　　　　2%～4%(owf)

　　　　　　处理温度　　　　　　　　　　　　40～60℃

　　　　　　处理时间　　　　　　　　　　　　20min

　　　　　　处理后水洗、烘干

浸轧法:提升剂 DF—2　　　　　　　　　　　　10～30g/L

　　　　室温浸轧、烘干

实用效果:处理前后的色光变化较小,色变程度大多在 4 级以上。唯活性翠蓝变浅较明显;染色物经处理后,其水洗牢度略有提高,约高半级;对染色物的日晒牢度影响较小,对活性翠蓝的影响较明显;染色物经固色处理,其耐氯牢度均会提高,一般可提高 1 级左右(表 3-25)。

表 3-25　盐素牢度提升剂对棉用染料的处理效果

染料	氯浸牢度(GB/T 8433—1998)(级)	
	原样	处理后样
活性嫩黄　A—4GLN	2	3
活性翠蓝　B—BGFN	1	3
活性黑　KN—G2RC	1	3
活性黑　A—ED	1	3
还原蓝　RSN	1～2	3
还原深蓝　VB	1～2	3
直接耐晒翠蓝　FBL	1	2
直接耐晒黑　VSF	1	2

注　盐素牢度提升剂 DF—2　4%(owf),浴比 1：30,45℃处理 20min。

　　有效氯测试浴浓度为 50mg/L。

这类固色剂的缺憾是:售价昂贵。从综合效果考虑,染时氯牢度要求高的色单,还是以正确选用染料更为合适。以这类固色剂做染后处理,只能作为特殊情况下的一种辅助措施。部分耐氯牢度固色剂名录见表 3-26。

表 3 - 26　部分耐氯牢度固色剂(增进剂、提升剂)名录

品名	离子性	实用量	生产企业
盐素牢度提升剂 DF—2	阳	2%～4%(owf)或 10～30g/L	上海德桑精细化工有限公司
耐氯牢度增进剂 LF—1	阳	2%～4%(owf)	上海防雅精细化工有限公司
盐素牢度提升剂 KDN—FS	阳	3%～6%(owf)或 5～40g/L	上海康顿精细化工有限公司
耐氯漂固色剂 Pot--CI	阳	2%～4%(owf)或 5～30g/L	上海索润精细化工有限公司
耐氯固色剂 SBL—4219	阳	0.5%～3%(owf)	上海富博化工有限公司
耐氯固色剂 HS—WH	阳	2%～5%(owf)	浙江华晟化学制品有限公司

这里必须提示,常用活性黑即使染后经耐氯牢度固色剂处理,其耐氯牢度通常也达不到客商要求。倘若选用耐氯牢度较好的黄、红、蓝三原色染料拼染黑色,又存在着色光容易波动,乌黑度不足的问题。经实践,染高耐氯牢度的黑色,最好以徐州开达精细化工有限公司推出的还原染料新品——还原直接黑 BCN 染色(浸染或轧染)。其染色物不仅耐氯浸牢度高,日晒牢度也好。

26　高耐光牢度的红色活性染料,为什么耐汗—光复合牢度差? 而且色泽灰暗?

答:红色活性染料,大多是以 H 酸()为偶合组分合成的偶氮染料。母体结构中的偶氮基(—N═N—),由于受相邻的羟基(—OH)或氨基(—NH$_2$)等供电子基的影响,氮原子上的电子云密度较高,使 —N═N— 的耐光稳定性大大下降,一旦受到可见光的攻击,就容易发生光氧化反应而断裂,从而产生光褪变色问题。因而,普通红色活性染料的耐光牢度都比较差。例如,

C. I. 活性红 195(Sumikix Supra Brill Red 3BF 活性艳红 M—3BE,活性红 B—3BF)

经检测,轧染 5g/L 深度时,其耐光牢度只有 ISO. 105—BO2 蓝标 3 级左右。

可见,染料分子结构中的偶氮基(—N═N—)耐光稳定性差,是导致染料耐光牢度低下的主因。

因此,染料生产企业在染料合成过程中,便采取以下"偶氮基保护技术",来提高偶氮型红色活性染料的耐光牢度。

其一,在偶氮基的邻位引入吸电子基(如磺酸基、有机卤素或含有吸电子基的杂环)。目的是利用这些吸电子基的吸电子效应,降低偶氮基(—N=N—)氮原子的电子云密度,来提高偶氮基的耐光稳定性。

其二,在偶氮基的两个邻位引入羟基(—OH),利用它的配位能力,与重金属(主要是铜)络合,形成金属络合型活性染料。

活性红 KN—5B(C. I. 活性红 23)

染料分子中引入重金属后,可产生三大作用:

①络合的重金属对光会产生一定程度的立体屏蔽作用。减弱光对偶氮基的攻击能力,从而提高偶氮基的耐光稳定性。

②络合的重金属还会对偶氮基氮原子的电子云产生诱导效应,使其密度降低。从而使偶氮基与光的氧化反应活性变弱,耐光牢度提高。

③重金属的引入也会提高染料分子的聚集倾向,使染料在纤维上的聚集度增大,接触空气、水分、日光的表面积相对变小,从而减弱光对染料的破坏作用。

因而,金属铬合型染料的耐光牢度都比较好。比如,台湾永光化学公司的活性红 C—3B,染 0.5%(owf)的浅淡色泽,其耐光牢度可达 ISO. 105—BO2 蓝标 5～6 级。但是,金属络合型染料也存在两个负面问题:

第一,由于金属的存在,染料原有的艳亮色光会严重消退而变灰暗,染不出鲜亮的红色色泽。也不符合绿色环保要求。

第二,染料中络合的重金属离子(一般是铜),在汗—光复合牢度测试过程中,会被人造汗液中的氨基酸(如 L -组氨酸、DL -天冬酰氨酸)等有机物萃取(溶落)出来,使金属络合型活性染料变为普通型活性染料。从而使染料的耐光牢度大幅度下降,而且还会导致色光变化。这是造成高耐光牢度的红色活性染料汗—光复合牢度不佳的主要原因。

注:以下因素对高耐光牢度的红色活性染料汗—光复合牢度明显下降,也起着重要作用。

①人造汗液中的乳酸、葡萄糖等具还原性,在光的作用下,会与染料发生光致还原反应,导致染料的一些发色团破坏。

②人造汗液的预浸渍,使试样饱含水分,这对活性染料染棉的光照褪变色会产生明显的促进作用。(根据研究,活性染料染棉时,纤维的含湿率对染料的日晒牢度影响明显。若将空气的相对湿度从 45% 提高到 80%,活性染料染色织物的日晒褪变色速率,可提高到原来的 200%～300%)。

③人造汗液的酸碱性,在光照条件下,一方面会促进上述反应的发生;另一方面还会造成染料—纤维的结合键断裂,生成新的浮色。研究表明,浮色染料的耐日晒牢度低于键合固着的染料。

27 活性染料染棉的深色，为什么湿处理牢度与摩擦牢度不佳？该如何应对？

答：(1)牢度不佳的原因。与直接性染料染棉，中性(或酸性)染料染锦纶、分散染料染涤纶不同，活性染料染棉，不是以氢键引力、范德华引力或者库仑引力相结合。而是以化学键(共价键)相结合。染料一旦固着，便成为纤维素大分子链的一部分。故从机理上讲，活性染料在纤维素纤维上的湿处理牢度，应该是最好的。可是，在实际生产中，活性染料染深色的湿处理牢度与摩擦牢度，却不尽如人意。其原因是，活性染料的吸色率(E值)较高，固色率(下值)较低。经检测，国产中温型活性染料的浮色率(E值－F值)，平均为20%。即在纤维(或织物)内外，含有较多的未固着染料形成的结晶与聚集体。其中有水解染料、半水解染料，以及未水解又未固着的染料。这些浮色染料，在纤维(或织物)中的附着力较弱，在湿处理牢度(水洗、皂洗、汗渍)与摩擦牢度的测试中，容易溶落下来，造成白布沾色严重，牢度低下。

显而易见，改善活性染料染色牢度的关键，是降低纤维(或织物)上的染料浮色率。

(2)应对措施。行之有效的举措有以下三点：

①丝光工艺要强化。众所周知，天然棉纤维具有吸色容量低的缺陷。原因是，天然棉纤维中，染料可及的非结晶区只占30%左右，染料不可及的结晶区却占70%左右。丝光处理，可以大幅度改善纤维的吸色能力与吸色容量，显著提高染料的匀染透染效果。因此，对染料固色率的提升、浮色率的下降，能产生关键性的作用(尤其是染深色时)。

然而，近年来，许多印染企业采用了"碱氧一浴"或"酶氧一浴"冷轧堆短流程前处理工艺，其练漂质量通常是透彻性较差，毛效较低。再加上为了节能采用低浓(220g/L以下)烧碱丝光。所以，丝光效果往往较差，半丝光或表面丝光现象比较普遍。这会直接导致"表面染色"问题的发生，无疑会严重危害染色牢度。

因此，丝光前的练漂质量必须匀透，毛效一定要好。染色前务必要以220～260g/L的烧碱作全丝光。

②染色工艺要优化

常用中温型活性染料(特别是乙烯砜型染料)，在盐、碱共存的固色液中，普遍存在着一定程度的"凝聚"问题与"骤染"问题。这会明显甚至严重影响染料的透染效果。从而导致固着率降低，浮色率提高。

有效的应对措施有以下两点：

a. 根据不同染料的染色性能，采用不同的染色方法染色。

•在吸色浴(中性盐浴)中，亲和力较大，一次吸色量较高；在固色浴(碱性盐浴)中，溶解稳定性较好，凝聚性较小，骤染性较小的染料。如中温型活性染料的三原色：活性黄 M—3RE、活性红 M—3BE、活性蓝 M—2GE；活性黄 A(B)—4RFN、活性红 A(B)—2BFN、活性蓝 A(B)—2GLN 等。

这类染料要采用升温染色法染色(即室温加料，升温至60℃，中性盐浴吸色、碱性盐浴固色)。

实验证明，这类染料采用升温法染色，匀染透染效果良好，固色率较高，浮色率较低。

•在吸色浴(中性盐浴)中，亲和力较小，一次吸色量较低；在固色浴(碱性盐浴)中，溶解稳定性较差，凝聚性较大，骤染性较大的染料。如活性艳蓝(C.I. 活性蓝 19)、活性嫩黄 C.I. 活性黄

160、活性元青(C. I. 活性蓝 5)等。

　　这类染料要采用预加碱法染色。即染色初始预加纯碱 1g/L，升温至 60℃，先在弱碱性盐浴中吸色，再在碱性盐浴(固色浴)中固色。

　　该染色法由于是在弱碱性盐浴中吸色，染料的一次吸色量可显著提高，加碱固色前的染液浓度较低。这可以有效缓解染料在固色初期的凝聚程度和骤染程度。因此，可显著降低纤维上的浮色率。

　　•以中温型活性元青(C. I. 活性元青 5)与低温型活性橙(C. I. 活性橙 82)为主，拼混的活性黑，如活性黑 KN—G2RC、活性黑 GR、活性黑 GWF、活性黑 ED、活性黑 GFF 等。由于低温型活性橙(C. I. 活性橙 82)在 60℃染色时，水解过快，上色过猛，不仅容易产生色花、色差，而且容易造成浮色过多，牢度低下。

　　所以，这类染料宜采用一浴二段法染色。即先在 35～40℃预吸色 15～20min。加入纯碱 2g/L，再预固色 15～20min(使低温型活性橙正常吸色、固色)。而后升温至 60℃，再保温吸色一个时段。加入固色碱后，再保温固色一个时段使中温型活性元青正常吸色、固色。

　　以中温型活性元青(C. I. 活性元青 5)与中温型活性橙(C. I. 活性橙 107)为主拼混的活性黑，如活性黑 W—NN、活性黑 ED—NN、活性黑 NF、活性黑 ED—R、活性黑 RW 等。由于两个拼混组分均为中温型双乙烯砜染料，染色性能相似。但由于是以活性元青为主体，所以还是以预加碱法染色最为合适。

　　实践证明，这样的染色方法，由于和染料的特有性能相适应，所以对提高染料的固着率，降低浮色率，改善染色牢度，十分有效。

　　b. 碱剂要缓慢施加。中温型活性染料对碱剂比较敏感。因为染料分子中的 β-羟乙基砜硫酸酯活性基与碱会迅速发生"消去反应"，变为带双键化学活性很强而亲水性却很弱的乙烯砜基。再加上碱剂(纯碱)即电解质，碱剂的加入会使固色浴中的盐、碱混合浓度突然提高。因而，碱剂的加入会导致染料的凝聚性猛然增大，骤染性陡然增强。从而造成匀染透染效果下降，浮色率提高。所以，碱剂一定要先少后多分次添加。使染浴的碱性缓慢地分步增强，确保染料温和上染。

　　实践表明，这可有效降低染料的凝聚程度与骤染程度。对提高染料的固色率降低浮色率，具有举足轻重的作用。

　　③皂洗工艺要重视。染后皂洗效果的好坏，是改善活性染料染色牢度的关键。所以，必须改变重染色轻皂洗的不良习惯。皂洗的要点是：

　　a. 皂洗一定要在充分水洗的基础上进行。目的是，将纤维(或织物)所带的染料、助剂尽可能干净地去除，以提高后道皂洗液的清爽度。实践证明，这对提高皂洗效果不可小视。

　　b. 常用高温皂洗剂，质量良莠不齐。必须选用名副其实的高效皂洗剂，并在高温(＞90℃)条件下皂洗。必要时可选用适合的摩擦牢度增进剂(如上海纺织助剂公司的摩擦牢度增进剂 Y-3101)替代皂洗剂皂洗(用量 3～5g/L，95℃)。根据实验，深色棉织物经其处理，湿处理牢度提高显著，湿摩擦牢度可达三级(注：表面色深有所减浅)。

　　近年来，市场上推出了活性染料染色后用"溶解型皂洗剂"，如上海晟越纺织材料有限公司的 SYTELON　SP—28　CONC 等。该类皂洗剂是特殊高分子表面活性剂的复配品(非离子性，白色粉末)。对未反应染料及水解染料具有强劲的增溶功能与吸附功能。故对浮色染料的去除效果优良，可获得鲜明的色泽以及良好的湿处理牢度与摩擦牢度。而且，可以减少皂洗后的水洗次数,有节能、减排、增效的优势。

另本品必须先以冷水溶解,以免异常分解,活性翠蓝、活性艳蓝染色不适用。

高温皂洗剂具有"耗能多"的缺陷。为此,可选用效果好的低温皂洗剂皂洗。低温皂洗剂,是以在低温下具有良好的润湿、渗透、乳化、分散、增溶和防沾的表面活性剂和其他化学品复配而成。经比较,低温皂洗剂低温(60℃)皂洗与高温皂洗剂高温(95℃)皂洗,其染色牢度相当或接近。但前者有"节能"、"节时"优势的。

倘若需要,皂洗水洗后,可再用固色剂做固色处理。这可显著提高湿处理牢度(摩擦牢度则改善不明显)。但是,这会给后道"修色"带来麻烦。

28 国产中温型活性染料三原色的配伍性是否良好?

答:在国产中温型活性染料中,常用的三原色染料有两组,即 ME 型三原色(活性黄 M—3RE、活性红 2M—3BE、活性蓝 M—2GE)和 A(B)型三原色[活性黄 A(B)—4RFN、活性红 A(B)—3BFN、活性蓝 A(B)—2GLN]。这组三原色的分子结构其实相同。

C. I. 活性黄 145(Sumifix Supra Yellow 3RF,活性黄 M—3RE,活性黄 B—4RFN)

C. I. 活性红 195(Sumifix Supra Yellow 3BF,活性艳红 M—3BE,活性红 B—3BF)

C. I. 活性蓝 194(Sumifix Supra Yellow 2GF,活性深蓝 M—2GE,活性深蓝 B—2GLN)

经检测,ME 型三原色和 A(B)型三原色的染色性能相似。而且每组三原色中的黄色、红色、蓝色三组分染料的配伍性良好。这可以从以下五个方面的检测结果得到证实。

(1)一次吸色能力。所谓一次吸色能力,是指染料在加碱固色前(吸色阶段)的上色能力。实际是指染料的亲和力。亲和力大,染料的吸色能力强,上色快,一次吸色量高;亲和力小,染料的吸色能力弱,上色慢,一次吸色量低。

活性染料亲和力的大小,通常以上升法测定的比移值(R_f 值)来表示(表 3 – 27)。

表 3-27　国产活性染料三原色的亲和力

染料	染料浓度 (g/L)	比移值(R_f)	
		室温、中性、无盐	60℃、中性、盐 40g/L
活性黄 M—3RE	10	0.60	0.31
活性红 M—3BE	10	0.63	0.37
活性蓝 M—2GE	10	0.66	0.32
活性黄 A(B)—4RFN	10	0.60	0.30
活性红 A(B)—2BFN	10	0.67	0.36
活性蓝 A(B)—2GLN	10	0.63	0.31

从表 3-27 数据可看出,这两组三原色,对连续轧染来说,亲和力偏高,若用于轧染,在染色初期会产生比较明显的"前深后浅"色差。对浸染来说,其亲和力大小适中,特别是黄、红、蓝三组分的亲和力相近。这表明两点:这两组三原色,最适合浸染染色。吸色阶段,黄、红、蓝三组分的吸色速率同步性较好,匀染性较好(上色较温和、染移较活跃),而且一次吸色量较高(这对缓解加碱固色初期染料的凝聚程度与骤染程度有积极意义)。

(2)二次吸色能力。所谓二次吸色能力,是指加碱固色阶段染料的上色能力。

活性染料在固色阶段(特别是初始阶段),吸色速率会猛然加快,吸色量会陡然提高。原因:一是在碱性条件下,染料的 β-羟乙基砜硫酸酯活性基会快速发生消去反应,变为化学活性很强的乙烯砜基。从而使染料的亲和力迅速提高。二是在碱性条件下,染料与纤维会即刻发生键合固着反应,从而打破染料原有的吸色平衡,使染料迅速产生二次上染。三是碱剂也是电解质,纯碱的加入会大幅度提高染液的电解质浓度,从而对染料产生更大的促染作用。

经检测,这两组国产活性染料三原色,在固色初期的上染速率为中等。既不像活性翠蓝 A(B)—BGFN 等染料那样温和,也不像活性黑 KN—B(活性元青 B)那样激烈。因此,染色时,只要切实执行碱剂要先少后多、分次施加的操作原则,通常不会因染料"骤染"而产生诸如色差、色花、色牢度低下等染疵。而且,黄、红、蓝三组分的二次吸色能力相接近,表明二次上色同步性尚好(表 3-28)。

表 3-28　国产活性染料三原色固色初期的骤染性

染料	加碱固色初始 10min 内的相对吸色率(%)	
	深度[0.3%(owf)]	深度[3%(owf)]
活性黄　M—3RE	43.38	45.82
活性红　M—3BE	43.38	42.69
活性蓝　M—2GE	33.41	31.83
活性翠蓝 A(B)—BGFN	20.64	23.86
活性元青 B(黑 KN—B)	59.58	62.78

注　染料 0.3%、3%(owf),六偏磷酸钠 1.5g/L,食盐 20g/L(浅),40g/L(深),纯碱 15g/L(浅),20g/L(深)。

浴比 1:30,60℃吸色 30min,固色 10min、40min。

以 Datacolor SF 600X 测色仪检测。

(3)固色反应的能力。对活性染料浸染而言,在碱性固色过程中,各拼色组分的固色速率应该具有同步性。即随着固色时间的延长,所染色泽只有深浅变化,而没有或很少有色光变化。因为,这样的组合才具有良好的重现性。倘若各拼色组分的固色速率显著缺乏同步性,势必会产生色光稳定性差的隐患。因此,固色速率的同步性是良好的三原色必不可少的条件(表3-29)。

表3-29 国产活性染料三原色的固色速率

相对固色率(%) 染料	65℃固色时间(min)			
	10	20	30	40
活性黄 M—3RE	78.57	97.83	103.72	100
活性红 M—3BE	77.30	97.50	105.01	100
活性蓝 M—2GE	76.76	97.65	102.59	100

注 (1)处方:染料1.25%(owf),六偏磷酸钠1.5g/L,食盐40g/L,纯碱20g/L。

(2)条件:浴比1:30,温度65℃,吸色30min,固色分别为10min、20min、30min、40min沸温皂洗二次(每次5min)。

(3)检测:以固色40min的固色率作100%相对比较。

以Datacolor SF 600X测色仪检测。

从表3-29数据可知:国产活性染料三原色,在固色过程中的固色速率同步性良好。这表明以该三原色配伍拼染,即使固色时间产生波动,一般也不会造成显著的色光差异,仅会产生深浅的变化。

注:随着固色时间的延长,固色率由低走高,达到顶峰后,又逐渐走低,直到稳定。这种现象是染料移染匀染的结果。

(4)结合键的稳定能力。

①耐酸、碱稳定性。从理论上讲,染料—纤维间的共价键结合是牢固的。而实际上却有一个耐酸碱稳定性问题与耐氧化稳定性问题。

②耐酸碱稳定性。中温型活性染料与纤维素纤维之间的共价键,在酸性或碱性条件下,会发生水解断键,使染料从纤维上脱落下来。

不同结构的染料与纤维素纤维的结合键,耐酸碱的能力是不同的。均三嗪型染料—纤维键,耐碱的能力比耐酸的能力强;乙烯砜型染料—纤维键,耐酸的能力比耐碱的能力强。

表3-30 ME三原色与纤维素纤维结合键的耐酸碱稳定性(100℃)

织物的表面色深(%) 染料	布样处理前	酸性处理后	碱性处理后
活性黄 M—3RE	100	92.96 残液为淡黄	47.81 残液为无色
活性红 M—3BE	100	97.56 残液为浅红	49.21 残液为淡红
活性蓝 M—2GE	100	90.54 残液为微黄	57.97 残液为微黄

注 检测条件如下:

①酸性处理:80%醋酸4ml/L;pH=3.07;浴比1:50;100℃,60min。

②碱性处理:轻质纯碱20g/L;pH=11.01;浴比1:50;100℃,60min。

③布样染料浓度为1.25%(owf);经沸温二次皂洗(每次5min)。

④浴比1:50。

表 3－31 ME 型三原色与纤维素结合键的耐酸碱稳定性(60℃)

织物的表面色深(%) 染料	布样处理前	酸性处理后	碱性处理后
活性黄 M—3RE	100	98.32 残液为无色	90.82 残液为淡黄
活性红 M—3BE	100	97.86 残液为淡红色	89.37 残液为浅红色
活性蓝 M—2GE	100	99.83 残液为淡蓝色	92.71 残液为浅蓝色

注 检测条件同表 3－30。

表 3－30、表 3－31 说明三点：

第一，活性染料与纤维素之间的结合键(共价键)，具有耐酸、碱稳定性问题。从减色程度与残液色泽对比可知，在一定的酸碱性条件下，其结合键不仅会水解断裂使染料脱落，同时还存在着发色因被破坏使染料消色的现象(这在碱性条件下表现最明显)。

第二，ME 型三原色与纤维素纤维的结合键，耐酸稳定性优良，而耐碱稳定性则明显较差。这是因为，ME 型三原色同时带有一氯均三嗪活性基与乙烯砜活性基。一氯均三嗪活性基反应性较弱，乙烯砜活性基反应性较强。因此，在固色过程中，染料主要靠乙烯砜活性基与纤维素纤维结合而上染，而一氯均三嗪活性基与纤维素纤维的结合率则相对较低。由于乙烯砜活性基与纤维素纤维的结合键耐碱稳定性较差(通常活性基的化学活性越大，反应性越高，其染料—纤维键越不稳定)，所以，在碱的作用下，已固着的染料容易随着"断键"而脱落下来。

第三，活性染料与纤维素纤维结合键的耐酸碱稳定性，是随处理条件的不同而不同。比如，在常规染色温度(60℃)下，ME 型三原色与纤维素纤维的结合键，不仅耐酸稳定性好，耐碱稳定性也有明显改善。原因是，这组染料带有异双活性基，在中温 60℃ 条件下，对结合键的耐酸、耐碱能力，具有一定的互补效应。

③耐氧化稳定性。所谓耐氧化稳定性，是指染料—纤维素纤维结合键，在氧系氧化剂的作用下，其"断键"程度的大小。

经检测，ME 型三原色与纤维素纤维的结合键，在双氧水作用下，会发生"断键"，其发色团也会遭到破坏，从而产生减色(变浅)问题。而且，其减色程度受处理条件(双氧水浓度、处理时间、处理温度)的严格制约(表 3－32)。

表 3－32 ME 型三原色与纤维素纤维结合键的耐氧化稳定性

织物的表面色深(%) 染料	布样处理前	布样处理后	
		60℃处理	100℃处理
活性黄 M—3RE	100	99.81 残液为无色	59.28 残液为无色
活性红 M—3BE	100	95.97 残液为淡红色	51.33 残液为浅红色
活性蓝 M—2GE	100	98.39 残液为微蓝色	57.50 残液为淡蓝色

注 检测条件：100% H_2O_2、100mg/L、纯碱 0.05g/L(pH=8.54)。

　　　浴比 1：50，温度 60℃、100℃，时间 60min，水洗。

　　　Datacolor SF 600X 测色仪检测。

可见，国产中温型活性染料三原色与纤维素纤维的结合键，在酸、碱、氧化剂的作用下，具有"断键"乃至"破坏"的问题。但在常规染色条件下（60℃、pH＝10.5～11），结合键的稳定性尚可。而且，黄、红、蓝三组分的稳定性相似。

（5）染色牢度的相近性。由于染色物的色泽坚牢度，总是等于或低于拼色三组分中色牢度最低的染料所具有的牢度水平。

因此，将色牢度高低不同的染料配伍组合，其染色物在色牢度测试前后，会发生显著的色泽变化，即原样褪变色严重。比如，将日晒牢度、氯浸牢度或汗渍牢度高低不同的染料配伍染色时，其染色物在服用过程中或在相应的牢度测试过程中，色变、色花现象就特别突出。

而采用色牢度基本相近的染料拼色，其染色物在服用或测试过程中，各染料组分，仅会发生近似程度的褪色变浅，而不会产生明显的色变、色花。

经检测，国产中温型活性染料三原色的染色牢度，相同或相近，具有良好的配伍染色条件（表3－33）。

表3－33　国产活性染料三原色的染色牢度

染　　料	耐磨牢度（级）ISO. 105－X12 湿摩	皂洗牢度（级）ISO. 105－CO3 60℃±2℃,30min	日光牢度（级）ISO. 105－BO2 氙灯	氯浸牢度（级）ISO. 105－EO3 27℃,1h
黄 M—3RE	3	4	5～6	4
红 M—3BE	3－4	4	4	4
蓝 M—2GE	3	4	4	4
黄 A(B)—4RFN	3	4	5～6	4
红 A(B)—2BFN	3－4	4	4	4
蓝 A(B)—2GLN	3	4	4	4

注　染料用量2%（owf）。

从以上分析可知，国产中温型活性染料的黄、红、蓝三原色用于浸染染色，具有以下特点：

第一，在中性盐浴吸色阶段，三者的亲和力适中，都不存在初染速率过高或过低的问题（注意：活性红有滞后上染的倾向）。

第二，在盐、碱共存的固色阶段，三者的二次吸色速率均为中等，都没有明显的"骤染"现象。

第三，在固色过程中，三者的固色速率基本一致。

第四，三者与纤维素纤维的结合键，耐酸、耐碱、耐氧化剂的稳定性基本相同。

第五，三者的染色牢度不相上下。

因此，有理由认为，国产中温型活性染料的三原色，是一组适合染染而且配伍性、重现性较好的三无色组合。

29　中温型活性染料浸染，怎样提高其质量的稳定性？

答：中温型活性染料在浸染染色中，存在着不同程度的"不匀染"问题。主要表现是，容易产生色点色渍或色泽不匀,以及色牢度欠佳。常因此造成返工复修。

实验表明,染料自身的性能缺陷,是造成这些质量问题的根源。

中温型活性染料,在浸染染色中存在三大缺陷如下:

第一,在盐、碱共存的固色浴中,染料会因电解质(盐、碱)浓度较高,盐析作用较大,以及 β-羟乙基砜硫酸酯活性基"消去反应"的发生,自身水溶能力的骤降,而产生不同程度的"凝聚"。尤其是些乙烯砜型染料,表现愈加严重。如 C.I. 活性元青 5、C.I. 活性艳蓝 19、C.I. 活性翠蓝 21 等。染料的"凝聚"程度过大,必然会造成色泽不匀不透,甚至是色点、色渍。而且还会影响色光的纯正度与色泽的坚牢度。

第二,在加碱固色阶段(尤其是固色初始阶段),染浴中的染料,会因键合固着反应的迅即发生、原有吸色平衡的快速打破,以及纯碱(也是电解质)的加入,电解质浓度的陡然提高,而产生不同程度的"骤染"。乙烯砜型染料的表现尤为突出。染料"骤染"程度过大,无疑会给染色质量(匀染透染效果以及染色牢度),造成明显甚至严重的不良后果。

第三,中温型活性染料的固着率,相对较低(60%～70%)。再加上染料在固色阶段存在着不同程度的"凝聚"问题与"骤染"问题。所以,纤维(或织物)上染料的浮色率(包括水解染料、半水解染料以及未水解又未固着的染料)较高,对染后皂洗的要求苛刻。倘若皂洗不到位,其染色牢度必然低下。

(1)工艺的设定要正确。不同结构的染料,其染色性能不尽相同。实践证明,染色工艺只有与染料的实用性能相适应,才能获得最佳染色结果。所以,染色工艺不可一刀切。

常用中温型活性染料,就其染色性能可分为三种类型。

①第一种类型。这类染料的性能特点是:在中性盐浴中,亲和力较大,一次吸色量较高。对碱不过于敏感,在加碱固色初期,染料的固色速率与吸色速率较缓和,没有明显的"凝聚"问题与"骤染"问题。这类染料主要是一些含异双活性基(一氯均三嗪活性基与 β-羟乙基砜硫酸酯活性基)的染料。

如国产中温型活性染料三原色:活性黄 M—3RE,B—4RFN,活性红 M—3BE,B—2BFN,活性蓝 M—2GE、B—2GLN 等。

这类染料适合常规染色法—升温染色法染色。

预加碱染色法工艺如下:

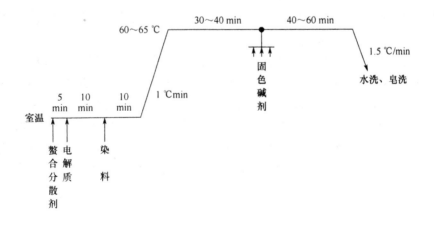

实践证明,这类染料采用常规升温染色法染色,通常不会产生染色质量问题。

②第二种类型。这类染料的性能特点是:在中性盐浴中,亲和力弱,一次吸色量低。而且,对碱剂敏感,在加碱固色初期,染料的固色速率与吸色速率很快,"凝聚"现象与"骤染"现象突出。这类染料主要是一些乙烯砜型染料。诸如,C. I. 活性艳蓝 19,C. I. 活性嫩黄 160,C. I. 活性元青 5 等。

这类染料最适合预加碱染色法染色。

预加碱染色法,织物是在弱碱性盐浴中吸色。活性染料在碱性浴中亲和力较大,故一次吸色量可显著提高。由于染液浓度在加碱前大幅度下降,加碱后染料的凝聚现象与骤染现象都能得到缓解。因此,可以有效消除染料的性能缺陷造成的质量问题。

③第三种类型。这类染料为拼混染料,其性能特点是匀染性差,色光稳定性差。常用中温型活性黑中有一半以上的品种属于这一类。如活性黑 KN—G2RC、活性黑 GR、活性黑 GWR、活性黑 S—ED、活性黑 N、活性黑 ED、活性黑 GFF、活性黑 TBR 等。

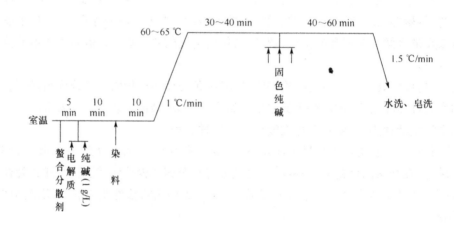

这类活性黑通常是以高浓 C. I. 活性元青 5(又称活性黑 KN—B、活性藏青 B—GD)60%～80%、C. I. 活性橙 82 10%～20%为主另加少量中温活性黄或活性红拼混而成。这类活性黑的性能缺陷是匀染性差,重现性差。原因是二个拼混组分的结构不同,配伍性太差。其中,C. I. 活性元青 5 为双偶氮母体,含双乙烯砜活性基的染料。中温特征突出,最适合 60～65℃吸色、固色。C. I. 活性橙 82 为单偶氮母体,含乙烯砜与二氯均三嗪异双活性基的染料,其低温特征显著,最适合 30～40℃吸色、固色。

因此,这类活性黑并非真正的中温型染料,而是亚中温型染料。倘若按中温型染料应用(于 60℃染色),势必会因活性橙组分性能的不适应而产生两大后果。一是,活性橙的吸色、固色过于迅猛而上色不匀,很容易产生色花。二是,活性橙的水解过快,工艺因素(温度、时间、pH 值)稍有差异,就会产生色差。这是因为 C. I. 活性元青 5 实为藏青色并非黑色,活性橙加入后才能呈黑色(橙色为蓝色的余色具有相互消色作用)。因此,活性橙上色量的多少与匀染性的好坏,对活性黑的染色结果(色光、黑度、均匀度),有着举足轻重的影响。

分段染色工艺一

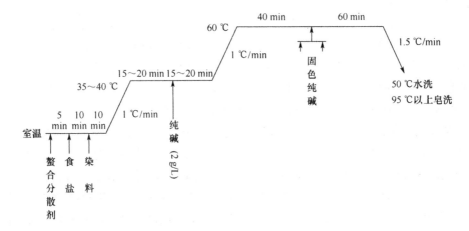

这类活性黑由于它的两个主要拼混组分在染色性能上差异太大,所以既不适合升温法染色,也不适合预加碱法染色,而必须采用分段染色法染色。

分段染色工艺二

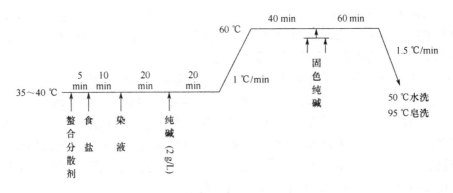

分段染色法,实为一浴二段法。即低温(30~40℃)染色时段,是使 C.I. 活性橙 82 正常上色。中温(60~65℃)染色时段,是使 C.I. 活性元青 5 正常上色。由于该工艺符合这类活性黑染色性能的特定要求,所以得色色光稳定,匀染性能优良。实践证明,该工艺可以从根本上克服这类活性黑容易产生色花、色差的缺陷,可有效提高染色一次成功率。

注:在市供活性黑中,有部分品种是真正意义上的中温型活性黑。因为它们抛弃了 C.I. 低温活性橙 82,而以双偶氮双乙烯砜活性基的 C.I. 活性橙 107,或单偶氮母体带乙烯砜与一氯均三嗪异双活性基的新型活性橙替代。由于这些活性橙中温特征突出,与 C.I. 活性元青 5 的上染性能相当接近,所以,两者的配伍性优良,匀染性好,色泽稳定。比如,活性黑 ED—NN、活性黑 NF、活性黑 W—NN、活性黑 RW 等就属于此类。

这类活性黑由于各拼混组分的上色同步性好,所以没有必要采用分段染色法染色。但由于其主要拼混组分 C.I. 活性元青 5 具有第二种类型的染料特征,所以,应采用预加碱染色法染色,而不宜采用升温染色法染色。

(2)助剂施加要正确。

①电解质的施加。

a. 电解质的施加量。经检测，多数中温型活性染料染深色，电解质的最高用量以<70g/L为宜。部分个性强的活性染料，如活性翠蓝 BGFN 染深色，电解质的最高用量必须<60g/L；活性艳蓝 KN—R 染深色，电解质的最高用量必须<40g/L。理由是，电解质用量过高，其得色深度实际提高并不多，而在加碱固色初期却会因盐、碱(纯碱也是电解质)混合浓度过高，导致染料的"凝聚"程度与"骤染"程度过大，给染色质量造成负面影响。

b. 电解质的施加法。这里最值得一提的是绳状染色(喷射溢流机染色、气流机染色)时，电解质必须先加染料必须后加(加料顺序与卷染相反)。理由是，按传统方法先加染料，以含染料的回流水来溶解电解质，染料在电解质的饱和溶液中会即刻絮聚而析出，压八缸内黏附在织物上，极易造成色点、色渍染疵。而先加电解质以含电解质的回流水来溶解稀释预先调匀的染料，则染料不会发生有害的"凝聚"或沉淀(经检测，常用中温型活性染料在电解质<80g/L的中性浴中，溶解稳定性良好。)

②碱剂的施加。

a. 纯碱的施加量。经检测，常用中温型活性染料染棉，其最佳固色 pH 值为 10.5～11.0(活性翠蓝 60℃染色为 12.0，80℃染色为 11.0)。

常用连云港粉状轻质纯碱 5～25g/L，pH=10.65～10.99，其 pH 缓冲能力很大。因此，根据所染色泽的深浅，纯碱用量 5～20g/L 已足矣。用量过多，得色深度提高不明显，反而会降低染料在盐碱固色浴中的溶解稳定性，危害染色质量。

b. 纯碱的施加法。实践证明，碱剂的施加，务必要遵循以下两条原则：

一是，纯碱的加入，必须建立在"吸色平衡且吸色均匀"的基础上。也就是说，只有在中性盐浴(吸色浴)中，真正达到吸色平衡而且经移染实现吸色均匀之后，碱剂方可加入。这是因为，达到吸色平衡后，残留染液浓度最低，而染液浓度越低，碱剂加入后染料的凝聚倾向越小，二次吸色速率越温和，产生染疵的概率越小。碱剂加入后，纤维上的染料会因发生固着而丧失移染能力。这会使吸色阶段产生的不均匀性变为永久性疵点。

二是，碱剂的施加，必须是"先少后多，分次加入"。因为，碱剂(纯碱)加入越快，固色浴的碱性相对越强，盐碱混合浓度也越高，染料的凝聚行为与上色行为越激烈，越容易产生染色质量问题。实践证明，固色浴的碱性由弱渐强，盐碱混合浓度由低渐高，染液浓度由浓渐淡，可以有效缓解染料因碱剂的加入而产生的过激行为，从而确保染色质量实现稳定。

(3)皂洗工艺要正确。皂洗效果的好坏，是决定活性染料染色牢度优劣的关键因素。因此，一定要重视皂洗工艺，克服重染色轻皂洗的错误理念。

皂洗工艺的要点是：

①皂洗一定要在充分清洗的基础上进行。即染色后要先经温水、热水清洗，将织物上残留的盐、碱、染液以及部分浮色染料去除，以提高皂洗液的清爽度，降低染料的"返沾"率。

②采用普通皂洗剂皂洗，关键是皂洗温度一定要保持在 90℃以上。绝不可为了少落色少修色而以中温(60～70℃)皂洗。采用低温(60℃)皂洗剂皂洗，关键是一定要选用在低温条件下，润湿、渗透、助溶(增溶)、扩散(分散)效果好的皂洗剂，以确保良好的皂洗效果。

30　活性染料冷轧堆法染色,对染料性能有什么不同的要求?

答:活性染料冷轧堆法染色与轧烘蒸法染色相比,对染料性能的要求相对更高,特别是以下四个方面:

(1)染料的耐盐耐碱溶解稳定性要更高。这是因为,电解质对染料的溶解具有强大的"盐析作用",会使染料的溶解度大大下降。碱剂会使染料的 β -羟乙基砜硫酸酯基发生"消去反应",显著降低染料自身的溶解能力。所以,在盐、碱共存的染液中,染料容易产生聚集、絮集,甚至是沉淀。

轧、烘、蒸法的染液呈中性,电解质含量也很低(仅染料中含部分元明粉)。而冷、轧、堆法的染液呈现较强的碱性(pH=12~13),而且电解质浓度也较高(水玻璃、烧碱也是电解质)。因此,用于冷、轧、堆染色的活性染料,必须具有更高的耐盐碱溶解稳定性。

(2)染料的耐水解稳定性要更好。这是因为,活性染料在水中(尤其在碱性水中),其活性基团容易发生水解而丧失上染能力。冷、轧、堆染色,染液的碱性强,染料的水解速率快,倘若染料的耐水解稳定性欠佳(尤其是耐水解稳定性不同的染料作拼染时),很容易产生头—尾色差或卷—卷色差。所以,冷、轧、堆染色,不仅要求染料的耐水解稳定性要好,而且各拼色组分的耐水解稳定性还得要相似。比如,雷马素红 RGB 与雷马素蓝 RGB 的耐水解稳定性良好,但由于雷马素黄 RGB 的耐水解稳定性差,这组三原色就容易产生染色色差。

(3)染料的直接性不宜过高而且各组分要相近。这是由于活性染料在冷、轧、堆法的染液(盐、碱共存)中,比在轧、烘、蒸法的染液(中性少盐)中,对纤维的直接性要高得多。直接性过高,在浸染过程中很容易产生前—后色差(深浅差、色光差)的缘故。

(4)染料与纤维的反应性要更强。这是由于冷、轧、堆染色,染料—纤维间的键合(固着)反应,是在低温(<25℃)下进行的,尽管染液 pH 值较高,染料具有较强的反应能力依然是获得高固着率(得色深度)的关键因素。

经检测,常用低温(40℃)型活性染料与中温(60℃)型活性染料中,许多品种都可以用于冷、轧、堆法染色。但相比之下,以乙烯砜活性染料的综合实用效果最好。近年来,许多染料生产厂家,推出了专用于冷、轧、堆染色的系列活性染料。如浙江龙盛集团股份有限公司的科华素 CP 系列活性染料等。其中,大部分染料品种可以直接选用,唯黄色品种由于耐水解稳定性良莠不齐,需认真加以选择。

31　活性染料冷轧堆染色,三大工艺因素该如何确定?

答:活性染料冷轧堆染色,决定染色质量的三大工艺因素,是染色温度、染浴 pH 值和堆置时间。值得注意的是,这三大工艺因素之间,有着突出的相互依存的关系。即其中一个因素发生变化,另两个因素就必须做相应调整。只有控制好三者的平衡,才能获得最佳的染色质量。

(1)染色温度。实践证明,人为地提高浸轧染液的温度或布卷堆置的环境温度,由于温度易波动,温差较大,很容易产生"色差"染疵。而以自然室温浸轧,自然室温堆置,实际工艺温度变化小,得色最稳定,色泽最均匀。

所以,冷轧堆染色,应该在自然室温的条件下进行,而不宜人为地提高浸轧液的温度与布卷堆置温度。

（2）染浴 pH 值。染浴 pH 值的强弱，依据是染色温度的高低。规律是，染色温度偏低，染色 pH 值要偏高；染色温度偏高，染浴 pH 值要偏低。

冷轧堆染色，虽说是室温冷染，但实际染色温度却差异颇大。以江南为例，冬季车间的自然室温约为 5℃，夏季车间的自然室温约为 30℃。因而，不同季节（自然室温不同）冷染，染浴 pH 值就不能一样。就必须随着不同季节自然室温的高低，对固色碱剂—烧碱的用量浓度，进行适当调整，否则，必然要影响得色深度。

冬季以雷马素染料冷染为例（表 3 - 34、表 3 - 35）：

表 3 - 34　冬季冷染深色适合的染液碱度

序　号		1	2	3	4	5	6	7	8	9	10	11	12
染液碱度	1：3 钠水玻璃(g/L)	50	50	50	50	50	50	100	100	100	100	100	100
	30%(36°Bé)烧碱(mL/L)	5	10	15	20	25	30	5	10	15	20	25	30
	pH 值	12.06	12.70	13.05	13.26	13.40	13.50	11.96	12.31	12.68	12.98	13.20	13.33
相对得色深度（色力度）(%)	雷马素黄 RGB	100	138.74	163.05	186.73	187.15	188.80	130.97	152.99	167.30	170.63	179.78	182.62
	雷马素红 RGB	100	144.75	181.91	199.60	199.64	205.30	134.41	165.59	177.44	188.81	201.55	211.46
	雷马素蓝 RGB	100	124.26	137.68	149.94	150.37	154.07	121.56	133.48	140.24	145.75	148.30	156.99

表 3 - 35　冬季冷染浅色适合的染液碱度

序号		1	2	3	4	5	6
染液碱度	1：3 钠水玻璃(g/L)	50	50	50	50	50	50
	30%(36°Bé)烧碱(mL/L)	5	10	15	20	25	30
	pH 值	12.06	12.70	13.05	13.26	13.40	13.50
相对得色深度（色力度）(%)	雷马素黄 RGB	100	112.69	113.30	114.58	114.66	114.70
	雷马素红 RGB	100	116.29	117.52	118.64	119.41	120.08
	雷马素蓝 RGB	100	106.04	106.94	107.06	107.27	107.61

注　染液 pH 值以杭州雷磁分析仪器厂 pH S - 25 型数显酸度计检测。

检测方法：

①配料：　　　　　　　　　　　深色　　　　　　　浅色

A　染液：　　染料　　　　　　62.5g/L　　　　　6.25g/L

　　　　　六偏磷酸钠　　　　2g/L　　　　　　2g/L

以 60℃温水溶，而后降温至 5～6℃

B　碱液（表 3 - 36）：

表 3 - 36　碱液组成

序　号	1	2	3	4	5	6	7	8	9	10	11	12
1∶3 钠水玻璃(g/L)	25	25	25	25	25	25	50	50	50	50	50	50
30%(36°Bé)烧碱(mL/L)	2.5	5	7.5	10	12.5	15	2.5	5	7.5	10	12.5	15
加水配成(mL)	100	100	100	100	100	100	100	100	100	100	100	100

注　60℃温水溶解,而后降温至 5~6℃。

C　浸轧液:量取染液(A)80mL,分别加入不同配比的碱液 20mL,立即搅匀,组成 100mL 浸轧液。浸轧液浓度相当染料 50g/L(深色)与 5g/L(浅色),水玻璃 50~100g/L,烧碱液 5~30mL/L。

②浸轧:织物为(14.6tex×2)×(14.6tex×2)(40 英支/2×40 英支/2),433 根/10cm×307 根/10cm(110 根/英寸×78 根/英寸)全棉丝光帆布。一浸一轧,轧液率 60%

③堆洗:染样立即卷绕在玻璃棒上(卷紧),并用保鲜膜包封。而后,在冬季温度下(5~6℃) 放置 24h,水洗、皂煮、水洗、烘干。

④检测:以水玻璃 60g/L+烧碱液 5mL/L 的染样深度作 100%相对比较,用 Datacolor SF 600X 测色仪检测。

检测数据显示:冬季低温冷染时,即使堆置时间充分(24h),烧碱浓度也不宜过低。不然,冷染深色时,得色量会显著下降。冷染浅色时,对得色量的影响虽说没有染深色那样明显,但依然会产生下降的趋势。

这是因为,染色温度低,染料—纤维间的反应能力弱(据实验,反应温度下降 10℃,其反应速率要下降 2~3 倍)。适当增加烧碱用量(提高 pH 值),可以有效地予以弥补(据实验,提高一个 pH 值,反应速率可提高 3~4 倍)。

根据实验结果,冬季冷染深色对染液碱度(pH 值)的要求高,适应的 pH 范围小。得色量较深,重现性较好的染液碱度,应该是 1∶3 钠水玻璃 50g/L+30%(36°Bé)烧碱 25~30mL/L, pH=13.40~13.50。烧碱用量不宜再低。冬季冷染浅色,适合的染液碱度(pH 值)范围较宽。在碱剂 1∶3 钠水玻璃 50g/L+30%(36°Bé)烧碱 10~30mL/L,pH=12.70~13.50 范围内,其得色量表现稳定。

这表明,冬季冷染浅色与冷染深色对染液碱度的要求有所不同,冷染浅色时,染液的碱度既可以和冷染深色相同,也可能适当降低。其原因显然有二,一是染浅色染料—纤维间发生键合反应所释的酸量少,耗碱量低;二是染浅色纤维中的染料浓度低,染料更容易实现固色平衡。

以夏季的雷马素染料冷染为例(表 3 - 37):

表 3 - 37　夏季冷染深色、浅色适合的染液碱度

序　号		1	2	3	4	5	6
染液碱度	1∶3 钠水玻璃(g/L)	50	50	50	50	50	50
	30%(36°Bé)烧碱(mL/L)	5	10	15	20	25	30
	pH 值	12.06	12.70	13.05	13.26	13.40	13.50

序　号		1	2	3	4	5	6
相对得色深度 （色力度）（%）	雷马素黄 RGB 50g/L	100	102.14	102.38	102.51	101.31	98.17
	雷马素红 RGB 50g/L	100	100.17	100.42	100.54	100.30	100.14
	雷马素蓝 RGB 50g/L	100	100.57	100.54	100.56	100.56	100.15
	雷马素黄 RGB 5g/L	100	105.52	96.85	95.10	90.93	90.47
	雷马素红 RGB 5g/L	100	100.33	100.59	100.44	99.98	99.33
	雷马素蓝 RGB 50g/L	100	99.72	99.80	99.40	98.39	98.84

检测方法：

①配料　　　　　　　　　　　　　深色　　　　　　　浅色

A　染液：　染料　　　　　　　　62.5　　　　　　　6.25

　　　　　六偏磷酸钠　　　　　　2g/L　　　　　　　2g/L

以 60℃温水溶解，而后降温至 5～6℃。

B　碱液（表 3-38）：

表 3-38　碱液组成

序　号	1	2	3	4	5	6
35%（40°Bé）1：3 钠水玻璃(g)	25	25	25	25	25	25
30%（36°Bé）烧碱(mL)	2.5	5	7.5	10	12.5	15
加水溶成(mL)	100	100	100	100	100	100

注　60℃温水溶解，而后降温至 15～16℃。

C　浸轧液：取染液(A)80mL

取碱液(B)20mL 配成 100mL 浸轧液，快速搅匀。

②浸轧：织物为(14.6tex×2)×(14.6tex×2)(40 英支/2×40 英支/2)，433 根/10cm×307 根/10cm(110 根/英寸×78 根/英寸)全棉丝光帆布。浸轧方式为一浸一轧，轧液率 60%。

③堆洗：浸轧好的色样，卷成松弛的筒状，装入带塞的三角瓶中，置于恒温 30℃ 的染样机中，保温堆置(反应)24h。

取出水洗、皂煮、水洗、烘干。

④检测：以序号 1 为碱剂的染样深度作 100% 相对比较。

　　　　Datacolor SF 600X 测色仪检测。

表 3-37 数据显示：

夏季冷染深色，对染浴 pH 值的适应范围，要比冬季冷染深色宽得多。pH 值在 12.06～13.5[相当水玻璃 50g/L+30%（36°Bé）烧碱 5～30mL/L]范围内，染料的固着率波动性很小。

注：冬季冷染深色，染浴的 pH 值<13.5[相当水玻璃 50g/L+30%（36°Bé）烧碱 30mL/L]，染料的固着率就会下降。

这表明,夏季冷染深色,染浴的 pH 值可以大幅度下降。pH 值＝13.05～13.36[相当水玻璃 50g/L＋30％(36°Bé)烧碱 5～20mL/L],相对比较适合。

显然,这是由于布卷温度较高,染料的反应能力较强,对染料碱度的依赖性相对变小的缘故。

夏季冷染浅色,比冬季冷染浅色,对染液碱度的要求更低。比较适合的染浴 pH＝12.06～12.70[相当水玻璃 50g/L＋30％(36°Bé)烧碱 5～10mL/L]。

注:冬季冷染浅色,适合的染浴 pH＝13.26～13.40[相当水玻璃 50g/L＋30％(36°Bé)烧碱 20～25mL/L]。

实验数据表明,染浴碱度再提高,其得色量会产生下降趋势。

(3)堆置时间。布卷堆置时间的长短,与染液碱度的大小、布卷温度的高低,依附关系特别密切。以雷马素染料冷染为例(表 3-39、表 3-40)。

表 3-39　冬季染深色 5～6℃堆置(反应)所需的时间

染　料＼相对得色深度(%)	堆置(反应)时间(h)					
	12	14	16	18	20	22
雷马素黄　RGB	100	101.83	99.21	96.57	95.81	94.42
雷马素红　RGB	100	101.74	102.09	102.52	102.07	101.86
雷马素蓝　RGB	100	102.29	102.47	103.04	103.18	103.34

表 3-40　冬季染浅色 5～6℃堆置(反应)所需的时间

染　料＼相对得色深度(%)	堆置(反应)时间(h)					
	2	4	6	8	10	12
雷马素黄　RGB	100	104.74	100.28	98.08	97.47	97.37
雷马素红　RGB	100	123.65	129.95	129.65	129.29	128.83
雷马素蓝　RGB	100	108.45	114.51	114.64	114.80	113.69

检测方法:

①配料

B　染料:

	深色	浅色
染　　料	50g	5g
六偏磷酸钠	2g	2g
	800mL	800mL

60℃温水溶解,而后降温至 15～16℃。

B　碱液:

	深色	浅色
35％(40°Bé)1∶3 水玻璃	50g	50g
30％(36°Bé)烧碱	30mL	20mL
	200mL	200mL

以 60℃温水溶解,而后降温至 5～6℃。

C 浸轧液:将染液(A)与碱液(B)混合成1L轧染液,快速搅匀。

②浸轧:织物为(14.6tex×2)×(14.6tex×2)(40英支/2×40英支/2),433根/10cm×299根/10cm(110根/英寸×76根/英寸)全棉丝光棉布。

浸轧方式为一浸一轧、轧液率60%

③堆洗:染样立即卷绕在玻璃棒上(卷紧),并用保鲜膜包封。而后,在5～6℃的条件下放置12～22h。再水洗、皂煮、水洗、烘干。

(4)检测:以放置(反应)12h的染样深度(色力度)作100%相对比较。

以Datacolor SF 600X测色仪检测。

从表3-39、表3-40可以看出:冬季冷染深色时[碱剂为水玻璃50g/L+30%(36°Bé)烧碱30mL/L,pH=13.50],堆置(反应)时间以14～18h比较合适。堆置(反应)时间延长,雷马素红RGB和雷马素蓝RGB的得色深度变化不明显。而雷马素黄RGB则会产生得色量下降的趋势。这表明,在三原色拼染染色时,堆置(反应)时间延长有可能引起色光的不稳定。

冬季冷染浅色时[碱剂为水玻璃50g/L+30%(36°Bé)烧碱20mL/L,pH=13.26],所要求的堆置(反应)时间远比染深色要短。堆置(反应)6～8h比较合适。堆置(反应)时间不足,得色会减浅;堆置(反应)时间适当延长,对雷马素红RGB和雷马素蓝RGB的得色量影响不明显。而雷马素RGB的得色量则会明显减浅(这与冷染深色时的表现相同)。

这表明,雷马素黄RGB、雷马素红RGB、雷马素蓝RGB这组三原色,在冷轧堆染色工艺中应用,其耐碱稳定性存在着配伍缺陷。因而,无论是拼染深色还是拼染浅色,堆置(反应)时间都不宜过长(要适当),而且生产同一个色单堆置(反应)时间要力求一致,以防重现性不佳。

表3-41 夏季冷染深色适合的堆置(反应)时间

染　料	相对得色深度(%)	堆置(反应)时间(h)					
		12	14	16	18	20	22
雷马素黄 RGB		100	106.90	106.37	105.89	104.34	103.96
雷马素红 RGB		100	101.33	101.36	101.52	102.34	102.17
雷马素蓝 RGB		100	102.02	102.47	102.53	102.44	102.27

表3-42 夏季冷染浅色适合的堆置(反应)时间

染　料	相对得色深度(%)	堆置(反应)时间(h)					
		2	4	6	8	10	12
雷马素黄 RGB		100	104.97	110.41	111.09	111.15	111.14
雷马素红 RGB		100	115.95	121.07	121.13	121.13	121.14
雷马素蓝 RGB		100	109.58	112.82	113.01	113.16	113.15

检测方法:

①配料:　　　　　　　　　　深色　　　　浅色

A染液:　　染　料　　50g　　　　5g

		六偏磷酸钠	2g	2g
			800mL	800mL

60℃温水溶解,而后降温至 15~16℃。

B　碱液:　　　　　　　　　　　　深色　　浅色

35%(40°Bé)1:3 水玻璃	50g	50g
30%(36°Bé)烧碱	20mL	10mL
	200mL	200mL

60℃温水溶解,并降温至 15~16℃。

C　浸轧液:将染液(A)与碱液(B)混合成 1L 轧染液,并立即搅匀。

②浸轧:织物为(14.6tex×2)×(14.6tex×2)(40 英支/2×40 英支/2),433 根/10cm×307 根/10cm(110 根/英寸×78 根/英寸)全棉丝光帆布。

浸轧方式为一浸一轧、轧液率为 60%

③堆洗:浸轧后的色样,卷成松弛的筒状装入带塞的三角瓶中,置入恒温 30℃的染样机中,分别堆置(反应)12~22h(深色)与 2~12h(浅色)。

取出,水洗、皂煮、水洗、烘干。

④检测:分别以堆置 12h(深色)与 2h(浅色)的染样深度作 100%相对比较。以 Datacolor SF 600X 检测。

表 3-41 显示:夏季染深色,在染液碱性减弱的条件下,堆置(反应)时间 14~18h 已足矣。堆置(反应)时间继续延长,对得色深度没有积极意义。

注:冬季冷染深色,碱剂中的烧碱液为 30mL/L,pH=13.50;夏季冷染深色,碱剂中的烧碱液为 20mL/L,pH=13.26。

显然,这是因为夏季布卷温度(反应温度)较高,染料—纤维素纤维间的反应速率较快。

表 3-42 显示:夏季冷染浅色,在染液碱性减弱的条件下,堆置(反应)时间仍以 6~8h 比较

表 3-43　雷马素 RGB 三原色冷轧堆染色比较适合的三大工艺参数

染料	染料用量	布卷温度(℃)	染液碱度(pH 值)	堆置时间(h)
雷马素 RGB 三原色	深色(50g/L)	5~6(冬季)	pH=13.40~13.50 35%(40°Bé)水玻璃 50g/L 30%(36°Bé)烧碱 25-30mL/L	14~18
		30(夏季)	pH=13.05~13.26 35%(40°Bé)水玻璃 50g/L 30%(36°Bé)烧碱 15~20mL/L	14~18
	浅色(5g/L)	5~6(冬季)	pH=13.26~13.4 35%(40°Bé)水玻璃 50g/L 30%(36°Bé)烧碱 20~25mL/L	6~8
		30(夏季)	pH=12.0~12.70 35%(40°Bé)水玻璃 50g/L 30%(36°Bé)烧碱 5~10mL/L	6~8

合适。继续延长堆置(反应)时间,对得色深度的提高同样没有作用。

注:冬季冷染浅色,碱剂中的烧碱液为 20mL/L,pH＝13.26;夏季冷染浅色,碱剂中的烧碱液为 10mL/L,pH＝12.70。

综合以上实验分析,可以看出(表 3-43):活性染料冷轧堆染色,三大工艺参数之间,具有这样的依存规律:随着布卷温度的升高,染液的碱性(pH 值),必须相应降低,否则得色量会产生走浅趋势。在染液碱性减弱的条件下,布卷的堆置时间则可以相近或相同(对得色深度影响不明显)。这就是说,无论冬季冷染还是夏季冷染(即布卷温度不同),只要将碱剂中的烧碱液用量(在 5~30mL/L 范围内)做适当调整,布卷的堆置时间则可以保持冬季、夏季一致。即染深色堆置 14~18h,染浅色堆置 6~8h。这给实际操作提供了方便。

所以,活性染料冷轧堆染色,对三大工艺参数的设定依据是布卷的实际温度(绝非堆置的环境温度)。在此前提下,通过实验找出适合的染液碱性便可。堆置时间则可以保持稳定(注:实验证明,染液碱性过高或过低,即使缩短或延长堆置时间,也很难获得最佳得色深度)。

32 活性染料冷轧堆染色,染色温度怎样控制其染色质量最稳定?

答:冷轧堆染色,通常采用乙烯砜型染料。这是因为常用乙烯砜型活性染料的活性基,对碱十分敏感。在碱性浴中,能快速发生消去反应,生成化学活性很强的乙烯砜基($-SO_2CH＝CH_2$)。从而产生强劲的反应能力。

值得注意的是,冷轧堆法染色,染液的碱性过强(pH＝12~13),远远超过中温型活性染料的最佳固色 pH 值范围(10.5~11)。所以,尽管染色是在室温(5~30℃)条件下进行,染料的水解速率依然过快。

原因是,在 pH＝11 的染浴中,纤维素纤维的 Cell—O^- 浓度最高,OH^- 的浓度最低。此时,染料与纤维间的固着反应,远远快于染料与水之间的水解反应。因而,染料的固着率高,水解率低,得色深。而在 pH＞11 的染浴中,由于碱性越强,OH^- 浓度越高,Cell—O^- 的浓度越低。所以,染料—纤维间的固着反应相对较慢,染料—水间的水解反应则相对较快。因而,乙烯砜型活性染料在冷染染液中水解稳定性差。尤其是对染色温度(指浸轧液温度与布卷反应温度)特别敏感。即使温度在室温(5~30℃)范围内波动,也使染料的水解率发生显著变化。比如,活性艳蓝 CP 50g/L pH＝13.26,15℃ 放置 10min,水解率为 0.94%。30℃ 放置 10min,水解率为 7.82%。雷马素黄 RG B50g/L,pH＝13.5,15℃ 放置 10min,水解率4.34%。30℃放置 10min,水解率为 32.72%。

可见,冷染染色,染色温度的高低,同样是影响得色深浅的关键因素。而且,以较低的温度浸轧、堆置,对提高染色的得色量与染色的重现性最为有利。刻意提高染色温度的做法,并不恰当。原因是:

(1)通过控制染液与碱液的温度,将浸轧液的温度人为地提升至 25~30℃。第一,浸轧液温度提高,布卷温度随之增加,染料的水解率会显著增大,固着率(得色深度)会显著降低。第二,现场的可操作性差,很难保持浸轧液温度的稳定。一旦温度波动,必将因染料的水解量不同而产生色差。

(2)将布卷置于窑洞内,以蒸汽加温或以空调加温。人为地改变布卷堆置的环境温度。提高环境温度,只能提高布卷的表层温度。布卷内层由于织物卷绕紧密,环境温度很难均匀渗入。极容易因布卷内外层温差较大,产生内外、边中色差染疵。因此,提高布卷的环境温度,只能导致染色质量不稳定,重现性下降。

实践证明,采用自然室温浸轧、堆置,由于布卷内外或布卷之间的温差小,得色更一致,染色质量最稳定。

这里要指出,采用较低温度染色,染浴 pH 值要适当提高,堆置反应时间要适当延长。因为,染色温度、染浴 pH 值、堆置时间,是冷轧堆法染色的三大决定性因素。三者之间具有极其紧密的相互依存的平衡关系。即染温偏低,pH 值应偏高,堆置时间应偏长;染温偏高,pH 值应偏低,堆置时间应偏短。只要三者之间实现平衡,产生最佳的互补作用,就能获得最佳的染色效果。

33 活性染料冷轧堆法染色,为什么要施加水玻璃？会带来什么隐患？该如何应对？

答:(1)施加水玻璃的原因。水玻璃,俗称泡花碱,学名硅酸钠(实为偏硅酸钠,分子式为 Na_2SiO_3,相对分子质量为 122.00)。常用的液态水玻璃,大多以纯碱与石英砂在 $1300\sim1400℃$ 的高温反射炉中煅烧,生成熔融态的硅酸钠,再以高温水溶解制得。

$$Na_2CO_3 + SiO_2 \longrightarrow Na_2SiO_3 + CO_2 \uparrow$$

市售水玻璃常含杂亚铁盐而呈现浅蓝绿色。常用水玻璃分钠水玻璃与钾水玻璃两种。钠水玻璃为硅酸钠的水溶液,分子式为 $Na_2O \cdot nSiO_2$。钾水玻璃为硅酸钾的水溶液,分子式为 $K_2O \cdot nSiO_2$(钾水玻璃的实用性能相对较好,但售价略高)。

水玻璃分子式中的 n 称为水玻璃的"模数",代表 Na_2O 或 K_2O 与 SiO_2 的物质的量比。是水玻璃最重要的性能参数。比如,n 值越大(SiO_2 所占比例越大),表明水玻璃的黏度越高,在水中的溶解度越低,碱性越弱,干固后的硬度越强。n 越小(SiO_2 所占比例越少),表明水玻璃的黏度越低,溶解度越高,碱性越强,干固后的硬度越小。当 $n>30$ 时,其溶解度低只能用高温水溶解,这不仅使用不便,还容易因溶解不良造成实用质量问题。市供水玻璃的模数(n 值),一般在 $2.4\sim3.3$ 之间。密度为 $1.36\sim1.50g/cm^3$,相当 $38.4\sim48.3°Bé$。

水玻璃用于活性染料冷轧堆染色,主要利用其两点:

一是,水玻璃为弱酸强碱的盐,在水中会水解而呈现碱性。而且其释碱温和,对染浴 pH 值又有一定的缓冲能力。

$$NaSiO_3 + 2H_2O \longrightarrow 2NaOH + H_2SiO_3$$

二是,水玻璃在水中具有突出的胶凝性质(尤其在浓度较高时,会形成胶粒群)。由于其比表面积大,吸附能力强,可明显提高纤维(织物)的抱水(染液)能力。这对防止布卷中的染液,在堆置过程中因重力或挤压而产生"排液"或不匀性"移动"而导致染色不匀的现象,具有一定的积极作用。

（2）隐患。然而,水玻璃在实用中有三个隐患:

其一,由于水玻璃的胶凝性大,附着力强,易洗性差,容易产生出水不清,引起织物手感僵硬、粗糙。

其二,水玻璃在浓度较高、温度较低的条件下,通常以"胶粒群"的形态存在,一旦溶解不良(如水温太低、搅拌不匀、化料时间过短),轧染后就很容易产生"硅胶斑"(白斑)染疵。

其三,容易黏附比例计量泵(特别是冬季),使染料—碱剂的混合比产生异变。从而导致染色结果(深度、色光)不稳定。

（3）应对措施如下。

①由于水玻璃存在着实用隐患,而且用量浓度越高,影响染色质量的隐患越大。因而,水玻璃的实用浓度应该适当。据检测,1:3 的 35%(40°Bé)的水玻璃以 50~80g/L 为宜。用量过多,对固着率的提高影响不明显,但对染色质量的负面影响却会增加。

②水玻璃的胶凝性大,必须溶尽溶透。为此,一定要预先以 60~65℃的温热软水溶解。而后用泵打入高位化料桶中,在搅拌下以冷水稀释至规定液位的 80%,10min 后加入烧碱液至规定量(烧碱是电解质,最后加入有利于水玻璃的充分溶解)。再以化料桶的夹层冷水冷却至室温。而且使用前要通过严格过滤,以防产生硅胶斑(白斑)染疵。

③浸轧后的布卷,要立即用塑料薄膜包封,以隔绝空气,减少 CO_2 对布卷的侵蚀。以防织物上的水玻璃变质,形成硅酸胶。

$$Na_2SiO_3 + CO_2 + H_2O \longrightarrow H_2SiO_3 + Na_2CO_3$$

硅酸胶附着力大,一旦去除不净,就会造成布卷外层与两端手感粗糙、僵硬,质感不一。

④织物上的水玻璃,易洗性差。所以,染后水洗、皂洗必须强化。特别是水洗没到位,绝对不可酸中和。以防织物上残存的水玻璃遇酸形成难以去净的硅酸胶,烘干后影响织物的手感。

⑤染液温度越低,水玻璃的胶凝积度越大,越容易影响染色质量。所以,冬季生产时,建议以新型冷染固色碱来替代水玻璃/烧碱作固色碱剂。

新型冷染固色碱(如青岛英纳化学科技有限公司生产的冷染固色碱 DA—GS720),是针对水玻璃/烧碱作碱剂所存在的诸多缺点而设计。它具有以下优点:

a. 易溶于水,可被水以任何比例稀释,化料容易,几乎不存在溶解不匀不透的问题。

b. 对 pH 值的缓冲能力强,用量浓度在 50~100mL/L 范围内变化,pH 值波动很小。因此,其得色量稳定,重现性良好。

c. 冷染固色碱作碱剂染色,与水玻璃/烧碱作碱剂染色相比,两者的得色量(固着率)相当,得色色光相接近。

d. 在 pH 值、温度、时间相同的条件下,新型固色碱作碱剂与水玻璃/烧碱作碱剂相比较,冷染常用活性染料的染液水解稳定性都很好,都能达到冷染要求。

e. 新型冷染固色碱作碱剂染色,可以从根本上克服水玻璃/烧碱法影响染色质量的诸如手感较硬、易产生"硅斑"(白斑)以及易黏附导辊造成皱条、易黏附比例计量泵使色泽重现性下降等弊病。

因而,以新型冷染固色碱替代传统的水玻璃/烧碱作碱剂染色,可以获得更好的质量效果。

34　活性染料冷轧堆法染色,能不能施加电解质?

答:活性染料浸染染色,染料是靠自身的直接性上染。所以,有必要添加电解质促染,以提高染料的竭染率。

冷轧堆染色同连续轧染染色一样,染料主要是靠机械性浸轧上色。所以,并不要求染料具有过高的直接性。因为染料的直接性过高,在织物浸轧染液的过程中,会有部分染料被纤维超量吸附,使初始染液浓度与平衡染液浓度产生明显差异,导致开车初期产生一定数量的不良产品(深度、色光与后期产品不符)。

冷轧堆染色,不仅与浸染染色不同,与连续轧染染色也有重大区别。连续轧染染液不含碱剂,电解质也很少(仅染料中含有少量)。所以,染液呈现中性,染料的直接性较低。这不仅有利于实现头尾色泽的匀一,更有利于染料的稳定溶解。冷轧堆染色则不然,其染液是由染料和碱剂组成的。所以,具有突出的两大缺陷:

(1)固色碱剂(水玻璃、烧碱、纯碱),在水中会电离,可以释放出大量的 Na^+。

$$Na_2CO_3 + CO_2 \rightleftharpoons NaOH + NaHCO_3$$
$$Na_2SiO_3 + 2H_2O \rightleftharpoons 2NaOH + H_2SiO_3$$
$$NaOH \rightleftharpoons Na^+ + OH^-$$

所以,这些固色碱剂都具有明显的电解质特征,除了可以有效消除织物表面的负电荷,有利于染料吸附,还可以明显提高染料的直接性,产生促染作用。这一点,对轧染色泽的均一性显然是有害无益的。

(2)冷轧堆染色的浸轧液碱度较高,pH 值通常大于 12。中温型活性染料在如此高的碱性浴中,β-羟乙基砜硫酸酯活性基会迅速发生消去反应,硫酸酯基脱落,变为乙烯砜基。

$$D—SO_2CH_2CH_2OSO_3Na \xrightarrow[\text{消去反应}]{OH^-} D—SO_2CH=CH_2 + Na^+ + SO_4^{2-}$$

消去反应的发生,会导致染料产生两大行为:

其一,由于带双键的乙烯砜活性基,具有很强的化学活性,所以反应性强,直接性高,会引起染料产生"瞬染"现象,从而降低匀染效果。

其二,由于亲水性的 β-羟乙基砜硫酸酯基变为疏水性的乙烯砜基,染料本身的水溶性会迅即下降,一些耐盐、碱溶解稳定性差的染料(如活性艳蓝),会发生显著甚至严重的絮集、沉淀,从而使染料丧失正常的上染性能,乃至产生重大质量损失。

可见,冷轧堆染色没有再追加电解质的必要。因为,再追加 40~50g/L 电解质,轧染液中的染料无疑会因电解质(盐、碱)混合浓度更高,直接性更大,吸附更快,溶解度更小,聚集度更大,匀染性更差。以下实验结果可以证明(表 3-44、表 3-45)。

表 3-44　冷轧堆染液的直接性(比移值 R_f)与聚集度

比移值(R_f)与聚集度　染料　染液组成		染料 10g/L pH=7.1	染料 10g/L 水玻璃1:30 50g/L 30%(36°Bé)烧碱 20mL/L pH=13.26	染料 10g/L 水玻璃1:30 50g/L 30%(36°Bé) 烧碱 20mL/L 食盐 50g/L pH=13.26
雷马素黄 RGB	比移值 R_f	0.76	0.63	0.42
	聚集度	染料溶解状态优良	染料明显聚集	染料显著聚集
雷马素红 RGB	比移值 R_f	0.71	0.51	0.29
	聚集度	染料溶解状态优良	染料明显聚集	染料显著聚集
雷马素蓝 RGB	比移值 R_f	0.71	0.49	0.32
	聚集度	染料溶解状态优良	染料明显聚集	染料显著聚集
科华素翠蓝 CP(133%)	比移值 R_f	—	0.82	0.47
	聚集度	染料溶解状态优良	染料明显聚集	染料显著聚集
科华素艳蓝 CP(100%)	比移值 R_f	—	0.82	0.53
	聚集度	染料溶解状态优良	染料显著聚集	染料严重絮集、沉淀

表 3-45　特殊色冷轧堆染液的直接性(R_f 值)与溶解稳定性

比移值(R_f)与溶解稳定性　染料　染液组成		染料 10g/L pH=7.1	染料 10g/L 1:30 水玻璃 50g/L 30%(36°Bé)烧碱 20mL/L pH=13.26	染料 10g/L 1:30 水玻璃 50g/L 30%(36°Bé) 烧碱 20mL/L 食盐 50g/L pH=13.26
冷染型科华素 翠蓝 CP(133%)	比移值(R_f)	—	0.82	0.47
	溶解稳定性			
冷染型科华素 艳蓝 CP(100%)	比移值(R_f)	—	0.82	0.53
	溶解稳定性			

35 活性染料冷轧堆染色，能不能以纯碱/烧碱作固色碱剂？

答：活性染料冷、轧、堆染色，以水玻璃—烧碱作固色碱剂与纯碱—烧碱作固色碱剂相对比较，其结果如下：

（1）由于纯碱对 pH 值的缓冲能力比水玻璃更强，所以，以纯碱/烧碱作固色碱剂冷染，其染液 pH 值更加稳定。这对提高染色的重现性无疑更加有利（表 3－46）。

表 3－46　纯碱/烧碱法冷染对染液 pH 值的要求

碱剂	轻质粉状纯碱(g/L)	10	10	10	10	10
	30%(36°Bé)烧碱(mL/L)	10	15	20	25	30
	pH 值	13.28	13.42	13.55	13.62	13.72
染料名称与相对得色深度(%)	科华素 CPD	100	119.22	121.20	127.43	127.31
	科华素红 CPD	100	100.53	100.55	100.19	99.07
	科华素藏青 CPD	100	103.31	105.32	104.01	102.62
	科华素翠蓝 CP	100	125.14	133.13	133.69	134.67
	科华素艳蓝 CP	100	105.04	106.43	105.41	104.93

注　(1)科华素染料为上海科华染料工业有限公司产品。

(2)检测条件。

A. 染液：染料 50g、六偏磷酸钠 2g/800mL。

B. 碱液：纯碱 5g，烧碱 5mL、7.5mL、10mL、12.5mL、15mL/100mL。

C. 浸轧液：染液(A)80mL＋碱液(B)20mL，配成 100mL。

D. 工艺：一浸一轧(轧液率 60%)，室温(15℃)堆置 20h，水洗、皂煮、水洗、烘干。

E. 检测：相对得色深度以 Datacolor SF 600X 测色仪检测。

（2）纯碱/烧碱作碱剂的固着率（得色深度）与水玻璃/烧碱作碱剂的固着率相当，得色色光也相近（表 3－47）。

表 3－47　$Na_2SiO_3/NaOH$ 法与 $Na_2CO_3/NaOH$ 法染色效果比较

相对得色深度(%) / 染料	$Na_2SiO_3/NaOH$ 法	$Na_2CO_3/NaOH$ 法
科华素黄 CPD	深度作 100%，色光作标准	107.11，略显红光
科华素红 CPD	100	96.95，略显蓝光
科华素藏青 CPD	100	102.19，微暗
科华素翠蓝 CP	100	101.25，微蓝光
科华素艳蓝 CP	100	103.63，微蓝光

检测条件：

①染液配方：　　　　　　　　　　　$Na_2SiO_3/NaOH$ 法

染料　　　　　　　　　　　　　　50g/L

六偏磷酸钠	2g/L
1∶3水玻璃[35％(40°Bé)]	50g/L
烧碱[30％(36°Bé)]	30mL/L

pH＝13.50(翠蓝 35mL/L pH＝13.65、艳蓝 20mL/L
pH＝13.26)

Na₂CO₃/NaOH 法

染料	50g/L
六偏磷酸钠	2g/L
纯碱	10g/L
烧碱[30％(36°Bé)]	25mL/L

pH＝13.62(翠蓝 30mL/L　pH＝13.72、艳蓝 20mL/L
pH＝13.55)

②工艺条件:一浸一轧(轧液率60％),室温(15℃)堆置20h。水洗、皂煮、水洗、烘干。

(3)纯碱/烧碱作固色碱剂,完全没有水玻璃/烧碱作固色碱剂时对染色质量存在的隐患。几乎不会产生手感僵硬或边中质感不同以及"白斑"等染疵。也不容易因黏附比例计量泵,致使染液与碱液的混合比改变,而产生前后色差。

(4)水玻璃的胶凝性大,而纯碱几乎没有胶凝性。因而,纯碱/烧碱作固色碱剂,其染液对纤维的附着能力要弱得多。在重力与挤压双重作用下,染液与纤维的抱合稳定性不如水玻璃/烧碱法好,相对比较容易产生"不均匀"移动。

以上分析表明,吸水能力较强的织物,在轧液率较低的条件下生产时,纯碱/烧碱固色法颇值得一试。

36 活性染料冷轧堆法染色,为什么容易产生"前后色差"? 该如何预防?

答:活性染料冷轧堆染色,布面色泽的匀染效果相对较好。其原因,一是冷轧堆染色没有中间烘燥,不存在因烘干快慢不同而产生"泳移色差"。二是现代均匀轧车的压力具有良好的可调性,只要控制好轧辊的工作状态,通常不会因轧液率不同而产生"左右色差"或"边中色差"。

冷染染色最容易出现的色泽不匀是"前色后色"。即开车初期与开车后期的色泽(深浅、色光)会产生"渐进式"变化。也就是说,随着轧染时间的延长,得色深度产生逐渐走浅的趋势,得色色光会产生明显的波动。

产生"前后色差"的主要原因及预防措施如下:

(1)染料亲和力的影响及预防措施。冷轧堆法染色与轧烘蒸法染色不同。轧烘蒸法的染液中不含碱剂,呈中性。而且电解质的含量很低,仅染料含有少量。冷轧堆法的染液中,含有较多的水玻璃、烧碱。水玻璃/烧碱既是碱剂也是电解质。所以,冷染染液的碱性较强(pH＝12.13),电解质浓度也较高。

冷轧堆法染色,通常采用单乙烯砜型或双乙烯砜型活性染料。而乙烯砜型活性染料,在较强的碱性浴中,即使在室温(5～30℃),其β-羟乙基砜硫酸酯活性基,也会发生消去反应,产生化学活性很强的乙烯砜基(—SO₂CH＝CH₂)。这不仅会使染料的反应性大幅度增强,同时也会使染料的直接性显著增大。再加上大量钠离子(Na⁺)的存在对染料产生的"促染"作用,使得冷染染液中的染料对纤维的亲和力,远远高于轧烘蒸染色法。

众所周知,在浸轧过程中,织物(纤维)带走的染料,除了随染液带走的染料外,还会因染料亲和力的存在,额外超量带走部分染料。所以,开车初期阶段总是得色偏深,开车后期阶段总是得色偏浅(随着轧染时间的延长,染液的不断补充,染液浓度达到平衡后,得色深度才会逐渐稳定下来)。

冷轧堆法染色,由于染料在水玻璃、烧碱共存的染液中,亲和力更高,浸轧过程中超量带走的染料量更多。所以,冷轧堆染色的"前后色差",比轧烘蒸法染色更加显著。

特别是,以亲和力大小差异较大的染料作拼染时,不仅会产生"前后深度差",更会产生"前后色光差"。为此,必须采取以下措施:

第一,要在实用条件下,通过比移值(R_f)值的检测,来选用亲和力相对较低而且相近的染料配伍染色。

第二,要采用低于或等于30L且有液面自动控制装置的小轧槽浸轧染液。以加快染液的更新速度,减小染液的浓度差异。

(2)染料水解性的影响及预防措施。经检测,中温型活性染料在中性浴中的水解稳定性最佳,相比之下,均三嗪型活性染料是耐碱不耐酸,而乙烯砜型活性染料则是耐酸不耐碱。在较强的碱性浴中,即使在室温条件下,乙烯砜型活性染料也具有较高的反应活性,容易和水发生水解反应,而丧失固着功能,导致得色量下降。

$$H-OH + D-R-X \longrightarrow D-R-OH + HX$$
$$\text{水} \qquad \text{染料} \qquad \text{水解染料} \quad \text{酸}$$

由于冷轧堆染色的浸轧液,是染液与碱液的混合液,碱性很强。所以,其浸轧染液的水解稳定性,要比轧烘蒸法的染液差得多(表3-48、表3-49)。

表3-48 雷马素RGB三原色冷染染液的水解稳定性

染色温度(℃)	染液放置时间(min)	雷马素黄RGB		雷马素红RGB		雷马素蓝RGB	
		织物的相对得色深度(%)	染料的相对水解率(%)	织物的相对得色深度(%)	染料的相对水解率(%)	织物的相对得色深度(%)	染料的相对水解率(%)
15	0	100	0	100	0	100	0
	10	95.66	4.34	99.88	0.12	99.94	0.06
	20	90.75	9.25	99.76	0.24	99.85	0.15
	30	87.48	12.52	99.31	0.69	99.77	0.23
	40	84.57	15.43	98.64	1.36	97.92	2.08
	50	81.53	18.47	97.87	2.13	96.88	3.12
30	0	100	0	100	0	100	0
	10	67.28	32.72	97.65	2.35	98.89	1.11
	20	55.82	44.18	93.86	6.14	90.74	9.26
	30	42.08	57.92	89.97	10.03	78.31	21.69
	40	35.33	64.67	86.11	13.89	69.04	30.96
	50	27.53	72.47	82.72	17.28	58.85	41.15

表3-49 特殊色冷轧染液的水解稳定性

染液温度	染液放置时间(min)	(冷轧型)科华素翠蓝 CP(133%)		(冷轧型)科华素艳蓝 CP(100%)	
		织物的相对得色深度(%)	染料的相对水解率(%)	织物的相对得色深度(%)	染料的相对水解率(%)
15℃	0	100	0	100	0
	10	99.89	0.11	99.06	0.94
	20	99.64	0.36	98.12	1.88
	30	99.51	0.49	96.03	3.97
	40	99.51	0.49	95.57	4.63
	50	99.40	0.60	93.81	6.19
30℃	0	100	0	100	0
	10	99.54	0.46	92.18	7.82
	20	97.05	2.95	84.20	15.80
	30	96.42	3.58	78.63	21.37
	40	95.13	4.87	74.37	25.63
	50	93.80	6.20	69.96	30.04

检测方法

①配液。

A 染液:(同时制备两份)

染料 50g

六偏磷酸钠 2g/配成 800mL

以 60℃温水溶解,而后分别降温至 15℃与 30℃。

B 碱液:(同时制备两份)

1:3 钠水玻璃 50g

30%(36°Bé)烧碱 30mL/配成 200mL

以 60℃温水溶解,而后分别降温至 15℃与 30℃。

C 浸轧液:轧样前,将相同温度的染液(a)与碱液(b)混合成 1L 浸轧液,并立即快速搅匀。

②浸轧。织物为(13.8tex×2)×(13.8tex×2)(42 英支/2×42 英支/2),433 根/10cm×307 根/10cm(110 根/英寸×78 根/英寸)全棉丝光帆布,浸轧方式为一浸一轧,轧液率 60%,浸轧液配好后,要立即在 0、10min、20min、30min、40min、50min 时分别轧样(其间染液温度要稳定在 15℃与 30℃)。

③堆洗。将染样卷绕在玻璃棒上,用保鲜膜包裹密封,分别在 15℃与 30℃堆置反应 20h。而后,水洗、皂煮、水洗、烘干。

④检测。以 0min 浸轧样的相对得色深度作 100%,相对比较,以 Datacolor SF 600X 测色仪检测。

染料的相对水解率,以轧样相对得色深度的下降程度来表示。

染料的相对水解率(%)=0min 轧样的相对得色深度-不同时间轧样的相对得色深度

=100-不同时间轧样的相对得色深度。

从检测数据可以看出：

雷马素 RGB 三原色用于冷轧堆染色，其冷染染液在冷温(15℃)条件下，雷马素红 RGB 和雷马素蓝 RGB 的水解稳定性优良。其水解稳定时间(水解率低于 3％的时间)可达 40～50min。不过，它对染液温度特别敏感，当染液温度偏高(30℃)时，其水解稳定性会显著下降，水解稳定时间只有 10～15min。

而雷马素黄 RGB 的水解稳定性则很差，即染液在低温(15℃)条件下，其水解稳定时间也达不到 10min。在染液温度较高(30℃)的条件下，其水解速率更快(10min 内的水解率可达 32.72％)。

这表明，雷马素 RGB 三原色，用于冷轧堆染色，存在着水解稳定性不配伍的严重缺陷，很容易产生色光的波动。因此，并不适应冷轧堆染色的要求。

活性翠蓝和活性艳蓝这两只特殊色，在冷染液水解稳定性方面的表现，依然是个性十足，与众不同。

活性翠蓝的冷染染液，在低温(15℃)条件下的水解稳定性非常优秀，其水解稳定时间可达 50mim 以上(50min 内的水解率只有 0.6％)。即使在染液温度偏高(30℃)的条件下，其水解稳定时间也可以达到 20min 左右。这是其他活性染料无法比拟的。

显然，这是由于活性翠蓝在碱性浴中反应活性相对较弱的缘故。

活性艳蓝在这方面的表现，却与活性翠蓝相反。其冷染染液的水解稳定性显得很差。在染液温度偏高(30℃)的条件下，其水解行为特别激烈(10min 内的水解率高达 7.82％)，根本无法适应生产的要求。即使在染液温度较低(15℃)的条件下，其水解稳定时间也仅有 20min 左右。

显而易见，活性艳蓝的水解稳定性差，是因活性艳蓝在碱性浴中的反应活性较强所致。

在实际的冷轧堆染色中，尽管使用 30L 的小轧槽浸轧，染液更新较快，但对染料水解稳定性的要求，依然严格。原因是，常用活性染料在碱性较强($pH > 12$)的条件下，其水解稳定时间与染液更新周期相比，许多染料的水解稳定性并不尽如人意。

以常规品种为例

A 薄型织物：9.7tex×9.7tex(60 英支×60 英支)，354 根/10cm×346 根/10cm(90 根/英寸×88 根/英寸)全棉细布

设：织物重：0.096kg/m²

轧液率：65％

车速：45m/min

轧槽容量：30L、50L

则：30L 浸轧液的更新周期 $= \dfrac{30}{0.096 \times 65\% \times 45} = 10.7\text{min}$

50L 浸轧液的更新周期 $= \dfrac{50}{0.096 \times 65\% \times 45} = 17.8\text{min}$

B 厚型织物：(27.8tex×2)×58.3tex(21 英支/2×10 英支)，276 根/10cm×165 根/10cm(70 根/英寸×42 根/英寸) 全棉帆布

设织物重：0.395kg/m²

轧液率：60％

车速:40m/min

轧槽容量:30L、50L

则 30L 浸轧液的更新周期 $= \dfrac{30}{0.395 \times 60\% \times 40} = 3.2\text{min}$

50L 浸轧液的更新周期 $= \dfrac{50}{0.395 \times 60\% \times 40} = 5.3\text{min}$

可见,生产厚型织物时,多数活性染料的水解稳定性均可适应。而生产薄型织物时,染料水解的情势就显得很严峻。比如,以 30L 小轧槽浸轧,10min 之内的相对水解率仅低于 3%(肉眼可辨色差值)的染料,方能适用。否则,必然要产生前后色差。

从以上分析可知,乙烯砜型活性染料,普遍存在着碱性水解问题。在冷染染液中,由于碱性强(pH=12~13),染料的水解问题尤为突出。因而,在冷染浸轧过程中,随着浸轧时间的延长,染料水解量的增加,在一定时间内,其得色会产生走浅趋势(即前后色差),这是必然的。

应对举措如下:

①不同结构的活性染料,其水解稳定性不尽相同。水解稳定性差的染料,不但染料的浸轧液不稳定,会产生明显的前后色差。在布卷上反应时,其水解量也相应较大,会降低得色量。因而,在实用条件下,对染料的水解稳定性进行检测(参照前文),选择水解稳定性相对较好而且相近的染料配伍染色,这是必需的。

②一定要选用低于或等于 30L 的小轧槽浸轧染液,以加快染液的更新,保持染液的新鲜、稳定。

③克重在 150g/m² 以下的轻薄织物,原则上不适合冷轧堆法染色。原因有三:一是织物身骨轻薄,抱水能力差,在浸轧过程中,容易因布面"挂液"而产生"泪痕"染疵。二是过分轻薄的织物,会暴露更多明显的"缝头印"。三是轻薄织物浸轧时,带液量少,染液的更新周期长,"前后色差"相对明显。

(3)染色温度的影响及预防措施。检测结果证明,乙烯砜型活性染料,在冷轧堆法染色中,对染色温度(指轧染染液温度与布卷温度)十分敏感。即使温度在冷染(5~30℃)范围内波动,染料的水解量也会产生较大的差异(见前文表 3-50、表 3-51)。从而导致得色深度产生显著的变化(即形成色差)。

冷轧堆法染色,虽说是"冷染",但轧染染液的温度很难保持自然水温或自然室温。染液温度总是产生偏高的波动。其原因有三:

①活性染料具有良好的溶解度,但这是指在 50~60℃ 的温水中,并非指在冷水中。因此,染料必须以 60℃ 的温水溶解(尤其是染深色时)。水玻璃在冷水中的溶解度差(尤其是物质的量比为 1:3 的产品),而且胶凝性重(特别是浓度较高时,在水中呈胶粒群状态),这不仅对轧染色泽的均匀度有危害(容易产生白斑染疵),更会影响织物的手感。因此,水玻璃更需要热水溶解。倘若染液或碱液的温度未能冷却至室温,就投入了生产,这势必要造成轧染温度升高。

②活性染料的固色碱剂(烧碱、纯碱、水玻璃),在溶解和稀释时,都具有放热效应。因此,当染料和碱液混合时,便会引起染液的温度自然升高。(经检测,一般可提高 2~3℃)。

③当前,机织物的练漂采用大卷装者居多。大卷装落布卷绕紧、卷径大、温度高、散热慢,即使放置过夜,布卷的温度仍然会外冷里热、边冷中热。很难实现均匀冷却,更难接近水与环境温度。因而,轧染染色时,织物蕴含的热量会不断带入染液中,从而导致染液温度升高。

轧染温度升高,布卷温度(反应温度)随之增加,染料的水解量显著增大,这必然要引起深度色差。

应对措施如下:

①染料和水玻璃要采用 60℃ 的温热水提前溶解。开车前,要预先利用化料桶夹层的冷却水,将溶液冷却至室温,而后使用。为此,化染料与化碱剂的高位槽应各配备三只,以便交替使用。

②冷染深浓色泽或使用溶解度较低、缔合度较大的染料染色时,可酌情添加适量的尿素,意在增进染料的溶解度,提高染料的溶解稳定性,防止染料在染液冷却过程中,因过度聚集或絮集,给匀染性、染深性与色牢度造成不良影响(甚至有产生色点或色渍的可能)。

③待染半制品布,在进轧槽前,要通过打冷风或冷水辊冷却,使布面温度均匀降至室温,以确保染液温度的稳定。

④采用低于或等于 30L 的小轧槽浸轧染液,以加快染液更新速度,减小温度差。

(4)布卷卷布太长及预防措施。布卷卷布过长,会使布卷两端的堆置(反应)时间产生较大差异。当堆置时间不足时,会因布卷首尾固着率不同,使布卷产生头尾(前后)色差。

因此,布卷卷布不宜过长;堆置时间要充分,而且堆置时间要以卷尾为准计算。

(5)滤网或比例泵堵塞及预防措施。冷轧堆染色,大多采用水玻璃/烧碱作固色碱剂,而且水玻璃的用量浓度较高(50～80g/L)。由于水玻璃的黏附性大,(尤其是低温季节生产时),会逐渐黏附或堵塞输送碱液的管道滤网或比例泵,使碱液的混合比渐渐减小。从而导致染料的固着率随之下降,而产生"前后色差"。

应对措施如下:

染色前,要以容量、尺寸完全相同的两只不锈钢桶和不锈钢刻度尺,来检测比例泵的混合比是否为 4∶1(图 3-24),如果有差异,必须进行调整。染色停车后,一定要以温热水对滤网、管道、比例泵进行清洗。以防水玻璃的黏附物风干,影响比例泵的精确度。

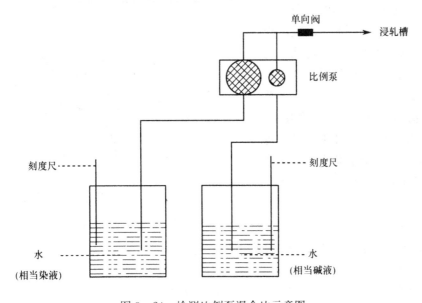

图 3-24　检测比例泵混合比示意图

37 活性染料冷轧堆染色,鱼骨印(缝头印)是怎样产生的? 该如何预防?

答:冷轧堆染色,是织物浸轧染液后,直接卷绕在 A 字架上,在堆置的过程中,完成固着反应。因此,织物匹与匹之间的缝接处,会由于缝线的存在以及缝线分布的不均匀性,使上下多层织物因卷绕压力大小不匀,局部含液多少不同,而产生明显的"鱼骨印"(又称缝头印)染疵。这是冷轧堆染色方式的必然现象。"鱼骨印"染疵的轻重程度,主要与三个因素有关:

第一,轧染能力。规律是,轧染能力越大,织物在布卷上的层压越大,"鱼骨印"一般越明显。

第二,缝纫线。吸水性差的缝纫线缝头,如涤纶线、锦纶线或涤棉线,"鱼骨印"相对明显。

第三,缝头方式,正面包缝,"鱼骨印"相对明显。

行之有效的应对措施如下:

①织物上卷张力要适中,不宜卷绕过紧,使织物与织物之间的"层压"适当减小。这有利于减轻"鱼骨印"。

②使用针棉蜡线缝头(如 6″40 英支/2×3 针棉宝塔线)。由于针棉蜡线有一定的吸水性,也有利于减轻"鱼骨印"。

③反面缝头(包缝),使缝线的正面(平面)在织物反面,使缝线的反面(凹凸面)在织物的正面。由于缝线的平滑面与织物的正面相接触,所以,可使织物正面的"鱼骨印"染疵,得到明显改善。

④织物要正面朝上进布,A 字架采用轴心传动。织物匹间的缝接口要在打卷的过程中,以 20cm 宽的塑料薄膜覆盖。

实践证明,以上举措四管齐下,"鱼骨印"染疵可以得到良好的解决。

38 活性染料冷轧堆法染色与轧烘蒸法染色相比,究竟哪种工艺得色偏深?

对冷轧堆染色由于没有中间烘燥环节,几乎不存在因泳移而产生色差的可能,业界具有共识。而对于冷轧堆染色的得色量(固着率)在几种轧染工艺中当居最高的论点,业界的看法并不一致。笔者的实验与实践表明,对大多数冷染常用染料而言,其得色量(固着率)是冷轧堆节能工艺染色,低于轧烘蒸传统工艺染色。只有少数染料(如翠蓝色)的得色深度表现较高(表 3-50)。

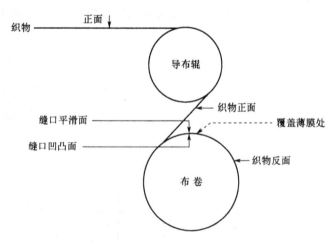

检测条件:

①织物规格:(14.6tex×2)×(14.6tex×2)(40 英支/2×40 英支/2),433 根/10cm×307 根/10cm(110 根/英寸×78 根/英寸)全棉丝光帆布。

②轧烘蒸工艺:

轧、烘:染料 50g/L,一浸一轧(轧液率 60%)→烘干

表3-50　汽蒸法与冷堆法染色效果比较

染料	相对得色深度与得色色光			
	传统轧烘蒸工艺染色			
	相对得色深度	得色色光	相对得色深度	得色色光
雷马素黄 RGB	100	标准	96.60	略黄微暗
雷马素红 RGB	100	标准	93.75	略紫微亮
雷马素蓝 RGB	100	标准	96.11	略蓝微亮
科华素黄 CPD	100	标准	89.55	微偏红光
科华素红 CPD	100	标准	93.39	略显蓝光
科华素藏青 CPD	100	标准	92.66	微偏蓝光
科华素翠蓝 CP	100	标准	106.91	明显偏蓝
科华素艳蓝 CP	100	标准	76.63	欠红光

汽蒸:浸固色液[食盐 200g/L+纯碱 30g/L+防染盐 S 4g/L+30％(36°Bé)烧碱7.5mL/L,pH＝12.6],汽蒸(100℃,90s)

水洗:水洗、皂煮、水洗、烘干。

③冷轧堆工艺:

染液:染料 50g/L,35％(40°Bé)1∶3 钠水玻璃 50g/L、30％(36°Bé)烧碱 30mL/L、pH＝13.50(注,活性翠蓝 35mL/L pH＝13.65,活性艳蓝 20mL/L pH＝13.26)

浸轧:一浸一轧(轧液率 60％)

堆洗:在 15℃堆置 18h→水洗、皂煮、水洗、烘干。

④检测:以传统轧烘蒸工艺染色的相对得色深度作 100％,相对比较。

以 Datacolor SF 600X 测色仪检测。

这里有三个技术问题,应该引起注意:

(1)活性染料冷染,无论采用微波炉法固色,还是采用 60℃堆置法固色,其得色量均明显高于室温冷堆法固色,其偏深幅度平均为 5％～15％。因此,以微波炉法或 60℃堆置法的固色效果与传统连续轧染作相对得色深度比较,并依此为依据,断言冷轧堆法染色的得色量在各种轧染工艺中当居最高,这并不合适。

因为,只有以室温冷堆法的相对得色深度与常规轧染法的相对得色深度作比较,才有一定的可比性。

(2)活性染料冷轧堆法染色,其相对得色深度(固着率)取决于三个因素。一是,堆置温度的高低。二是,染液 pH 值的强弱。三是,堆置时间的长短。其中任何一个因素发生改变,都会使染色结果(深度、色光)产生变化。因此,即使同样采用"室温冷堆"法染色,也会因季节不同(气温、水温不同),染液 pH 值不同,以及堆置时间不同,使得色深度产生明显的差异。正因为对不同染色工艺的固着深度进行比较,必须以特定的工艺条件为前提。如果抛开工艺条件,一概而论,显然是不严谨的。

(3)结构不同的活性染料轧烘蒸法染色,在特定的汽蒸条件下(100～102℃,70～90s),对固色液的 pH 值具有不同的要求。经检测,在常用中温型活性染料中,多数品种适合在 pH＝12

[纯碱 20g/L＋30％(36°Bé)烧碱 5mL/L]的条件下汽蒸固色。固色液的 pH 值过低或过高,固色率都会下降。只有两只特殊色例外:

活性艳蓝(C.I. 活性蓝 19),最适合在 pH 值较低的条件下(单一纯碱 20～25g/L pH＝11)汽蒸固色。如果添加烧碱(pH 值提高),固色率会明显降低。

活性翠蓝(C.I. 活性蓝 21),最适合在 pH 值较高的条件下[纯碱 20g/L＋30％(36°Bé)烧碱 10～15mL/L pH＝12.3～12.4]汽蒸固色。如果烧碱用量减少(pH 值降低),得色量会显著下降。

然而,在现实生产中,轧染固色碱剂的施加,主要是根据色泽深浅而定,很少顾及染料反应性的高低、对 pH 值适应能力的大小。普遍存在着碱剂浓度偏大(主要是烧碱用量偏多),固色液 pH 值偏高的问题。由于固色液碱性较强,在高温(100～102℃)汽蒸过程中,染料水解较多,所以其得色深度往往不是"最高"。这一点,只要通过严谨的测试,就能够察觉。

总之,对不同当色工艺的固着深度进行评价,一定要以最佳工艺条件下的染色结果为依据。这样,才有可能获得比较客观的结果。

39 活性染料冷轧堆染色,怎样打小样效果最好?

答:冷轧堆染色(冷染)的技术关键,是染色小样和染色大样要相近或相符。这是因为,大小样的色泽相近,染色的一次成功率高。即使大小样间存在微差,染色大样也只需在柔软热拉的过程中,施加少量涂料进行色光微调便可得符样成品。倘若大小样色泽差异明显,就必须重新进缸(如卷染机)加料复染修色。这与当今"优质、高效、节能、减排"的染色理念完全相背。

在实际生产中,即要求染色小样的色泽与染色大样的色泽相似或相符,同时也要求染小样要有快捷的出样效率,以适应高效生产的需要。因而,染小样不能模仿染大样采用"冷堆法"。而只能采用"热堆法"打样。这是因为,提高堆置(反应)的温度,可以大幅度提高染料的固着速度,显著地缩短达到固色平衡所需要的堆置时间。

可行的方法有二,一是染样机热堆法,二是微波炉热堆法。

(1)染样机热堆法打样。打样方法如下。

①配液:

A 染液:

染料	x
六偏磷酸钠	0.2g/80mL

以 60℃温水化料,而后降至室温。

B 碱液:

35％(40°Bé)水玻璃	25～40g
30％(36°Bé)烧碱	5～15mL/100mL

以 60℃温水化料,而后降至室温。

C 浸轧液:准确吸取碱液 20mL,移入染液 A 中,立即搅匀,配成 100mL 染液。

注:轧染处方为:

染料	x
六偏磷酸钠	2g

35%（40°Bé）水玻璃	50～80g
30%（36°Bé）烧碱	10～30mL/L

②轧堆：一浸一轧，轧液率60%～65%。

轧样立即卷在玻璃棒上（卷紧防色泽不匀），并用保鲜膜包裹密封，放入带塞的三角烧瓶中（防止沾水产生渍印），而后置入恒温水浴染样机中，在特定温度下，静置适当时间。水洗、皂煮、水洗、烘干。

③提示：

a. 染小样的处方必须与染大样的完全相同。

b. 染液与碱液务必要分开配制，不可同浴化料。而且，染液与碱液一旦混合，必须立即轧染，不能搁置。因为，活性活料尤其是乙烯砜型染料，在较强的碱性浴中，会过快分解，容易影响染色结果（深度或色光）。

c. 水玻璃的实用量不宜过多，要视染液温度高低而定。原则是：染液温度低（如冬季）要少加些；染液温度高（如夏季）可适当多加些。原因是，水玻璃的胶凝性大附着力强，而且染液温度越低越严重。因此，水玻璃用量过多（尤其在冬季），染液中会产生"胶粒群"，轧染后容易造成"白斑"染疵。还会因染后出水不清，导致织物手感僵硬、粗糙。

（注：实验证明，在50～100g/L范围内，水玻璃用量高低对得色深度的影响不明显）。

d. 烧碱液用量多少是否恰当，对得色量的影响极大。烧碱液实用量的设定，主要看色泽的深浅。但也要看车间染大样时染液温度（布卷温度）的高低。原则是：在10～30mL/L范围内，染深色时用量要高，染浅色时用量要低。车间染大样时，染液温度偏高（如夏季），用量应适应减少。染液温度偏低（如冬季），用量应适当增加。不然，会影响小样放大样的准确性。

e. 染小样堆置（反应）条件（温度、时间）的设定，必须以染色小样的得色深度与室温、长时间堆置（模拟大样的冷堆条件）的得色深度相当或相似为依据。

从表3-51～表3-54数据可以看出三点：

表 3-51 染深色 50℃ 染样机热堆与 15℃ 冷堆的得色量比较

相对得色深度（%） 染料	15℃冷堆 20h	50℃热堆时间（min）			
		40	50	60☆	70
科华素黄 CPD	100	104.15	109.49	110.62	111.35
科华素红 CPD	100	98.25	98.90	99.90	99.92
科华素藏青 CPD	100	106.61	107.68	108.13	108.53

表 3-52 染深色 60℃ 染样机热堆与 15℃ 冷堆的得色量比较

相对得色深度（%） 染料	15℃冷堆 20h	60℃热堆时间（min）			
		30	40	50☆	60
科华素黄 CPD	100	100.32	11.74	113.07	113.67
科华素红 CPD	100	98.67	99.48	100.59	100.84
科华素藏青 CPD	100	102.34	104.71	104.00	104.13

表 3－53　染深色 70℃染样机热堆与 15℃冷堆的得色量比较

相对得色深度(%) 染料	15℃冷堆 20h	70℃热堆时间(min)			
		20	30	40☆	50
科华素黄 CPD	100	105.78	113.00	115.38	115.89
科华素红 CPD	100	94.60	104.24	105.45	105.60
科华素藏青 CPD	100	100.25	102.44	103.60	103.69

注　①检测条件：

织物：(14.6tex×2)×(14.6tex×2)(40 英支/2×40 英支/2)，433 根/10cm×307 根/10cm(110 根/英寸×78 根/英寸)全棉丝光帆布。

配方：染料 50g/L、六偏磷酸钠 2g/L、水玻璃[35％(40°Bé)]50g/L、烧碱[30％(36°Bé)]25mL/L。

工艺：室温一浸一轧(轧液率 60％)。

冷堆：轧样卷在玻璃棒上，以保鲜膜包裹出封，在 15℃冷堆 20h，水洗、皂煮、水洗、烘干。

热堆：参照打样方法(2)。

②☆为适合的热堆时间(min)。

③科华素 CPD 为浙江龙盛集团股份有限公司的冷染活性染料三原色。

表 3－54　翠蓝、艳蓝染深色染样机热堆与 18℃冷堆的得色量比较

相对得色深度(%) 染料	18℃冷堆	50℃热堆时间(min)						
		20	30	40	50	60	70	80
科华素翠蓝 CP	100	—	—	—	98.80	100.74	103.03	103.90
科华素艳蓝 CP	100	—	74.96	89.49	94.18	97.97	—	—

相对得色深度(%) 染料	18℃冷堆	60℃热堆时间(min)						
		20	30	40	50	60	70	80
科华素翠蓝 CP	100	—	—	106.53	106.56	108.94	108.96	—
科华素艳蓝 CP	100	—	98.61	104.95	104.53	103.81	—	—

相对得色深度(%) 染料	18℃冷堆	70℃热堆时间(min)						
		20	30	40	50	60	70	80
科华素翠蓝 CP	100	—	102.55	106.10	106.27	105.78	—	—
科华素艳蓝 CP	100	94.55	102.94	101.96	99.94	—	—	—

注　①18℃冷堆，活性翠蓝堆 22h，活性艳蓝堆 18h

②实验配方：染料 50g/L、六偏磷酸钠 2g/L、水玻璃[35％(40°Bé)]50g/L、烧碱[30％(36°Bé)]、翠蓝 35mL/L、艳蓝 20mL/L。

其他条件同上。

第一点，常用冷染活性染料，在适当的条件下，以染样机热堆法打样，其得色深度完全可以达到或超过冷堆染色的水平。这说明，染样机热堆法能够适应冷堆染色打样的要求。

具体打样条件：

科华素 CPD 深三原色

条件一:热堆温度 50℃、热堆时间 60min;

条件二:热堆温度 60℃、热堆时间 50min;

条件三:热堆温度 70℃、热堆时间 40min。

科华素翠蓝 CP

条件一:热堆温度 50℃、热堆时间 80min;

条件二:热堆温度 60℃、热堆时间 70min;

条件三:热堆温度 70℃、热堆时间 50min。

科华素艳蓝 CP

条件一:热堆温度 50℃、热堆时间 60min;

条件二:热堆温度 60℃、热堆时间 50min;

条件三:热堆温度 70℃、热堆时间 30min。

从整体效果看,60℃热堆法打样相对比较合适。

第二点,打样的热堆时间与热堆温度之间,依附关系密切。热堆温度高,所需的热堆时间短;热堆温度低,所需的热堆时间长,显然,这是由于活性染料的固色速率与反应温度成正比的缘故。

因此,打样时的堆置温度与堆置时间必须相互对应。不然,势必要影响得色深度与得色色光。

第三点,染样机热堆法打样,其得色深度与冷堆法染色相比,多数染料偏深(偏深幅度一般为 0~15%)而且,不同染料的增深趋势不尽相同。因此,采用染样机热堆法打样,必须掌握染料的上色特点,在放大样前,应预先对染色处方进行必要的调整,而不宜按小样处方实放。这对提高小样放大样的一次成功率至关重要。

(2)微波炉热堆法打样。所谓微波炉热堆法,就是将轧染样放入微波炉内热堆(反应)染色。具体方法如下:

配液、轧样与染样机热堆法相同。只是将轧染样悬挂在微波炉专用带盖塑料盒中(预先加底水 50mL),在选定的挡位加热适当的时间,便可水洗、皂煮、水洗。

以广东佛山市顺德格兰仕微波炉电器有限公司产品[型号 P8OD 23NIP - B5(BO)、额定输入功率 1300W、微波输出功率 800W、额定微波频率 2450MHz]为例。

适合的加热(热堆)条件为:解冻挡,加热堆置时间为 7min。

注:解冻挡加热效率:50mL 底水,加热 5min,从 18℃升至 72℃;加热 6min,从 18℃升至 74℃;加热 7min,从 18℃升至 76℃;加热 8min,从 18℃升至 78℃。

从表 3 - 55 检测数据可见:

表 3 - 55 微波炉热堆法与常规冷堆法染色效果比较

染色效果比较	15℃冷堆 20h		微波炉热堆时间(min)							
			5		6		7		8	
染料	相对得色深度(%)	色光	相对得色深度(%)	色光	相对得色深度(%)	色光	相对得色深度(%)	色光	相对得色深度(%)	色光
科华素黄 CPD	100	标准	96.11	偏红	105.02	偏红	106.25	偏红	106.90	偏红
科华素红 CPD	100	标准	93.34	微蓝	100.88	微蓝	104.95	微蓝	105.02	微蓝

染色效果比较 染料	15℃冷堆 20h		微波炉热堆时间(min)							
			5		6		7		8	
	相对得色 深度(%)	色光	相对得色 深度(%)	色光	相对得色 深度(%)	色光	相对得色 深度(%)	色光	相对得色 深度(%)	色光
科华素藏青 CPD	100	标准	102.47	稍黄	105.25	稍黄	104.78	稍黄	103.46	稍黄
科华素翠蓝 CP	100	标准	101.18	略黄	108.86	略黄	113.80	略黄	112.89	略黄
科华素艳蓝 CP	100	标准	71.49	偏红	89.01	偏红	116.19	偏红	113.62	偏红

微波炉热堆法染色,其得色深度完全可以达到或超过冷堆法染色的水平。这表明,活性染料冷轧堆染色,同样可以采用微波炉热堆法打样,而且堆置时间短,出样效率高。

不过,微波炉热堆法打样与染样机热堆法打样存在着共同的缺点,即和冷堆法染色相比,其得色色光有一定程度的变化,其得色深度有明显的增深。特别是不同染料的表现又不尽相同。因此,在小样放大样前,务必要根据所用染料具体的得色表现,对小样处方预先做适当调整。这对提高小样放大样的准确率,是必需的。

40 活性翠蓝和活性艳蓝能否用于冷轧堆法染色? 其工艺参数该如何确定?

答:活性翠蓝(C.I. 活性蓝 21)和活性艳蓝(C.I. 活性蓝 19),属于中温型染料。但在实用性能上却存在很强的"个性"。

活性翠蓝,是铜酞菁乙烯砜染料。相对分子质量大且严重缺乏线性。因而,它的扩散能力很差,反应能力很弱,提深困难,色牢度欠佳。为此,浸染法染色时,通常要按高温型活性染料来使用,即以 80℃吸色、固色。旨在以较高的温度,来提高染料的扩散速率与反应速率。

活性艳蓝,是蒽醌型活性染料。它对碱敏感,在碱性浴中亲和力大,吸附性快,反应性高。如果有较多电解质存在,染料还会产生聚集、絮集问题。因而,浸染法染色,很容易因染料凝聚与骤染产生色泽不匀,色光不稳,以及色点、色渍等染疵。为此,不能按普通活性染料使用,必须采用特殊染色法(预加碱染色,而且盐、碱减量)染色。

因而,活性翠蓝和活性艳蓝用于温度低,碱性强的冷轧堆法染色,对工艺条件的要求必然与众不同。

(1)对染液碱度(pH)的要求。

①配料

		深色	浅色
A 染液:	染　　　料	62.5 g	6.25g
	六偏磷酸钠	2g	2g
		1L	1L

60℃温水溶解,而后降温至 15~16℃。

B 碱液(表3-56):

表 3 - 56　碱液组成

序　号	1	2	3	4	5	6	7	8
35％(40°Bé)1 : 3 钠水玻璃(g/L)	25	25	25	25	25	25	25	25
30％(36°Bé)烧碱液(mL/L)	2.5	5	7.5	10	12.5	15	17.5	20
加水合成(mL)	100	100	100	100	100	100	100	100

注　60℃温水溶解,而后降温至 15～16℃。

C 浸轧液:取染液(A)80mL,取碱液(B)20mL/配成 100mL 浸轧液。

②浸轧:织物为(14.6tex×2)×(14.6tex×2)(40 英支/2×40 英支/2),433 根/10cm×287 根/10cm(110 根/英寸×73 根/英寸)全棉丝光帆布。

浸轧方式为-浸-轧,轧液率为 60％。

③堆洗:冷堆:染样立即卷绕在玻璃棒上,并用保鲜膜包封。而后在 15℃的条件下堆置(反应)24h(深色)与 20h(浅色)。

水洗、皂煮、水洗、烘干。

温堆:染样立即卷成松弛的筒状,装入带塞的三角瓶中,置入恒温 30℃的染样机中,静置 24h(深色)与 20h(浅色)。

水洗、皂煮、水洗、烘干。

④检测:以序号 2 为碱剂的染样染度作 100％相对比较。以 Datacolor SF 600X 测色仪检测。

⑤结果(表 3 - 57～表 3 - 60)。

表 3 - 57　15℃冷染深色适合的染液碱度

	1 : 3 钠水玻璃(g/L)	50	50	50	50	50	50	50	50
染液碱度	30％(36°Bé)烧碱液(mL/L)	5	10	15	20	25	30	35	40
	pH 值	12.06	12.70	13.05	13.26	13.40	13.50	13.65	13.73
相对得色深度(％)	科华素翠蓝 CP		100	115.11	127.33	134.77	143.42	146.82	147.09
	科华素艳蓝 CP	97.43	100	123.98	134.45	134.58	134.62	134.60	

注　①染料为上海科华染料工业有限公司产品②pH 值以杭州雷磁分析仪器 pHS-25 型酸度计检测。

表 3 - 58　30℃冷染深色适合的染液碱度

	1 : 3 钠水玻璃(g/L)	50	50	50	50	50	50	50	50
染液碱度	30％(36°Bé)烧碱液(mL/L)	5	10	15	20	25	30	35	40
	pH 值	12.06	12.70	13.05	13.26	13.40	13.50	13.65	13.73
相对得色深度(％)	科华素翠蓝 CP		100	108.84	115.08	120.44	118.58	113.21	110.73
	科华素艳蓝 CP	100.74	100	98.89	97.35	95.46	94.35	93.37	

表 3-59　15℃冷染浅色适合的染液碱度

染液碱度	1:3 钠水玻璃(g/L)	50	50	50	50	50	50
	30%(36°Bé)烧碱液(mL/L)	5	10	15	20	25	30
	pH 值	12.06	12.70	13.05	13.26	13.40	13.50
相对得色深度(%)	科华素翠蓝 CP	100	124.32	154.79	160.45	196.55	196.46
	科华素艳蓝 CP	100	107.11	107.04	106.51	106.12	105.49

表 3-60　30℃冷染浅色适合的染液碱度

染液碱度	1:3 钠水玻璃(g/L)	50	50	50	50	50	50
	30%(36°Bé)烧碱液(mL/L)	5	10	15	20	25	30
	pH 值	12.06	12.70	13.05	13.26	13.40	13.50
相对得色深度(%)	科华素翠蓝 CP	100	113.73	119.91	124.18	125.78	120.76
	科华素艳蓝 CP	100	100.19	98.57	97.01	96.92	93.25

据表 3-57~表 3-60 数据显示:活性翠蓝和活性艳蓝在冷轧堆染色中应用,和在浸染染色中应用一样,具有鲜明的性能个性。

经检测,活性翠蓝对染液碱度(pH 值)的要求,比普通活性染料明显要高。

比如,同样在 1:3 钠水玻璃 50g/L 的条件下,冬季冷染深色时,烧碱(30%)的用量,普通活性染料一般为 25~30mL/L,而活性翠蓝则需要 35~40mL/L。夏季冷染深色时,烧碱(30%)的用量,普通活性染料一般为 15~20mL/L,而活性翠蓝则需要 25~30mL/L。冬季冷染浅色时,烧碱(30%)的用量,普通活性染料一般为 20~25mL/L,而活性翠蓝则需要 25~30mL/L。夏季冷染浅色时,烧碱(30%)的用量、普通活性染料一般为 5~10mL/L,而活性翠蓝则需要 20~25mL/L。

活性翠蓝与普通活性染料相比,对染液碱度(pH 值)的要求高,显然是因为活性翠蓝与纤维的反应能力弱,对反应 pH 值依赖性大所致。

经检测,活性艳蓝对染液碱度的要求,比普通活性染料明显要低。比如,同样在 1:3 钠水玻璃 50g/L 的条件下,冬季冷染深色时,烧碱(30%)的用量、普通活性染料一般为 25~30mL/L,而活性艳蓝只需要 20~25mL/L。夏季冷染深色时,烧碱(30%)的用量、普通活性染料一般为 15~20mL/L,而活性艳蓝只需要 10~15mL/L。冬季冷染浅色时,烧碱(30%)、普通染料的用量一般为 20~25mL/L,而活性艳蓝只需要 10~15mL/L。夏季冷染浅色时,烧碱(30%)、普通染料的用量一般为 5~10mL/L,而活性艳蓝只需要 5mL/L左右。

活性艳蓝与普通活性染料相比,对染液的碱度(pH 值)要求要低。这是因为,活性艳蓝与纤维的反应能力相对较高,对反应 pH 值的依赖性相对较小的缘故。

(2)对堆置(反应)时间的要求。

①配料:

		深　色	浅　色
A 染液:	染　料	50g	5g
	六偏磷酸钠	2g	2g
		800mL	800mL

以 60℃温水溶解,而后降温至 15～16℃。

B 碱液:

	深　色	
	翠　蓝	艳　蓝
1:3 水玻璃(35%)	50g	50g
30%烧　碱	25mL	10mL
	200mL	200mL

以 60℃温水溶解,而后降温至 15～16℃。

	浅　色	
	翠　蓝	艳　蓝
1:3 水玻璃(35%)	50g	50g
30%烧　碱	20mL	5mL
	200mL	200mL

以 60℃温水溶解,而后降温至 15～16℃。

C　浸轧液:将染液(A)与碱液(B)混合成 1L 轧染液,快速搅匀。

②浸轧:织物为(14.6tex×2)×(14.6tex×2)(40 英支/2×40 英支/2),433 根/10cm×299 根/10cm(110 根/英寸×76 根/英寸)全棉丝光棉布。

一浸一轧、轧液率60%。

③堆洗:冷堆:染样立即卷绕在玻璃棒上(卷紧),并用保鲜膜包裹密封。而后在 15～16℃ 条件下,放置(反应)10～24h。再水洗、皂煮、水洗、烘干。

温堆:染样立即卷成松弛的筒状,放入带塞的三角瓶中,置入恒温 30℃ 的染样机中,放置 4～18h。再水洗、皂煮、水洗、烘干。

④检测:染样的相对得色深度以 Datacolor SF 600X 测色仪检测。

⑤结果:

表 3－61～表 3－65 数据表明:活性翠蓝用于冷染,不但染液碱度要显著提高,布卷的堆置 (反应)时间也得要充裕。比如,普通活性染料,冬季(<15℃)冷染深色,在染液 pH＝13.40～ 13.50(相当 35% 水玻璃 50g/L＋30% 烧碱 25～30mL/L)的条件下,仅需堆置 14～18h。而活 性翠蓝 15℃冷染,在染液 pH＝13.65(相当 35% 水玻璃 50g/L＋30% 烧碱 35mL/L)的条件下, 则要冷堆 22～24h。

表 3-61 15℃冷染深色适合的堆置(反应)时间

相对得色深度(%) 染料	堆置(反应)时间(h)							
	10	12	14	16	18	20	22	24
科华素翠蓝 CP	—	—	100	104.53	105.97	106.02	108.33	107.96
科华素艳蓝 CP	100	106.79	112.12	114.11	114.53	114.90	—	—

表 3-62 30℃冷染深色适合的堆置(反应)时间

相对得色深度(%) 染料	堆置(反应)时间(h)							
	10	12	14	16	18	20	22	24
科华素翠蓝 CP	—	—	100	103.41	104.19	104.87	104.45	104.17
科华素艳蓝 CP	100	100.67	103.36	103.71	103.75	103.44	—	—

表 3-63 15℃冷染浅色适合的堆置(反应)时间

相对得色深度(%) 染料	堆置(反应)时间(h)							
	4	6	8	10	12	14	16	18
科华素翠蓝 CP	—	—	100	108.26	115.71	116.98	118.32	118.66
科华素艳蓝 CP	100	128.80	133.43	136.23	139.99	139.63	—	—

表 3-64 30℃冷染浅色适合的堆置(反应)时间

相对得色深度(%) 染料	堆置(反应)时间(h)							
	4	6	8	10	12	14	16	18
科华素翠蓝 CP	—	—	100	103.36	106.31	106.55	106.01	104.91
科华素艳蓝 CP	100	109.32	110.73	114.11	114.73	114.70	—	—

表 3-65 活性翠蓝和活性艳蓝冷轧堆法染色,比较适合的三大工艺参数

染料	深度	比较适合的染液碱度		比较适合的堆置时间(h)	
		15℃染色	30℃染色	15℃染色	30℃染色
科华素翠蓝 CP	50g/L	水玻璃(35%)50g/L 烧碱(30%)35mL/L pH=13.65	水玻璃(35%)50g/L 烧碱(30%)25mL/L pH=13.40	22~24	18~20
	5g/L	水玻璃(35%)50g/L 烧碱(30%)25mL/L pH=13.40	水玻璃(35%)50g/L 烧碱(30%)20mL/L pH=13.26	16~18	12~14

染料	深度	比较适合的染液碱度		比较适合的堆置时间(h)	
		15℃染色	30℃染色	15℃染色	30℃染色
科华素艳蓝CP	50g/L	水玻璃(35%)50g/L 烧碱(30%)20mL/L pH=13.26	水玻璃(35%)50g/L 烧碱(30%)10mL/L pH=12.70	16～18	14～16
	5g/L	水玻璃(35%)50g/L 烧碱(30%)10mL/L pH=12.70	水玻璃(35%)50g/L 烧碱(30%)5mL/L pH=12.06	12～14	10～12

活性艳蓝用于冷染,染液碱度(pH 值)必须下调,因为它对碱敏感,容易水解导致色浅。而布卷堆置(反应)时间却不宜过短。这可能与活性艳蓝在盐碱浴中(水玻璃和烧碱既是碱剂又是电解质),凝聚性较大,扩散性较慢有关。

从以上实验分析可知:

活性翠蓝和活性艳蓝,可以用于冷轧堆法染色。只是由于它们的染色性能与众不同,需要采用与之相适应的染色工艺而已。

41　为什么说高温型活性染料比中温型活性染料更适合粘胶织物的染色?

答:高温型活性染料比中温型活性染料更适合染粘胶织物,是纤维性能与染料性能决定的。

粘胶纤维虽属纤维素纤维,但在结构性能上却与棉纤维有着明显不同。

第一,粘胶纤维的截面结构不匀一,皮层结构紧密,结晶度和取向度较高,对染料的吸附与扩散具有较大的阻滞作用。而且,染色温度越低,对染料上染的阻滞作用越大。因此,在染色温度较低,染色时间较短的条件下染色,粘胶织物比棉(丝光)织物得色浅,染深性差。而且,匀染透染性欠佳。

第二,粘胶纤维的聚合度低,约为棉纤维的 1/8。再加上结晶度(30%～40%)仅为棉纤维结晶度(70%)的 1/2。无定形区要比棉纤维大一倍。因而,存在于无定形区的亲水性基团——羟基(—OH)数量较多。羟基是纤维素的吸湿中心。在水中,它能直接或间接吸附大量极性水分子,使纤维发生显著的异向溶胀(普通粘胶纤维截面积会增大 70%～100%,长度增加 2%～5%)。因而,粘胶纤维在水中(尤其在温度较低的水中),会明显变僵硬。这在绳状染色时,很容易造成擦伤、拉皱、色泽不匀等染疵。

粘胶纤维特有的结构与性能,对染色条件产生了不同于棉纤维的要求,即最适合在较高的温度、较长的时间条件下染色(特别是染深色)。实验证明,在高温(≥80℃)条件下染色,可以最大限度地提高粘胶纤维的溶胀度,使纤维的皮层结构变松弛,从而有效改善匀染透染效果,并提高纤维的染深能力。同时,还可以使粘胶纤维固有的柔糯性充分显现,杜绝擦伤、拉皱、吸色不匀等染疵产生。

高温型活性染料与中温型活性染料的最大区别,是温度效密不同。即最适合在较高的温度

（≥80℃）染色。其原因有四：

（1）高温型活性染料，带有双一氯均三嗪高温型活性基，故耐热稳定性较高，能承受80～100℃中性吸色，80℃碱性固色。

（2）染料的相对分子质量较大，又属双侧型，故扩散性较差。高温（≥80℃）染色，能有效提高染料的扩散速率，提高透染效果与染深效果。

（3）染料与纤维的亲和力较大。故移染性较差。高温（≥80℃）染色，能强化染料的移染能力，增进匀染效果。

（4）染料—纤维间的反应性弱。高温（≥80℃）染色，能大幅度提高染料的反应能力，提高得色深度。

正是由于高温型活性染料的染色温度较高，染粘胶织物可以获得良好的匀染效果、提深效果以及染色牢度。所以，比中温型活性染料60℃染色，更适合粘胶织物染深色。

42 棉织物染色，为什么布面色泽有时产生"黑气"？ 如何解决？

答：（1）产生原因。棉织物（尤其是紧密厚实的织物）染色，有时候布面色泽会出现"黑气"。所谓"黑气"，是指织物的色泽，内外深浅不柔和，表层深浓芯层浅淡，使色泽既不匀净又不纯正。实验表明，这种现象的产生，是"表面染色"的结果。

众所周知，棉纤维的结晶区占70%，非结晶区仅占30%左右。所以，棉纤维具有染深性差的天然缺陷。为此，染色前务必要以220～260g/L的烧碱进行"丝光"处理。因为丝光可以大幅度改善棉的吸色能力，从而提高棉的染深性。

可是，近年来，印染企业大多采用了碱—氧—浴或酶—氧—浴冷轧堆短流程前处理工艺。其练、漂效果普遍存在着吸水能力不佳（毛效低）、煮漂匀透性差的不足。因而，丝光时，烧碱液不能快速、均匀地浸透织物，不能使织物（纤维）由表及里产生充分、透彻的丝光效果。倘若织物表层丝光效果好，芯层丝光效果差，染色后，势必要产生表层色泽深，芯层色泽浅，表里色泽深度差异大的"表面染色"，无疑要产生"黑气"。

（2）应对举措为：克服染色"黑气"的关键，是提高半制品的练漂透彻性与吸水能力。实践证明，冷轧堆前处理后，再做一次常规汽蒸（100℃）复氧漂，可以使织物的练漂透彻性与吸水能力（毛效）得到大幅度改善。从而获得表里如一的丝光效果，消除"表面染色"给色泽带来的危害。

笔者认为，以牺牲染色质量为代价，刻意追求"节能、减排"，并不明智。

43 低温型活性染料的实用性能，与中温型活性染料相比，有什么不同？

答：低温型活性染料，是近年来问世的染料新品。当前，市供染料有浙江龙盛集团股份有限公司的科华素ST系列染料，上海安诺其纺织化工有限公司的安诺素L系列染料等。

低温型活性染料，属于乙烯砜型染料。与中温型活性染料相比，对染色条件的要求有两大不同。

（1）对染色温度的要求低。低温型活性染料，在碱度较高的染浴中，反应能力相对较强，适合在40℃染色。染色温度偏高或偏低，得色量都会下降（表3-66）。

表3-66 低温型活性染料适应的染色温度

染 料	相对得色深度 (%)	染色温度(℃)			
		30	40	50	60
安诺素嫩黄 L—2G		98.37	100	80.06	56.15
安诺素深红 L—4B		95.41	100	94.23	80.00

注 配方:染料 1.25%(owf)、食盐 40g/L、复合碱(纯碱 5g/L＋烧碱 1g/L,pH＝12.20)。

(2)对固色碱度的要求高。低温型活性染料,具有不同于中温型活性染料的染料母体,其活性基中的硫酸酯基与乙烯砜基之间的结合比较稳定。所以,发生"消去反应"需要的碱度较高。经检测,低温型活性染料染色,适合以复合碱(纯碱＋烧碱)作固色碱剂。基最佳固色碱度pH＝12.21～12.40(图 3-25)。

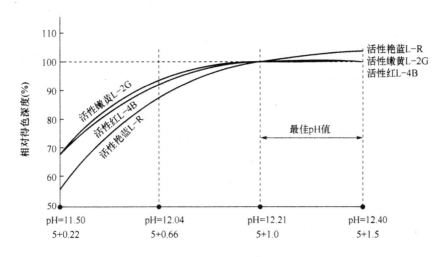

图 3-25 粉状纯碱与固体烧碱的浓度(g/L)和相应 pH 值

L 型活性染料 40℃固色的最佳 pH 值

[检测条件:染料 1.25%(owf),食盐 50g/L,浴比 1:3,40℃吸色 30min,固色 50min,皂洗]

注:纯碱的碱性较弱,pH 值较低(纯碱 20g/L,pH＝11)。显然并不适合低温型活性染料作固色碱剂。经检测,以纯碱固色,即使将固色温度提高到 50℃(得色量相对最高),其得色深度依然无法达到复合碱 40℃固色的水平。

低温型活性染料与中温型活性染料相比,在染色性能上有两大优点:

①在固色浴中凝聚性小。众所周知,中温型乙烯砜染料(如活性艳蓝等)染色时,由于固色浴中的电解质浓度较高(纯碱也是电解质),对染料的盐析作用较大。再加上染料中的 β-羟乙基砜硫酸酯活性基对碱剂敏感,遇碱后会快速发生消去反应,使原本水溶性的活性基变为疏水性。从而导致染料自身的溶解度急剧下降。

$$—SO_2CH_2CH_2OSO_3Na$$
β-羟乙基砜硫酸酯活性基
(亲水性基团)

$$—SO_2CH=CH_2 + Na^+ + SO_4^{2-}$$
乙烯砜活性基
(疏水性基团)

因此,在食盐、纯碱共存的固色浴中,染料的凝聚现象显著甚至严重。

而低温型活性染料染色时,由于采用复合碱(纯碱5g/L＋烧碱1～1.5g/L)作碱剂,电解质的混合浓度低,对染料的盐析作用较小。加之低温型活性染料的活性基,消去反应的发生比较缓慢,对染料自身溶解度的影响相对温和。所以,在固色浴中,没有明显的凝聚现象,几乎不会因染料过度凝聚而产生质量问题。

②在固色初期骤染性小。中温型活性染料,在加碱固色初期,普遍存在着不同程度的"骤染"问题。尤其是乙烯砜染料,骤染现象愈加严重。比如,在加碱固色10min内的相对吸色量,活性艳蓝KN—R可净提高59.96%;活性黑KN—B可净提高68.95%。

原因是:加碱后染液由中性变为碱性,染料中的β-羟乙基砜硫酸活性基,会迅速发生消去反应,变为带双键的乙烯砜基。一来染料的直接性当即提高,使吸色大幅度加快;二来染料的反应性立即强化,染料—纤维间的固着反应迅即发生,从而使染料原有的吸色平衡被打破,促使染料快速二次上染。当然,碱剂的加入,使染液中电解质的混合浓度陡然提高,促染作用加大,对染料的"骤染"也起着一定的促进作用。

低温型活性染料与中温型活性染料不同,在加碱固色初期,染料的骤染程度很小。这可从染料的SERF值曲线中看出来(图3－26)。

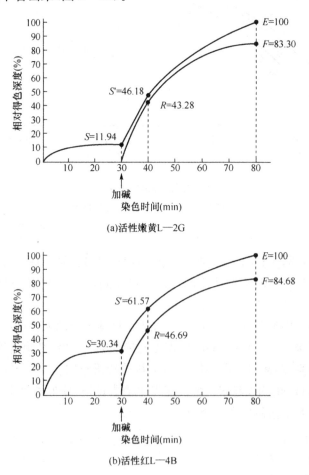

(a)活性嫩黄L—2G

(b)活性红L—4B

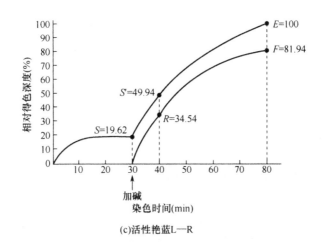

图 3-26　L 型活性染料三原色的上染曲线

［检测条件：染料 1.25％(owf)，食盐 40g/L，粉状纯碱 5g/L＋100％烧碱 1g/L(pH＝12.21)，
浴比 1：30，40℃吸色、固色］

染料的 SERF 值曲线显示，低温型活性染料在固色阶段的二次吸色速率相对平稳，骤然上色现象不突出。比如，在加碱固色 10min 内的相对吸色量(S'值)，仅净提高 30％左右(中温型活性染料，一般要净提高 40％以上)。主要原因是：低温型活性染料，具有与其他乙烯砜染料不同的染料母体，母体的结构特征，提高了 β-羟乙基砜硫酸酯活性基中砜基与硫酸酯基之间的结合稳定性，在碱性浴中，硫酸酯基的消去反应进行得比较和缓。因而，消除了活泼的砜基短时间内大量生成而引发的瞬间上色现象。

从以上分析可知：

(1)低温型活性染料，由于适合以复合碱作碱剂 40℃低温染色，与中温型活性染料相比，"节能、减排、增效"优势突出。

(2)低温型活性染料，由于在固色阶段(二次吸色)凝聚性小、骤染性小，与中温型活性染料相比，匀染透染效果优良。

(3)低温型活性染料的染色工艺，与中温型活性染料有所不同，代表性的染色工艺如下：

①染色用料：

A——低温型活性染料	x
B——软水剂	1～2g/L
C——电解质	20～60g/L
D——纯　碱	5g/L
E——烧碱(100％)	1～1.5g/L

②染色工艺：

a. 普通染色法。该法比较适合染中浅色泽。

工艺模式如下：

115

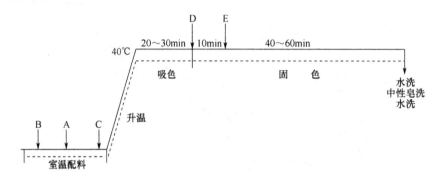

b. 预加碱染色法。该法比较适合染中深色泽。

工艺模式如下：

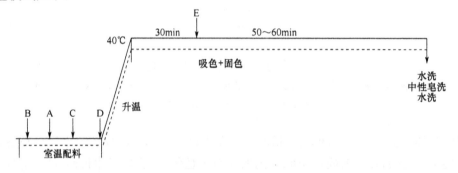

44 中温型活性艳蓝连续轧染时，为什么容易产生色点病疵？应如何应对？

答：(1)产生原因。常用活性艳蓝(C.I. 活性蓝 19)，如活性艳蓝 KN—R、活性艳蓝 B—RV 等，在连续轧染中，很容易产生"色点"病疵，常因此不能正常开车。

这是因为，活性艳蓝具有不同于其他活性染料的性能特点。即耐盐、碱溶解稳定性特差。经检测，在固色液中盐、碱混合浓度＞60g/L，染料便会发生显著甚至严重的凝聚。

在连续轧染中，经染液浸轧、烘干的染色物，由于染料—纤维尚未发生固着，染料的附着牢度很差，在浸轧固色液的过程中，染料会脱落下来，并随开车时间的延长，固色液中染料的累积浓度逐渐走高(直至平衡)。这里的问题是，脱落到固色液中的染料，会产生以下行为：

①在碱剂的存在下，染料中的 β-羟乙基砜硫酸酯活性基会发生"消去反应"，硫酸酯基脱落。由原来的亲水性基团变为疏水性基团，使染料自身的水溶性严重下降。

$$\text{（亲水性基团）} \xrightarrow[\text{消去反应}]{OH^-} \text{（疏水性基团）} + NaHSO_4$$

（亲水性基团）　　　　　　　　（疏水性基团）

②在盐 150～180g/L、纯碱 20～25g/L(纯碱也是电解质)的固色液中,溶落的染料由于受到强大的"盐析作用",其水溶能力会大幅度下降。

③在盐、碱共存的固色液中,不同染料分子中的羰基($\diagdown$C＝O—)与氨基(—NH$_2$)之间,会产生较大的氢键引力,染料分子与染料分子间的聚集倾向会明显增大。

原因是,固色液中大量电解质存在,Na$^+$浓度很高,受同离子效应的影响,染料分子中的磺酸基电离度变得很小,主要以—SO$_3$Na(电中性)形式存在,而以—SO$_3^-$(带负电荷)形式存在者很少。所以,染料分子间同性电荷的斥力基本消失,染料分子容易靠近的缘故。

因而,当开车一个时段,固色液中累积的染料较多,染料的聚集体增大到一定程度,便会随泡沫浮于液面,一旦黏附到织物上,便会产生色点、色渍染疵。

(2)应对举措:活性艳蓝轧染,色点是一个顽症,必须采用以下综合措施才能奏效。

①选用改良型活性艳蓝染色。浙江龙盛集团股份有限公司推出的活性艳蓝 CP,是一只改进型染料。它与普通活性艳蓝相比,分子结构并未发生改变,色泽依然艳亮华丽。但是,由于对添加剂作了全新的改进,使得染料的耐盐、碱溶解稳定性有了大幅度提高。所以,以它替代普通活性艳蓝进行轧染,对减轻色点病疵有积极作用。

②采用小轧槽浸轧固色液。采用容量小的小轧槽浸轧固色液,以加快新、老固色液的更新速度,使固色液中的染料浓度保持较低水平,并使染料聚集体保持较小程度。这对克服"色点"染疵效果明显。

③施加强力匀染剂染色。选用分散(扩散)能力强的表面活性剂与助溶(增溶)效果好的表面活性剂,组成复合型匀染剂,添加在固色液中。通过表面活性剂的分散(扩散)作用与助溶(增溶)作用,抑制染料的过度凝聚,对克服色点染疵作用更加显著。

45　中温型活性染料连续轧染,固色液的 pH 值多少为最佳?

答:常用中温型活性染料连续轧染,固色液的 pH 值不能一概而论。因为母体、架桥基、活性基不同的染料,在特定的汽蒸条件下(100～102℃,70～90s),与纤维素纤维的反应能力强弱不一,对固色液 pH 值的要求也不一样。反应性高的染料,最适合的固色 pH 值较低;反应性低的染料,最适合的固色 pH 值较高。倘若固色液的 pH 值与染料的反应性能不符,不是染料固色不充分,便是染料水解量较多,都会造成得色减色或色光异变。实际检测结果可以证明。

检测条件:

(1)工艺操作:染料 8g/L、一浸一轧、80℃烘干、100℃汽蒸 90s、95℃皂洗。

（2）固色液组成（表3－67）。

（3）结果检测：以 Datacolor SF 600X 测色仪测试。

以单一纯碱20g/L固色的得色深度作100%相对比较。

表3－67　固色液组成

用　料	1#	2#	3#	4#
食　盐(g/L)	150	150	150	150
纯　碱(g/L)	20	20	20	20
防染盐 S(g/L)	5	5	5	5
30%(36°Bé)烧碱(mL/L)	0	5	10	20
pH 值	11.1	12.0	12.3	12.4

表3－68　常用中温型活性染料不同 pH 值固色的得色深度

染料 \ 相对得色深度(%)	固色处方 1#	2#	3#	4#	最大吸收波长(nm)
活性嫩黄 AES	100	109.20	96.96	82.51	430
活性黄 AES	100	104.15	103.62	95.38	430
活性橙 AES	100	98.99	95.78	94.74	490
活性大红 AES	100	103.83	94.22	88.37	540
活性红 AES	100	99.53	92.70	84.95	550
活性艳蓝 AES	100	97.89	92.06	88.91	600
活性翠蓝 AES	100	115.10	119.73	119.39	670
活性海军蓝 AET	100	98.83	87.40	76.34	610
活性藏青 AES	100	106.40	98.93	89.39	610
活性黑 A—ED	100	103.93	100.10	88.36	610
活性黄 3RS	100	108.16	103.21	94.59	430
活性红 3BS	100	100.96	94.98	91.09	550
活性红 LF—2B	100	108.64	102.05	98.83	540
活性蓝 BRF	100	102.05	100.54	97.14	630

注　A型活性染料为上海纺科染料公司产品。其他为台湾永光化学工业公司产品。

表3－68数据显示：

（1）常用中温型活性染料，多数品种适合在 pH＝12（纯碱 20g/L＋30%烧碱 5mL/L）的条件下固色。固色液的 pH 值过高或过低，固色率（得色深度）都会下降。

（2）有三只染料表现特殊，必须区别对待。

①活性艳蓝 AES。最适合在 pH＝11（纯碱 20g/L）的条件下固色。pH 值提高，其固色率

会显著下降。原因是:活性艳蓝 AES,具有活性艳蓝 A(B)—RV(C. I. 活性蓝 19)相当的分子结构,属乙烯砜型染料。它对碱敏感,具有强劲的反应活性,在汽蒸(100~102℃、70~90s)条件下,即使固色液 pH 值较低(单一纯碱作碱剂)也能获得较高的固色率。固色液 pH 值提高,染料水解量增加,得色量反而会下降。

②活性翠蓝 AES。最适合在 pH 值为 12.3~12.4(纯碱 20g/L＋30％烧碱 10~15mL/L)的条件下固色。原因是:活性翠蓝 AES,具有活性翠蓝 A(B)—BGFN(C. I. 活性蓝 21)相当的分子结构,属于铜酞菁乙烯砜型染料。它对碱不甚敏感,反应性低,扩散性慢,即使在 100~102℃汽蒸的条件下,在短暂的时间(70~90s)内,也很难实现充分扩散、充分固着。所以,还需要较高的 pH 值。

③活性海军蓝 AET。最适合在 pH＝11(以单一纯碱作碱剂)的条件下固色。固色 pH 值提高,其得色深度会大幅度下降。原因是:活性海军蓝 AET 的耐碱稳定性很差,在汽蒸的条件下,很容易发生碱性水解,而丧失上染能力。

以下检测结果可以验证:

a. 织物:41.6tex×41.6tex(14 英支×14 英支),236 根/10cm×236 根/10cm(60 根/英寸×60 根/英寸)纯棉丝光布。

b. 处方:活性黄 AES 1.6g/L、活性红 AES 0.5g/L、活性海军蓝 AET 0.45g/L、六偏磷酸钠 1.5g/L。

c. 工艺:一浸一轧(轧液率 65％)→80℃烘干→浸渍固色液(同前 1#～4#)→汽蒸(100℃,90s)→水洗→皂洗→水洗。

d. 结果(表 3－69):

表 3－69　pH 值对活性海军蓝 AET 拼染的影响

固色液	1#	2#	3#	4#
pH 值	11.1	12.0	12.3	12.4
色泽变化	灰橄榄色	棕橄榄色	橙橄榄色	黄橄榄色

随着固色 pH 值的提高,其拼染色泽会发生严重异变。显然,这是活性海军蓝 AET,随着固色液碱性的增强,其水解量远远大于黄、红染料的缘故。

可见,该染料的实用稳定性相对较差,以可用为好。

46　活性染料染色的棉织物,该如何进行减色(减浅)处理?

答:棉织物经活性染料染色后,倘若色泽较深、较暗或光头较足,直接"加色"修色会导致色泽更深。所以,只能采用先"减色"再加色的方法进行修色。即先将色泽减浅,再根据需要加色修色。

棉织物的减色,比较有效的方法有以下三种:

(1)碱剂减色法。此法是将准备修色的织物,在纯碱或烧碱的沸温溶液中进行处理。

①碱剂减色原理。活性染料与棉纤维之间在染色过程中形成的化学结合键,在高温碱性浴

中会发生不同程度的水解断键,原本固着在纤维上的染料会脱落下来,而产生减色(变浅)效果。有些活性染料在高温碱性浴中,不仅发生断键落色,染料母体中的发色团也会产生破坏而消色。

②染料—纤维结合键的耐酸碱稳定性(表3-70)。

表3-70 活性染料—纤维素纤维结合键的耐酸碱稳定性

染料	活性基	中性处理(残液 pH=8.42)		酸性处理(残液 pH=3.58)		碱性处理(残液 pH=13.14)	
		相对得色深度(%)	残液色泽	相对得色深度(%)	残液色泽	相对得色深度(%)	残液色泽
活性红 M—3BE	异双活性基	100	淡红	96.53	浅红	6.49	深红
活性艳蓝 KN—R	乙烯砜基	100	无色	102.09	浅蓝	3.25	深蓝
活性翠蓝 B—BGFN	乙烯砜基	100	淡翠蓝	100.35	浅翠蓝	22.78	深翠蓝
活性嫩黄 B—6GLN	一氯三嗪基	100	无色	103.65	无色	5.89	无色

注 ①染料用量1%(owf);

②处理条件:浴比1∶60,红外线染样机;100℃处理60min,水洗,二次高温皂洗、水洗、烘干;Datacolor SF 600X 测色仪测染色物的相对得色深度。

③pH 值以冰醋酸和烧碱液调整。

结果分析:

a. 在常用中温型活性染料中,无论是带乙烯砜活性基的染料,或带一氯均三嗪活性基的染料,还是带异双活性基的染料,其耐酸稳定性都远远高于耐碱稳定性。

b. 活性艳蓝 KN—R、活性翠蓝 B—BGFN 等乙烯砜型染料和活性红 M—3BE 等异双活性基染料,在碱性条件下处理,染色物的表面色深会严重变浅,而处理残液的色泽也相应变深。这表明,这两种类型的染料在碱性条件下所发生的化学变化,主要是染料—纤维结合键水解断裂,从而导致大量染料溶落。

c. 以 B—6GLN 为代表的活性嫩黄却与众不同。在以上酸性条件下处理,染色物的表面色深几乎不下降。而在以上碱性条件下处理,染色物的表面色深下降严重,而相应的处理残液的色泽却很淡,几乎是无色。这表明,嫩黄色染料,在以上碱性条件下所发生的化学反应,主要是染料母体结构中的发色体系遭到破坏而消色,并非只是染料—纤维结合键断裂而落色。

这里有两点值得注意:

第一,碱剂减色率的高低,随处理条件(如碱性的强弱、处理温度的高低、处理时间的长短等)的不同而不同。增加碱剂用量、提高处理温度、延长处理时间,可以提高减色率。但是,减色多少应根据修色的需要而定,并非减色越多越好。因为减色较多,织物的色光往往越灰暗,甚至套不出原有的色泽。因此,减色的原则是,减色程度只要进入可修色的范围即可。

第二,由于不同结构的活性染料与棉纤维形成的结合键耐碱稳定性不同,所以经碱剂处理,不同染料并非等比例脱落。因此碱剂处理时,在色泽减浅的同时,色光也会发生改变。比如,ME 型活性染料三原色拼染,碱剂减色后,色光总是"跳红"。正因为如此,碱剂减色后,必须先打修色小样,再大样套染修色。

③碱剂减色的条件(参考)。

处方：

轻质粉状纯碱	15～20g/L
或烧碱(30%)	30～40g/L
螯合分散剂	2g/L

条件：

处理温度		100℃
处理时间	喷染	20～30min
	卷染	4～6 道

工艺：水洗、中和、水洗→打样→修色

(2)氧漂减色法。氧漂减色法,即待修色的织物在双氧水的高温溶液中处理,使其减色。

①氧漂减色原理。染着在棉纤维上的活性染料,在双氧水的高温溶液中,会发生两种情况。其一,有些活性染料,耐氧稳定性差,受到氧化作用,染料自身会被破坏,而产生消色。活性嫩黄B—6GLN 就是一个代表。其二,活性染料与棉纤维之间的化学结合键受到氧化作用会发生断裂,使原来固着在纤维上的染料部分脱落而产生减色效果。

②染料-纤维结合键的耐氧漂稳定性(表 3 - 71)。

表 3 - 71　活性染料-棉纤结合键的耐氧漂稳定性

染　料	$100\%H_2O_2$ 0		$100\%H_2O_2$ 100mg/L		$100\%H_2O_2$ 200mg/L	
	相对得色深度(%)	残液色泽	相对得色深度(%)	残液色泽	相对得色深度(%)	残液色泽
活性红 M—3BE	100	中红	97.77	中红	94.73	浅中红
活性艳蓝 KN—R	100	中艳蓝	88.57	浅艳蓝	80.55	浅艳蓝
活性翠蓝 B—BGFN	100	中翠蓝	85.45	浅翠蓝	84.84	浅翠蓝
活性嫩黄 B—6GLN	100	浅黄	56.13	淡黄	30.13	无色

注　①实验用布染色深度,1%(owf);

　　②实验条件:浴比 1：60;100% H_2O_2 0、100mg/L、200mg/L;纯碱 1g/L(残液 pH＝10.78);保温 100℃,浸渍处理 60min,取出水洗、皂洗、水洗烘干。以 Datacolor SF 600X 检测染色物的相对得色深度。

结果分析：

a. 常用中温型活性染料中,带有异双活性基的染料耐氧稳定性相对较好,乙烯砜型活性染料的耐氧稳定性相对较差。

b. 大多中温型活性染料在过氧化物的作用下,染料—纤维结合键断裂而落色的现象与染料发色体系被破坏而消色的现象同时存在,而且是以后者为主。

c. 以 B—6GLN 为代表的活性嫩黄类染料耐氧稳定性显得最差,而且主要是染料的发色体系遭到破坏而消色。

d. 氧漂处理的减色率,取决于氧漂条件。根据检测,多数活性染料在 H_2O_2 200mg/L、pH＝10.78、100℃处理 60min 的减色率可达 10%～20%。

e. 氧漂减色与碱剂减色相比,氧漂减色的亮度较好,这显然与双氧水的漂白作用有关。

③氧漂减色的条件(参考)。

处方：

双氧水(100%)		0.2～2.0g/L(根据需要)
烧碱(30%)		调节 pH＝10.5～11.0g/L
螯合分散剂		2g/L
双氧水稳定剂		3～8g/L
渗透剂		1～2g/L(根据需要)
条件：	温度	100℃
时间：	喷染	20～30min

卷染 4～6 道

注意点:活性染料耐双氧水稳定性很差。经检测,染液中含有 H_2O_2(100%)5mg/L 得色量就会下降(平均)15%左右。

所以,氧漂减色后,务必要以双氧水酶 0.2～0.4g/L 进行脱氧处理。以免造成后道加色修色的稳定性不良。

(3)氯漂减色法。此法即待修的织物在次氯酸钠的溶液中处理,使其减色。

①氯漂减色原理。活性染料经氯漂,会产生不同程度的褪色和消色。由于染料结构复杂多样,其机理目前还不十分清楚。但有一点是明确的,凡是染料结构中含有耐氯稳定性差的基团(如—N═N—等),经次氯酸钠处理的减色率就高。正因为如此,不同结构的活性染料经次氯酸钠处理的减色率相差很大。比如,1%(owf)深度的染色物,同在有效氯 50mg/L、27℃±2℃、浸渍 60min 的条件下处理,其减色率分别为活性红 3BS 5.66%,活性深蓝 M—2GE 4.44%,活性黄 3RS 19.88%,活性蓝 BRF 17.42%,活性翠蓝 B—BGFN 73.15%,活性嫩黄 C—GL 84.13%。这就使氯漂减色法产生了一个很显著的缺陷,即采用氯漂减色率相差大的染料作拼色时,减色后,原有色光会发生显著异变。不过,对多数染料来讲,只要重新打好修色样,还是能够恢复原有色光的。这是因为,氯漂减色后,各染料组分的深浅不同,而引起拼色色光的异变。染料自身的色光实际变化并不大的缘故。

这里的问题是,含有活性黑组分的染色物(如活性黑 KN—B、活性黑 KN—G2RC 等),由于其中活性黑氯漂后,不仅深浅变化,色相也完全改变(呈棕色),所以氯漂减色后往往染不出原有色光。可见,这类染色物不宜采用氯漂减色法减色。

②氯漂减色的条件(参考)。10%次氯酸钠 1～3mL/L(根据要求);轻质粉状纯碱 1～2g/L (pH＝10.5～11.0);处理温度:室温;处理设备:可采用卷染机,也可采用喷射溢流机。

③工艺提示。

a. 次氯酸钠是一种不稳定的化合物,在不同的 pH 值条件下具有不同的漂白功能。在酸性条件下,漂白速率较快,而棉纤强力下降并不多。可见有大量氯气逸出,对劳动保护不利。再说,漂白速率快,减色质量也难以控制。所以,不宜采用酸性浴氯漂减色;在中性浴中,漂白速率也较快,但对棉纤强力的损伤严重。所以,更不能采用中性浴氯漂减色;在碱性浴中(pH＝10.5～11.0),漂白速率较温和,减色质量较稳定,对棉纤强力的影响也小,所以最适合碱性浴氯漂减色。

　　b. 提高氯漂温度,可以显著加快减色速率,但对棉纤强力的损伤速率增加更快。所以,氯漂减色以 30～35℃为宜。

　　c. 氯漂减色后,织物上的残氯会影响活性染料(尤其是一些不耐氯漂的染料)的套染质量。因此,减色后必须要做脱氯处理。

　　脱氯方法有两个:

　　第一种,减色后,经水洗,用 1～2g/L 大苏打(硫代硫酸钠,$Na_2S_2O_3 \cdot 5H_2O$),或者用 1～1.5g/L 重亚硫酸钠(亚硫酸氢钠)于 30～40℃洗涤,而后再用温水洗净便可。该法的优点是脱氯净。缺点是脱氯后若出水不净,残硫会引起织物泛黄。

　　第二种,减色后,经水洗,用 1～2g/L 双氧水,于 30～40℃的弱碱性浴中洗涤处理,再用温水洗净即可。该法的优点是无泛黄、无污染;缺点是双氧水要洗净,不然在活性染料套色时有可能造成色浅。

　　综合上述可知:

　　第一,碱剂减色法,减色率高,减浅幅度大。而且对染料的选择性较小。唯减色后色光偏暗。所以,比较适合深暗的色泽。

　　第二,氧漂减色法,减色率较低,通常只能减浅 10%～20%。但减色后色光变化较小,亮度较好。所以,比较适合中浅色泽。

　　第三,氯漂减色法,对染料的选择性强,不同结构的染料减色率相差很大。故拼染染色时修色往往比较困难。特别是部分染料(如活性黑 KN—Q 等)减色后色相会发生改变,会导致染不出原有色泽。并且,还存在一定的环保问题。所以,实际应用者越来越少。

47　高温型活性染料染棉,染色工艺该如何设定?

　　答:高温型活性染料的分子结构与中温型活性染料相比,有三个不同点:一是,结构复杂,分子质量较大。二是,含有两个一氯均三嗪活性基。三是,带有较多的强亲水性基团。因此,它对染色条件的要求,有所不同。

　　(1)对染色温度的要求。高温型活性染料,必须在较高的温度下染色。原因有以下三点:

　　①这类染料的分子结构复杂,相对分子质量较大,扩散比较困难。只有在温度较高(纤维溶胀度较大,染料扩散能力较强)的条件下,才容易获得匀染透染的效果。

　　②这类染料所带的一氯均三嗪活性基,与棉纤的反应能力较弱。只有在较高的温度下,才能产生较高的固着速率与良好的染深效果。

　　③这类染料在中性盐浴(吸色浴)中,与棉纤的亲和力高,上色快,但移染能力弱。只有在较高的温度下染色,才能有效提高染料的移染匀染效果。

　　据检测,高温型活性染料,最适合的染色温度为 80℃。其中,"吸色"对温度的适应范围较大。即使沸温(98℃)吸色,对染色结果的影响也不明显。而"固色"对温度敏感,一旦高于80℃,就是以碱性较弱的纯碱为碱剂,也会因染料的水解量增多,导致得色变浅(表 3 - 72、表 3 - 73)。

表 3－72　染色温度对高温型活性染料浸料结果的影响

染料＼相对得色深度（%）＼染色温度	60℃吸色 60℃固色	70℃吸色 70℃固色	80℃吸色 80℃固色	90℃吸色 90℃固色
活性嫩黄 H—E4G	62.97	82.81	100	92.34
活性黄 H—E4R	76.50	89.31	100	89.79
活性红 H—E3B	45.12	74.66	100	96.76
活性宝蓝 H—EGN	43.17	68.89	100	100.38
活性蓝 H—ERD	75.08	89.77	100	90.82
活性藏青 H—ER	82.19	91.18	100	93.94

表 3－73　染色温度过高对高温型活性染料浸料得色深度的影响

染料＼相对得色深度（%）＼染色温度	80℃吸色 80℃固色	90℃吸色 80℃固色	95℃吸色 80℃固色	98℃吸色 80℃固色
活性黄 H—E4R	100	99.29	98.46	98.12
活性红 H—E3B	100	101.74	99.08	98.79
活性宝蓝 H—EGN	100	101.99	103.07	102.47
活性蓝 H—ERD	100	98.93	98.14	98.11

注　染料 1.5%（owf）、六偏磷酸钠 1.5g/L、食盐 40g/L、纯碱 20g/L，丝光棉布，圆周平动式染样机，浴比 1：30，吸色 40min，固色 40min，两次皂洗。

（2）对电解质浓度的要求。电解质的施加，对高温型活性染料染棉的得色深度，具有重要意义。原因如下：

①高温型活性染料的分子结构中，含有较多的强亲水性基团（—SO₃Na）。所以，染料的亲水性高，而且带有较多的负电荷（—SO₃⁻），对棉纤（带负电荷）吸附染料，会产生很大阻碍。

②棉纤在固色浴中，纤维内相的 pH 值总是低于外相。即纤维内相的［Cell—O⁻］浓度相对较低，与染料的反应能力相对较弱。这对自身反应活性相对较弱的高温型活性染料，与棉纤间固着反应的发生，无疑要产生负面影响。

电解质的加入，既能有效消除棉纤与染料所带的负电荷，对染料又能产生强大的盐析作用。而且，还能显著提高棉纤内相的［OH⁻］浓度，增进棉纤的［Cell－O⁻］程度。

所以，染浴中加入电解质，可以大幅度改进染料的染深能力。

据检测，加入食盐 60g/L 与不施加相比，其最终得色深度可提高 40%～50%（表 3－74）。

表 3－74　高温型活性染料浸料时对食盐的依附性

染料＼相对得色深度（%）＼食盐浓度	0	15	30	45	60
活性嫩黄 H—E4G	60.87	83.37	90.84	95.55	100
活性黄 H—E4R	55.32	77.21	89.35	94.66	100

相对得色深度(%)　　食盐浓度 染料	0	15	30	45	60
活性红 H—E3B	49.70	70.48	80.66	91.00	100
活性宝蓝 H—EGN	57.20	72.82	85.98	92.84	100
活性蓝 H—ERD	60.26	77.89	93.89	95.20	100

实验条件：

织物：19.4tex×19.4tex，268 根/10cm×268 根/10cm 丝光棉布。

设备：圆周平动式染样机。

配方：

永光高温型活性染料	1%(owf)
六偏磷酸钠	1.5g/L
食盐	0～60g/L
纯碱	20g/L(残液 pH＝10.67)

工艺：浴比 1∶30。80℃保温，中性盐浴吸色 30min，再加碱固色 40min，水洗、皂洗(二次)、水洗、烘干。

检测：以食盐 60g/L 的染色结果作 100%，Datacolor SF 600X 测色仪检测。

然而，由于高温型活性染料在中性盐浴(吸色浴)中，亲和力高上色快，容易吸色不匀。所以，电解质用量不宜过多(以≤60g/L 为宜)。而且，应该先少后多，分次加入。

③对固色碱剂的要求。高温型活性染料所带一氯均三嗪活性基，与棉纤的固着反应是亲核取代反应。和乙烯砜活性基与棉纤的亲核加成反应一样，都是释酸反应。只有在碱性条件下，才能快速而充分地进行。因而，施加碱剂是必需的。

但是，不同类型的活性染料，其活性基的反应活性不同，染色的温度也不同。所以，对碱剂的适应能力也有差异。

高温型活性染料对不同固色碱剂的适应性如下：

实验条件：染料 2%(owf)、六偏磷酸钠 1.5g/L、食盐 50g/L；

80℃吸色 30min、80℃固色 60min。水洗、皂洗(二次)。

以纯碱 19g/L(pH＝10.92)的得色深度作 100%，相对比较。

图 3－27 表明：

高温型活性染料浸染，纯碱作固色碱剂，固着率最高得色最深。磷酸三钠次之，代用碱最差。这是因为，活性染料上染纤维素纤维，主要是染料的活性基团与纤维素纤维负离子[Cell－O^-]之间的反应。而纤维负离子的浓度是随固色浴 pH 值的高低而变化的。当 pH 值高于 11 以后，溶液中的[OH^-]比纤维中[Cell－O^-]增长得更快，[Cell－O^-]/[OH^-]的比值会随之减小，水解反应的比例会相应提高，甚至会占主导地位。因此，会导致固色率降低，得色变浅。据检测，纯碱(5～25g/L)溶液的 pH 值为 10.65～10.99，磷酸三钠(5～25g/L)溶液的 pH 值为

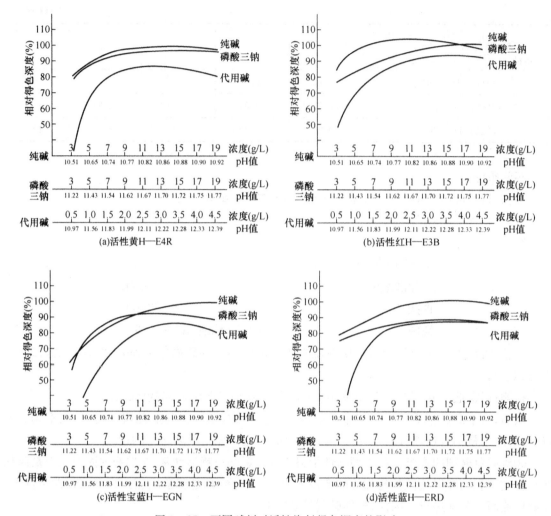

图3-27　不同碱剂对活性染料得色深度的影响

11.43~11.85,代用碱(1~4.5g/L)溶液的pH值为11.18~12.09。显然,纯碱的pH值范围最适中,故得色最深。磷酸三钠与代用碱pH值偏高,水解率较大,得色较浅。

　　④对匀染举措的要求。高温型活性染料,在中性盐浴(吸色浴)中,对棉纤的亲和力大,染料的吸附上色特别快,一次吸色率特别高。这可从高温型活性染料浸染时的相对吸色、固色曲线中看出来(图3-28)。

　　染料的吸色、固色曲线显示:

　　活性黄 H—E4R 的 S 值为 57.02%;

　　活性红 H—E3B 的 S 值为 96.58%;

　　活性蓝 H—ERD 的 S 值为 65.48%;

　　活性藏青 H—ER 的 S 值为 77.42%;

　　活性宝蓝 H—EGN 的 S 值为 58.84%;

　　活性嫩黄 H—E4G 的 S 值为 107.00%;

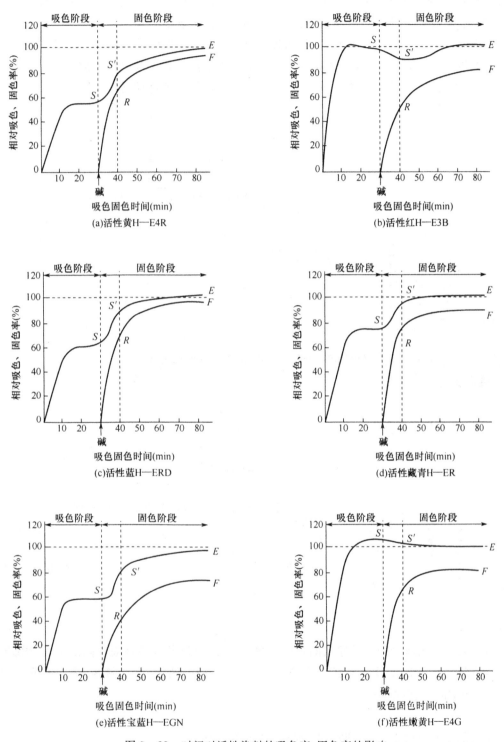

图 3-28 时间对活性染料的吸色率、固色率的影响

平均 S 值(一次吸色率)高达 77.05%。

高温型活性染料染色,由于一次吸色率过快过高,而且移染效果差,所以,很容易产生"吸色不匀",特别是在绳状喷染(喷射溢流染色、气流染色)时,表现最为突出。

因此,从染色开始就落实匀染措施,如缓慢升温、施加匀染助剂、电解质先少后多分次加入等,有控制地确保染料均匀吸附,是高温型活性染料染色获得匀染效果的关键。

综合以上分析,高温型活性染料的染棉工艺曲线,显然应该这样设定:

· 升温染色法工艺如下:

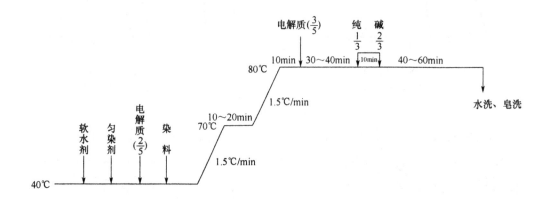

注:该工艺模式适合大多数高温型活性染料染纤维素纤维织物。

· 变温染色法工艺如下:

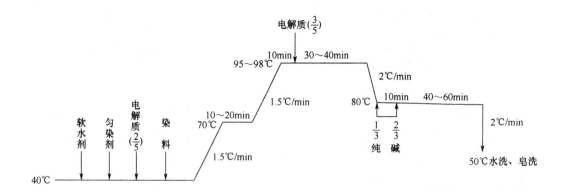

注:

(1)该工艺模式适合染紧密厚实的全棉织物、粘胶织物以及与中性染料同浴染棉/锦织物。

(2)高温型活性翠蓝 H—A,扩散性特差,反应性特弱。所以,适合沸温 98℃吸色,85℃固色。而且,固色时间宜适当延长。

48　热固型活性染料染棉,染色工艺该如何设定?

答:热固型活性染料,含有不同于其他类型活性染料的活性基团,它以季铵型吡啶甲酸为离去基,与纤维素纤维的固着反应如下:

热固型活性染料，虽属于活性染料范畴，但由于它带有别样的活性基团，所以对染色条件的要求，与其他类型活性染料既有相同之处，又有重大差异。

(1)染色温度的设定。热固型活性染料所带的活性基团，化学活性相对较强，在≥100℃的条件下(严格来讲是在70℃以上)，其β-吡啶甲酸便会产生消去反应，染料就能与纤维素纤维发生共价键结合而固着(表3-75)。表明这类染料可以采用高温(≥100℃)固色，而完全摒弃固色碱剂。

表3-75　热固型活性染料染色时温度与得色深度的关系

染料	相对得色深度(%)					
	80℃	90℃	100℃	110℃	120℃	130℃
活性黄 NF—GR	91.2	97.3	100	100.5	100.1	96.8
活性红 NF—3B	90.8	95.8	100	101.4	99.6	97.4
活性蓝 NF—MG	92.1	96.4	100	102.1	101.3	98.2

实验条件。

a. 配方：

染料	1%(owf)
螯合剂	1.5g/L
缓冲剂 07	1.5g/L
食盐	40g/L

b. 工艺：浴比1∶30，2.5℃/min升温至80℃、90℃、100℃、110℃、120℃、130℃，分别保温染色40min，然后水洗、皂洗。

c. 检测，以100℃染色的得色深度作100%，相对比较。以 Datacolor SF 600X 测色仪测试。

从表3-78可见，染色温度在100～120℃范围内染色一定时间，就可以获得相对最高的上染率与最稳定的染色效果。染色温度低于100℃，得色明显变浅。表明染料与棉纤反应不充分。染色温度高于120℃，得色表现出走浅趋势(走浅低于5%)。显然，这与染色温度高染料水解量增加有关。

可见，这类活性染料对染色温度的适应范围较大，它既适应沸温常压(100℃)染色，也能适应高温高压(130℃)染色。

(2)染浴 pH 值的设定。经检测，热固型活性染料，对染浴 pH 值比较敏感，最适合在中性浴中染色。pH<7 或>7，都会使得色量下降(表3-76)。

表 3−76 染色 pH 值与得色深度的关系

染料	相对得色深度(%)		
	pH=6	pH=7	pH=8
活性黄 NF—GR	93.6	100	92.5
活性红 NF—3B	92.1	100	91.7
活性蓝 NF—MG	91.2	100	90.8

为此,必须加入 pH=7 的缓冲剂染色。因为,在实际生产中,水质、织物染料、助剂等自身的 pH 值存在着不稳定性,容易引起染浴 pH 值的波动。

实验条件:染浴 pH=6,以稀醋酸调整;染浴 pH=7,加缓冲剂 2g/L;染浴 pH=8,以纯碱液调整。以 pH=7 的得色深度作 100% 相对比较。其他实验条件同表 3−78(100℃染色)。

(3)电解质用量的设定。热固型活性染料和中温型活性染料一样,由于水溶性大,只有在电解质的存在下染色,才能获得最大染量。因此,染色时必须施加足够量的电解量促染。电解质比较恰当的用量浓度,与色泽深浅有关。经验用量为:浅色 20g/L,中色 30g/L(表 3−77)。

表 3−77 食盐用量与得色深度的关系

活性红 NF—3B (%,owf)	相对得色深度(%)					
	0	10g/L	20g/L	30g/L	40g/L	50g/L
0.1	45.4	98.7	101.2	100	—	—
0.5	30.6	95.4	100.3	100	—	—
1.0	21.5	—	96.4	100	101.9	100.6

注 实验条件:130℃保温染色 40min,以食盐 30g/L 的得色深度作 100% 相对比较。

(4)移染时段的设定。活性染料浸染染色,在初始染色阶段,难免会产生不同程度的吸色不匀。如果在固色前不能通过染料的移染作用将其"拉匀",一经固色就会形成永久性色花。因此,在染料与纤维发生固色前,务必要采取匀染措施。中温型活性染料染色,通常是在实现吸色平衡后,再适当延长吸色时间来实现匀染。热固型活性染料染色,则是在恰当的升温时段,保温染色适当时间来实现匀染。

从表 3−78 可见,热固型活性染料染色,染色温度在 70℃以下时,染料的移染行为显著。染色布与移染布的色差,几乎可以接近 5 级。这说明,在 70℃以下,染料尚未与棉纤发生固着,只是物理性吸附在棉纤上。染色温度在 70℃以上,染料的移染作用随温度的提高显著下降。染温达到 100℃以后,染料的移染作用完全消失。显然,这是由于染料与棉纤之间发生了固着反应,染料一旦与棉纤固着,便失去了移染能力的缘故。

这表明,升温至 65~70℃时,保温染色 10~20min,通过移染达到匀染的目的是最有效的。而在 70℃以上保温染色,由于染料开始固着,移染作用下降,匀染效果会明显变差。

表 3-78 不同染色温度下的移染性

移染性(级) 染色温度(℃) 染料	60	70	80	90	100	110	120
活性黄 NF—GR	4～5	4	3	2	<1	<1	<1
活性红 NF—3B	4～5	4	3	2	<1	<1	<1
活性蓝 NF—MG	4～5	4	3	2	<1	<1	<1

注 移染级数越高,表明染色布与移染布色差越小,移染性越好。移染级数越低,表明染色布与移染布色差越大,移染性越差。

(5)染色时间的设定。热固型活性染料染色,欲获得高得色量、高稳定性的染色效果,仅靠足够高的染色温度是不够的。还必须有充裕的染色时间作保证。

从表 3-79、表 3-80 数据可见,热固型活性染料,采用 100℃染色时,达到固色平衡所需的染色时间为 40～50min。染色时间低于 40min,得色会变浅。采用 130℃染色时,达到固色平衡所需的染色时间为 30～40min。染色时间低于 30min,得色深度会出现走浅趋势。

表 3-79 100℃染色时染色时间与得色深度的关系

染料(1%,owf)	100℃染色相对得色深度(%)				
	20min	30min	40min	50min	60min
活性黄 NF—GR	96.1	96.4	100	103.27	102.77
活性红 NF—3B	95.4	97.8	100	102.34	101.39
活性蓝 NF—MG	91.0	95.5	100	100.46	100.11

注 以 100℃染色 40min 的得色深度作 100%相对比较。

表 3-80 130℃染色时染色时间与得色深度的关系

染料(1%,owf)	130℃染色相对得色深度(%)				
	20min	30min	40min	50min	60min
活性黄 NF—GR	96.3	99.5	100	101.2	100.3
活性红 NF—3B	95.8	101.7	100	99.8	101.1
活性蓝 NF—MG	94.8	100.0	100	100.6	101.4

注 以 130℃保温染色 40min 的得色深度作 100%相对比较。

从以上分析可知,热固型活性染料浸染,切实可行的染色工艺可以这样设定:

49 活性染料的 SERF 值是什么含义？该怎样测定？

答:活性染料的 SERF 值,是活性染料的特征值,几乎涵盖了活性染料全部的染色性能(图 3-29)。

S 值,代表染料对纤维亲和力的大小。以在电解质的存在下,中性吸附 30min 时的一次吸色率来表征。

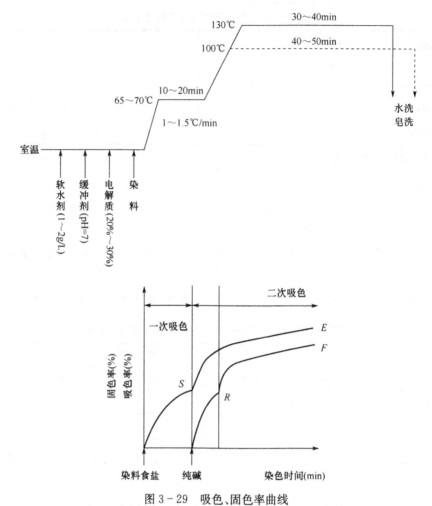

图 3-29　吸色、固色率曲线

S 值大,表明染料对纤维的亲和力大,在中性盐浴中吸色快。一次吸色率高,这对提高染料的固着率有利。但也暗示着,染料在吸色阶段的移染性较差,染后未结合的染料易洗性差。这不仅会影响匀染效果(尤其是绳状染浅色),还会影响染色牢度。

R 值,表示染料反应性的高低,通常以加碱 10min 后的固色率来表征。

R 值大,说明在碱性条件下,染料与纤维发生共价键反应的能力强,反应速率快。

从正面来讲,染料的反应性高,固色速率快,有利于减少染料的水解量,提高固色率。

从反面来讲,染料的固色速率快,会造成染料的二次吸色速率过高,卷染染色时,尤其是染中浅色时,很容易造成头尾色差,喷射液流染色时,容易造成严重色花。二次吸色太快,还会影响染料的扩散速率,造成染料在纤维表面重叠性堆积,既影响固色率,又影响色牢度。

E 值,代表染料的竭染率。E 值大,表示染料的吸净率高(在通常情况下,其固色率相应也高)。所以,染料的 E 值大,一般说明染料的利用率高,染深性好,染后的污水污染程度小。

F 值,代表染料的固色率。F 值大,说明与纤维发生共价键反应而固着的染料多,而发生水解的染料以及未反应的染料少。所以,从染料 F 值的大小,可直接看出染料利用率的高低和染深性的好坏。

显然,活性染料的 SERF 值越接近,它们之间的配伍性越好,染色的重现性越佳。

据实验,只有 SERF 特征值的差异在 15% 以内的染料,才有良好的配伍性,如果相差大于 20%,在染色中的相容性就表现很差,不能作拼色组合。

生产实践证明,倘若将 SERF 值相差较大的染料,拼色组合染色,对染色工艺条件(时间、温度、浴比、pH 值)以及助剂浓度(电解质、碱剂),通常表现敏感,染色条件或助剂浓度稍有差异,便会产生色花、色差。

可见,染料的 SERF 值是否接近,是活性染料能否配伍染色最重要的选择依据。

在实际生产中,所用染料的 SERF 值,可从两个方面获得:一是,从相关文献资料中查找,这是最经济快捷的方法。二是,自己对相关染料,进行实验测试。

测试方法:

(1)吸色率(S 值、E 值)的测定:

①主要仪器和染化料:圆周平动式染样机、721N 型可见分光光度计、中温型活性染料、食盐、纯碱、六偏磷酸钠。

②配方:

六偏磷酸钠	1.5g/L
染料	2g/L
食盐	40g/L
纯碱	20g/L

③工艺:浴比 1:50、温度 60℃、中性吸色 30min,碱性固色 60min,水洗、皂洗、水洗。

④操作:按处方配制染液于三角瓶中,而后放入恒温染样机中升温至 60℃,并立即投入丝光棉布 4g,开始计时保温 60℃染色,在染色 30min 时,准确吸取染液 2mL,放在 25mL 容量瓶中,并稀释至刻度摇匀,作 A_1 样。同时补充 40g/L 食盐溶液 2mL(保持染浴体积不变)和粉状纯碱 4g,继续染色 60min 后,再吸取染液 2mL 于 25mL 容量瓶中,同样稀释至刻度摇匀,作 A_2 样。

另配空白染浴一个(不加布),60℃处理 30min,取染液 2mL 丢掉,同时补充 40g/L 食盐溶液 2mL 和粉状纯碱 4g,继续处理 60min,再取染液 2mL 于 25mL 容量瓶中,并稀释至刻度摇匀,作 A_0 样。

以分光光度计在最大吸收波长处,测定容量瓶中各染液的吸光度。

吸色率(S 值、E 值)计算:

$$吸色率(S 值)=(1-\frac{A_1}{A_0})\times100\%$$

$$吸色率(E 值)=(1-\frac{A_2}{A_0})\times100\%$$

式中:A_1——A_1 样吸光度;

　　A_2——A_2 样吸光度;

　　A_0——空白染液吸光度。

（2）固色率（R 值、F 值）的测定：按吸色率测定法，配制 A、B、C 三个相同的染液，同时放入恒温染样机中。

A 染液加入试样 4g，保温 60℃吸色 30min，而后加入纯碱 4g，固色 10min，取出试样水洗、皂洗（皂粉 2g/L；95℃，15min；浴比 1∶30），再水洗（以少量水多次洗至不落色为止）。然后，将洗涤液、皂洗液以及染色残液合并，稀释至适当体积，得 A_A 样备用。

B 染液加入试样 4g，保温 60℃吸色 30min，而后加入纯碱 4g，固色 60min，取出试样按 A_A 样同样处理，得 A_B 样备用。

C 染液不加试样，但和染色一样，保温 60℃处理 30min，而后加入纯碱 4g，继续处理 60min。加入皂粉 2g/L、95℃处理 15min，取出染液冷却至室温，然后稀释至一定体积，得 A_C 样备用。

而后以分光光度计在最大吸收波长处，测定 A_A、A_B、A_C 样的吸光度。

固色率（R 值、F 值）的计算：

$$固色率（R 值）=（100\%-x）\quad x=\frac{A_A\times V_A}{A_C\times V_C}\times100\%$$

$$固色率（F 值）=（100\%-x）\quad x=\frac{A_B\times V_B}{A_C\times V_C}\times100\%$$

式中：x——染色残液（包含洗涤液、皂洗液）中的染料量，以占总量的百分率来表示；

A_A——A 染液稀释后的吸光度；

V_A——A 染液稀释后的体积；

A_B——B 染液稀释后的吸光度；

V_B——B 染液稀释后的体积；

A_C——空白染液稀释后的吸光度；

V_C——空白染液稀释后的体积。

注：待测样浓度不可过高，透射比应<$1\times(0.2-0.7)$。若透射比>1，变化不呈线性，检测结果失常。

50 中温型活性染料是否能染锦纶？其染色工艺是怎样的？

答：中温型活性染料可以浸染锦纶。

（1）染色机理：

①活性染料分子中含有磺酸基（$-SO_3Na$），能够与锦纶分子末端已正离子化的季铵基形成离子键结合。

②锦纶分子末端氨基具有较强的亲核性，可与活性染料的活性基团形成共价键结合 KN 型活性染料在酸性浴中，其 β-羟乙基砜硫酸酯基（$-SO_2CH_2CH_2OSO_3Na$），不会生成带活泼双键的乙烯砜基（$-SO_2CH=CH_2$）。所以，在酸性条件下与锦纶生成共价键结合的可能性很小。

③锦纶分子链具有线型结构，没有支链和大的侧链，染料分子容易与纤维分子链靠近，染料—纤维间具有较大的范德华引力。

④锦纶大分子链中，含有大量能生成氢键的酰氨基，染料—纤维间会产生较多的氢键结合。

由此可见,活性染料上染锦纶的机理,比活性染料染纤维素纤维、弱酸性染料染蛋白质纤维相对复杂。活性染料上染锦纶,除了能与锦纶分子末端—NH_3^+生成离子键结合外,染料—锦纶间还能产生较多较强的范德华引力和氢键结合力。这对提高活性染料染锦纶的上染率,提高得色深度起着重要作用。特别是在吸色后期加碱固色阶段,染料与锦纶末端氨基之间所形成的共价键结合,可大大提高染色坚牢度。

(2)染色条件:

①染色温度。

a. 活性染料染锦纶的得色深度,是随染色温度的提高而增加。在100℃染色,其得色相对最深艳,匀染效果也相对最好。这表明,活性染料染锦纶最适合的染色温度为100℃。

b. 由于锦纶6的玻璃化温度为47～50℃,所以,染色温度在60℃以上,上色速率会陡然加快。因此,升温至60～70℃需保温染色一个时段。这对提高匀染效果具有特殊意义(尤其是染较浅色泽时)。

②染浴pH值。

a. 活性染料染锦纶,在中性条件下的得色量很低,其相对上染率一般只有50%左右。在酸性条件下才能获得相对最高的得色深度。

这表明,活性染料染锦纶必须在酸性浴中进行。

b. 染浴的pH值在4左右时,其得色相对最深。pH值偏高,得色会显著变浅。pH值过低,得色量有增深趋势。但锦纶手感会变糙(弹性下降),而且染色牢度也会明显降低。这是因为:

当染浴的酸性过强时(通常是pH<3),锦纶大分子链中的酰氨基(—CONH—)也会结合H^+而正离子化,同样会与染料阴离子形成离子键结合而超量吸附染料。但这部分染料会随染浴pH值的提高(在水洗过程中),亚氨基结合的H^+的脱落,正电性的消失而逐渐离解下来。一旦清洗不净就会影响染色牢度。

这说明,活性染料染锦纶的染色结果,对染浴pH值的依附性很大,倘若染浴pH值波动,势必要严重影响其重现性。

c. 艳蓝类活性染料对锦纶的染色性能,具有不同于其他活性染料的表现:

其一,染浴pH值对得色深度的影响小。即使在中性浴中染色,也能获得良好的上染量。

其二,染浴pH值对得色色光(艳亮度)的影响大。在中性浴中染色其得色最艳亮。在酸性浴中染色其色光会变萎暗。

这说明,艳蓝类活性染料[如活性艳蓝A(B)—RV、活性艳蓝KN—R等],并不适应酸性浴染色,而更适合中性浴染色。

③匀染助剂。活性染料在酸性浴中染锦纶,亲和力高,上色快,匀染性较差。所以,必须在锦纶匀染剂的存在下染色。实践证明,施加1～2g/L锦纶匀染剂染色,对提高匀染效果作用显著。

注:市供锦纶匀染剂有阴离子型、非离子型和阴离子/非离子复合型三种。其中阴离子/非离子复合型锦纶匀染剂,实用效果最好。如锦纶匀染剂M—2200(杭州美高华颐化工公司)、锦纶匀染剂N—11(上海大样化学公司)、锦纶匀染剂GND(南通斯恩特化工公司)等,可

以选用。

④固色碱剂。中温型活性染料在中性浴或酸性浴中染锦纶,与酸性染料的染色机理基本相同,主要是靠染料—锦纶之间产生离子键、氢键和范德华力而上染。从实验得知,在染色(吸色)后期、染浴中加入适量的纯碱,使染浴 pH 值保持在 10.5～11.0,并保温适当时间,可以大幅度提高活性染料对锦纶的染色牢度。原因是:锦纶大分子链上的氨基(—NH₂),亲核性比纤维素大分子上的羟基(—OH)要强。当染料均匀上色后加入碱剂,将染浴调至碱性,原本的盐式键与锦纶结合的活性染料,不仅一氯均三嗪活性基有能力转变为共价键结合,β-羟乙基砜硫酸酯活性基更有能力转变为共价键结合。

(3)染色方法:

①中性浴染色法。该染色法只适用于少数中温型活性染料。如活性艳蓝系列[艳蓝 KN—R、艳蓝 A(B)—RV 等]。大多数中温型活性染料由于在中性浴中染锦纶,上染能力弱、上染率低,故不适应。活性艳蓝系列最适合中性浴染色原因有两个:

a. 它们对锦纶亲和力高,在中性浴中就可以很好地上色,不仅可以染浅色,也可以染中等色泽。

b. 它们的得色色光在中性浴中染色比酸性浴中染色,更加艳亮纯正。

可行的工艺曲线如下:

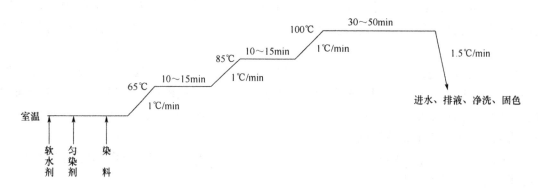

②酸性浴染色法。大多数中温型活性染料,在酸性浴中染锦纶,亲和力高,得色深。因为在酸性条件下,染料既能以氢键、范德华力上染,又能以离子键上染的缘故。但必须注意,酸性浴染色,染料上色快,匀染性较差。因而,正确调控染浴的 pH 值特别重要。有效的方法是:醋酸要先少后多分次施加,使染浴的 pH 值缓慢下降。从而确保染料温和上染,提高匀染效果。

(染色工艺曲线和中性浴染色法基本相同)。

③先酸性浴(或中性浴)后碱性浴染色法。该染色法是先在酸性浴中(艳蓝类染料在中性浴中)染色(实为吸色),在均匀而充分吸色的基础上,再加入纯碱于 pH＝10.5～11.0 的碱性浴中固色,而后水洗、皂洗。

该染色法是基于活性染料的活性基团与锦纶大分子末端氨基(—NH₂)之间,在碱性浴中,能发生亲核反应,能将染料—锦纶间的离子键结合变为共价键结合。从而显著提高染色牢度(其牢度明显高于弱酸性染料)。

推荐工艺如下：

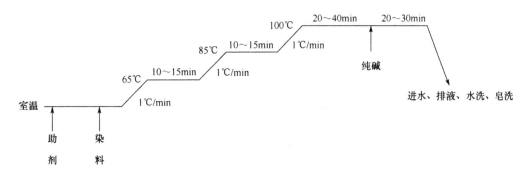

注：经碱剂固色处理和皂洗处理，其得色深度与酸性浴（或中性浴）染色相比，会明显变浅。

中温型活性染料染锦纶，得色较鲜艳，染色牢度和弱酸性染料染色相当。而且可以与酸性、中性、分散染料相拼染。因此，必要时采用染色效果好的活性染料染锦纶，可以弥补中性染料色光较暗，部分酸性染料摩擦牢度和日晒牢度较差的缺陷，使色谱更加齐全。只是匀染性、遮盖性较差，需要采用匀染工艺。

第四章　分散/中性染料篇

51　高温高压染涤纶,分散染料该如何选择配伍?

答:染料性能配伍性的好坏,是决定拼染染色时染色质量与重现性优劣的根本性因素。所谓配伍性好,就是各染料组分彼此间的相容性好,染色性能相同或相近。即使工艺条件存在一定程度的差异,对染色结果(深度、色光)的影响也较小。而且,彼此拼合对染色牢度也不会产生负面影响。

然而,不同结构的分散染料,其实用性能不尽相同。因此,应用前必须注意染料性能的配伍性选择。

生产实践证明,分散染料高温(125～135℃)染涤纶,染料的配伍组合,必须遵循以下原则:

(1)要选用相同温型的染料配伍染色。在分散染料中,不同温型的染料,其实用性能差异较大,配伍效果不良。

①浸染温度。检测结果说明,不同温型的分散染料,由于分子结构的复杂性与相对分子质量的大小不同,入染涤纶的最佳温度也不一样。

低温型(E型)染料,为125℃;

中温型(SE型)染料,为130℃;

高温型(S型)染料,为135℃。

注:最佳浸染温度,是指得色量最高,重现性最好的染色温度。

由于不同温型的分散染料,在高温条件下染色时,其上染率(得色深度)与染色温度的依附性大小不同,所以实际染温一旦偏低或偏高,就会造成不同温型的分散染料,上染率产生差异,引起色光波动。

比如,E型与S型染料混拼,采用两者的中间温度130℃染色,一旦染温偏高,S型染料的上染率会随之显著增加,而E型染料的上染率,却变化不大;一旦染温偏低,S型染料的上染率,又会随之明显下降,而E型染料的上染率,却较少变化。

所以,不同温型的染料拼染时,容易因染色温度的差异,造成染色色光的波动。

②保温时间。由于低温型(E型)分散染料,分子结构相对简单,相对分子质量相对较小,向涤纶内部扩散较容易,上色速率较快。因此,对高温保温染色时间的要求较低。即使高温保温染色时间相对短些,也容易达到上色平衡,并实现匀染透染。

而高温型(S型)分散染料,由于分子结构相对较复杂,相对分子质量相对较大,即使在130℃的条件下染色,在涤纶内的扩散速率也较慢。欲达到上色平衡,获得匀染透染,重现性好的效果,必须有相对较长的高温保温染色时间才行。

正是由于E型与S型染料,对高温保温染色时间的长短要求不同,两者拼混染色时,高温保温染色时间一旦不足(S型染料未能充分达到上染平衡),不仅会造成明显色差,还会产生匀染透染效果不良的问题。

③控温范围。分散染料高温高压染涤纶,尤其是喷射溢流绳状染浅色时,由于分散染料在100～120℃的升温区间,上染迅猛,容易产生"云状色花"现象,所以,在此温区要控温染色。即要控制升温速度,减缓上染速率。

然而,由于E型染料比S型染料上染更容易,所以,E型染料的控温范围相对较低。实验表明,E型染料的控温区为100～115℃,S型染料的控温区为105～120℃。

显然,E型染料与S型染料拼染时,若按S型染料控温,则E型染料(尤其是染浅色),就有可能产生不匀现象。若按E型染料控温,对S型染料染浅色是有利的,而染一般中深色时,由于115℃以后,染液中仍残留较多的染料,一旦升温较快,就可能产生上色不匀的隐患。

正因为这样,在实际染色中,必须注意三点:

第一,要尽量选用低温型(E型)染料配伍染色。

理由是,E型染料可采用120～125℃较低的温度染色,耗能较少,染色时间较短,而且匀染透染效果以及染色重现性也相对较好。唯升华牢度较差。

第二,尽量避免不同温型的染料混拼染色,尤其是E型与S型染料混拼。

主要理由为:一是,两者对工艺条件的要求差异较大。工艺条件的波动,容易造成色差、色花;二是,两者的升华牢度高低不同,在高温干热后整理的过程中,以及服装熨烫的过程中,会因两种染料的升华牢度不同,而产生色光异变,甚至色花、花差。

如果不得不拼混染色时,只能采用低温型(E型)与中温型(SE型)染料相拼。因为,两者对工艺条件的要求,相对较接近。

倘若必须采用高温型(S型)染料染色时,(注:对升华牢度要求高的场合),也只能选用同温型(S型)的染料拼染。而且,最好采用超高温(135℃)染色。

原因是,提高染色温度,可以明显提高S型染料的得色量,降低染料损耗,减轻污水处理负担。而且,还可以提高S型染料对涤纶质疵的遮盖性。同时,还会加快S型染料的扩散速度,缩短高温保温染色时间。而对涤纶的弹性、手感并无明显的影响。

第三,目前,国产分散染料,存在着名称不统一、温型不分类的问题。因此,在使用前,一定要用升华牢度仪进行实际检测,将每只染料的升华牢度,明确分类,以便正确选择配伍。

(2)要选用耐碱稳定性好的染料配伍染色。分散染料在高温(125～135℃)的条件下应用,有一个化学稳定性问题。其中,耐酸稳定性较好。染浴pH值在3～6范围内,即使有些波动,对上染率(得色深度)的影响也很小,不至于造成明显色差。但耐碱稳定性却表现较差,甚至是相当差。在高温(125～135℃)、pH>6的条件下,许多常用分散染料,会发生水解反应,染涤/棉、涤/粘织物,也会发生还原反应,使得色变浅,色光异变。

虽然染色前,要加酸调节染浴的pH值,但诸多外来因素,会导致染浴pH值在染色过程中升高,超出工艺的安全范围。比如:

①染色水质为碱性水。即受热前pH值为中性,受热(100℃)后为碱性。

②待染半制品(尤其是涤/棉、涤/粘织物)带碱。

③染色助剂(如螯合分散剂、扩散剂、抗皱剂、匀染剂等)以及染料也存在 pH 值问题。

现场检测结果说明,染后残液的 pH 值,往往是高于染前调定的 pH 值的。也就是说,在染色前,即使将染浴的 pH 值调至 4～5 的弱酸性范围内,在升温染色的过程中,依然会因水、织物、助剂、染料等,带入的碱性物质的影响,而高出 pH 值的安全范围,使耐碱稳定性差的染料,发生程度不同的水解。

注:实验证明,常用分散染料最安全的 pH 范围为 4～5。pH>6,许多分散染料的得色深度会下降。

可见,采用耐碱稳定性不同的染料配伍染色,一旦染浴的 pH 值偏高,便会造成显著的色变与色差。

最典型的实例,就是常用分散黑。分散黑是由分散染料的深三原色拼混而成。

如:分散黑 S—2BL,它是由分散黄棕 S—2RFL(C. I. O30#)、分散红玉 S—2GFL(C. I. R167#)、分散深蓝 S—3BG(C. I. B79#),或者由分散黄棕 S—2RFL(C. I. O30#)、分散大红 S—3GFL(C. I. R54#)、分散深蓝 S—3BG(C. I. B79#)混拼而成的。

这两组深三原色,在耐碱稳定性方面,存在着配伍性不良的问题。即深蓝 S—3BG 的耐碱稳定性,比黄棕 S—2RFL、红玉 S—2GFL(或大红 S—3GFL)的耐碱稳定性,要差得多。因此,在高温(130～135℃)染色时,一旦染浴的,pH>6,便会因深蓝的水解,产生严重色差。

分散黑 S—2BL 在染浴不同的 pH 值条件下的得色色光。

pH=5	pH=7	pH=8	pH=9
黑色	黑咖啡色	红棕色	锈红色

实验表明,选用耐碱稳定性较好的染料配伍染色,其得色明显稳定,重现性较好。在常规条件下,即使染浴 pH 值有所波动,也不至于产生严重色差。

以下国产分散染料(表 4-1),耐碱稳定性相对较好,在 130℃,pH=8 的条件下染色,上染率的下降幅度<5%(与 pH=5 比较),可供选择使用。耐碱稳定性相对较好的分散染料品种如表 4-1 所示。

表 4-1　耐碱稳定性相对较好的分散染料品种

温型	染 料 色 别			
	黄 色	橙 色	红 色	蓝 色
低温型(E型)染料	分散嫩黄 E—3G C. I. Y54#	分散橙 E—RL　C. I. O25#	分散红 E—RF　C. I. R4# 分散红 E—2GFL C. I. R50# 分散红 E—B　C. I. R1# 分散红 E—FB　C. I. R60# 分散红 E—3B　C. I. R60# 分散红玉 E—BG C. I. R13#	分散蓝 E—4R　C. I. B56# 分散蓝 E—FBL C. I. B56# 分散蓝 2BLN　C. I. B56#

温型	染料色别							
	黄　色		橙　色		红　色		蓝　色	
中温型(SE)型染料	分散金黄 SE—3R	C. I. Y54#	分散橙 SE—GL	C. I. O29#	分散红 SE—R3L	C. I. R86#	分散蓝 SE—B	C. I. B14#
	分散嫩黄 SE—3G	C. I. Y54#	分散橙 SE—RBL	C. I. O29#	分散红 SE—3B	C. I. R343#	分散蓝 SE—RL	C. I. B291#
	分散嫩黄 SE—3GL	C. I. Y64#	分散橙 SE—3RLN	C. I. O61#	分散大红 SE—GS	C. I. R153#	分散蓝 SE—BL	
	分散嫩黄 M—4GL	C. I. Y211#	分散橙 SE—2RL	C. I. O61#	分散红 BL—SF	C. I. R92#	分散深蓝 ECO	
	分散嫩黄 SE—2GFL	C. I. Y50#	分散橙 SE—3RL	C. I. O76#	分散红 BEL	C. I. R92#	分散黑 ECO	
	分散嫩黄 SE—5GL	C. I. Y241#	分散橙 R—SF	C. I. O73#	分散紫 SE—BNL	C. I. V93#	分散深蓝 EX—SE	
					分散紫 SE—2RL	C. I. V28#	分散深蓝 HSF	
					分散紫 SE—RL	C. I. V63#	分散深蓝 EX—SF	
高温型(S)型染料	分散嫩黄 GRL	C. I. Y60#	分散橙 228	C. I. O288#	分散大红 S—3GL	C. I. R54#	分散翠蓝 S—GL	B60#
	分散嫩黄 C—5G	C. I. Y119#	分散橙 S—3RFL	C. I. O44#	分散红玉 RVGL	C. I. R179#	分散蓝 S—BGL	B73#
	分散嫩黄 H—4GL	C. I. Y134#	分散橙 S—4RL	C. I. O30#	分散红玉 BSF	C. I. R179#	分散蓝 S—F2G	B367#
					分散红玉 BBL	C. I. R82#		

　　近年来,国内的染料生产厂家,推出了系列耐碱分散染料。实际上,大多是从耐碱稳定性较好的常用分散染料中筛选出来的。如,浙江闰土股份有限公司的 ADD 系列染料、浙江龙盛集团股份有限公司的 ALK 系列染料等。

　　经检测,这些耐碱分散染料的实际耐碱能力如下:在 pH≤9 的染浴中染色,所有染料的得色深度与酸性浴染色相当。其色光有一定程度的变化,但变化幅度不大。在 pH=10 的染浴中染色,约半数染料稳定性良好,其得色深度可以达到酸性浴染色的水平,色光也相近。另有一半染料,如分散黑、分散藏青、分散深蓝、分散艳蓝、分散艳黄等,稳定性相对较差,其得色深度有明显下降趋势,其色光的变化也比较显著。因此,选用时应注意。

　　(3)要选用日晒牢度相同或相近的染料配伍染色。分散染料高温染涤纶,在拼色配伍组合时,除了要考虑升华牢度的一致性以外(即同温型染料配伍),对日晒牢度的一致性,也应该给予足够的重视。

分散染料高温染涤纶,同其他染料拼染染色一样,普遍存在着拼色日晒牢度,总是等于甚至低于拼色组分中,日晒牢度最低的染料水平。也就是说,在染料的拼色组合中,只要含有一只日晒牢度低的染料,即使用量很少,也会造成染色物的日晒牢度低下。

比如:染一只深度、色光相同的"咸菜色",可存下列两种组合。

组　合	染料配伍	1%(owf)单色染料日晒牢度 (ISO. 105－B02 级)	拼染物的日晒牢度 (ISO. 105－B02 级)
组合一	分散橙 E—RL　　(C. I. O25#)	6	
	分散大红 E—B　　(C. I. R1#)	4	4
	分散蓝 E—4R　　(C. I. B56#)	6	
组合二	分散橙 E—RL　　(C. I. O25#)	6	
	分散红 E—2GFL　(C. I. O50#)	6	5～6
	分散蓝 E—4R　　(C. I. B56#)	6	

注　组合一,虽然主色(蓝色)与副色(橙色)染料的日晒牢度好,但由于次色(红色)染料的日晒牢度差,三只染料组分的配伍性不良,其拼染物的日晒牢度依然低下。

　　组合二,由于三只染料组分日晒牢度的配伍性好,所以,拼染物的日晒牢度也好。

因此,分散染料在配伍组合时,无论主色、副色,还是调节色光的次色,都应该选用日晒牢度彼此相当的染料配伍,特别是拼染日晒牢度要求高的外销色单时,更需注意。因为只有各拼色染料的日晒牢度彼此相当,在日晒牢度的测试或服用过程中,色变才会最小,日晒牢度才会表现得更好。

(4)要选用热迁移性小的染料配伍染色。分散染料在涤纶上的热迁移性,是分散染料普遍存在的一种物理性质。实际检测结果表明,其中,有两个关键点,值得注意。

一是,分散染料的热迁性与分散染料的升华性,是两个完全不同的概念,两者之间没有规律可循。即低温型(E 型)染料,升华性大,并不等于热迁性大。高温型(S 型)染料,升华性小,并不等于热迁移性小。这一点,不可混淆。

二是,不同结构的分散染料,在高温干热条件下,热迁移性的大小不同,而且差异较大。

这就给分散染料的实用质量,带来了难以克服的隐患。即染色物在高温后整理(如定形)的过程中,染料的热迁移行为,不仅会使染色物的水洗牢度,显著下降,还会因不同染料的热迁移量不同,使染色物的色光发生明显改变。

在现实生产中,常发生染完色出缸时色光相符,湿处理牢度优良,高温整理后,湿处理牢度变差,色光走偏,达不到客商要求,不得不"复修"的问题。其实,就是分散染料在高温干热后整理的过程中,涤纶上的染料发生了不成比例的热迁移所致。

所以,对分散染料的热迁移给染色质量造成的危害,应该引起高度重视。为此,在实际生产中,要尽量选用热迁移性较小的染料配伍染色。实践证明,这对稳定布面色光,提高染色湿处理牢度,十分有效。

下列分散染料,热迁移性较小,水洗牢度较高,可供选择使用。

江苏亚邦染料股份有限公司生产的 H—WF 系列染料。

主要品种有：

分散嫩黄 H—WF　　分散黄棕 H—WF

分散大红 H—WF　　分散红 H—WF　　　分散红玉 H—WF

分散艳蓝 H—WF　　分散藏青 H—WF　　分散黑 H—WF

浙江龙盛集团生产的 LXF 系列染料

主要品种有：

分散嫩黄 LXF　　分散黄棕 LXF

分散大红 LXF　　分散红 LXF　　　分散红玉 LXF

分散艳蓝 LXF　　分散翠蓝 LXF　　分散藏青 LXF　　分散黑 LXF

浙江杭州吉华化工有限公司生产的 H‑XF 系列染料

主要品种有：

分散橙 HXF

分散红 HXF

分散艳蓝 HXF　　分散藏青 HXF　　分散黑 HXF

上海安诺其纺织化工有限公司供应的"安诺可隆"MS 系列染料

主要品种有：

分散嫩黄 MS　　分散黄棕 MS

分散粉红 MS　　分散红 MS　　分散大红 MS

分散艳蓝 MS　　分散藏青 MS　　分散黑 MS

德国德司达公司生产的大爱尼克司 XF/SF 系列染料

主要品种有：

分散嫩黄 XF　　分散黄棕 XF

分散大红 XF　　分散红玉 XFN

分散翠蓝 XF　　分散艳蓝 XF　　分散藏青 XF　　分散黑 XF

分散大红 SF　　分散红 SF　　分散艳红 SF　　分散深红 SF

汽巴精化有限公司生产的托拉司 W/WW 系列染料

主要品种有：

分散嫩黄 W—6GS　　分散金黄 W—3R

分散大红 W—RS　　分散红玉 W—4BS

分散艳蓝 W—RBS　　分散藏青 W—RS　　分散黑 W—NS

分散黄棕 WW—DS

分散大红 WW—FS　　分散红 WW—BFS　　分散红 WW—3BS　　分散紫 WW—2RS

分散艳蓝 WW—2GS　　分散藏青 WW—GS　　分散黑 WW—KS

这类分散染料，与普通分散染料相比，通常具有以下特点：

第一，相对分子质量一般较大，对涤纶具有较高的亲和力，即使在 150℃以上的高温定形过程中，也难以从涤纶内部向表层迁移。因此，具有较高的水洗牢度。

安诺可隆 MS 系列染料的升华与水洗牢度如表 4-2 所示。

表 4-2　安诺可隆 MS 系列染料的升华与水洗牢度

安诺可隆染料 (MS)	升华牢度(级) 180℃,30s	水洗牢度 AATCC61—1993.2A　(49℃,45min)					
		醋纤	棉	锦纶	涤纶	腈纶	羊毛
嫩黄 MS	4~5	4~5	4~5	4~5	4~5	4~5	4~5
黄棕 MS	4~5	4	4~5	4~5	4~5	4~5	4~5
粉红 MS	4~5	5	5	4~5	4~5	5	5
红 MS	4~5	4~5	4~5	4	4	4~5	4~5
大红 MS	4~5	4	4~5	4	4~5	4~5	4~5
艳蓝 MS	4~5	4~5	4~5	4~5	4~5	5	4~5
藏青 MS	5	4~5	4~5	4~5	4~5	5	4~5
黑 MS	5	4~5	4~5	4~5	5	5	5

注　检测条件:染料用量 1%(owf),135℃染色 30min。
　　染后 180℃,30s 定形,而后检测水洗牢度。

特别提示:分散染料水洗牢度的好坏,第一,主要看沾锦牢度的高低。(注意:锦纶 6 的沾色牢度低于锦纶 66)。第二,还得看试用的水洗牢度标准。其中,主要看测试温度的高低。如 40℃、49℃、60℃、95℃等。检测温度越高,沾锦牢度越差。

第二,这类染料,基本属于高温型(S 型),具有较高的升华牢度。但由于分子结构较复杂,亲和力较高,在涤纶内的扩散速率较慢。所以,在较高的温度下(135℃)染色,才能获得更高的上染率(得色深度)和更好的重现性。

第三,在这类染料中,有些品种的耐碱稳定性较差,在高温高压染色时,对染色 pH 值表现敏感,尤其是艳蓝色、藏青色和黑色染料。染浴的 pH 值必须稳定在 4~5 范围内,倘若 pH> 5.5,其得色色光(甚至色相)都会面貌皆非。

第四,有些染料品种具有双酯结构,在温热的碱性浴中,容易水解成溶解度较高的羧酸钠盐。因此,染色后的浮色以及对棉、粘的沾色,在温热的碱性浴中,具有较好的易洗性。

第五,在这类染料中,部分品种(嫩黄、粉红、艳蓝、藏青、黑色等),对棉、粘等纤维素纤维的沾色少。即使分散/活性同浴染色,也很少影响活性染料染棉(粘)的鲜艳度。因此,比较适合涤/棉或涤/粘织物的染色。(注:黄棕、大红、红等品种,对棉、粘的沾色重,应用时需注意)

第六,有的品种,在高温高压(130~135℃)条件下,对还原性物质表现敏感。所以,用来染涤/棉、涤/粘织物时,(注:棉、粘在高温条件下,具有还原性)。最好加入少量弱氧化剂,如防染盐 S(别名柳的哥,学名间硝基苯磺酸钠)等,以防止染料还原,降低鲜艳度。

(5)要选用热凝聚性小的染料配伍染色。热凝聚(结晶)性,是分散染料在高温(>100℃)染浴中,普遍存在的一种物理现象。即游离或分散于水中的染料分子或染料微粒,在升温、保温、降温过程中,会聚集成新的或更大的染料晶体或染料聚集体。

其原因有以下三点:

①分散染料水溶性甚微,全靠扩散剂将其包覆分散于水中。而扩散剂耐热性差,随着染温升高其包覆稳定性会大大下降。

②染温提高,染料自身的活化能增大,相互碰撞而聚集的概率增大。

③在染色降温过程中,染料还会因溶解度变小而产生二次结晶。

染浴中产生过大的染料晶体或染料聚集体,轻者会导致吸色不匀,色牢度下降。重者会产生色点、色渍,甚至是无法修复的"焦油斑"染疵。

经检测,国产分散染料的热凝聚(结晶)性,有以下三种类型:

A类:凝聚(结晶)性较小,分散稳定性较好。

B类:凝聚(结晶)性较大,但随着高温染色时间的延长,染料的逐渐上染,染色初期产生的凝聚(结晶)物,可基本"解聚"。常用的分散深蓝 S—3BG(深蓝 HGL. C. I. B79),是典型代表。

C类:凝聚(结晶)性大,即使施加高温匀染剂,延长高温保温染色时间,其热凝聚(结晶)程度也不会有明显改善。如分散橙 G—SF(C. I. O44)就是代表。

显然,A类染料,不会因凝聚(结晶)而造成染疵。但这类染料品种很少。B类染料,虽有较大的凝聚(结晶)性,但可以"解聚"。只要施加适量高温匀染剂,适当延长高温保温染色时间,一般不会因凝聚(结晶)而产生色点、色渍等质量问题。这类染料品种较多。C类染料,凝聚(结晶)性大,又不能"解聚",所以不能使用。这类染料品种较少。

生产实践证明,遵循以上原则选择分散染料,其拼染质量稳定,重现性优良。

52　分散染料高温 130℃染色,为什么得色不稳定容易产生色浅、色差?

答:如果用料一致,染色温度、时间相同,产生色浅、色差染疵的根源主要是因为分散染料在高温(120～130℃)染浴中,化学稳定性差,一旦 pH>7,就可能产生以下问题:

(1)含有羟基(—OH)的分散染料,在 pH>7 的高温(120～135℃)染浴中,羟基可能离子化,使染料的水溶性明显增大,使上染率降低。

$$—OH + OH^- \longrightarrow —O^- + H_2O$$

(2)含有酯基、酰氨基、氰基的分散染料,在 pH>7 的高温(120～135℃)染浴中有可能发生水解。

$$—CH_2CH_2OCOCH_3 + H_2O \xrightarrow[OH^-]{120～135℃} —CH_2CH_2—OH + CH_3COOH$$

$$—NHCOCH_3 + H_2O \xrightarrow[OH^-]{120～135℃} —NH_2 + CH_3COOH$$

$$—CN + 2H_2O \xrightarrow[OH^-]{120～135℃} —COOH + NH_3\uparrow$$

如以下常用国产分散染料,在高温高压(120～135℃)染色时,染浴 pH 值一旦大于7,就会产生不同程度的水解,使色光异变,得色变浅。

分散深蓝 HGL(S—3BG)(C. I. 分散蓝 79)

分散红玉 S—2GFL(S—5BL)(C. I. 分散红 167)

分散大红 S—BWFL(S—R)(C. I. 分散红 74)

以这些染料为组分拼混的染料品种,在 120～135℃、pH＞7 的条件下染色时,其化学稳定性显得更差,染色色光和得色深度变化更大。如分散棕 S—2BL(由分散深蓝 HGL、分散大红 S—BWFL、分散黄棕 S—2RFL 拼混,或由分散深蓝 HGL、分散大红 S—3GFL、分散黄棕 S—2RFL拼混)、分散黑 S—2BL(由分散深蓝 HGL、分散红玉 S—2GFL、分散黄棕 S—2RFL 拼混,或由分散深蓝 HGL、分散大红 S—3GFL、分散黄棕 S—2RFL 拼混)。

(3)高温高压染涤/棉或涤/粘织物时,染浴 pH 值一旦大于 7,纤维素会产生还原性。分子中含有硝基(—NO$_2$)的分散染料就有可能被还原(芳香族中的硝基容易被还原)。

$$—NO_2 + 6[H] \longrightarrow —NH_2 + 2H_2O$$

染料分子中的偶氮基(—N＝N—)也有可能被还原破坏,变为氨基化合物,从而造成色光改变,得色变浅。常用分散染料对染浴 pH 值的依附性如表 4-3,表 4-4 所示。

表 4-3　常用分散染料对染浴 pH 值的依附性(一)

染　料	相对得色深度(%)与色光变化			
	pH=4.8	pH=7.1	pH=9.0	pH=10.0
分散翠蓝 S—GL	100 翠蓝色	97.84 色光无变化	92.84 色光无变化	68.91 偏黄光
分散深蓝 S—3BG(HGL)	100 深蓝色	31.51 淡蓝色	16.80 淡蓝灰色	2.40 淡米棕色
分散红玉 S—5BL(S—2GFL)	100 枣红色	94.00 酱红色	87.64 酱红色、蓝光重	80.44 酱红色、蓝光更重
分散大红 S—R(S—BWFL)	100 黄光大红	51.45 淡暗红	44.29 淡暗红	42.30 淡暗红

染　料	相对得色深度(%)与色光变化			
	pH=4.8	pH=7.1	pH=9.0	pH=10.0
分散蓝 E—4R(2BLN)	100 艳蓝色	96.98 色光变化小	93.58 色光变化小	76.37 色光变化小
分散金黄 SE—3R	100 金黄色	99.30 色光无变化	95.90 色光无变化	93.50 色光无变化
分散大红 SE—GS	100 黄光艳红	99.88 色光无变化	98.71 色光无变化	94.86 色光无变化
分散嫩黄 SE—4GL	100 嫩黄色	69.12 色光变化小	51.13 色光变化小	12.30 色光变化小
分散宝蓝 S—RSE(B—183#)	100 红光宝蓝	98.86 色光变化小	95.12 色光变化小	80.01 红色消失
分散黑 S—2BL	100 黄光灰色	44.35 咖啡色	20.05 棕色	5.45 橘黄色

表4-4　常用分散染料对染浴 pH 值的依附性(二)

染　料	相对得色深度(%)与色光变化			
	pH=3.45	pH=4.06	pH=5.04	pH=6.15
分散嫩黄 SE—4GL	100.12 稍暗	100 标准	99.86 稍显绿光	95.37 稍显绿光
分散大红 S—R (S—GWFL)	89.48 偏黄光	100 标准	99.79 稍蓝光	93.90 稍蓝光
分散深蓝 S—3BG (HGL)	100.06 稍暗	100 标准	100.18 稍蓝	96.65 稍蓝

　　注　(1)配方:染料　1%(owf),高温匀染剂　1.5g/L,染浴 pH 值用 10%冰醋酸或纯碱调节。
　　　　(2)工艺:浴比 1:25,以 2.5℃/min 升温速度升至 130℃,保温染色 30min,水洗、皂洗。
　　　　(3)检测:以 Datacolor SF 600X 测色仪测试。pH 值以上海三信仪表厂 B-2 型 pH 计检测。

　　①从表4-3可看出,常用分散染料在130℃条件下染色时,与 pH=4.8 相比,pH=7.1 时几乎所有分散染料的得色深度都有下降趋势,下降 0.1%～68.5%。pH=9.5 时,所有常用分散染料的得色深度都显著下降,比 pH=4.8 时下降 1.3%～83.2%,而且色光变化也十分显著。

　　这突显两点:

　　第一,分散染料高温 130℃染色时,染浴 pH 值不但不能呈碱性(pH＞7),即使呈中性(pH=7)也不行。染浴 pH 值必须在酸性(pH＜7)范围内。

　　第二,不同结构的分散染料,在高温(130℃)条件下的化学稳定性相差很大。如在 pH=9

的高温染浴中染色:分散深蓝 S—3BG(HGL)的相对得色深度比 pH＝4.8 时要下降 83.2％。分散大红 SE—GS 的相对得色深度比 pH＝4.8 时只下降 1.29％。部分耐碱稳定性好的染料(还有分散蓝 E—4R、分散金黄 SE—3R、分散宝蓝 S—RSE 等),即使在中性或弱碱性条件下高温染色,其深度、色光的变化也相对较小。

这提示我们:当采用化学稳定性不同的染料高温(130℃)拼染时,染浴 pH 值的波动(有时是较小的波动)不仅会造成拼染深度下降,更会造成拼染色光(甚至色相)的严重改变。

有资料认为,分散染料高温高压染涤纶时,染浴的 pH 值为 5～6。然而,对国产分散染料检测结果却说明,染浴 pH 值控制在 5～6 只能适应一些耐碱稳定性较好的染料。而化学稳定性较差、对碱敏感的一些染料,则并不适应。

②从表 4－4 可以看出,在高温(130℃)条件下,一些化学稳定性差的染料对染浴 pH 值的要求更高。即使将染浴 pH 值控制在 6 左右,其上染量也不是最高,其色光艳亮度也不是最好。

从常用国产分散染料整体的化学稳定性来看,在高温(130℃)条件下应用,最安全的 pH 范围应该是 4.5～5.5。在此条件下染涤纶,色光最艳亮纯正,得色量相对最高,染色的重现性亦表现最好。若 pH<4,得色色光往往会转萎暗。

可见,分散染料高温高压染涤纶,染浴的 pH 值对染色结果(深度、色光)的影响很大,甚至大于染色温度。

应对措施如下:

在现实生产中,对 pH 值的控制存在着两个容易被忽视却十分重要的问题,即染浴 pH 值的准确性及稳定性。

一是,染浴 pH 值的准确性。分散染料高温高压染涤纶,染浴 pH 值应控制在弱酸性,对这一点人人皆知。但染色 pH 值的基准点在哪里,是指染色前染液的 pH 值,还是指染色后残液的 pH 值很多人并不明确。而这两者的 pH 值是有明显差异的。

原因是,外界会带入酸碱性物质(主要是碱性物质),在染色过程中会使染浴 pH 值发生改变。如以下原因会造成 pH 值的改变。

染色用水并不一定呈中性。许多地区的自来水、深井水、江河水为碱性水。在受热前 pH 值接近中性,而经加热处理,冷却后则变为碱性水。

以常州新北区自来水为例:未经热处理的冷水 pH＝7.52,130℃处理 20min 的冷却水的 pH＝8.24。

待染半制品(尤其是含棉、粘的产品)通常带碱。比如(14.5tex×2)×(14.5tex×2)(40 英支/2×40 英支/2),425 根/10cm×220 根/10cm 全棉线绢,丝光后经醋酸中和,落布 pH 值为 7 左右(以万能指示剂滴检为草绿色)。而取布 2g,剪成碎末,置于 100mL 蒸馏水中,在搅拌下沸温浸泡 20min,冷却至室温,以杭州雷磁分析仪器厂 pH S—25 型数显酸度计检测,pH＝8.86。

这是因为,在练漂前处理过程中,染色半制品形成碱纤维素,在一般条件下水洗,纤维内部的碱性是难以去除的。

外界带入的这些酸碱性物质,特别是碱性物质,在染液的 pH 缓冲能力较差时,足以使染液的 pH 值突破工艺设定的安全范围。如用冰醋酸调节的 pH＝4.5 的水溶液,对碱的最大承受能力只有 0.01g/L(按 100％烧碱计算),高于这个限量,溶液的 pH 值便会超出 5 的安全上限。

可见,染色前调定的 pH 值,并不等于染色过程中染浴的实际 pH 值。实践证明,把染后残液的 pH 值作为工艺标准来控制,其染色质量的安全性会显得更好。

这里还有一个 pH 值的检测方法问题。目前,有不少企业为了方便,采用 pH 试纸检测。pH 试纸的检测误差高达 0.5~1.0 个 pH 单位。这对分散染料高温染涤纶而言是绝对使不得的。否则,染色的重现性将不复存在。实践说明,只有采用 pH 计来检测才最可靠。

二是,染浴 pH 值的稳定性。要消除外界带入染浴的酸碱性物质对染浴 pH 值的影响,使染浴 pH 值保持稳定,唯一有效的途径是提高染浴对 pH 值的缓冲能力,通常是在染浴中加入 pH 调节剂。

①硫酸铵和醋酸铵。硫酸铵是强酸、弱碱组成的盐,在水中会发生水解,生成硫酸氢铵和氨。

$$(NH_4)_2SO_4 \xrightarrow{H_2O} NH_4HSO_4 + NH_3 \uparrow$$

随着染浴温度的提高,氨会逐渐逸出,而硫酸氢铵则留在染浴中,使染浴的 pH 值慢慢降低。醋酸铵和硫酸铵一样,也是释酸剂。

$$CH_3COONH_4 \xrightarrow{H_2O} CH_3COOH + NH_4OH$$

$$NH_4OH \xrightarrow{随温度提高} H_2O + NH_3 \uparrow$$

因此,硫酸铵可用醋酸铵替代。

对于分散染料高温高压染涤纶而言,硫酸铵和醋酸铵有共同的缺点:分散染料染涤纶(130℃),染浴 pH 值需控制在 4~5 的范围内,而硫酸铵或醋酸铵的酸性太弱,如 3g/L 硫酸铵的 pH 值为 6.9,130℃处理 30min 冷却后为 6.6,达不到工艺要求;硫酸铵或醋酸铵的溶液几乎没有对 pH 值的缓冲能力,一旦外界有酸碱带入,染浴的 pH 值就会立即发生改变。

因此,硫酸铵和醋酸铵只适合分散染料 100℃染锦纶,而不适合分散染料 130℃染涤纶。

②醋酸。许多企业是用单一醋酸来调节染浴的 pH 值。醋酸对碱有一定的 pH 缓冲能力,但由于实际用量很少,如 98%醋酸 0.1mL/L 时,pH=5.0;98%醋酸 0.13mL/L 时,pH=4.5,对外界带入染浴的酸碱性物质的缓冲能力并不大。若将醋酸的用量提高,对碱的缓冲能力则可以随之增大。但对酸的缓冲能力却会随之下降。而且醋酸的用量不可能增加过多。因为 98%醋酸 0.5mL/L 时,pH=4.06,用量再提高,染浴的 pH 值便会小于 4,突破 pH=4~5 的工艺底线。

③pH 缓冲体系。实践证明,最好采用 pH 缓冲体系来控制染浴的 pH 值。因为 pH 缓冲体系可以大幅度提高染浴对酸碱性物质的缓冲能力。

从图 4-1、图 4-2 可以看出,以 98%醋酸:99%结晶醋酸钠=1.4:4.48 组成的 pH=4.7 的缓冲体系,只有当外界带入的碱性物质(按 100%烧碱计算)大于 0.56g/L 时,其溶液的 pH 值才会大于 5.0,超出常规的安全上限。当外界带入的酸性物质(按 100%盐酸计算)大于 1.17g/L 时,其溶液的 pH 值才会小于 4.0,超出常规的安全底线。可见缓冲体系对染浴 pH 值的缓冲能力很大。

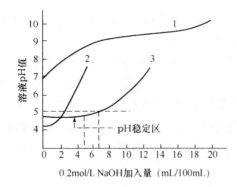

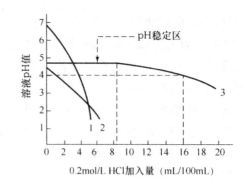

图 4-1　不同 pH 调节剂对碱的缓冲能力

1—硫酸铵 2g/L(pH=6.8)

2—98%醋酸 0.4mL/L(pH=4.1)

3—98%醋酸 1.4mL/L+99%结晶

醋酸钠 4.5g/L(pH=4.7)

图 4-2　不同 pH 调节剂对酸的缓冲能力

(从滴定法检测,上海三信仪表厂 pH B-2 型 pH 计测试)

1—硫酸铵 2g/L(pH=6.8)

2—98%醋酸 0.4mL/L(pH=4.1)

3—98%醋酸 1.4mL/L+99%结晶

醋酸钠 4.5g/L(pH=4.7)

在实际生产中,pH 缓冲体系的配伍组合通常为两种,即醋酸—醋酸钠和染色酸—醋酸钠。两者对染浴 pH 值的缓冲效果基本相同。

由于构成缓冲体系的组分比例不同,浴液的 pH 值就不同;缓冲体系的组分浓度不同,对酸碱的缓冲能力就不同。所以,实际应用时应根据染色工艺对 pH 值的要求来确定缓冲体系的组成比例,根据染色工艺对缓冲范围与缓冲能力的要求来确定缓冲体系中各组分的浓度。

pH 值缓冲体系的组成比例与溶液 pH 值的关系见表 4-5。

表 4-5　pH 值缓冲体系的组成比例与溶液的 pH 值

pH 值	98%醋酸:99%醋酸钠	染色酸 RS:99%醋酸钠	pH 值	98%醋酸:99%醋酸钠	染色酸 RS:99%醋酸钠
3.7	1:0.94	1:0.33	4.8	1:3.95	1:1.43
4.0	1:1.41	1:0.57	4.9	1:4.51	1:1.68
4.1	1:1.60	1:0.61	5.0	1:5.70	1:1.92
4.2	1:1.79	1:0.70	5.1	1:6.19	1:2.33
4.3	1:1.96	1:0.73	5.2	1:7.90	1:2.99
4.4	1:2.26	1:0.78	5.3	1:9.22	1:3.76
4.5	1:2.45	1:0.86	5.4	1:11.94	1:4.37
4.6	1:2.82	1:0.94	5.5	1:13.54	1:5.43
4.7	1:3.20	1:1.19	5.6	1:14.48	1:6.28

注　(1)配液自来水 pH=7.1。

(2)醋酸钠是指 $CH_3COONa \cdot 3H_2O$。

(3)染色酸 RS 为苏州联胜化学公司产品。其酸度比 98%醋酸稍弱,不含无机酸(H_2SO_4、HCl)。在高温条件下,不会损伤纤维。气味比醋酸小,但挥发性相似。用于分散染料高温(130℃)染涤纶,色光艳度略好于醋酸,得色较醋酸略深 1%~6%。对分散染料的分散稳定性也无不良影响。

53 涤纶织物(纤维)高温高压染色后,为什么表面色泽会产生陈旧感,甚至产生灰白色粉尘? 如何解决?

答:(1)产生原因。涤纶织物(纤维)高温高压染色后(尤其是染深浓色泽时),其色光往往会产生白蒙蒙的陈旧感,有时在织物(或纤维)表面还会产生一层灰白色粉尘,而且易洗性差。对色泽的浓艳度影响很大,常因此不能按时交货。实验证明,产生上述问题的根源是由涤纶的低聚物引起的。

涤纶是以对苯二甲酸与乙二醇为单体,聚合而成的聚对苯二甲酸乙二酯。其实,涤纶的组成并非百分之百的聚对苯二甲酸乙二酯,其中,除有少量未反应的单体外,尚有部分反应不完全或聚合不正常的聚合物存在。这些聚合度低的半聚合物统称低聚物,在涤纶中普遍存在。其含量一般为纤维重的 $1.3\% \sim 1.7\%$。低聚物的聚合度很小,一般 $n=2$、3、4,其结构有链形的也有环形的,色泽为白色或灰色。其中,三分子三环低聚物(图 4-3)对染色质量的危害最大。

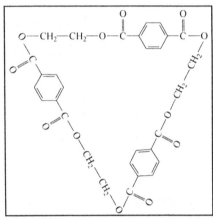

图 4-3　环形低聚物

这些相对分子质量较小、结构较简单的低聚物,在高温高压条件下,会随着涤纶溶胀结构变松弛,自纤维内部向外泳移,而暂溶于高温染浴中。由于低聚物基本不溶于 100℃ 以下的水中,所以,在染色后期的降温过程中,便会从染浴中逐渐析出来。如果涤纶的质量较差,染色时间又较长,浴比又较小,低聚物的析出量较多、浓度较高,沉积在织物(纤维)上,轻者会使色光变萎暗产生陈旧感,重者则会在织物(纤维)表面形成一层粉尘。

值得注意的是,这些低聚物对染料的热凝聚还有重大的诱导作用,它能使色点、色渍、焦油斑等染疵更容易发生。经检测,形成色点、色渍、焦油斑的焦化物中,低聚物约占 50%,染料凝聚物约占 30%,纤维屑等杂质约占 20%。

(2)应对措施。欲消除低聚物的危害,最有效的举措有以下两点:

①染色时施加适量低聚物去除剂。低聚物去除剂,通常是非离子表面活性剂与阴离子表面活性剂的复配物,具有较强的分散、增溶、净洗功能,可将析出的低聚物微晶,较稳定的分散、增溶在染浴中,并随染浴一起排掉,从而有效消除低聚物的危害。

比如,施加上海晟越纺织材料有限公司的低聚物去除剂 TD—5,或宁波金纺精细化工有限公司的白粉去除剂,用量 0.5g/L 便可产生良好的效果。

②采用碱性浴染色。分散染料染涤纶,通常在弱酸性条件下进行。这是因为,涤纶和分散染料,在高温(130℃)碱性浴中,容易发生水解的缘故。

但是,低聚物在弱酸性条件下,结构稳定,对染色物质量的危害明显。而在高温(130℃)碱性(pH=9)条件下染色,对染色物质量的影响则可以显著减小。原因是,低聚物在高温(130℃)碱性(pH=9)条件下,会发生一定程度的水解,其溶解度会显著变大,在降温过程中不容易析出。

需要注意的是,碱性浴染色的工艺有两个关键:

a. 染浴的酸碱度必须稳定地控制在 pH＝9。因为,pH＜9,低聚物的水解率低,去除效果差。pH＞9,即使是耐碱分散染料,其水解稳定性也会显著下降。为此,建议采用上海晟越纺织材料有限公司的涤纶碱性染色碱剂 PLD,或上海法普染料有限公司的涤纶碱性染色碱剂做 pH 调节剂。

b. 必须选用耐碱分散染料染色。经检测,在常用分散染料中,多数染料的耐碱稳定性差,实际所能承受的最高 pH 值为6,部分耐碱稳定性较好的染料,所能承受的最高 pH 值也只有8。这就是说染浴 pH 值一旦超高,染料就会碱性水解产生减色、变色。因此,常用分散染料原则上是不适合碱性浴染色的。因而,必须选用耐碱系列分散染料。如浙江龙盛集团股份有限公司的 ALK 系列耐碱分散染料,浙江闰土股份有限公司的 ADD 系列耐碱分散染料等。

检测结果表明,国产耐碱分散染料,在高温(130℃±5℃)条件下的实际耐碱能力,从整体上看 pH＝9。倘若 pH 值提高到 9～10,就会有约半数染料不能适应。因此,高温(130℃±5℃)碱性浴染色的 pH 值,应控制在9。

实践证明,用国产耐碱分散染料在高温(130℃±5℃)碱性(pH＝9)条件下染涤纶,其得色深度良好,涤纶的失重不明显,而对消除低聚物的危害却效果显著。

54 分散染料高温高压染涤纶,为什么容易产生色点、色渍与焦油斑？如何应对？

答:(1)产生原因。分散染料高温高压染涤纶,产生色点、色渍与焦油斑,是分散染料的热凝聚性引起的。

所谓热凝聚性,是指在高温(＞100℃)染浴中,分散染料(微粒)会发生聚集或絮集的现象。其机理是:分散染料的分子结构中,不含亲水性基团,故染料微粒的水溶性极小。全靠染料中含有的分散剂(分散剂 N、分散剂 MF)将其包覆,形成亲水性的染料胶粒,才得以稳定地分散在水中。然而,这些分散剂具有水温越高,分散能力越差的缺陷。即染料微粒与分散剂之间的结合法(两者的抱合力),会随着水温的升高而变弱。因此,两者形成的染料胶粒,随着染温的升高,会不同程度地被拆散,使染料微粒游离出来。这些游离的染料微粒,由于具有疏水性,受到水的排斥,微粒与微粒之间便会相互聚集,形成新的或更大的颗粒,乃至染料的聚集体。

染料自身的活化能也会随着染温的升高而增大,相互碰撞的概率增大,也是促使染料微粒快速聚集的重要因素。

倘若染料的聚集度过大,而且在保温染色的过程中又无力"解聚",就会残留在织物上,形成色点、色渍。如果染料凝聚过度形成"絮集",则黏稠的染料絮集物还会与染浴中脱落的纤维屑、析出的涤纶低聚物等相结合,黏附在织物上形成无法挽救的"焦油斑"染疵。

分散染料热凝聚性的检测方法如下:

①配方: 分散染料 2g,冰醋酸 0.5mL/L。

②处理: 取配好的染液 100mL,注入不锈钢杯中,置于红外线染样机中热处理。

条件:升温速度 4℃/min、染杯转速 40r/min、处理温度 100～130℃、处理时间 10min 与 40min 后快速降温至 50℃抽滤。未做热处理的染液,同样做抽滤处理。

注:用 101 型定性滤纸(快速),以予华循环水多用真空泵抽滤。

③检测： 分别吸取经过或未经过热处理的过滤染液 5mL，用水稀释至 50mL，摇匀后再吸取 1mL 于比色管中，加入丙酮 10mL 溶解成透明染液，摇匀后用上海精出科学仪器公司的 721N 型可见分光光度计，以蒸馏水作参比样，分别检测其吸光度。

$$染料的热凝聚（结晶）度 = \frac{A-B}{A} \times 100\%$$

式中：A——未经热处理的染液过滤液的吸光值；

B——经过热处理的染液过滤液的吸光值。

说明：

①分散染料的染液为染料微粒的分散液，对光会产生散射，无法用 721N 型可见分光光度计检测，故必须用丙酮溶解，使其呈现出真实色泽的透明溶液。

②国产分散染料，存在着粒度的不均一性，其中部分较大的染料颗粒，也会被滤纸滤出。因此，未经热处理的染液，也要经滤纸过滤，不然会影响检测结果。

③分散染料的分散液，在高温（>100℃）热处理的过程中，水中的染料，即会凝聚成大的聚集体，又会通过晶体扩大和二次结晶，产生大的染料晶体。因此，测得的染料热凝聚度，实际是染料的凝聚程度与结晶程度的综合参数。

从表 4-6 数据可见：

①国产分散染料，在高温染色过程中的热凝聚（结晶）程度，差异很大。多数染料品种，热凝聚（结晶）性较轻，如分散金黄 SE—3R 等。部分染料品种热凝聚（结晶）性较重，如分散红玉 S—5BL 等。少数染料品种热凝聚（结晶）性严重，如分散橙 G—SF 等。

②不同品种的分散染料，其热凝聚（结晶）倾向最大的温度时段，并不相同。比如，多数染料是在 130℃ 左右，热凝聚（结晶）倾向相对最大，而以分散深蓝 D—3BG（C. I. 分散蓝 79）为代表的部分染料，则是在 110℃ 左右热凝聚（结晶）度最高，提高温度，其热凝聚（结晶）倾向反而会显著变小。

③高温保温染色时间的长短，对分散染料的热凝聚（结晶）程度，有着直接的影响。对多数分散染料而言，延长高温保温染色时间，可以使其热凝聚（结晶）程度变小或显著变小。

比如，分散蓝 E—4R（C. I. 分散蓝 56）在 130℃，10min 时的热凝聚（结晶）度为 12.17%，而在 130℃，40min 时的热凝聚（结晶）度为 7.63%；分散深蓝 S—3BG（79#）在 130℃，10min 时的热凝聚（结晶）度为 14.33%，而在 130℃，40min 时的热凝聚（结晶）度为 9.14%。

显然，这与延长高温保温染色时间，部分染料聚集体（或晶体）发生"解聚"有关。

表 4-6 国产分散染料的热凝聚（结晶性）

热凝聚（结晶）度（%） \ 热处理条件 \ 染料	热处理的温度与时间					加高匀剂 1.5g/L	热凝聚类型
	100℃，10min	110℃，10min	120℃，10min	130℃，10min	130℃，40min	130℃，40min	
分散嫩黄 SE—4GL	5.49	★9.32	8.76	8.11	7.45	3.05	较重
分散金黄 SE—3R	0.75	1.04	1.63	★3.10	2.12	1.05	较轻
分散橙 G—SF	6.31	7.66	15.84	★49.89	51.21	51.11	严重

热凝聚(结晶)度(%) 热处理条件 染料	热处理的温度与时间					加高匀剂 1.5g/L	热凝聚类型
	100℃,10min	110℃,10min	120℃,10min	130℃,10min	130℃,40min	130℃,40min	
分散红 FB	2.58	2.40	2.79	★3.58	2.11	1.89	较轻
分散大红 GS	1.25	3.50	4.76	★10.78	10.66	1.54	较重
分散红玉 S—5BL	3.04	★10.27	7.32	5.45	6.37	3.54	较重
分散紫 HFRL	1.61	2.08	2.76	★5.01	2.53	1.31	较轻
分散翠蓝 S—GL	1.07	1.11	2.68	★5.24	4.87	1.12	较轻
分散蓝 E—4R	0.15	0.54	3.12	★12.17	7.63	0.37	较重
分散深蓝 S—3BG	19.31	★38.44	15.74	14.33	9.14	4.21	严重

注　(1)★为热凝聚(结晶)倾向最大的温度时段。

　　(2)高温匀染剂为杭州美高华颐产品 m—214。

但对少数染料如分散橙 G—SF(C.I. 分散橙 72)来说,延长高温保温染色时间,对减小其热凝聚(结晶)程度,却作用不大。

④分散染料的热凝聚(结晶)程度,与高温分散匀染剂的施加关系密切。检测结果证实,染液中加入 1~2g/L 高温分散匀染剂,多数常用分散染料的热凝聚(结晶)性,可以得到明显甚至是显著的改善。比如,分散深蓝 S—3BG 的热凝聚(结晶)度,可从 9.14% 降至 4.21%。分散蓝 E—4R 的热凝聚(结晶)度,可从 7.63% 降至 0.37%。

注:对分散橙 G—SF 等少数染料,高温匀染剂的加入则作用不大。

可见,热凝聚(结晶)性是分散染料在高温(>100℃)染浴中,普遍存在着的一种物理性能。只是染料品种不同(含生产厂家不同),所表现出的热凝聚(结晶)程度轻重不同而已。

常用国产分散染料,在高温高压染色过程中的热凝聚(结晶)行为,可归纳成 A、B、C 三种类型:

A 型:染料自身的热凝聚(结晶)程度较小,延长高温保温染色时间或施加高温分散匀染剂,对热凝聚(结晶)性的影响不明显。这类染料占多数,实际应用一般不会因染料凝聚(结晶)造成染疵,故最适合浸染染色。

B 型:染料自身的热凝聚(结晶)程度大或较大,但随着高温保温染色时间的延长和高温分散匀染剂的施加,其热凝聚(结晶)程度,会显著变小,甚至可以基本解聚。分散深蓝 S—3BG 就是典型代表。这类染料,只要正确控制升温速度,高温保温染色时间充分,施加适量的高温分散匀染剂,通常也不会因染料凝聚(结晶),造成色泽不匀、牢度下降以及色点色渍等质量问题。因此,浸染染色也可以选用。但筒子纱染色和经轴染色,则要慎重。

C 型:染料自身的热凝聚(结晶)程度很大,而且即使延长高温保温染色时间和施加高温分散匀染剂,其热凝聚(结晶)程度,也不会产生明显改善。分散橙 G—SF 就是代表。显然,这类染料,在浸染染色中是不适合使用的,只能用于轧染。

(2)应对措施如下。

①不同结构的分散染料,其热凝聚程度差异颇大。所以,要通过检测选用 A 类与 B 类染料染色。这是消除质量隐患的关键。

②高温分散匀染剂,可以有效减小分散染料在高温染浴中的凝聚(结晶)性。所以,分散染料高温染色时,施加适量(1～2g/L)高温分散匀染剂是必需的。

因为,这既可以克服染料凝聚(结晶)所导致的匀染透染效果不佳,染色牢度不良,以及色点色斑等质量瑕疵,而且因涤纶结晶度等结构性差异,而产生的横档印、搓板印等染疵,也可以得到较好的遮盖。

③高温(130℃)保温染色时间要充分。理由不仅是为了真正达到上色平衡,提高色泽的重现性,也是为了通过高温移染,将升温阶段产生的吸色不匀,实现均一化。而且,随着保温时间的延长,染料的不断上染,染料聚集(结晶)体的逐步"解聚",对改善匀染透染效果,提高染色牢度,也会产生明显的积极作用。

55　纯涤或含涤织物染色后经高温干热处理,其染色牢度为何会显著下降?

答:(1)牢度下降原因。纯涤或含涤织物,高温高压(130℃)染色后(尤其是染深浓色泽),一经高温干热后整理,不仅染色牢度会明显甚至严重下降,而且布面的色光也会产生一定程度的变化。以藏青色纯涤纶布及大红色涤/棉绸为例:

色样经不同温度干热处理 35s 后,染色质量的变化如下:

①皂洗牢度的变化(图 4 - 4):

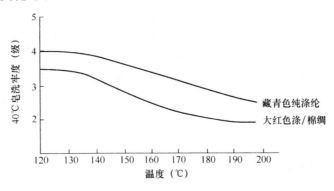

图 4 - 4　纯涤纶及涤/棉绸高温干热处理后的皂洗牢度变化

②布面色光的变化:随着处理温度的提高,藏青色纯涤纶的色光显著变青;大红涤/棉绸的色光明显变黄。

究其根源,以上是分散染料的热迁移性所致。所谓热迁移性,是指分散染料染色后,在高温干热处理过程中,染料分子会从纤维内部向纤维热表面迁移的物理现象。

分散染料的热迁移性对染品质量(牢度、色光)的影响,可作如下解释:

①在高温染色过程中,涤纶微结构变松弛,分散染料从纤维表层扩散进入纤维内部,并以氢键、偶极引力和范德华力为主作用于涤纶。

②染色后的纤维,受到高温干热处理时,由于热能赋予聚酯长链更高的活动能量,致使分子

链振动加剧,纤维的微结构再次松弛,导致部分染料分子与聚酯长链间的结合力减弱。因此,部分具有较高活动能量和较高自由化程度的染料分子,从纤维内部向结构相对松弛的纤维表层迁移,与纤维表面结合,形成表层染料,或黏附于相邻的棉/粘组分。

③在湿处理牢度测试过程中,结合不够牢固的表层染料,以及黏附于棉/粘组分上的染料,容易脱离纤维进入溶液,污染白布或通过摩擦直接黏附于测试白布上,从而显示出染品的湿处理牢度和摩擦牢度下降。

此外,由于不同分散染料的热迁移倾向大小不同,在同一干热条件下处理,其热迁移量差异较大,所以,又导致了染品色光的变化。

这里要强调两点:

①分散染料的热迁移性,是分散染料固有的一种物理性质。无论低温型(E 型)、中温型(SE 型)、高温型(S,H 型)染料,其热迁移现象普遍存在,只是分子结构不同,热迁移程度大小不同而已。它与分散染料的热升华性,不是一个相同的概念,两者之间没有一个明显的依存规律。比如,在常规后整理条件下,热升华性小的染料,不等于热迁移性也小。热升华性大的染料,不等于热迁移性也大。

②在常规后整理条件下,影响分散染料热迁移程度大小的因素主要有以下三个:

一是,后整理温度越高,分散染料的热迁移量越大。经检测,在 130℃以下热处理,分散染料的热迁移性不明显。在 130℃以上热处理,分散染料的热迁移会显著加剧。

二是,织物上附着的表面活性剂(特别是非离子性表面活性剂)越多,分散染料的热迁移量越大。经检测,常用表面活性剂对分散染料热迁移量的影响顺序为:扩散剂 N<净洗剂 LS<洗涤剂 209<平平加 O。

三是,涤纶的色泽越深(即含染料浓度越高),分散染料的热迁移量越大,对染品质量的影响越严重。经检测,涤纶染中浅色,分散染料的热迁移现象不甚明显,对染品质量的影响小。

(2)应对措施:经实验,减小分散染料热迁移对染品质量的影响,最有效的措施有以下三点:

①选用热迁移性小的分散染料染色。实践证明,以热迁移性小的分散染料染色,对稳定布面色光,提高湿处理牢度最有效。

表 4-7 所列染料为市场上供应的"高水洗牢度"分散染料。其相对分子质量较大,对涤纶亲和力较高,热迁移性相对较小,可供选择使用。

表 4-7　热迁移性小的分散染料

厂　家	品　种
江苏亚邦染料股份有限公司	H—WF 系列染料: 分散嫩黄 H—WF　分散黄棕 H—WF 分散大红 H—WF　分散红 H—WF　分散红玉 H—WF 分散艳蓝 H—WF　分散藏青 H—WF　分散黑 H—WF
江浙龙盛集团	LXF 系列染料: 分散嫩黄 LXF　分散黄棕 LXF 分散大红 LXF　分散红 LXF　分散红玉 LXF 分散艳蓝 LXF　分散翠蓝 LXF　分散藏青 LXF　分散黑 LXF

厂 家	品 种
杭州吉华化工有限公司	HXF 系列染料： 分散橙 HXF 分散红 HXF 分散艳蓝 HXF 分散藏青 HXF 分散黑 HXF
上海安诺其纺织化工有限公司	安诺可隆 MS 系列染料： 分散嫩黄 MS 分散黄棕 MS 分散粉红 MS 分散红 MS 分散大红 MS 分散艳蓝 MS 分散藏青 MS 分散黑 MS
德国德司达公司	大爱尼克司 XF/SF 系列染料： 分散嫩黄 XF 分散黄棕 XF 分散大红 XF 分散红玉 XFN 分散翠蓝 XF 分散艳蓝 XF 分散藏青 XF 分散黑 XF 分散大红 SF 分散红 SF 分散艳红 SF 分散深红 SF
汽巴精化有限公司	托拉司 W/WW 系列染料： 分散嫩黄 W—6GS 分散金黄 W—3R 分散大红 W—RS 分散红玉 W—4BS 分散艳蓝 W—RBS 分散藏青 W—RS 分散黑 W—NS 分散黄棕 WW—DS 分散大红 WW—FS 分散红 WW—BFS 分散红 WW—3BS 分散紫 WW—2RS 分散艳蓝 WW—2GS 分散藏青 WW—GD 分散黑 WW—KS

但是,在实用中要注意以下几点：

·这类染料基本属于高温型(S 型)染料,具有较高的升华牢度。但由于分子结构较复杂,亲和力较高,在涤纶内的扩散速度较慢,所以在较高的温度下(135℃)染色才能获得更高的上染率(得色深度)和更好的重现性。

·在这类染料中,有些品种的耐碱稳定性较差,在高温高压染色时对染色 pH 值表现敏感,尤其是艳蓝色、藏青色和黑色染料。染浴的 pH 值必须稳定在 4～5 范围内,若 pH＞5.5,其得色色光(甚至色相)都会面目全非。

·有些染料品种具有双酯结构,在温热的碱性浴中容易水解成溶解度较高的羧酸钠盐。因此,染色后的浮色以及对棉、粘的沾色,在温热的碱性浴中具有较好的易洗性。

·部分品种(嫩黄、粉红、艳蓝、藏青、黑色等)对棉、粘等纤维素纤维的沾色少,即使分散/活性染料同浴染色,也很少影响活性染料染棉(粘)的鲜艳度。因此,比较适合涤/棉或涤/粘织物的染色(注：黄棕、大红、红等品种对棉、粘的沾色重,应用时需注意)。

·有的品种在高温(130～135℃)高压条件下,对还原性物质表现敏感。所以用于染涤/棉、涤/粘织物时(注：棉、粘在高温条件下具有还原性),最好加入少量弱氧化剂,如防染盐 S(间硝基苯磺酸钠)等,以防止染料被还原,降低颜色鲜艳度。

②由于染色常用表面活性剂,如匀染剂、净洗剂等,即使只有少量残留在纤维上,也会对分散染料的热迁移产生明显的诱导作用。所以,在整个染色过程中,表面活性剂的使用,应坚持"能不用则不用,能少用则少用,非用不可时要慎重选择"的原则。而且,染色后要采用温水多换的方法,将其去净。

③选用对染料热迁移影响小的柔软剂整理。

非离子型乳化剂,对分散染料的热迁移,具有巨大的促进作用。而不同种类的柔软剂含乳化剂的比例不同。所以,对分散染料热迁移的影响差异颇大。因而,要尽量选用含乳化剂少的柔软剂,最好是选用不含乳化剂的白乳化型柔软剂作柔软整理。

生产实践证明,按上述措施三管齐下,可以把分散染料的热迁移现象对染品质量(牢度、色光)造成的影响减小到最低限度。

56 分散染料高温高压染涤纶,浴比的大小对得色深度的影响有多大?

答:分散染料高温高压染涤纶,染色浴比的大小对其染色结果的影响相对较小。比如,染色浴比从 1:26 变为 1:12,染浅色(0.5%,owf)时,得色深度提高约 2%。染深色(2%,owf)时,得色深度下降 1%~2%,如图 4-5 所示。

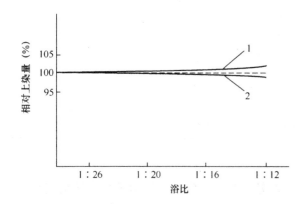

图 4-5 染色浴比与分散染料上染量的关系
1—浅色[0.5%(owf)] 2—深色[2%(owf)]

通常,人的肉眼对色泽深度差的分辨能力为 3%。3% 以下的深度差难以分辨。可见,无论染浅色还是染深色,染色浴比在常规范围内波动,对分散染料得色深度的影响很小。

染深色时,随着染色浴比变小,上染量反而下降的现象,可能与分散染料的高温聚集性有关。即浴比变小,染液浓度增大,在高温条件下,染料的聚集程度相对提高,比表面积减小,在染色过程中,以溶解状态释放出的染料单分子数量减少(注:只有染料单分子才能扩散进入涤纶内部发生染着),所以导致最终上染量下降。

染浅色时,由于染液浓度低,即使浴比变小,染料的聚集度也不是太大,因而对染料上染速率与上染量的影响小。而且,浴比变小,染料在纤维—水两相间的浓度梯度变大,使染料的上色量增加的因素起着主导作用。因而,最终的得色深度有所增加。

值得注意的是,对不同温型(E 型、SE 型、S 型)的分散染料,染色浴比对其染色结果的影响比较接近,这给分散染料的实际应用带来了方便。如在小样(浴比大)放大样(浴比小)时,虽然两者的浴比差异较大,但它们的深度差异与色光差异(拼色)却较小。

在生产实践中,分散染料在喷射溢流机上放大样,其一次成功率远比活性染料高,染色浴比对染色结果(深度、色光)的影响小,是重要原因之一(注:染色浴比对活性染料上染量的影响较大)。

可见,在实际生产中,为了使小样与大样的染色浴比相接近,不顾小样匀染效果下降,而刻意追求小浴比打样的说法和做法,对分散染料染涤纶而言并不可取。

57　分散染料高温高压染涤纶,保温染色时间的长短,对染色质量会产生什么影响?

答:分散染料染涤纶,升温至规定温度(125~135℃)后,必须保温染色一个时段。据实验,保温染色时间的长短,对染色质量有着不可忽视的影响。这是因为:

(1)涤纶结构紧密,微结构中的瞬间空隙既小又少,再加上其疏水性强,即使在高温高压条件下,涤纶产生最大程度的溶胀使分散染料得以顺畅扩散充分上染,也必须有足够的处理时间。倘若保温染色时间过短,达不到最高上染平衡(特别是高温型染料染色),一旦保温染色时间的长短不同,就会使得色深度产生波动。同时,对涤纶质疵(结晶度不同)的遮盖效果也会下降。如果采用不同温型的染料拼染时,还会因不同染料的上染量多少不一,产生色差(表4-8)。

表4-8　不同保温染色时间的得色深度

相对得色深度 (%) 染　料	130℃保温染色 时间(min)	10	20	30	40
分散蓝 E—4R (C.I. 分散蓝 56)	0.5%	100	100.25	100.09	99.77
	2.0%	100	101.61	100.97	101.46
分散红玉 S—5BL (C.I. 分散红 167)	0.5%	100	102.23	101.89	102.01
	2.0%	100	105.31	107.70	107.66

注　(1)配方:六偏磷酸钠 1.5g/L,高温匀染剂 1.5g/L,98%醋酸 0.5mL/L。
　　(2)工艺:浴比 1:25,以 2℃/min 升温速度升至 130℃,分别保温染色 10min、20min、30min、40min,水洗、还原清洗
　　　　(100%烧碱 2g/L、85%保险粉 2g/L、80℃、15min)。
　　(3)检测:以 130℃、10min 的得色深度作 100%相对比较。以 Datacolor SF 600X 检测仪检测。

(2)分散染料在水中(特别是在高温水中),缔合度大,是以染料聚集体的形式存在。但染料聚集体只能被纤维表面吸附,却无法扩散进入涤纶内部。只有溶解状态的染料单分子才能进入。因而,染料的聚集体必须通过"解聚",逐渐释放出染料单分子,才得以逐步上染。但分散染料的溶解度极低,故染料单分子的释放速度缓慢。因而,实现最高上色平衡需要一定的时间(尤其是染深色)。如果保温染色时间过短,会使染料"解聚"不充分,既会影响得色深度,又会因浮色过多导致色牢度下降,甚至会产生色点、色渍等染疵。

(3)在常用分散料中,多数染料的耐热分散稳定性差,凝聚倾向大。所以,很容易因此造成吸色不匀。但是,分散染料具有比其他染料更强的移染能力,只要保温染色时间充裕,可以通过活跃的移染作用,有效地纠正升温染色阶段所产生的"不匀染"现象。使染料在纤维(织物)上的分配实现均匀一致。然而,如果保温染色时间过短,染料的移染作用不充分,则升温过程中产生的吸色不匀,就可能成为永久性色花(表4-9)。

表4－9　分散染料的高温移染性

染　　料	染料用量（％,owf）	移染时间（min）	织物的相对得色深度（％）	
			移染前	白布移染后
分散蓝 E—4R(100％) (C. I. 分散橙 56)	0.5	30	100	17.12
		60	100	19.23
	2.0	30	100	25.84
		60	100	26.02
分散大红 SE—GS(200％) (C. I. 分散红 153)	0.5	30	100	14.52
		60	100	18.41
	2.0	30	100	23.17
		60	100	30.12
分散红玉 S—5BL(100％) (C. I. 分散红 167)	0.5	30	100	12.62
		60	100	17.29
	2.0	30	100	21.32
		60	100	29.77

注　取 130℃、30min 的染色布[深度 2％(owf)]2g,和同规格的半制品白布 2g,置于空白染浴中[六偏磷酸钠 1.5g/L,高温匀染剂 1.5g/L,98％冰醋酸 0.5mL/L(pH=4.06)]。浴比 1∶25,以 2.5℃/min 升温速度升至 130℃,分别保温移染 30min 与 60min。以移染前的原样深度作 100％标准,相对比较。以 Datacolor SF 600X 测色仪检测。

可见,分散染料高温高压染涤纶,高温保温染色时间务必要充裕。均不可为了提高生产效率,随意将保温染色时间缩短。

在实际生产中,确定保温染色时间的长短,要注意以下三点:

第一,单纯从得色深度看,分散染料高温高压染涤纶,对高温(125～135℃)保温染色时间的要求并不高,低温型(E 型)染料仅需 10～20min,高温型(S 型)染料仅需 20～30min。但是,涤纶表面色深好,并不等于匀染透染效果好。因此,设定高温保温染色时间,还必须顾及匀染透染效果。即扩散(透染)时间与移染(匀染)时间还应充分。

第二,不同温型的分散染料,对保温染色时间的要求不同。低温型染料分子结构简单,相对分子质量较小,扩散较容易,保温染色时间可短些。高温型与中温型染料则扩散较慢,保温染色时间必须长些。

第三,所染色泽的深浅不同,保温染色时间也应该有别。染浅淡色泽,染料扩散相对较快,容易达到上染平衡,故保温染色时间可短些。染深浓色泽,染料的扩散则相对较慢,达到上染平衡需要的时间相对较长,故保温染色时间要长些。

根据实践经验,比较适合的保温染色时间应该是:低温型(E 型)染料为 20～40min(视色泽深浅而定),中温型(SE 型)和高温型(S 型)染料为 40～60min(视色泽深浅而定)。

58　分散染料高温高压染涤纶,最佳染色温度与最佳控温温度该如何正确设定?

答:(1)最佳染色温度。所谓最佳染色温度,是指得色量最高的染色温度。不同温型的分散染料,由于分子结构的繁简程度不同,相对分子质量大小不同,在涤纶内的扩散速率也不同,所以,其最佳染色温度也不同。比如,低温型(E 型)分散染料,由于分子结构简单,相对分子质量较小,在涤纶内扩散容易,所以,在120℃保温染色,便可获得最高得色量。染温大于120℃,得色量变化不大。高温型(S型)分散染料,由于分子结构较复杂,相对分子质量较大,在涤纶内扩散较困难,所以,在130~140℃保温染色,才能获得最高上染量。染温小于130℃,上染量会明显下降。见表4-10。

表4-10 不同温型分散染料对染色温度的要求

相对得色深度(%) 染色温度(%) 染料	80	90	100	110	120	130	140
分散红 E—FB	5.51	9.23	20.69	54.22	99.85	100	99.79
分散蓝 E—4R	14.02	25.40	43.81	76.07	100.03	100	101.02
分散嫩黄 SE—4GL	4.15	7.21	14.82	34.80	88.61	100	107.70
分散大红 SE—GS	5.46	7.38	13.67	36.13	80.84	100	105.96
分散红玉 S—5BL	5.88	8.71	17.23	39.63	70.36	100	114.97
分散深蓝 S—3BG	3.88	5.67	10.56	28.56	67.46	100	122.57

检测条件 (1)配方:染料2%(owf)、六偏磷酸钠1.5g/L、高温匀染剂1.5g/L、醋酸0.5mL(pH=4.06→4.11)。

(2)工艺:浴比1:25,以2℃/min升温速度,升至80℃、90℃、100℃、110℃、120℃、130℃、140℃分别保温染色30min,水洗、皂洗、水洗。

(3)设备:靖江红外线染样机。

(4)检测:以Datacolor SF 600X测色仪检测。以130℃染色30min的上染量作100%,相对比较。

从表4-10数据可知,不同温型分散染料的最佳染色温度并不相同,恰当的染色温度应该是:低温型(E型)染料为125℃,中温型(SE型)染料为130℃,高温型(S型)染料为135℃。

可见,当今不管所用染料是低温型、中温型,还是高温型,一律采用130℃染色的做法并不严谨。正确的做法应该是按染料的温型区别对待。

(2)最佳控温温度。所谓最佳控温温度,是指升温过程中,控温效果最好的温度区段。从图4-6可以看出,不同温型的分散染料,其控温区段并不相同。低温型染料上色最快的温度区段是100℃→110℃,中温型与高温型染料上色最快的温度区段是110℃→120℃。故低温型染料的最佳控温区段应该是105℃左右,中温型与高温型染料的最佳控温区段应该是115℃左右。

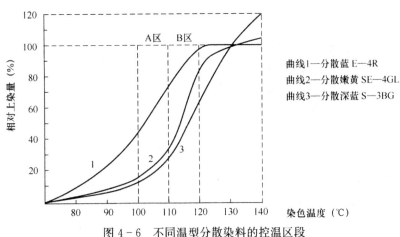

曲线1—分散蓝 E—4R
曲线2—分散嫩黄 SE—4GL
曲线3—分散深蓝 S—3BG

图4-6 不同温型分散染料的控温区段
A区—低温型染料 B区—中温型与高温型染料

注:检测条件同表4－10。

实验证明,不同温型的分散染料高温高压染涤纶时,在相应的控温区段,进行控温染色(如放慢升温速度或保温染色一个时段),对实现匀染透染可产生明显效果。

由于不同温型分散染料的最佳染色温度与最佳控温温度有明显差异,所以,选用染料时,最好是选用相同温型的染料配伍染色,不同温型的染料原则上不宜混拼。必须混拼时,只能是中温型与高温型染料组合。因为两者的最佳染色温度与最佳控温温度相接近。实践证明,这对提高染色结果(深度、色光)的稳定性有重要意义。

59 分散染料高温高压染涤纶,应该如何选用染色助剂?

答:国产分散染料中,含有约1/2量的阴离子型分散剂(如分散剂N、分散剂MF、分散剂CNF等)。原因是:分散染料分子结构中,没有亲水性基团($-SO_3Na$),疏水性大,溶解度很小。在水中由于受到水的排斥,不带电荷的染料微粒会自然地聚集,由小粒子逐渐变为大颗粒,产生所谓"晶体增长"或"凝聚"现象。无法制备稳定性好的染液。

在分散剂的存在下:

(1)染液中的疏水性染料粒子,会与分散剂的疏水基相吸附,形成亲水基朝向水中的染料胶粒。从而使染料粒子由原来的疏水性变为亲水性,免受水的排斥,使染液的分散稳定性得到提高。

(2)由于染料与分散剂形成的染料胶粒表面覆盖着一层负电荷,因此各染料胶粒之间存在着同性电荷的排斥力。由于电荷斥力的作用,染料胶粒相互碰撞而发生聚集的概率大大降低,从而提高了染液的分散稳定性。

(3)由于水分子是极性分子,所以包覆在染料晶粒表面的分散剂的亲水基部分,还会通过离子吸附大量水分子,形成直接或间接水化层。染料的晶粒在电荷斥力和水化层的双重保护下,晶粒更难以增长,难以聚集。因此,染液的分散稳定性会进一步提高。

分散剂的分散机理如图4－7所示:

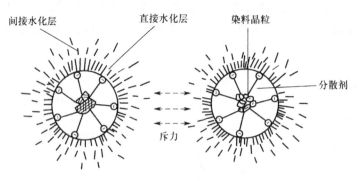

图4－7 分散剂的分散机理

但是,国产分散染料在商品化处理过程中添加的这些阴离子型分散剂,具有水温越高,分散效果越差的缺陷。即染料微粒(晶粒)与分散剂分子之间的"结合法"(两者的抱合力),会随水温的升高而逐渐变弱。

因此,染料—分散剂两者在较低温度(<70℃)下形成的亲水性胶粒,在高温和染液流动与

织物运转所产生的剪切力作用下,会不同程度地被拆散,甚至整个分散体系会被破坏。从而使染料在水中丧失稳定性,并导致染色性能(上染速率、平衡上染百分率、匀染透染性、色泽鲜艳度、染色坚牢度)发生显著改变,给染色质量造成严重危害。

因此,分散剂的加入,只是对较低温度下制备稳定性良好的分散染液具有重要意义。而在高温(>100℃)条件下,保持分散染料的分散稳定性,却显得无能为力。

所以,分散染料染涤纶浅色时,由于染料浓度低,带入的分散剂少,不足以确保染液的稳定,故化料时应该再补加适量(0.5g/L)分散剂。这对初始染液的分散稳定有积极作用,但对维持高温阶段染液的分散稳定却作用微弱。分散染料染涤纶深色时,由于染料浓度高,带入的分散剂较多,一般可以满足较低温度下制备分散染液(化料)的需要,故通常不再追加分散剂。

实验与实践证明:欲确保分散染料在升温、保温、降温过程中的分散稳定性,有效防止染料凝聚造成染疵,必须施加适量(1~2g/L)高温分散匀染剂染色。

目前,市场上供应的高温分散匀染剂,大多属于阴离子表面活性剂与非离子表面活性剂的复配物。两者复合使用,第一,可以把染料微晶变为带双电层的染料胶粒,对染料微晶的保护作用更强,分散液更加稳定;第二,可以发挥取长补短的协同效应,获得单独使用阴离子表面活性剂或非离子表面活性剂难以达到的稳定性好、匀染性也好的双重效果。

表4-11所列阴/非离子复合型高温分散匀染剂,可供选择。

表4-11　常用阴/非离子复合型高温分散匀染剂

品　种　名　称	实用量(g/L)	生　产　单　位
高温分散匀染剂 M—2104	0.5~1.5	杭州美高华颐化工公司
高温分散匀染剂 DP—208、DP—210	0.5~2.0	浙江湖州绿典精化公司
高温分散匀染剂 TF—201D、TF—201E	0.5~1.5	杭州传化化学制品公司
高温分散匀染剂 335	1~1.5	浙江嘉善长盈精细化工公司
高温分散匀染剂 HS—308、HS—309	0.5~1.5	浙江华晟化学制品公司
高温分散匀染剂 702	0.2~0.4	苏州联胜化学公司
高温分散匀染剂 PM、PE	0.5~1.5	上海昉雅精细化工公司
高温分散匀染剂 CY—2108	0.5~1.5	广州创越化工公司
高温分散匀染剂 CPL	1~2	宁波鄞州佰特化工助剂厂
高温分散匀染剂 HK—2026	1~2	宁波华科纺织助剂厂
高温分散匀染剂 SBL—D416	1~1.5	上海赛博化工公司
高温分散匀染剂 BOF、D—401	1~2	浙江宏达化学制品公司
高温分散匀染剂 HY—201	1~2	宁波鄞州海雨化工公司
高温分散匀染剂 R—1600	1~1.5	浙江海宁胜晖化学公司
高温分散匀染剂 HTP—425	1~2	上海大祥化学公司
高温分散匀染剂 DP—2521	0.5~1.5	苏州维明化学公司
高温分散匀染剂 M—2100、M—2103	0.5~1.5	杭州美高华颐化工公司
高温分散匀染剂 PC	0.5~1.5	上海康顿纺织化工公司

品 种 名 称	实用量(g/L)	生 产 单 位
高温分散匀染剂 RH—201、RH—202	1～2	宁波润禾化学工业公司
高温分散匀染剂 LE—950	1～1.5	石家庄环城生物化工厂
高温分散匀染剂 LT—515	1～2	上海龙腾化工公司
高温分散匀染剂 GS—8	1～2	江苏江阴金阳化工厂
高温分散匀染剂 TY—125、TY—912	0.5～2	江苏天源化工(盐城)公司
高温分散匀染剂 CL—836	0.5～2	江苏杰铭工业股份公司
高温分散匀染剂 PE	1～2	上海德桑精细化工公司
高温分散匀染剂 MD—20	1～2	江苏江阴德玛化学公司

60 沸温常压法染涤纶,有什么缺点? 为什么染后必须经焙烘处理?

答:(1)沸温常压染色的缺点。沸温常压染色法是在不施加载体的条件下,沸温 100℃ 染色。因此,与沸温载体染色法是两个不同的概念。

众所周知,涤纶的玻璃化转变温度 T_g 值高。未经定形的涤纶,其 T_g 值为 67～81℃。经 195～210℃ 定形处理的涤纶,其实际 T_g 值要在 100℃ 以上(表 4 - 12)。

表 4 - 12 涤纶热定形温度和 T_g 的关系

定形温度(℃)	未定形	90	120	150	180	210	230	245
T_g(℃)	75	105	123	125	122	115	105	90

因此,涤纶通常是在高温高压 125～135℃ 的条件下染色。因为,只有当染色温度高于涤纶的 T_g 值以后,纤维无定形区的分子链段,才会随着染色温度的提高,纤维的溶胀,发生越来越激烈的运动,纤维分子间的瞬时空隙才会逐渐增大增多。当纤维瞬时空隙的体积大于染料分子以后,染料才能迅速扩散进入纤维而染着。

很显然,在沸温常压(100℃)条件下染色,即使是未经热定形的涤纶,其溶胀也仅限于纤维的表层。纤维内部的溶胀程度实际很小,甚至根本不会溶胀。再说,分散染料在沸温(100℃)条件下,所具有的活化能较弱,能够克服扩散阻力向纤维内部扩散的染料实际很少。所以,分散染料沸温常压(100℃)染涤纶,只是"环染"。

正因为如此,沸温常压染色法染涤纶,有两大缺点:

①染料的竭染率很低,染深性很差。即使以分子结构较简单,相对分子质量较小,扩散较容易的低温型分散染料染浅淡色泽,同样的染料用量,所获得的得色深度,通常也只有高温高压(130℃)法染色的 72.51% 左右(焙烘后)。

注:如果以分子结构较复杂,相对分子质量较大,扩散较困难的高温型分散染料染色,其得色深度更浅,平均只有高温高压染色法的 48.62% 左右(焙烘后)(表 4 - 13)。

显而易见,沸温常压法染涤纶,实际是以较多的染料染浅淡的色泽。染料的利用率很低,根本无法染中色。

表 4－13 沸温常压法染色与高温高压法染色得色深度的比较

染料 相对得色深度（%）		高温高压法染色 130℃，30min	沸温常压法染色 100℃，40min→焙烘
低温型	分散红 E—3B	100	71.78
	分散蓝 E—4R	100	76.00
	大爱散利通绿 B	100	69.76
高温型	分散大红 S/BWFL	100	45.61
	分散橙 HFFG	100	33.87
	分散深蓝 HGL	100	66.37

注 检测条件 (1)高温高压法染色。染料 0.5%(owf)，130℃染色 30min→冷水洗→皂洗。

(2)沸温常压法染色。染料 0.5%(owf)，100℃染色 40min→冷水洗(不皂洗)→焙烘(180℃，30s)。

②色泽的透染性差，染色牢度普遍低下。沸温常压法染色，由于是环染，染料只是分布在纤维的浅表层。所以，各项染色牢度都比较差。尤其是熨烫牢度特别低劣。一经熨烫，色泽会立马变深变色，产生明显色花(高温型分散染料染色问题最突出)。

(2)染后焙烘处理的原因：沸温常压法染色的涤纶，经高温干热处理后，由环染变为透染，纤维(染料)的吸光性能发生了改变(图 4－8)。

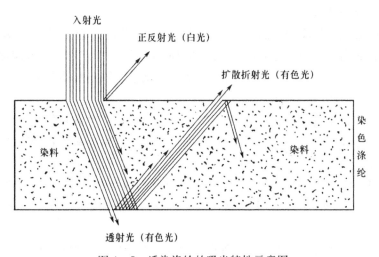

图 4－8 透染涤纶的吸光特性示意图

当光从上方入射，部分光在纤维表面发生正反射，呈现出白光。部分光折射进入纤维内部。其中，部分光被染料部分吸收后，成为透射光，以有色光出现。其余光在纤维内反复扩散、折射，并不断被染吸收。

从色的产生原理可知，入射光被物质(染料)吸收得越多，呈现出来的色泽越深。透染的纤维，染料在纤维内是均匀分布，对入射光的吸收量较多，色泽显现较深。而环染的纤维，染料只局限在纤维表层，对入射光的吸收量相对较少，故显现出来的色泽相对较浅。

正是根据这样的机理，沸温常压染色后的涤纶，要在定型机上进行高温焙烘处理(180℃，30s)。实践证明，经过焙烘，涤纶的"环染"状态，会变为"透染"状态。不仅色泽可以大幅度增深,染色牢度(尤其是熨烫牢度)也能从根本上得到改善。特别是高温型分散染料染色时。

不过,生产实践表明,焙烘处理条件必须充分、稳定。倘若焙烘条件不同,特别是焙烘温度偏低或焙烘时间偏短,很容易因染料发色程度不同,而产生明显甚至严重的批差、缸差以及头尾色差,左、中、右色差。

61 含涤纶织物在染后定形过程中,织物表面为何容易产生"彩点"、"渗色"? 如何解决?

答:(1)产生原因。以涤纶或含涤织物为主的染整企业,在染后定形过程中,织物表面容易产生大小不同、颜色不同的"色点"。尤其是染中浅色泽时,这个问题愈加突出,往往会因此造成批量降等。涤/棉或涤/粘织物,在定形时还容易产生涤→棉"渗色"。即涤纶上的染料,会扩散开来黏附到相邻的棉(粘)组分上,使棉(粘)色光甚至色相发生异变。这不仅会显著甚至严重影响织物表观的色泽、风格,还会导致染色牢度下降。特别是生产只染涤/棉留白的"闪白"风格与染涤/棉二相异色的"闪色"风格时,对染品质量的影响尤为严重,往往会因"闪白"、"闪色"不分明,达不到客商要求无法出货。

实验证明,分散染料的热升华性,是造成上述问题的根源。这是因为,分散染料的相对分子质量较小,结构较简单,分子与分子之间的作用力较弱,在高温(干热)条件下,具有能够直接氯化变为氯体染料的物理特性。

正因为如此,染色后的涤纶在高温干热(如定形)后整理的过程中,纤维表层自由度较高的部分染料,会氯化成为氯体染料,随着热照氯的循环,逐渐沉积于定形机上部温度较低的机壳部位,以及管道部位。日积月累这些染料沉积物,受到振动会零零星星飘落下来,一旦黏附到织物上,便会形成五颜六色的"彩点"病疵。

倘若是涤/棉(粘)织物,特别是涤/棉(粘)交织物,涤纶上的染料氯化后黏附到相邻的棉(粘)组分上,便会形成涤→棉"渗色"现象,使布面色泽丧失清爽亮丽色彩分明的风格。

(2)应对措施。

①选用热升华性小的分散染料染色。在常用分散染料中,低温型(E型)染料的热升华性大,高温型(S型、H型)染料的热升华性小,中温型(SE型)染料的热升华性,介于低温型、高温型染料之间。

在日常生产中,涤纶高温高压染色,通常采用低温型染料。这是因为,低温型(E型)染料,相对分子质量小,结构简单,扩散容易、扩散速率快,对染温的依赖性相对较小,可以在染色温度相对较低(120～125℃)、染色时间相对较短的条件下,达到最高上染量。因此,有一定的"节能、高效"优势。

然而,低温型染料的热升华性大,对染色质量具有潜在隐患。所以,从质量的整体效果考虑,以高温型(S型、H型)染料染色,无疑是一种更加高明的选择。

当前,在国产分散染料中,有些染料生产企业已作了"升华性"分类,如E型、SE型、S型或H型,但有些染料尚没有分类标示,需要自行检测。

具体检测方法有以下两种:

a. 用升华牢度仪直接检测染色物的升华牢度。升华牢度越好,说明热升华性越小。

b. 没有升华牢度仪时,可采用以下简易方法检测(图4-9)。

在玻璃杯底部,撒入薄薄一层分散染料,放在电炉的石棉板上,将杯底热空气的温度加热至160~200℃。此时,如果有与染料相同的有色云烟自杯底冉冉升起,并沉积于覆盖在杯口的滤纸上,形成一个与染料色泽相同的染料色淀圈,将染料色淀取下染色,可以得到与染料完全相同的色泽。说明该染料升华性大则为低温型染料。倘若加热至200℃仍看不到有色云烟升起,最终在杯口滤纸上仅留下一个枯黄色与染料色泽截然不同的色图时,说明该染料的升华性小则为高温型染料。

②由于纤维表层的染料最容易"升华",所以,第一,选用的染料不但升华性要小,而且,热迁移性也要小。实践证明,从高水洗牢度(热迁移性小)的染料中,选用热升华性小的染料来染色,其实用效果最好。第二,染色后(尤其是染深浓色泽时),不能只做水洗或皂洗。需要做还原清洗,要将浮色染料去净。这不仅对提高染色牢度有利,而且,对防止产生定形"彩点"与定形"渗色"也有重要意义。

③定形机罩壳以及排风管道,要强化保温,尽量减少"低温死角"并且适当提高排风量。这对减少定形过程中的"彩点"、"渗色"病疵,也有一定的积极意义。

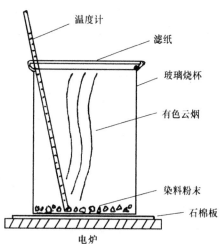

图4-9 升华牢度测试方法示意

温度计
滤纸
玻璃烧杯
有色云烟
染料粉末
石棉板
电炉

62 分散染料的热迁移性与热凝聚性如何检测?

答:(1)热迁移性的测定。热迁移性,是指分散染料在高温干热(如后定形)条件下,会随涤纶发生溶胀,从纤维内部向纤维表面迁移的性能特征。由于部分染料从涤纶内部迁至涤纶表面,形成二次浮色。因而会导致色光变化,牢度下降。

热迁移性,是分散染料普遍存在的一种物理性能。但不同结构的分散染料,其热迁移程度大小不同,故对染品色光、牢度的影响程度也不一样。比如,常用分散染料的热迁移性较大,即水洗牢度较低。而浙江龙盛集团股份有限公司的LXF系列、WT系列染料,浙江闰大化工集团有限公司的WXF系列染料,上海安诺其纺织化工有限公司的MS系列染料,浙江杭州吉华化工有限公司的HXF系列染料等,则热迁移性较小,水洗牢度较高。

①染色。

a. 织物:纯涤纶织物。

b. 配方:分散染料 2%~4%(owf),冰醋酸(98%)0.35mL/L;pH=4.5。

注:为减少表面活性剂对染料热迁移的影响,不再施加高温匀染剂或分散剂。

c. 工艺:浴比1:40、70℃入染,以2℃/min升温速度升至130℃,保温染色30min,而后降温、水洗。

②处理。将水洗过的染色试样,在纯碱2g/L、保险粉2g/L的80℃还原浴中,还原清洗5min,而后热水洗净,自然晾干(直接烘干或烫干,会使染料发生一定程度的热迁移)。之后,在180℃下热焙烘35s。

③测试。准确称取试样(焙烘前后)各 0.3g,分别置于比色管内〔比色管内预先加入化学纯 DMF(N,N-二甲基甲酰胺)7mL,立即在相同条件下室温振荡 3min。这时,纤维表层结合不牢的染料,便被 DMF 萃取下来。将试样取出,用 721N 型分光光度计测定萃取液的吸光度值,并以焙烘前后萃取液的吸光度之差,来表示染料的相对热迁移量。

(2)热凝聚性的测定。热凝聚性,是指分散染料在高温(>100℃)条件下,会由小的染料分子或染料微粒,聚集成新的或更大的染料晶粒或聚集体的性能特征。

染料的凝聚(尤其是过度凝聚),轻者会造成吸色不匀,降低染色牢度;重者会产生色点、色渍,甚至还会与纤维屑、低聚物形成焦油化物,产生无法挽救的"焦油斑"染疵。

常用分散染料,在高温染浴中的分散稳定性优劣不同。其中,少数染料的分散稳定性好,凝聚不明显,几乎不会造成染疵。大多数染料,在升温过程中,热凝聚程度较大,但随着染色时间的延长,会逐渐"解聚",继而逐步上染。只要施加适量的高温分散匀染剂,以及保持充分的染色时间,通常较少产生染疵。另有少数染料,在高温染浴中的凝聚性大,而且难以"解聚"。因而,产生染疵的概率很大。

①配方:分散染料 2g/L;冰醋酸(98%) 0.35mL/L。

②处理:取配好的染液 100mL,注入不锈钢染杯中,置于红外线染样机中热处理。条件:升温速度 4℃/min、染杯转速 40r/min、处理温度 130℃、处理时间 10min 与 40min。快速降温至 50℃抽滤(用 101 型定性滤纸,以予华循环水多用真空泵抽滤)。

③检测:分别吸取经过与未经过热处理的过滤染液 5mL,用水稀释至 50mL,摇匀后再吸取 1mL 于比色管中,加入丙酮 10mL 溶解成透明染液。摇匀后用上海精出科学仪器公司的 721N 型可见分光光度计(以蒸馏水作参比样),检测其吸光度。

$$染料的热凝聚(结晶)度 = \frac{A-B}{A} \times 100\%$$

式中:A——未经热处理的染料过滤液的吸光度值;

$\quad B$——经热处理的染料过滤液的吸光度值。

说明:

①分散染料的染液为染料微粒的分散液,对光会产生散射,无法用 721N 型可见分光光度计检测,故必须用丙酮溶解,使其呈现出真实色泽的透明溶液。

②国产分散染料,存在着粒度的不均一性,其中部分较大的染料颗粒,也会被滤纸滤出。因此,未经热处理的染液,也要经滤纸过滤,不然会影响检测结果。

③分散染料的分散液,在高温(>100℃)热处理的过程中,水中的染料,即会凝聚成大的聚集体,又会通过晶体扩大和二次结晶,产生大的染料晶体。因此,测得的染料热凝聚度,实际是染料的凝聚程度与结晶程度的综合参数。

63 涤纶织物染耐日晒牢度要求高的色单,该怎样选择分散染料?

答:不同结构的分散染料,其耐日晒牢度不尽相同。其中,不少偶氮类染料的耐日晒牢度较低。原因是,这些染料中,偶氮基(—N=N—)的氮原子电子云密度较高,耐光稳定性较差,比较容易发生光氧化反应而断裂的缘故。

但是，也有许多偶氮染料，由于在染料分子结构的设计中，采用了"偶氮基保护技术"，比如，在偶氮基的邻位引入吸电子基(—Cl、—CN、—Br 等)。利用这些吸电子基的吸电子效应，使偶氮基氮原子的电子云密度降低，耐光稳定性提高，从而产生良好的耐日晒牢度。

比如，分散橙 S—4RL(C. I. 分散橙 30)

$$O_2N - \text{（苯环，邻位两个 Cl）} - N=N - \text{（苯环）} - N < {CH_2CH_2CN \atop CH_2CH_2OCOCH_3}$$

由于在偶氮基的邻位引入了两个吸电子基(—Cl)，使氮原子的电子云密度大大降低。所以，染 1%(owf)的深度，耐日晒牢度可达 6～7 级(ISO.105—B02 蓝标)。

氨基蒽醌类分散染料，其耐日晒牢度也有优有劣。影响染料日晒牢度高低的主要因素，是 α-氨基电子云密度的高低。规律是，α-氨基的电子云密度越低，越不容易发生光氧化反应，耐光稳定性越好，耐日晒牢度越高。

比如，分散红 E—3B(C. I. 分散红 60)：

$$\text{（蒽醌结构，带 NH}_2\text{、O—苯基、OH 取代基）}$$

由于 —O—⟨苯环⟩ 是吸电子基，可以使—NH$_2$ 电子云密度显著下降。所以，分散红 E—3B 染 1%(owf)深度的涤纶，耐日晒牢度可达 7 级。

从整体上看，国产分散染料在涤纶上的耐日晒牢度是好的，一般可达 ISO.105—B02 标准 5～6 级。

国产分散染料中，耐日晒牢度优良(＞6 级)的品种见表 4－14。

表 4－14 可供选择的国产分散染料(耐日晒牢度＞6 级)

颜色	品种
黄色染料	分散黄 SE—5GL(S—5GL)(C. I. 分散黄 241)、分散黄 S—5G(C—5G)(C. I. 分散黄 119)、分散黄 SE—3GF(SE—3GL)(C. I. 分散黄 64)、分散黄 SE—4G(C—4G,M—4G)(C. I. 分散黄 211)、分散黄 S—BRL(C. I. 分散黄 163)、分散黄 SE—FL(C. I. 分散黄 42)、分散黄 SE—6GLN(C. I. 分散黄 49)、分散黄 SE—2GFL(C. I. 分散黄 50)、分散黄 SE—2FL(C. I. 分散黄 56)、分散黄 S—6G(C. I. 分散黄 114)、分散黄 H—4GL(C. I. 分散黄 134)、分散黄 E—3G(C. I. 分散黄 54)、荧光黄 5GL(C. I. 分散黄 198)
橙色染料	分散橙 S—3RL(C. I. 分散橙 62)、分散橙 SE—2RF(C. I. 分散橙 31)、分散橙 S—4RL(C. I. 分散橙 30)、分散橙 SE—RBL、SE—3GL、SE—GL(C. I. 分散橙 29)、分散橙 SE—3RL(C. I. 分散橙 76)、分散橙 S—SF(C. I. 分散橙 73)、分散橙 S—3RF(C. I. 分散橙 44)
红色染料	分散红玉 S—5BL(S—2GFL)(C. I. 分散红 167)、分散红 SE—GFL(S—BGL)(C. I. 分散红 73)、分散红 SE—B,S—BBL,S—3BL,H—BBL(C. I. 分散红 82)、分散红 E—RF(C. I. 分散红 4)、分散红 SW—R3L(C. I. 分散红 86)、分散红 2GH(C. I. 分散红 50)、分散红 E—3B,E—FB(C. I. 分散红 60)、分散红 E—BL(C. I. 分散红 146)、分散红 SE—RL(C. I. 分散红 191)、分散红 S—2BL(C. I. 分散红 145)

颜　　色	品　　种
紫色染料	分散紫 SE—2RL(C. I. 分散紫 28)、分散紫 SE—RL(C. I. 分散紫 63)、分散紫 SE—BL(C. I. 分散紫 26)
蓝色染料	分散蓝 E—4R、E—FBL、2BLF(C. I. 分散蓝 56)、分散蓝 S—F2G(C. I. 分散蓝 367)、分散蓝 H—BGL(C. I. 分散蓝 73)、分散蓝 3G(C. I. 分散蓝 291)、分散翠蓝 S—GL(C. I. 分散蓝 60)

耐日晒牢度低于 ISO.105—B02 标准 5 级国产分散染料品种,见表 4—15。

表 4－15　耐日晒牢度较低的国产分散染料

颜　　色	品　　种
黄色染料	分散荧光黄 GL(8GFF)(C. I. 分散黄 82)、分散荧光黄 10GF(C. I. 分散黄 232)、分散黄 FC(C. I. 分散黄 11)、分散黄 3GN(C. I. 分散黄 10)
红色染料	分散大红 E—B(C. I. 分散红 1)、分散大红 S—R,S—BWFL(C. I. 分散红 74)、分散红 2B(C. I. 分散红 13)、分散荧光红 G(C. I. 分散红 277)、分散荧光橘红 GG(C. I. 分散红 63)、分散荧光桃红 BGC(C. I. 分散红 362)
紫色染料	分散紫 SE—CB(C. I. 分散紫 33)、分散紫 SE—BNL(C. I. 分散紫 93)、分散紫 S—3RL(C. I. 分散紫 77)、分散紫 FBL(C. I. 分散紫 26)、分散紫 2RL(C. I. 分散紫 28)、分散紫 RL(C. I. 分散紫 63)、分散紫 B(C. I. 分散紫 93)
蓝色染料	分散蓝 SE—B(C. I. 分散蓝 14)
绿色染料	分散绿 C—6B(C. I. 分散蓝 9)

从表 4－14、表 4－15 可以看出,常用国产分散染料中,黄色、橙色、红色、蓝色系列染料可供选择的高耐日晒牢度的品种较多。而紫色系列的染料,高耐日晒牢度(高于 ISO.105—B02 标准 6 级)的品种则较少。多数紫色染料染中色(1%,owf)的耐日晒牢度低于 ISO.105—B02 标准 5 级,相当 AATCC 标准 3 级,故应用时必须选择。

荧色系列分散染料(荧光黄、荧光红等),耐日晒牢度普遍较低。染 1%(owf)深度,一般只有 ISO 标准 4～5 级(相当 AATCC 标准 3 级以下)。所以,只能用于耐日晒牢度要求低的特殊场合。

几点提示如下:

第一,不同结构的分散染料做拼染,其耐日晒牢度有时低于单只染料的耐日晒牢度。这称为"催化光解"现象。故选择染料时,应注意耐日晒牢度的配伍性。

第二,耐日晒牢度的高低与染料用量直接相关。规律是,色泽越深,耐日晒牢度越好。因此,要结合染料用量来选择适合的染料。即染深色可以选择耐日晒牢度较低的染料,染浅色则必须选用耐日晒牢度高的染料。

第三,同一个分散染料不同纤维,其耐日晒牢度往往不同。比如染涤纶的耐日晒牢度,普遍高于染锦纶 1～2 级(ISO 标准)。以分散红玉 SE—GFL(C. I. 分散红 73)为例:

$$O_2N-\underset{\underset{}{\overset{\overset{CN}{|}}{}}}{\bigcirc}-N=N-\bigcirc-N\underset{CH_2CH_2CN}{\overset{CH_2CH_3}{<}}$$

染 1%(owf)深度的涤纶,耐日晒牢度可达 ISO 标准 6 级。同样染锦纶,耐日晒牢度却只有 3～4 级。因此,染涤纶耐日晒牢度好的分散染料,染锦纶就不一定符合要求。

第四,目前国内现行的耐日晒牢度标准主要有两个:一个是国际标准化组织标准。即 ISO.105—B02 标准,实行 8 级制,8 级最高,1 级最低;另一个是美国纺织化学家及染色家协会标准,即 AATCC16A—1988 标准。实行 5 级制,5 级最高,1 级最低。AATCC 标准 1 级相当 ISO 标准 1.6 级。

国内外染料厂商主要采用 ISO 标准(8 级制),而纺织面料的经销商与印染企业则主要采用 AATCC 标准(5 级制)。因此,印染企业在接单审查客户对耐日晒牢度的要求时,必须把染料供应商与面料经销商所执行的耐日晒牢度标准搞清楚,以便正确选用染料。

64 分散染料碱性染色与酸性染色相比有什么优点？ 其技术关键是什么？

答:(1)优点。分散染料高温(130℃±5℃)染涤纶,通常都是在酸性(pH＝4～5)条件下进行。主要原因有两个:一是,涤纶存在耐碱稳定性差的缺陷。即在高温高压碱性条件下,涤纶有可能发生"剥皮"作用(实质是纤维表层发生碱性水解),使纤维变细、表面变糙、克重下降,甚至会使强度降低。

$$\sim\sim\overset{\overset{O}{\|}}{C}-O\sim\sim\xrightarrow{OH^-}\sim\sim\overset{\overset{O}{\|}}{C}-OH+HO\sim\sim$$

(涤纶分子中的酯键)　(碱)　(相对分子质量较低的可溶水解产物)

碱对涤纶的水解催化作用

二是,分散染料存在耐碱稳定性差的缺陷。即在高温(130℃±5℃)碱性浴中,分散染料容易发生碱性水解作用(特别是分子中含有酯基、氰基、酰氨基的分散染料),导致减色、变色或消色。其结果轻者产生显著色差,重则造成染色失败。

$$-CH_2CH_2OCOCH_3+H_2O\xrightarrow[\triangle]{OH^-}-CH_2CH_2OH+CH_3COOH$$

$$-NHCOCH_3+H_2O\xrightarrow[\triangle]{OH^-}-NH_2+CH_3COOH$$

$$-CN+H_2O\xrightarrow[\triangle]{OH^-}-COOH+NH_3\uparrow$$

可见,分散染料染涤纶,只有在高温酸性条件下进行,才能有效克服涤纶与分散染料的上述缺陷,获得正常的染色效果。

然而,在高温(130℃±5℃)酸性(pH＝4～5)条件下染涤纶,却存在着涤纶低聚物的困扰。即在高温染浴中,涤纶中所含聚合度低($n＝2、3、4$)的半缩聚物(又称低聚物或齐聚物,含量 1%～2%),会趁涤纶溶胀结构变松弛,从纤维中迁移出来。在染色降温过程中,这些暂时性溶解在高温染浴中的低聚物,会因溶解度下降而析出。这些析出的灰白色粉状物,容易黏附染色织物,使布面色泽灰暗无神,宛如笼罩了一层白雾。而且,由于低聚物溶解度极低,很难有效清除。更严重的是,染浴中的这些低聚物,还会与染料的聚集物、纤维碎屑等结合,形成黏稠的焦油状物,一旦黏附到织物上,便会造成无法修复的染疵。

实践证明,涤纶织物采用碱性浴染色,对减小低聚物的危害效果显著,而且,不存在难以克服的弊端。这是因为,涤纶低聚物的溶解度,在碱性浴中比在酸性浴中要高得多。即使染色温度降至 100℃,也很少发生沉析。因而碱性染色可有效减少低聚物对染色质量的危害。

(2)技术关键:所谓涤纶的碱性染色,就是一改高温(130℃±5℃)酸性(pH=4~5)浴染色,为高温(130℃±5℃)碱性(pH=9)浴染色。由于涤纶和分散染料在高温高压条件下,存在着耐碱稳定性差的问题,所以该染色法有两个技术关键。

①要正确选用分散染料。选用耐碱稳定性好的分散染料染色,是碱性染色法染色效果好坏的关键之一。经检测,常用国产分散染料,在高温高压条件下的耐碱性能,有以下三个特点:

a. 多数染料的耐碱稳定性差,实际所能承受的最高 pH 值为 6。一旦 pH>6,就会产生明显的减色、变色。

比如,在中性(pH=7.1)高温(130℃)染浴中染色,与在酸性(pH=4.8)高温(130℃)染浴中染色相比,分散红玉 S—5BL(S—2GFL)的相对得色深度,要下降 6%,色光也由枣红色变为酱红色。分散大红 S—R(S—BWFL)的相对得色深度,要下降 48.55%,色光也由黄光大红变为浅暗红色。

b. 不同结构的染料,耐碱能力相差大。比如,同样在高温(130℃)碱性(pH=9)染浴中染色,与在高温(130℃)酸性(pH=4.8)染浴中染色相比,分散深蓝 S—3BG(HGL)的得色深度,要下降 83.2%,色光由深蓝变为浅蓝色。而分散蓝 E—4R(2BLN)的得色深度,只下降 6.42%,色光几乎无变化。

c. 耐碱稳定性较好的部分染料,在高温(130℃)条件下染色,所能承受的最高 pH 值只有 8。倘若 pH>8,其得色深度就会明显下降,下降幅度一般≥5%。

这表明,在常用分散染料中,即使选用耐碱稳定性较好的染料染色,其染浴也能维持在 pH≤8。然而,实验显示,涤纶低聚物的溶解状态,在 pH=8 的碱性浴中,虽说比在 pH=4~5 的酸性浴中有了明显提高,但由于碱性太弱,其溶解状态并不是以消除低聚物对染色质量的影响。

因而,常用分散染料,只能用于常规酸性浴染色,并不适合碱性浴染色。为此,国内染料厂商推出了系列耐碱分散染料。如浙江龙盛集团股份有限公司的耐碱分散染料 ALK 系列、浙江闰土股份有限公司的耐碱分散染料 ADD 系列等。这些耐碱分散染料,在高温高压(130℃)条件下的耐碱能力,明显高于常用分散染料。以 ADD 系列耐碱分散染料为例:

在 pH≤9 的染浴中染色,其得色深度与酸性浴染色相当(色光变化不大)。

在 pH=10 的染浴中染色,约有半数染料稳定性良好,得色量可以达到酸性浴染色的水平(色光有微变)。但有约半数的染料,如分散黑 ADD、分散藏青 ADD、分散艳蓝 ADD、分散艳黄 ADD 等,其得色深度有明显下降趋势(色光变化也比较明显)。

在 pH≥11 的染浴中染色,染料的水解严重,绝大多数染料的得色深度,会大幅度下降(色光变化也大)。

可见,这些耐碱分散染料的耐碱能力并非相同。耐碱稳定性高者,适合在 pH≤10 的染浴中染色。耐碱稳定性较低者,只适合在 pH≤9 的染浴中使用。

显然,分散染料碱性染色,其 pH 值必须根据所用染料耐碱能力的大小,控制在 9~10 范围内(表 4-16)。

表 4-16 ADD 系列分散染料在高温下的耐碱稳定性

相对深度(%)与色光 染料	酸性浴染色 pH=4.5(始)		碱性浴染色							
			pH=8.11(始)		pH=9.04(始)		pH=10.07(始)		pH=11.10(始)	
	深度	色光	深度	色光	深度	色光	深度	色光	深度	色光
分散艳黄 ADD	100	标准	100.58	稍红	99.56	稍红	94.99	稍红	23.56	淡米黄
分散金黄 ADD	100	标准	100.49	稍黄	101.15	稍黄	101.02	稍黄	37.40	浅黄棕
分散黄棕 ADD	100	标准	102.01	稍红	103.07	红光重	98.32	红光重	81.99	红光重
分散橙 ADD	100	标准	100.64	稍红	102.11	稍红	103.12	红光重	99.67	红光重
分散蓝 ADD	100	标准	100.44	微红	100.67	微红	100.09	微红	74.01	湖蓝色
分散黄 ADD	100	标准	101.23	微红	101.14	微红	100.41	微红	64.48	黄棕色
分散翠蓝 ADD	100	标准	98.75	微蓝	98.11	微蓝	96.33	微蓝	30.63	湖绿光
分散艳蓝 ADD	100	标准	97.88	微红	96.18	微红	94.54	微红	37.06	浅湖蓝
分散深蓝 ADD	100	标准	101.52	微红	100.78	微红	90.85	微暗	23.13	浅蓝灰
分散藏青 ADD	100	标准	101.70	相似	102.03	相似	89.10	微暗	25.69	浅鼠灰
分散黑 ADD	100	标准	102.95	相似	102.17	相似	77.99	黄光重	24.97	灰棕色
分散桃红 ADD	100	标准	100.67	微黄	101.11	微黄	100.41	微黄	67.04	暗淡
分散红 ADD	100	标准	106.40	红光重	107.67	红光重	109.62	红光重	98.48	暗红
分散红玉 ADD	100	标准	99.49	微黄	98.57	微黄	96.77	微黄	64.30	暗淡

注 (1)配方:染料 1.25%(owf),高温匀染剂 1.5g/L、染浴 pH 值以醋酸和纯碱调节。

(2)工艺:浴比 1:25,以 2℃/min 升温速度升至 130℃,保温染色 40min,水洗、净洗。

(3)织物:83dtex×167dtex+83dtex(75 旦×150 旦+75 旦),598 根/10cm×512 根/10cm(152 根/英寸×130 根/英寸)纯涤纶布。

(4)检测:pH 值以杭州雷磁分析仪器厂 pH S-25 型数显酸度计检测。

　　深度以 Datacolor SF 600X 测色仪检测。

注:近年,山东蓬莱嘉信染料化工有限公司,推出了新型 H 系列、HA 系列耐碱分散染料。经检测,这些分散染料的耐碱稳定性很高。在高温(130℃)染浴中的实际耐碱能力,H 系列可达 pH=11,HA 系列可达 pH=14。而且,色光变化幅度不大。因此,特别适合涤纶织物碱性染色和碱减量同步染色。

(3)要正确选用 pH 调节剂。 染浴 pH 值正确与稳定,是涤纶碱性染色的又一个技术关键。因此,施加的 pH 调节剂,在高温(130℃±5℃)条件下,必须具备以下条件:

①在常规用量范围内,pH=9～10。

②对 pH 值的缓冲能力大,能有效克服外界(织物、染料、助剂、水质)带入的酸碱性物质对染浴 pH 值的影响,保持染浴 pH 值的稳定。

苏州曼迪公司的碱性分散匀染剂 BAH33,兼具 pH 值调节与分散匀染双重功能。施加适量,既可将染浴 pH 值稳定在 9～10,又不需要另加高温分散匀染剂。应用比较简便,实用效果较好。

实验证明,涤纶织物采用碱性工艺染色,具有以下优点:

第一,对待染半制品的 pH 值要求较低,只要 pH<9 但可染色,故染色前可免除预清洗工序。

第二,染浴中的低聚物,溶解状态较好,在降温过程中不易沉析。因此,可有效消除低聚物对染色质量的危害。

第三,碱性浴染色,对黏附在织物与设备上的染料聚集物,具有较强的净洗作用,染后可免除皂洗或还原清洗工序。因此,节能、减排、高效优势明显。

第四,碱性浴可提高织物的滑爽度,对防止织物擦伤有一定作用。

65 分散染料以同样的工艺处方高温高压染涤纶小样,为什么不同的染样机得色不同?

答:不同的染样机,以同样的工艺处方染色其结果不同。这是一个染小样与染大样普遍存在的问题。实验证明,产生问题的根源是实际染色温度的差异造成的。

众所周知,分散染料(尤其是 S 型、H 型分散染料)高温高压染色,其染色结果与染色温度的依附性较大。倘若"染色温度"存在差异,其得色深度与得色色光必然出现波动。

这里值得注意的是,所谓"染色温度",是指染液的温度。并非指测温仪表所显示的温度。因为,测温仪表所显示的温度,不一定等于染液的温度。这是由于测温仪表有一个测温精度问题。

笔者曾对国产和进口多台小样染色机和大样染色机进行现场测试,结果是,机台电脑显示温度与染液实际温度之间的测量误差,在低温段(20～100℃)为 1～1.5℃,在高温段(100～130℃)为 3～6℃。而且,小样机与小样机之间,大样机与大样机之间,小样机与大样机之间,还存在着测温误差的正负性(即电脑显示温度,有的比染液实际温度偏高,有的比染液实际温度偏低)。因而,各机台之间的实际测温误差还要大。

染色机的测温误差,产生于温度传感器与温控电脑的测温精度以及间接测温误差。

(1)温度传感器的测温误差。染色机上用的温度传感器,通常为铂电阻传感器。它的电阻随温度的变化并不完全呈线性。因此,在不同温度时段其测温精度也不一样。市供温度传感器的测温精度,分 A、B、C 三个等级。其中 A 级品精度最高,C 级品精度最低(也有无精度等级的温度传感器供应)。经检测,现行的温度传感器,在 20～140℃范围内,测温误差一般在 0.5～2.5℃。等外品远远超出这个范围。

(2)温控电脑的测温误差。温控电脑的测温误差,产生于电脑的线性误差和零点飘移误差。

①线性误差。我们曾对市场供应的八台电脑进行温度显示试验:用一只温度传感器的信号,同时送给八台电脑(在室温水中八台电脑调整为显示同一温度)。在被测水从室温升至

140℃的过程中,八台电脑的显示温度是随着温度的升高,相互间的差距越来越大。最终的温度差距为±2.5℃(这说明八台电脑的线性是不同的)。如果把这八台电脑安装在同一批染色机上并发给同一企业使用,则仅电脑的线性误差就有5℃之多。

②零点飘移误差。零点飘移误差,来自两个方面:

a. 温度零点飘移误差。温度零点飘移,是指电脑的温度显示值,在染液温度不变的情况下,会随电脑环境温度的变化而改变。温度零点飘移对染色机的测温精度影响大。比如,同一台染色机采用相同的配方染色,春夏秋冬四季的染色效果就会不同。

温度零点飘移的检测方法:将染样机的温度传感器放入室温水中(水的温度在短时间内变化很小),用电吹风机吹电脑或温控仪表的电子元件,倘若温度显示不变或变化很小,说明抗温度零点飘移的性能很好,否则就很差。

b. 时间零点飘移误差。时间零点飘移,是指电脑的温度显示值,在染液温度不变的情况下,会随着时间的变化而改变。这种飘移有的是渐进的,有的是突发的。其飘移最大误差有时高达5℃之多。

③间接测量误差。间接测量误差,对染色小样机的测温精度影响明显。因此,对染色小样的准确性影响较大。

a. 甘油浴的测量误差。甘油浴染样机,其加热元件产生的热量,是通过甘油的流动素传递的。温度传感器伸在甘油中某一部位。检测的既不是染杯的温度,也不是加热元件的温度,而是甘油浴某一部位的温度。该温度比加热元件的温度低,比染杯内染液的温度高。其温差的大小主要看甘油的流动状态。甘油稀薄(新鲜的甘油)流动性好,温差就小。老甘油(长时间使用)黏度大、流动性差,温差就大。

b. 水浴锅的测量误差。以水作为热介质,由于水的黏度低流动快,所以,其测量误差比甘油浴要小很多(一般误差小于1℃且变化很小)。条件是,必须有足够多的供加热的水。如果水溶液量太少(如水溶液面低于三角瓶内染液液面),间接测量误差就会变大。

可见,在实际生产中,把测温仪表所显示的温度当作"染色温度",刻意追求测温仪表所显示的温度与工艺设定温度之间的相符性,一旦两者相同或相近,就认为是"工艺温度上车"。显然是一种很有害的误解。

生产实践证明,行之有效的应对措施有两种:

(1)对所用的小样染色机与大样染色机的测温控温精度,逐台进行检测。找出不同温度段的测量误差,并以此作为工艺温度设定时的修正系数。如工艺温度为130℃,机台的测量误差为-4℃(即染液的实际温度比电脑的显示温度低4℃),故测温电脑的设定温度为130℃+4℃=134℃。

这里的关键,是检测手段要精确可靠。其中主要是"留点温度计"。上海医用仪表厂生产的玻璃水银留点温度计,表长11cm,测温范围为100～140℃(类似体温表)。国产留点温度计的测温误差偏大(大多为±2℃),使用前必须先用精确的温度计来校验。上海医用仪表厂生产的精确温度计,有50～100℃、100～150℃两种。长50cm,测温精度可达±0.1℃。通过校验,找出不同温度段的测量误差,使用时对其读数做相应修正。

(2)一定要选用测温控温精度高的染色机。目前,国产染色机上装配的测温控温电子元器件,多为外购件,对其测温控温精度无力自控。加之出厂前对测温误差有意无意地不做检测与修正。所以,不同厂家的染色机甚至同厂家不同批次的染色机,其测温精度往往都不一样。因此,选择使用测温精度高的染色机是重要的。

江苏靖江市新旺染整设备厂生产的染色机,所用的温度传感器和测温控温电脑,是采用上海交通大学的高新技术自行生产的,其测温控温精度可达±0.5℃。

实践证明,选用测温精度高的染色机(小样机与大样机),并对其测温精度进行定期检测,可以从根本上消除染色温度的不准确性对染色结果(深度、色光)的影响,从而有效提高染色小样放大样的一次成功率。

66 涤/锦织物染异色效果,技术上有什么难点? 该如何应对?

答:(1)技术难点。涤/锦织物染异色效果,在技术上有两大难点:

第一,涤纶和锦纶对染色温度的要求不同。涤纶的大分子挺直,无大的侧链和侧基、芳环以及基团之间能靠近,故大分子排列紧凑且结晶度高,分子链间的空隙少而小,虽说也有无定形部分,但缺少吸湿中心。因而,其吸湿性差(吸湿率约为0.4%),溶胀度小。即使在沸温的水中,也仅仅是纤维表层溶胀,纤维内部因分子链的热运动而使空隙增多增大的变化幅度微小。在沸温常压(100℃)条件下,即使是相对分子质量小的分散染料,也无法渗入纤维内部,只能产生"环染"。所以,分散染料染涤纶,欲获得交染透染效果和良好的染深性,必须在高温高压(125~135℃)条件下染色(表4-17)。

表4-17 分散染料染涤纶的上染量与染色温度的对应关系

染 料	相对得色深度(%) 染色温度(℃)				
	100	110	120	130	140
分散红 E—FB(C.I.分散红60)	20.69	54.22	99.85	100	99.79
分散蓝 E—4R(C.I.分散蓝56)	43.81	76.07	100.03	100	101.02
分散嫩黄 SE—4GL	14.82	34.80	88.61	100	107.70
分散大红 S—GS(C.I.分散红153)	13.67	36.13	80.84	100	105.96
分散红玉 S—5BL(C.I.分散红167)	17.23	39.63	70.38	100	114.97
分散深蓝 S—3BG(C.I.分散蓝79)	10.56	28.56	67.46	100	122.57

注 染料2%(owf),高温匀染剂M—214 1.5g/L,醋酸0.5mL/L;以2℃/min升温速度,升至100℃、110℃、120℃、130℃、140℃分别保温染色30min,净洗。

从检测结果可以看出,常用分散染料最适合的染色温度,低温型(E型)染料为120~125℃,中温型(SE型)染料为125~130℃,高温型(S型)染料为130~135℃。倘若染色温度降低,其得色深度会明显下降。

锦纶由于大分子主链上含有许多极性的酰氨基(—NHCO—),大分子两端又含有氨基(—NH$_2$)和羧基(—COOH),故吸湿性比涤纶大得多(吸湿率约4%),在水中容易发生溶胀(其T_g值为47~50℃),染料分子容易进入纤维内部。所以,在沸温常压(100℃)条件下,就可以获得理想的染色效果(表4-18、表4-19)。

表 4-18 中性染料染锦纶,染色温度与得色深度的对应关系

类型	染料	相对得色深度(%)	染色温度(℃)			
			90	100	110	120
2:1型	中性深黄 GL		100.11	100	100.13	105.15
	中性枣红 GL		100.06	100	100.37	105.47
	中性蓝 BNL		100.34	100	100.22	118.32
复合型	尤的特黄 C—2R		98.36	100	99.87	98.76
	尤的特红 C—G		100.44	100	99.59	98.20
	尤的特蓝 C—2R		102.81	100	99.10	99.12

注 染料 2%(owf),六偏磷酸钠 1.5g/L,硫酸铵 2g/L 锦纶匀染剂 M—2200 1.5g/L;以 2℃/min 升温速度,升至 90℃、100℃、110℃、120℃分别保温染色 30min,净洗。

表 4-19 酸性染料染锦纶的得色深度与染色温度的对应关系

染料	相对得色深度(%)	染色温度(℃)			
		90	100	110	120
弱酸性黄 N—3R		99.10	100	101.03	103.30
弱酸性红玉 A—5BL		101.02	100	100.09	99.80
弱酸性深蓝 5R		100.81	100	101.78	98.97
酸性红 A—2B		96.93	100	101.23	100.89
酸性蓝 A—RL		100.44	100	102.18	103.02
酸性翠蓝 A—3G		98.09	100	102.25	101.21

注 染料 1.25%(owf),六偏磷酸钠 1.5g/L,醋酸 0.5mL/L,锦纶匀染剂 TBW—951 1.5g/L;以 1.5℃/min 升温速度,升至 90℃、100℃、110℃、120℃分别保温染色 30min,净洗。

然而,锦纶的耐热性能却比涤纶要差得多。经检测,锦纶在高于 120℃的染浴中,会产生明显的"纸化"现象。即弹性逐渐消失,强力逐渐下降,身骨逐渐僵硬,甚至丧失实用价值。这是因为,锦纶的大分子中含有许多酰氨基,在过高的温度下,酰胺键会发生各种氧化和裂解反应的缘故。

由于受锦纶耐热性能的影响,涤/锦织物染色,其最高染色温度只能局限在 120℃的水平上。这时对分散染料上染涤纶,显然是一个难点。

第二,涤纶和锦纶用分散染料同步上色。涤纶只能采用分散染料染色,别无选择。然而,在高温高压(120℃)染涤纶的过程中,分散染料会同时上染锦纶。而且许多分散染料在涤/锦两种纤维上的分配量相当甚至锦纶的得色深度明显高于涤纶(表 4-20)(注:分散染料在锦纶上的得色还存在着色泽异变,亮度发暗的问题)。

分散染料染涤纶过程中涤锦同时上色,对涤/锦织物染涤锦异色效果,显然又是一个重大难点。

表4-20 分散染料120℃染色在涤锦二相的分配状况

涤浅锦深的染料	涤锦相近的染料	涤深锦浅的染料
分散嫩黄 SE—4GL、分散金黄 SE—3R 分散大红 S—GS、分散大红 S—BWFL 分散红玉 S—5BL、分散紫 HFRL 分散深蓝 S—3BG 等	分散红 E—FB 分散蓝 E—4R	分散翠蓝 S—GL 分散黑 ECO

注 染料1%(owf),匀染剂 M—214 1.5g/L、醋酸(80%)0.5mL/L;以 1.5℃/min 升温速度升至120℃染色 30min,水洗、皂洗、水洗。

(2)应对措施如下:

①涤/锦织物在120℃染色,这对分散染料染涤纶的染温过低。在较低的温度下染色,由于分散染料的竭染率低,一旦染温波动涤纶很容易产生色差。对此,最有效的应对举措有两点:

a. 选用低温型(E型)分散染料染色。低温型(E型)分散染料,分子结构较简单相对分子质量较小,向涤纶内部扩散较容易,故对染色温度要求较低,在120℃染色其得色深度相对较高、较稳定。但是,低温型分散染料品种不多,色谱不全,难以满足要求。

b. 添加适量涤纶导染剂染色。导染剂在水中使涤纶具有突出的膨化功能,对分散染料具有良好的导染作用。因此,分散染料染涤/锦织物时,涤浴中添加适量(1~3g/L)导染剂,可显著提高涤纶在较低温度下的上染速率与染色饱和值(表4-21)(注:对分散料尚有强劲的匀染与移染能力,可明显提高色泽的鲜艳度与修色效果)。

表4-21 导染剂 M—218 在分散染料染涤纶中的实用效果

染料		相对得色深度(%)	染色温度(℃)			
			100	110	120	130
分散嫩黄	SE—4GL		77.43	96.04	102.22	100
分散金黄	SE—3R		57.24	91.47	100.30	100
分散大红	S—GS		60.87	86.19	98.53	100
分散红玉	S—5BL		67.23	83.88	97.06	100
分散深蓝	S—3BG		65.98	86.47	99.70	100
分散翠蓝	S—GL		50.13	104.83	109.90	100

注 染料1.25%(owf),高温匀染剂 M—214 1.5g/L,涤纶导染剂 M—218A 2g/L,醋酸(80%)0.5mL/L;1.5℃/min升温速度,升至100℃、110℃、120℃、130℃分别保温染色 30min,水洗、净洗。

从检测结果可以看出,导染剂的加入,可以明显降低涤纶的染色温度。即使是中温型(SE型)和高温型(S型)分散染料,在较低的温度(120℃)下染涤纶,也能获得优异的匀染透染效果以及良好的上染率与稳定的重现性。

涤纶导染剂市供品种较多,实用性能基本良好。常用涤纶导染剂名录见表4-22。

表4-22 常用涤纶导染剂名录

品　　名	离子性	实用量	生　产　商
导染剂 M—218	阴/非	2～3g/L	杭州美高华颐化工公司
促进剂 B—604	阴	2～6g/L	苏州联胜化学公司
膨化剂 SH—2070	阴/非	2～3g/L	深圳双虹实业公司
导染剂 DF—300	阴/非	2～3g/L	佛山付联精细化工公司
导染剂 LL—503	非	2g/L	杭州朗力化工公司
导染剂 FG	阴/非	2～4g/L	宁波兴华化学公司
导染剂 HS—315	阴/非	2～3g/L	浙江华晟化学制品公司
促进剂 RN	阴	2g/L	上海康顿纺织化工公司
导染剂 HK—2031	阴/非	1～4g%(owf)	宁波鄞州华科纺织助剂公司
导染剂 RH—203	阴/非	1～4g%(owf)	宁波润禾化工业公司
促进剂 MN	阴	3～5%L(owf)	广东德美精细化工公司
导染剂 RL—p	阴/非	2g/L	浙江桐乡溶力化工公司

注 使用前必须向生产商索取环保证明。

②分散染料在染涤纶的过程中,锦纶组分会超前迅猛上色。虽然在100℃以上的升温、保温时段,锦纶上的分散染料会向涤纶上定向移染,但染色结果,锦纶的上染性(着色性)依然严重。这使涤/锦织物染涤锦异色似乎成为不可能。

经实践,解决该难题最有效的技术措施,是涤纶染色后,进行还原剥色处理。机理是:涤纶结构紧密,在100℃以下的水中,涤纶只是浅表层有所"解冻",内芯化学品是不可及的。而锦纶的结构则松弛得多,在100℃以下的水中,化学品很容易渗入纤维内部。因此,染色后在还原处理的过程中,染于锦纶上的分散染料,由于化学品的进入,会由表及里地被分解破坏,产生显著的剥白或剥色效果。而染于涤纶上的分散染料,由于化学品不可及却保存良好。即使是100℃的处理,也仅是纤维表层的浮色和浅表层的部分染料被分解洗去。因而能获得良好的涤纶保色(略有减浅)锦纶剥白(或剥色)的效果。再经中性或酸性染料套染,涤锦二相便可产生经纬分明、别具一格的异色风格。

经实验,还原剥色处理,对锦纶的染色性能没有发现不良影响。还原剥色后再以中性或酸性染料套染,反而会产生增艳增深趋势。

这里有两个相关问题:

①中性或酸性染料对涤纶的沾色(表4-23)。经检测,在染锦条件下(100℃),常用中性染料和弱酸性染料对涤纶的沾色大多轻微,部分染料沾涤较显著。从整体上看,不足以影响涤/锦织物染异色的效果。但根据涤锦异色效果的特点对染料进行必要的选择还是重要的。

表 4－23　中性与酸性染料对涤纶的沾色性

染料\项目	中性黄 S—2G	中性橙 S—R	中性大红 S—GN	中性棕 S—GR	中性藏青 S—B	中性黑 S—2B	弱酸性黄 N—3R	弱酸性蓝 BRL	弱酸性深蓝 5R	弱酸性黑 BR	弱酸性紫 FB	弱酸性绿 AGS	弱酸性艳红 A—B	弱酸性橙 AGT	弱酸性红玉 A5BL	弱酸性大红 FGSN
对涤纶的沾色性	几乎不沾	轻沾	轻沾	微沾	轻沾	重沾	几乎不沾	几乎不沾	几乎不沾	微沾	几乎不沾	微沾	微沾	轻沾	轻沾	重沾

注　染料 1.25％(owf)，六偏磷酸钠 1.5g/L，匀染剂 M2200　2g/L，(中性染料)硫酸铵 2g/L，(酸性染料)醋酸(80％) 0.5mL/L；以 2℃/min 升温速度升至 100℃保温 30min；水洗、净洗。染料为浙江新晟染料化工公司产品。

②影响锦纶剥白效果与涤纶减色程度的因素，锦纶剥白效果的好坏与涤纶减色程度的大小，直接决定涤锦两相的异色效果。实验表明，锦纶的剥白效果与涤纶的减色程度，主要取决于两个因素：

a. 还原剥色温度的高低。经检测，在沸温(100℃)条件下剥色，锦纶的剥白(剥色)效果大多良好，多数分散染料能够满足涤锦二相染异色的要求(表 4－24)。而涤纶的减色程度并不算大，一般只有 10％～15％。倘若将剥色温度降至 90℃，涤纶色泽的减浅程度可降至还原清洗的正常水平，但对锦纶的剥色效果却会产生一定的负面影响。

表 4－24　涤/锦染色织物 100℃的剥色效果

染料\相对色泽深度(%)	涤纶的减色程度 剥色前	剥色后	锦纶的剥色程度
分散嫩黄 SE—4GL	100	86.47	变为淡米色
分散大红 S—GS	100	93.66	变为淡米色
分散大红 S—BWFL	100	85.86	变为淡米色
分散红玉 S—5BL	100	94.62	变为淡米色
分散翠蓝 S—GL	100	83.59	变为淡米色
分散红　E—FB	100	88.58	变为淡棕色
分散深蓝 S—3BG	100	81.21	变为淡黄色
分散黑　ECO	100	70.14	变为淡黄色
分散金黄 SE—3R	100	86.39	变为浅灰色(色相改变)
分散紫　HFRL	100	95.02	变为淡棕色(色相改变)
分散蓝　E—4R	100	99.48	变为中棕色(色相改变)

注　(1)染色：染料 1.25％(owf)，高温匀染剂 M—214　1.5g/L，醋酸(80％)0.5mL/L；120℃恒温染色 30min，水洗、皂洗、水洗。

　　(2)剥色：二氧化硫脲　2g/L，100％烧碱　5g/L，100℃恒温处理 30min，水洗。

b. 还原剂还原能力的大小。剥色常用的还原剂为保险粉。但保险粉存在着耐热性差、极易分解,污染环境等缺点。因此,用于锦纶剥色并不理想。经实践,二氧化硫脲用于锦纶剥色效果良好。

二氧化硫脲是硫脲在低温下经双氧水氧化后,生成的产物。它具有两种自身内部结构,其示性式和结构式如下:

$$NH_2 \cdot C(:SO_2) \cdot NH_2 \text{ 或 } NH_2 \cdot C(SO_2H) \cdot NH$$

$$
\begin{array}{ccc}
NH_2 & O & \\
| & \| & \\
C = S & \rightleftharpoons &
\end{array}
\quad
\begin{array}{cc}
NH_2 & O \\
| & \| \\
C = S \\
| & | \\
NH & OH
\end{array}
$$

TD 在酸性溶液中,性质稳定;但在水溶液中,尤其在碱性溶液中,它会逐渐分解,生成尿素和次硫酸。

$$NH_2 \cdot C(:SO_2) \cdot NH_2 \xrightarrow{\text{水溶液或碱液}} NH_2 \cdot C(SO_2H) \cdot NH \longrightarrow$$

　　　　TD　　　　　　　　　　　　　　　　甲脒亚磺酸

$$NH_2 \cdot CO \cdot NH_2 + H_2SO_2$$

　　尿素　　　　　次硫酸

次硫酸是个活泼的强还原剂,它会继续分解而放出新生态氢。

$$H_2SO_2 \xrightarrow{\text{热碱}} Na_2SO_4 + [H]$$

因此,TD 在热的碱性溶液中,会产生很高的还原负电位值,实测结果如表 4-25 所示。

表 4-25　测试结果

二氧化硫脲用量 (g/L)	30%(36°Bé)NaOH 的用量 (mL/L)	温　度 (℃)	电极电位 (mV)
2	40	95℃	-1125
3	40	95	-1180
4	40	95	-1210
5	40	95	-1220
6	40	95	-1220
7	40	95	-1220

注　电极电位用上海分析仪器二厂制造的 ZD—2 型自动电位滴定仪测定。

图 4-10 表明,在碱性水溶液中,保险粉的最高还原电位是-1080mV,二氧化硫脲的最高还原电位可达-140mV。而各自达到最高还原电位的临界用量,85%保险粉需 15g/L,98%二氧化硫脲仅需 5g/L。如果达到保险粉的最高还原电位-1080mV,98%二氧化硫脲只需 0.25g/L。

二氧化硫脲与保险粉相比,其实用性有三大优点:

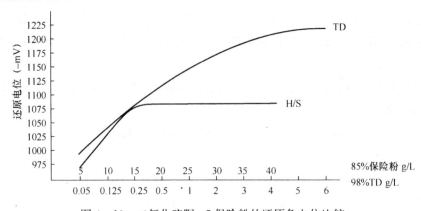

图4-10 二氧化硫脲-5保险粉的还原负电位比较

注 该曲线是在30%(36°Bé)NaOH 40mL/L,温度为95~96℃,用上海产ZD—2型自动电位滴定仪测试

第一,还原负电位高,还原能力强,作剥色剂使用,实用量少(约保险粉1/5)。

第二,98%纯TD,既无还原性又无氧化性,物理、化学性质稳定。即使受到猛烈撞击也不会爆炸,受潮也不会自燃。因而,运输安全、储存稳定、使用方便。

第三,TD的耐热稳定性好。即使在高温(80~100℃)碱性溶液中,其分解速度也比保险粉温和。所以,TD作剥色剂,利用率高,剥色能力强。而且,污染小,劳动保护较好,实用成本较低。

因此,涤/锦织物染涤锦异色时,涤纶染色后宜采用二氧化硫脲作剥色剂。实践证明,以二氧化硫脲作剥色剂,锦纶的剥色效果比保险粉剥色更好。

染色案例:

织物规格:涤/锦弹力交织物[200旦涤丝×70旦锦丝＋40旦氨丝,480根/10cm×276根/10cm(122根/英寸×70根/英寸)]

染色色泽:涤锦异色(翠蓝闪红、艳蓝闪棕)

工艺处方

(1)染涤纶:染翠蓝色。　　　　　　　　　　　染艳蓝色

a. 处方:分散翠蓝 S—GL　2.3%(owf)　　　分散蓝 E—4R　1.5%(owf)

　　　　分散大红 S—GS　0.05%(owf)　　　六偏磷酸钠　1.5g/L

　　　　六偏磷酸钠　1.5g/L　　　　　　　　高温匀染剂 M—214　1.5g/L

　　　　高温匀染剂 M—214　1.5g/L　　　　醋酸(80%)　0.5g/L

　　　　导染剂 M—218A　2g/L

　　　　醋酸(80%)　0.5mL/L

b. 工艺:红外线染样机染色,浴比1∶25

　　　　以2℃/min升温至80℃,保温染色10min,再以1.5℃/min升温至120℃,保温染色30min,水洗。

(2)剥锦纶:

a. 处方:98%二氧化硫脲　2g/L

30％液体烧碱　16.6g/L

b. 工艺：以 2℃/min 升温速度升至 100℃,保温剥色 30min。水洗、中和、水洗。

(3)套锦纶：　　　　　翠蓝闪红　　　　　　　　　　　艳蓝闪棕

a. 处方：中性大红 S—GN　0.84％(owf)　弱酸性橙 AGT　　0.85％(owf)

中性橙 S—R　　　0.15％(owf)　弱酸性红玉 A5BL　0.14％(owf)

六偏磷酸钠　　　1.5g/L　　　六偏磷酸钠　　　1.5g/L

锦纶匀染剂 M—2200 1.5g/L　锦纶匀染剂 M—2200 1.5g/L

硫酸铵　　　　　2g/L　　　　醋酸(80％)　　　0.5mL/L

b. 工艺：以 1.5℃/min 升温速度升至 70℃ 保温染色 10min,再升至 100℃ 保温染色 30min,水洗、皂洗、水洗。

67　涤/锦复合超细丝织物与常规涤/锦丝织物有什么不同？染色有什么难点？该怎样应对？

答：(1)不同之处。涤/锦复合超细丝,是指在一根单丝中,按一定规律排列着涤锦两种纤维组分。这种纤维,通常是用剥离型或海岛型纤维先织成织物,再经化学或机械原纤化处理,使织物呈现超细纤维特征。该纤维线密度特别低,纤维直径一般在 $5\mu m$ 以下,而比表面积很大,通常为常规纤维的数倍甚至数十倍,因而,其染色性能,如显色性、匀染性、色牢度等,与常规纤维有很大不同,给染色造成一定困难。

(2)染色难点。

①显色性差。超细纤维的染色提升性高于常规纤维。所谓提升性,是指随着染液浓度提高,纤维上染料浓度相应递增的程度。超细纤维的染色提升性好,当染液达到一定浓度时,其上的染料浓度值明显高于常规纤维,即超细纤维的饱和吸色量比常规纤维大。这是因为超细纤维的比表面积大,吸附染料的能力比常规纤维强,在同一条件下,可以吸附更多的染料。同时这与超细纤维截面半径小也有一定关系,染料在纤维中扩散半径短,容易染透。

值得注意的是,对同种纤维而言,纤维上的染料浓度越高,纤维表观颜色深度相应越深。然而,当同种纤维的线密度不同时,情况则发生变化。即纤维越细,比表面积越大,纤维吸收染料越多,染色提升性越好,显色性越差。

所谓显色性,是指不同纤维含有相同染料浓度时,所表现出来的表观色泽的深浅度。显色性差,即表观颜色浅。

超细纤维显色性差的主要原因是纤维比表面积大,对入射白光的反射和漫反射性强,导致进入纤维内部被纤维(染料)选择吸收的光减少,使纤维的透射光(着色光)显著变弱。

对比试验也证实了这一点,超细纤维与常规纤维染同样深度的色泽时,一般需要使用的染料更多。如果染深浓色泽,即使增加染料用量,有时也难以达到常规纤维的表观颜色深度。所以,纤维线密度越大,染深浓色泽越困难。

②匀染性差。生产实践证明,超细纤维的匀染性比常规纤维明显差,无论打小样或大生产,极易产生色泽不匀。分析其原因,主要有以下几点：

a. 纤维细,比表面积大,染色时对染料的吸附速度快,容易造成吸附不匀。

b. 超细纤维截面大多为不规则状,而且表面比较粗糙,因而加剧纤维表面对染料吸附的不均匀性。

c. 超细纤维对染前湿热加工中的物理和化学作用比常规纤维更敏感,如开纤、定形等,一旦受热、受力或化学品作用不均匀,便会产生染色不匀。

d. 涤锦两相在复合丝中分布不匀,特别是染前开纤程度不充分、不均匀,因其染色性能差异很大,故对匀染性影响更突出。

③色牢度差。由于超细纤维在线密度、截面形状、表面特征以及结晶度、取向度和纤维结构等方面,与常规纤维有很大差异,导致它们的染色性能以及染料在纤维上的分布与结合状态具有明显差异,因此,其染色牢度也大不相同。对比测试表明,涤/锦复合超细纤维的染色牢度明显低于常规纤维。

a. 皂洗与摩擦牢度。皂洗和摩擦牢度差的原因主要为:

第一,涤/锦超细纤维的比表面积大,吸附染料能力强,染色时大量染料吸附在纤维表层。这些表层染料部分与纤维分子链直接结合,并有一定的扩散深度,结合力较大,不易脱落;而另一部分染料,则在纤维表面形成多层重叠吸附,彼此结合力弱,容易脱落。在去除浮色时,由于锦纶上的分散染料,经不起还原剥色处理,只能皂洗处理,再加之分散染料水溶性差,因而即使经过皂洗,吸附在纤维表面的这些染料也难以洗净,测试牢度时便会落下。

第二,分散染料与锦纶的染着结合力比涤纶低得多,再加上锦纶玻璃化温度低,并且纤维特别细,截面半径小,尤其是染较深色泽时,在皂洗测试条件下,染着在纤维内部的部分染料,容易从纤维内部迁移到纤维表面,甚至解吸到测试液中,造成皂洗牢度和摩擦牢度低。因此,锦纶组分的存在是造成涤/锦复合超细丝织物皂洗牢度和摩擦牢度差的重要因素。

第三,涤/锦复合超细丝织物,染后通常要经过高温干热后整理。在高温干热处理过程中,涤/锦纤维内部的分散染料,会在高温纤维膨胀时,从纤维内部向纤维表层迁移,形成两次浮色,从而使皂洗、摩擦牢度显著下降。

分散染料的这种热迁移性与热升华性有某种关联,但绝不是同一个概念。染料的热迁移程度(热迁移速率、热迁移量),除了与染料结构、染料用量、热处理温度和时间、纤维上附着的助剂类别及数量等有关外,纤维线密度的高低对其影响也很大。即纤维越细,染料的热迁移程度越大,对色牢度的影响越严重。显然,这与纤维的比表面积大、截面半径小、染料由内向外迁移途径短有关。

b. 日晒牢度差。对比试验与生产实践都证明,超细纤维的日晒牢度比常规纤维差。其影响因素为:超细纤维的比表面积大,暴露在大气与日光下的面积也大,因此会吸收大量的紫外线;纤维细、截面半径小,与常规纤维相比,光容易透射,内部料容易受到光的破坏;纤维细、比表面积大,纤维表层染料多,可以吸收更多的光,导致染料褪色更快;分散染料在120℃染涤纶,日晒牢度良好,而在同条件下染锦纶,日晒牢度则普遍下降(表4-26),而且锦纶线密度越小,锦纶所占比例越多,日晒牢度越差。显然,这与锦纶耐气候牢度差有直接关联。

表 4 - 26 分散染料在常规涤纶和锦纶上的日晒牢度比较

染 料	日晒牢度(级)		染 料	日晒牢度(级)	
	涤纶	锦纶		涤纶	锦纶
分散红 GS	5～6	4	分散深蓝 HGL	5	2
分散红 SE—3B	5	4	分散紫 HFRL	6	4
分散红玉 S—5BL	6	4	分散大红 S—BWFL	5～6	3～4
分散金黄 SE—3R	6	5			
分散蓝 E—4R	6	5			

注 染料 1.5%(owf);pH=5～5.5;120℃,30min。

值得注意的是,通常纤维上染料越多,色泽越深,日晒牢度越好;而对超细纤维来说,情况则恰恰相反,即纤维颜色越深,日晒牢度往往越差。

c. 耐升华牢度差。超细纤维由于比表面积大,纤维表层染料多,因此可以吸收更多的热能,使纤维温度升高;再加上这些表层染料与纤维结合力弱,在高温干热条件下,很容易汽化升华,沾污测试白布。因此,超细纤维与常规纤维相比,耐升华牢度差,一般要低1～2级。

④涤锦复合纤维同色性差。涤锦复合纤维缺乏同色性,在相同条件下用分散染料染色,涤锦两相得色量、色光,甚至色相不尽相同,出现夹花、闪色现象,布面色光不匀。

a. 染色深浅不同。涤纶和锦纶虽然同属疏水性纤维,均可用分散染料染色,但它们的初始上染温度相差甚远,锦纶一般在 40～50℃开始明显上染,染温达到 100℃后保温适当时间,便可达到最大吸色量。而涤纶要在 80～85℃以上才开始上染,染温达到 130℃左右保温适当时间才能达到最大吸色量。

因此,涤/锦复合丝织物用分散染料在 120℃染色时,两相的上色同步性很差,涤纶远远滞后于锦纶。

需要注意的是,分散染料对涤纶和锦纶的上染性能随染色温度不同而不同。沸温以下,分散染料对锦纶的上染能力大于涤纶,主要是上染锦纶;沸温以上,分散染料对涤纶的上染能力,随着染温提高而提高,而对锦纶的上染能力反而有所下降。

因此,在沸温以上高温染色时,已染着在锦纶上的分散染料,由于结合力下降会发生解吸,重新回到染液中,继而转移到涤纶上。实践表明,涤/锦复合纤维在高温条件下染色时,这种移染基本上是定向的,而且这种定向移染的程度(移染速率、移染量),除了与染色温度、保温时间、使用助剂有关外,与染料结构、染料用量也密切相关。

生产实践证明,涤/锦复合超细丝织物用分散染料在 120℃染中浅色时,由于分散染料具有一定的定向移染作用(色泽较浅,移染作用相对较小),大部分染料的染色结果是涤纶深于锦纶,如分散红 3B、分散嫩黄 SE—4GL、分散红 SE—FB、分散翠蓝 S—GL、分散灰 SE—N、分散紫 HFRL、分散蓝 E—4R 等;但仍有部分染料染色后是锦纶深于涤纶,如分散红 SE—3B、分散红 SE—GS、分散红 TRL、分散金黄 SE—3R 等。在涤锦两相纤维上能获得得色深度较接近的染料较少,如分散深蓝 HGL(S—3BG)、分散红玉 S—2GFL(S—5BL)等。

b. 得色色光不同。涤锦两相染色色光不同,主要原因有以下两点:

第一,分散染料在涤纶和锦纶上的发色效应不同。大多数分散染料染涤/锦时,得色色光和鲜艳度具有显著差异(表4-27)。有些染料在不同纤维中,甚至吸收光的主波长都会发生变化,致使得色色相改变,这种现象与分散染料在不同纤维中的分布与结合状态有关。

表4-27 分散染料在涤纶和锦纶上的得色色光比较

染料名称	染色色光		染料名称	染色色光	
	涤纶	锦纶		涤纶	锦纶
分散金黄 SE—3R	金黄色	金黄色	分散蓝 E—4R	艳蓝色	暗蓝色
分散大红 S—BWFL	大红色	枣红色	分散红 E—4B	粉红色	桃红色
分散红玉 S—5BL	红玉色	红玉色	分散紫 HFRL	红莲色	紫莲色
分散红 FRL	大红色	紫红色	分散红 SE—FB	桃红色	暗红色
分散红 SE—GS	橘红色	枣红色	分散深蓝 HGL	深蓝色	深蓝色

注 染料1%(owf);120℃,30min。

第二,分散染料染涤/锦对染浴 pH 值敏感不同 分散染料高温染涤纶,染浴必须控制在弱酸性,因为绝大部分分散染料在弱酸性浴中染色,能获得最深艳的色泽,重现性最好。

然而,分散染料染锦纶,无论是沸温常压染色,还是高温120℃染色,染浴呈弱酸性时,许多分散染料的色光会发生异变,甚至色相都会发生变化,从而导致涤锦同色性差异更加严重(表4-28)。

表4-28 分散染料染浴 pH 值对锦纶色光的影响

染料名称	染浴 pH 值对锦纶色光的影响	
	pH=5~6	pH=7
分散红 SE—GS	蓝光红色	黄光红色
分散金黄 SE—3R	略浅金黄色	深艳金黄色
分散蓝 E—4R	红光宝蓝色	蓝光艳蓝色
分散灰 SE—N	红光灰色	黄光灰色
分散红 SE—B⊗	酱红色	红莲色
分散红玉 S—2GFL⊗	大红色	枣红色
分散大红 S—BWFL⊗	橘红色	枣红色
分散红 FRL⊗	黄光红色	枣红色
分散红 BD	艳酱红色	艳酱红色
分散红 SE—4RB	艳枣红色	艳枣红色
分散红 SE—3B	玫瑰红色	玫瑰红色

注 染料0.5%(owf);100℃,30min;符号⊗—色相不同。

(3)应对措施如下：

①染料选择。如前所述,由于涤/锦复合超细纤维的染色性能与常规纤维相差较大,因而染常规纤维的分散染料并非都适用于染涤/锦复合超细纤维。生产实践表明,适合涤/锦超细纤维染色的分散染料,必须具有以下特点：

a. 匀染性好。由于涤/锦复合超细纤维的比表面积大,表层又较粗糙,所以对染料的吸附速率高,吸附均匀性差,再加上纤维染前湿热处理并非完全均匀一致,从而使纤维匀染性更差。因此,要求所用染料应具有温和吸附、快速扩散、移染力强的特点。而且,染料颗粒在水中的聚集倾向要小,在整个染色过程中,要有良好的分散稳定性,这对染料的均匀吸附至关重要。

b. 染深性好。所谓染深性好,是指随着染液浓度增加,纤维表观颜色明显增深,在纤维吸色达到饱和以前,纤维表观色泽容易达到深浓程度。

涤/锦复合超细纤维染色时具有表观显色性差的缺点,即使用同样多的染料也达不到常规纤维相同的表面色深,尤其是染深浓色泽更加困难。因而,要求染料力份强度高,染深性好。

c. 色牢度好。涤/锦复合超细纤维染色后的皂洗、摩擦、升华牢度和日晒牢度比常规纤维至少低 $0.5 \sim 1$ 级。因此,要求分散染料要有较好的湿处理牢度,并且热迁移性要小、耐升华性要好、抗紫外光分解能力要强。

d. 同色性好。涤/锦复合丝织物用分散染料高温染色后,常出现色光不匀和夹花现象。为此,用分散染料染涤/锦复合纤维时,必须选用对涤锦同色性相对较好的染料。

目前,专门用于涤/锦复合超细纤维染色的分散染料尚未形成系列,主要是从常规涤纶用分散染料中进行筛选。市场供应的快速染料、高牢度染料、高强度染料以及超细纤维染料中的部分分散染料品种,在合适的助剂和优化的工艺配合下,基本可以适应涤/锦复合超细纤维染色。

②助剂选择。涤/锦复合超细纤维对染色助剂的要求比常规纤维更高,适用的助剂不仅对染液要有良好的高温稳定作用,而且还需有良好的缓染移染功能,起泡性低,对上染率的影响要小。显然,采用单一结构的助剂,不能达到既分散又匀染的要求。

实践表明,阴离子型表面活性剂与非离子型表面活性剂按一定比例配合使用,可以发挥协同效应,具有较好的效果。

目前,市场上供应的一些高温分散匀染剂产品,大多属于阴离子/非离子型表面活性剂复配物。其中,阴离子组分主要作为染液的高温分散剂,以提高染液的分散稳定性;非离子组分则主要作为染料的缓染移染剂,以提高匀染效果。

阴离子/非离子型表面活性剂配合使用,还可以提高非离子型表面活性剂的浊点,改善其耐热性能。此外,由于两者可以形成带双电层的混合胶束,对染料微粒的保护作用更强,分散液更稳定,且起泡性较低,对上染率影响较小。

这些阴离子/非离子型系列产品很多,实用效果有所不同。常规纤维高温染色对助剂要求相对较低,实际应用效果尚好;但涤/锦复合超细纤维高温染色时对助剂的要求较高,其实用效果,尤其是缓染性、移染性的匀染效果,大多尚不尽如人意,必须加以选择。表 4-29 列出可供选择的部分高温分散匀染剂。

表 4-29　国产部分高温分散匀染剂商品名称

商品名称	供应单位	商品名称	供应单位
(超细旦)强力匀染剂 SFD	南通斯恩特化学品厂	高温匀染剂 T-150、HTP-425	上海大祥化学工业公司
超细纤维渗透匀染剂 LT-525	上海龙腾化工公司	(超细旦)分散匀染剂 PEL	上海德桑精细化工公司
高温分散剂 RPL-509、RPL-254	上海安诺其纺织化工公司	高温高压匀染剂 S-1	宁波兴华化学公司
高温高压匀染剂 DA-RM	杭州合群精细化工公司	高温匀染剂 M-2104	杭州美高华颐化工公司
超细旦匀染剂 HF-802、YL5	浙江宏达化学制品公司	高温匀染剂 TF-205	杭州传化学制品公司
德美匀 1011	广东德美精细化工公司	超细纤维匀染剂 HTEH	杭州合祥精细化工公司
高温匀染剂 BOF	浙江上虞第二化剂厂	高温分散剂 DPL	汽巴公司
高温分散匀染剂 DA-RM	卜内门公司	低泡高温匀染剂 601	丹东恒星精细化工公司
高效分散匀染剂 RAP	常州化工研究所		

③工艺选择。涤/锦复合纤维中,涤锦组分比例不同。剥离型复合纤维锦纶含量较少,为 15%~20%;海岛型复合纤维,锦纶占比例较多,为 40%~50%。分散染料在锦纶上的各项染色牢度普遍较低,而且染深性又差。因此,锦纶含量少者,可采用单分散染料染色;锦纶含量较多者,分散染料只能染浅色。对于较深色泽,必须采用分散/酸性或分散/中性染料染色。

a. 单分散染料染色。

• 确保染液良好的分散稳定性。涤/锦复合超细纤维采用单分散染料染色时,其工艺关键是必须确保染液具有良好的高温分散稳定性和良好的缓染、移染性。

大量生产实践认为,在机械、染料、助剂一定的条件下,染液温度越高,升温越快,染液流动越快,分散稳定性越差。这是因为染料—分散剂微胶粒动能提高,使其结合力减弱,染料解吸出来相互碰撞的概率增大,染料容易凝集。

涤/锦复合超细纤维喷射液流染色时,为了减小对涤纶的上染率和对锦纶手感的影响,并尽可能使涤锦组分的得色深度相同,必须在 110~120℃高温条件下染色,而且染液(或织物)必须保持较高的循环速度,一般为 200~300m/min。因为染液循环速度越快,搅动越剧烈,纤维内外紧密接触的染液更新频率越高,可获得更高的上染率。升温阶段,在机内处于堆置状态的织物之间的染液的浓度和温度,总是比主体循环染液低。加快染液循环速度,可以显著减小这种差异,明显改善其匀染效果。所以,必须选用凝聚性小的染料和效果显著的高温分散匀染剂,以克服高温和高速造成的染液分散稳定性差的缺点。

• 控制升温速度。合理控制升温速度和采取阶梯式升温保温工艺,可有效提高匀染效果,改善染色牢度。

试验结果显示,涤纶在玻璃化温度(80~85℃)以下染色时,只有微量表面沾色;在 100℃,由于涤纶只是表层"解冻",染料上色少,只是环染;在 100℃以上,其上染速率才随着温度的提高而迅速加快。因而,涤纶的始染温度较高。

而锦纶的玻璃化温度通常为 45～50℃。在 50℃以上,其上染速率已相当快。因而,锦纶的起始上染温度很低。

显而易见,涤/锦复合超细丝织物喷射溢流染色时,必须是室温起染,并且在 70℃、95℃分别保温适当时间,而后升温至规定温度保温染色。这对于保持染液的分散稳定性,提高纤维吸附染料的均匀性,减小升温过程中与纤维内外紧密接触的染液与主体循环染液之间的浓度差和温度差,最终实现匀染十分有效。

·保温时间选择。对涤/锦复合超细纤维而言,即使染液分散性良好,升温缓慢,纤维上染速率还是较快,纤维吸色的不均匀性依然比较明显。因而,移染作用特别重要。

对涤纶和锦纶而言,染温在玻璃化温度附近时,染料很少进入纤维内部,主要是吸附在纤维表面,容易解吸重新进入染液中,对超细纤维而言,其比表面积大,染料解吸量也大,若这个阶段保温时间足够,移染作用(俗称界面移染)十分有效。当染温超过纤维玻璃化温度以后,随着染料向纤维内部扩散,同时也有染料从纤维内部扩散到表面,进而回到染液中,发生所谓"全程移染"。显然,这种移染比较困难,需要较高能量,因而,主要发生在高温染色阶段。对于超细纤维,染料从纤维内部扩散出来的路程短,所以,它比常规纤维的移染作用明显,特别是在含有载体组分的高温匀染剂的存在下。

由此可见,高温阶段保温适当时间,不仅可以确保实现上染平衡,提高上染率,减少缸差,而且对增加透染率,改善色牢度,提高匀染性有较好效果。尤其是染较深色泽时,其移染匀染作用愈加显著。

保温时间也不宜太长。对亲和力高、移染性差的染料,以及染深浓色泽时,保温时间要适当延长。如果高温区保温时间过长,有些染料可能会发生还原或水解,影响色光的纯正性,也会影响锦纶组分的手感。

·染色温度的确定。分散染料染涤/锦复合纤维时上染同步性很差,两者达到最高吸色量的温度相差甚远。一般锦纶为 100～105℃,涤纶为 125～130℃。在生产实践中,涤/锦复合丝织物最高染温以 110～120℃为宜。

涤/锦复合丝织物染色时需考虑纤维各组分所占比例。对于剥离型涤/锦复合纤维以涤纶为主,需要 120℃高温染色,使涤纶获得较高的上染率,而对涤锦组分的同色性以及锦纶的手感影响较小;而对海岛型涤/锦复合纤维,涤锦所占比例相当,即使选用在涤锦上色光、色相接近的染料染浅色,在得色深度上还是有一定差距。

前面已述及,分散染料 120℃染涤/锦复合纤维时,如果使用涤深锦浅的染料染色,染温应控制低些,目的是使涤纶上的得色浅些,使涤锦组分染料用量相近;使用涤浅锦深染料染色时,则应适当提高染温,且充分保温,以强化染料在高温条件下的定向移染作用,使锦纶色泽适当拉浅,涤纶适当提深。必要时可加入适量含有载体组分的高温分散匀染剂,降低涤纶的始染温度,这对提高涤纶染料用量也有一定作用。

·染色后处理。涤/锦复合超细丝织物的染色牢度比较差,尤其是染深色,必须进行染色后处理。由于锦纶组分的存在,还原清洗会严重影响其色光,故建议采用以下方法处理:

阴离子/非离子型高温匀染剂 2～3g/L,螯合分散剂 1～1.5g/L,温度 80～100℃,处理20min 后水洗。

根据生产实践,涤/锦复合超细丝织物采用单分散染料喷射溢流染色时,以下染色工艺是行之有效的。

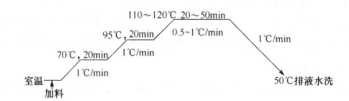

b. 分散/中性(酸性)染料染色。主要用于海岛型涤/锦复合超细纤维染中深色泽。

海岛型复合超细纤维的锦纶组分含量较多,用分散染料染色,不仅提升性差,涤锦组分的深度差异也较大,难以调整,而且染色牢度也差。采用分散/中性或分散/酸性染料一浴一步法染色,可以较好地改善上述问题,尤其是涤锦组分的同色性(色光、深浅)比较容易调整和控制,染色布面色光匀净性好。

·分散/中性染料一浴一步法染色。分散染料和中性染料对一浴一步法具有良好的适应性。在沸温以下阶段,主要是中性染料上染锦纶,分散染料对涤纶上色较少。这是因为中性染料对锦纶的亲和力比分散染料高得多,在沸温以下的升温保温阶段,便会最大限度地抢先上染锦纶,而分散染料被排斥在后。

在沸温以上阶段,主要是分散染料上染涤纶。此时已沾染在锦纶上的一些分散染料,由于对锦纶的结合力较弱,随着温度的升高,会向涤纶上转移;而染着在锦纶上的中性染料,由于染色牢度好,对涤纶又无亲和力,所以落色很少。染色结果显示,锦纶上的主色调为中性染料,分散染料沾色较少。

必须注意,由于涤/锦复合超细纤维对染料的吸附速率快,再加上中性染料对锦纶的亲和力高、移染性小,所以锦纶组分的匀染性显得很差。为此,染色时除了控制升温速度,并采取阶梯式保温以外,必须在加入高温分散匀染剂的同时,再加入适量锦纶匀染剂,以减缓中性染料的上染速度,这对提高匀染效果,改善染色牢度比较有效。

具体染色工艺可参照前文③工艺选择 a. 单分散染料染色工艺曲线。

·分散/酸性染料一浴一步法染色。由于中性染料的色光灰暗,缺乏艳亮的色谱,所以,染艳红、艳蓝、艳紫、艳绿等鲜艳色泽时,锦纶需用弱酸性染料染色。

弱酸性染料与分散染料同样具有较好的同浴染色性。其染色工艺与分散/中性染料一浴一步法基本相同,但应注意以下两点:

第一,与中性染料相比,弱酸性染料在锦纶上的染色牢度较差,所以,在100℃以上超高温染色阶段,对锦纶有较好的移染、匀染效果。其上染率与沸染相比,在染中浅色时,多数染料因吸尽率高,得色深浅接近;而染深浓色泽时,上染率则有下降趋势。少数染料,如普拉艳蓝RAWL(弱酸性艳蓝RAW)等在100℃以上超高温染色的,色泽会严重变浅变暗,致使红光消失而无法使用。其得色鲜艳度,无论染深、中、浅色,100℃以上超高温染色均有变暗趋势。

第二,中性染料染锦纶,对染浴pH值不太敏感,大多数染料上染率良好,而弱酸性染料对染浴pH值的敏感性很大。在中性染浴中,大多数染料上染率很低,如卡普仑黄3G、普拉黄

GN、普拉蓝 RAWL、普拉红 B、普拉红 10B、弱酸大红 E—R、弱酸湖蓝 5GM、弱酸黑 NBA 等;有些染料甚至完全不上色,如依加诺黄 5GN、弱酸嫩黄 2G 等。因此,染中深色泽时,必须采用醋酸—醋酸钠或效果好的 pH 值滑移剂,将染浴 pH 值稳定在 4.5～5.0,这对提高上染率和色光重现性至关重要。

68　涤/锦/棉三合一织物,一浴一步法染色,其工艺关键是什么?

答:涤/锦/棉三合一织物,一浴一步法染色,其工艺关键有以下四点:

(1)温度的选择。涤/锦/棉三合一织物中的锦纶组分,耐热稳定性差,在水中所能承受的最高温度为 120℃。温度超过 120℃,锦纶就会产生显著的"纸化"现象(消弹、泛黄、硬化、脆损)。因而,涤/锦/棉三合一织物的染色温度只能是 120℃。

(2)染料的选择。

①染涤、锦的染料。染涤纶只能用分散染料,没有选择余地。可是,分散染料能同时上染锦纶。并且匀染性好,遮盖性优良。然而,分散染料同浴染涤纶与锦纶,两者的同色性较差,布面"夹花"现象明显,而且皂洗、日晒牢度欠佳。因此,涤纶和锦纶组分,应该采用分散染料与中性染料相组合配伍染色。实验证明,在高温高压(120℃)条件下,分散染料与中性染料对杂色条件(温度、pH 值、助剂等)具有良好的适应性。而且,由于分散染料对涤纶具有较好的上色定向性,以及中性染料对锦纶有明显的上色专一性与优良的染色牢度,涤锦两相既容易获得匀一色泽,又能使皂洗、日晒牢度得到明显改善。

②染棉纤的染料。涤纶和锦纶的染色性能,决定了涤/锦/棉三合一织物,必须在高温高压 120℃染色。40℃染色的低温型活性染料、60℃染色的中温型活性染料、80℃染色的高温型活性染料,由于耐热能力差,显然不能适应 120℃的染色条件。热固型活性染料,耐热稳定性好,所能适应的染色温度为 100～130℃。而且不需要碱剂固色,最佳固色 pH 值为中性。这与分散染料染涤纶、中性染料染锦纶的工艺条件相同或相近。因而,热固型活性染料具备与分散染料、中性染料同浴染涤、锦、棉的基本条件。

(3)助剂的选择。热固型活性染料染棉,必须施加适量(20%～30%)的电解质。电解质的存在,对中性染料在中性浴(锦纶的等电点为 5～6)中染锦纶,会产生明显的促染作用。因而不会影响锦纶的得色深度。但会导致上染速度加快,降低匀染效果。因此,必须添加适量锦纶匀染剂。实验证明,施加 1～2g/L 锦纶匀染剂染色,可以显著提高锦纶的匀染效果。而对分散染料染涤纶、热固型活性染料染棉,不会产生不良影响。可供选择的锦纶匀染剂见表 4-30。

表 4-30　锦纶匀染剂常用品种举例

名　称	离子性	生产厂家
匀染剂 DW—205	阴	浙江湖州绿典精化公司
匀染剂 B—30	阴	苏州市联胜化学公司
匀染剂 CY—2205	阴	广州市创越化工公司

名　　称	离子性	生产厂家
匀染剂 ST	阴	上海湛和贸易公司
匀染剂 LB—306	阴	杭州市力朗化工公司
匀染剂 HS—200	非	无锡开来化工公司
匀染剂 HA	非	浙江宏达化学制品公司
匀染剂 M—223	非	杭州美高化颐化工公司
匀染剂 UAS	非	佛山市伍友化工公司
匀染剂 NV—400	非	上海湛和贸易公司
匀染剂 CNL—2	二性	苏州市科信化工公司
匀染剂 AH	二性	上海日方雅精细化工公司
匀染剂 N009	二性	广东富联精细化工公司
匀染剂 SWP	二性	浙江宁波兴华化学公司
酸性匀染剂	二性	浙江桐乡溶力化工公司
匀染剂 GND	二性(复合)	南通斯恩特化学品厂
匀染剂 SV	阴/非复合	上海康顿纺化公司
匀染剂 NB—4C	阴/非复合	浙江华晟化学制品公司
匀染剂 CL—230	阴/非复合	张家港杰铭工业公司
匀染剂 HK—2023	阴/非复合	宁波鄞州华科纺织助剂厂
匀染剂 N—10	二性复合	上海大祥化学工业公司
匀染剂 TBW—951	二性复合	广东顺德德美精细化工公司

电解质的存在,还会使分散染料在高温(120℃)染浴中的分散稳定性下降。由于染料的凝聚倾向会增大,容易给匀染透染效果以及染色牢度造成不良影响。因而,又必须添加 $1\sim2g/L$ 高温分散匀染剂。实验表明,高温分散匀染剂的施加,可以显著减小染料的凝聚程度,有效消除电解质的负面影响。而对中性染料染锦纶、热固型活性染料染棉,没有不良影响。可供选择的高温分散匀染剂见表 4-31。

表 4-31　常用阴/非离子复合型高温分散匀染剂

品种名称	使用量(g/L)	生产单位
高温分散匀染剂 M—2104	0.5~1.5	杭州美高华颐化工公司
高温分散匀染剂 DP—208、DP—210	0.5~2.0	浙江湖州绿典精化公司
高温分散匀染剂 TF—201D、TF—201E	0.5~1.5	杭州传化化学制品公司
高温分散匀染剂 335	1~1.5	浙江嘉善长盈精细化工公司
高温分散匀染剂 HS—308、HS—309	0.5~1.5	浙江华晟化学制品公司
高温分散匀染剂 702	0.2~0.4	苏州联胜化学公司

品种名称	使用量(g/L)	生产单位
高温分散匀染剂 PM、PE	0.5～1.5	上海昉雅精细化工公司
高温分散匀染剂 CY—2108	0.5～1.5	广州创越化工公司
高温分散匀染剂 CPL	1～2	宁波鄞州佰特化工助剂厂
高温分散匀染剂 HK—2026	1～2	宁波化科纺织助剂厂
高温分散匀染剂 SBL—D416	1～1.5	上海赛博化工公司
高温分散匀染剂 BOF、D—401	1～2	浙江宏达化学制品公司
高温分散匀染剂 HY—201	1～2	宁波鄞州海雨化工公司
高温分散匀染剂 R—1600	1～1.5	浙江海宁胜晖化学公司
高温分散匀染剂 HTP—425	1～2	上海大祥化学公司
高温分散匀染剂 DP—2521	0.5～1.5	苏州维明化学公司
高温分散匀染剂 M——2100、M—2103	0.5～1.5	杭州美高华颐化工公司
高温分散匀染剂 PC	0.5～1.5	上海康顿纺织化工公司
高温分散匀染剂 RH—201、RH—202	1～2	宁波润禾化学工业公司
高温分散匀染剂 LE—950	1～1.5	石家庄环城生物化工厂
高温分散匀染剂 LT—515	1～2	上海龙腾化工公司
高温分散匀染剂 GS—8	1～2	江苏江阴金阳化工厂
高温分散匀染剂 TY—125、TY—912	0.5～2	江苏天源化工(盐城)公司
高温分散匀染剂 CL—836	0.5～2	江苏杰铭工业股份公司
高温分散匀染剂 PE	1～2	上海德桑精细化工公司
高温分散匀染剂 MD—20	1～2	江苏江阴德玛化学公司

(4)工艺的选择。

①染色配方：

分散染料	x
中性染料	y
热固型活性染料	z
软水剂	1～2g/L
电解质	20～30g/L
pH 缓冲剂	适量(pH＝7)
锦纶匀染剂	1.5g/L
高温分散匀染剂	1.5g/L

②染色工艺：

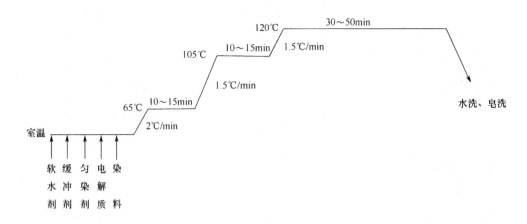

③工艺提示：

a. 染料要分开化料。分散染料要以 50～55℃温水调开,活性染料要以 60～80℃热水溶解,中性染料要以 90～100℃开水溶化。

b. 要分段升温。升温至 65℃要保温染色一个时段。原因有两个：一是,锦纶玻璃化温度低 (47～50℃),65℃以上随着温度的提高,上色会急速加快,容易吸色不匀。二是,热固型活性染料,在 70℃以下固着反应不明显,故移染作用活跃。而 70℃以上,染料的固着反应会快速发生,移染作用会显著变小。所以,65℃保温染色一个时段,对锦纶与棉纤维的匀染透染效果有重要意义。

c. 低温型(E 型)分散染料,分子结构简单,相对分子质量较小,扩散容易,在 120℃染色上染率较高,得色较稳定。高温型(S 型)分散染料,由于分子结构相对复杂、相对分子质量相对较大,扩散相对困难,故在 120℃染色上染率较低,重现性较差。因此,该工艺最适合选用低温型(E 型)分散染料染色。

d. 由于涤纶的微结构在 100℃以上会快速“解冻”,分散染料的上染速率会陡然提高。所以,会产生吸色不匀的隐患。经检测,低温型分散染料上色最快的温度区段是 100～110℃,中温型与高温型分散染料上色最快的温度区段是 110～120℃。因而,低温型分散染料染色时,升温至 105℃要保温染色一个时段。中温型和高温型分散染料染色时,升温至 115℃要保温染色一个时段。这对提高涤纶的匀染透染效果有显著作用。

e. 热固型活性染料的染深性差,不适合染深浓色泽。因此,该染色法只适合涤、锦、棉三合一织物染中浅色。由于色泽越浅,耐日晒牢度越低,所以,该染色法应该选用高耐日晒牢度的分散染料。

f. 在高温高压(＞100℃)条件下,分散染料容易因水解产生减色、变色。该工艺是在中性浴中 120℃染色。因此,尚需选用耐水解稳定性较好的分散染料。

69　涤/棉织物练、漂、染一浴法染色,有什么技术难点？该如何应对？

答：(1)难点,所谓练、漂、染一步法染色,就是将涤/棉织物的练漂与涤纶的染色一浴一步完成。该工艺的特点,是集精练助剂、漂白助剂、分散染料于一体,实施高温高压染色。显而易见,该工艺有两大难点：

①对分散染料的要求高。要求分散染料既要有超高的耐碱稳定性，又得有良好的耐氧化稳定性。即在高温高压130℃、碱、氧共有的条件下，对涤纶要有正常的染色效果。

这是因为，该工艺是精练、漂白、染色（涤）同浴进行，染料与碱、氧共存。所以，对分散染料的要求与常规染色不同。

染涤纶常用分散染料，在高温高压（130℃）条件下，存在着两大缺陷：

a. 耐碱性水解稳定性差。一旦染浴 pH＞7，就会发生显著甚至严重的减色、变色问题。

b. 耐氧漂稳定性欠佳。在高温（130℃）、碱、氧共存的染浴中，许多分散染料有被氧化破坏从而产生减色、变色现象的可能。

所以，常用普通分散染料，达不到练、漂、染一浴一步法染色的要求。

②对练染助剂的要求高。由于该工艺是精练、漂白、染色同浴进行，所以，对练染助剂的要求与常规练漂、常规染色也有所不同。一浴练染助剂必须具有耐高温（130℃），耐氧漂，相容性好的特点。即在高温高压（130℃）、碱、氧共存的条件下，对织物要有良好的练漂效果，而对分散染料的染色效果没有负面影响。

（2）应对举措。

①选用耐碱分散染料染色。近年来，国内染料企业相继推出了"耐碱分散染料"。如浙江龙盛集团股份有限公司的 ALK 系列耐碱分散染料。浙江闰土股份有限公司的 ADD 系列耐碱分散染料等。

经检测，这些分散染料，在高温 130℃ 条件下的耐碱能力，比普通分散染料要高得多。以 ADD 系列分散染料为例。

在 pH≤9 的染浴中，稳定性普遍良好。其得色深度与常规（酸性浴）染色相当，色光变化也小。其中，分散黄 ADD、分散金黄 ADD、分散橙 ADD、分散桃红 ADD、分散红 ADD、分散蓝 ADD 等，耐碱稳定性优良。可以在 pH＝10 的染浴中正常染色（表 4-32）。

近年来，山东蓬莱嘉信染料化工有限公司，又推出了新型超强耐碱分散染料。其高温（130℃）耐碱能力，达到了前所未有的水平。经检测，H 系列分散染料的耐碱能力达 pH＝11。HA 系列分散染料的耐碱能力达 pH＝14。而且，对色光的影响幅度也不大。

单从耐碱稳定性来看，国产大部分耐碱分散染料，可以适应在 pH≥10 的条件下使用，能够达到练、漂、染一浴一步法染色工艺的要求。

表 4-32　ADD 系列分散染料在高温下的耐碱稳定性

相对得色深度（％）与色光　　　染料	酸性浴染色		碱性浴杂色							
	pH＝4.5（始）		pH＝8.11（始）		pH＝9.04（始）		pH＝10.07（始）		pH＝11.10（始）	
	深度	色光	深度	色光	深度	色光	深度	色光	深度	色光
分散艳黄 ADD	100	标准	100.58	稍红	99.56	稍红	94.99	稍红	23.56	淡米黄
分散金黄 ADD	100	标准	100.49	稍黄	101.15	稍黄	101.02	稍黄	37.40	淡黄棕

续表

相对得色深度（%）与色光 染料	酸性浴染色 pH=4.5(始)		碱性浴染色								
	深度	色光	pH=8.11(始)		pH=9.04(始)		pH=10.07(始)		pH=11.10(始)		
			深度	色光	深度	色光	深度	色光	深度	色光	
分散黄棕 ADD	100	标准	102.01	稍红	103.07	红光重	98.32	红光重	81.99	红光重	
分散橙 ADD	100	标准	100.64	稍红	102.11	稍红	103.12	红光重	99.67	红光重	
分散蓝 ADD	100	标准	100.44	微红	100.67	微红	100.09	微红	74.01	湖蓝色	
分散黄 ADD	100	标准	101.23	微红	101.14	微红	100.41	微红	64.48	黄棕色	
分散翠蓝 ADD	100	标准	98.75	微蓝	98.11	微蓝	96.33	微蓝	30.63	湖绿光	
分散艳蓝 ADD	100	标准	97.88	微红	96.18	微红	94.54	微红	37.06	浅湖蓝	
分散深蓝 ADD	100	标准	101.52	微红	100.78	微红	90.85	微暗	23.13	浅蓝灰	
分散藏青 ADD	100	标准	101.70	相似	102.03	相似	89.10	微暗	25.69	浅鼠灰	
分散黑 ADD	100	标准	102.95	相似	102.17	相似	77.99	黄光重	24.97	灰棕色	
分散桃红 ADD	100	标准	100.67	微黄	101.11	微黄	100.41	微黄	67.04	暗淡	
分散红 ADD	100	标准	106.40	红光重	108.67	红光重	109.62	红光重	98.48	暗红	
分散红玉 ADD	100	标准	99.49	微黄	98.57	微黄	96.77	微黄	64.30	暗淡	

注 ①配方：染料 1.25%(owf)、高温匀染剂 1.5g/L、染浴 pH 值以醋酸和纯碱调节。

②工艺：浴比 1:25，以 2℃/min 升温速度升至 130℃，保温染色 40min、水洗、净洗。

③织物：83dtex×167dtex+83dtex(75 旦×150 旦+75 旦)，598 根/10cm×512 根/10cm(152 根/英寸×130 根/英寸)纯涤纶布。

④检测：pH 值以杭州雷磁分析仪器厂 pHS—25 型数显酸度计检测。

相对得色深度以 Datacolor SF 600X 测色仪检测。

然而，这些耐碱分散染料，在高温(130℃)条件下的耐氧漂稳定性却不尽如人意。以 ADD 系列分散染料为例：

ADD 系列分散染料(表 4-33)，在高温 130℃、碱氧共存的条件下染涤纶，其得色深度会明显下降。其中，多数染料的减浅幅度<10%，少数染料的减浅幅度较大，可达 15%～25%。可见，国产耐碱分散染料在高温 130℃ 条件下的耐氧漂稳定性欠佳。

因此，在实际生产时，必须注意两点：

第一，选用耐碱分散染料时，不能只看其耐碱能力的高低，还要看其耐氧漂能力的大小。

第二，双氧水的用量浓度，必须严格控制。宜低不宜高(100% H_2O_2 应低于 1.5g/L)

注，涤/棉织物的含棉量少，对练漂的要求不高。据实验，即使双氧水浓度与碱剂浓度偏低，在高温高压(130℃)条件下的漂白效果，也容易达到要求。

表 4-33 ADD 系列分散染料的耐 H₂O₂ 稳定性

染 料 \ 相对得色深度 (%)与色光	染浴 pH=10.07(始)、$\frac{100\%}{H_2O_2}$ 0g/L		染浴 pH=10.07(始)、$\frac{100\%}{H_2O_2}$ 1.5g/L	
	得色深度	得色色光	得色深度	得色色光
分散金黄 ADD 200%	100	标准	85.38	微红
分散黄 ADD 200%	100	标准	96.52	微红
分散橙 ADD 200%	100	标准	95.76	微红
分散大红 ADD 200%	100	标准	102.07	微红
分散红 ADD 200%	100	标准	94.52	相似
分散桃红 ADD 200%	100	标准	75.98	相似
分散红玉 ADD 200%	100	标准	92.16	相似
分散紫 ADD 100%	100	标准	102.62	微蓝
分散黄棕 ADD 200%	100	标准	93.36	相似
分散蓝 ADD 200%	100	标准	86.15	相似
分散艳蓝 ADD 100%	100	标准	91.27	相似
分散翠蓝 ADD 200%	100	标准	96.08	相似
分散深蓝 ADD 300%	100	标准	97.65	相似
分散藏青 ADD 300%	100	标准	96.41	相似
分散黑 ADD 300%	100	标准	93.55	相似

②选用一剂型练染剂染色。所谓一剂型练染剂,是集螯合分散剂、精练剂、双氧水稳定剂、高温分散匀染剂和碱剂于一体,可以直接用于涤/棉织物的练、漂、染一浴一步法工艺中,使用很方便。以浙江闰土股份有限公司的一浴练染剂 RTK 为例。

a. 浓度与 pH 值(表 4-34)。

表 4-34 一浴炼染剂 RTK 不同浓度的 pH 值

处理条件 \ pH 值	溶液浓度(g/L)									
	1	2	3	4	5	6	7	8	9	10
溶液未经处理	9.36	9.69	9.92	10.07	10.21	10.32	10.40	10.50	10.55	10.62
溶液经 130℃,40min 处理	8.10	8.32	8.98	9.47	9.70	9.85	9.98	10.06	10.11	10.17

注 溶液以硬度为 110mg/L 的自来水配制。

以杭州雷磁分析仪器厂 pHS-25 型数显酸度计于室温检测。

从检测数据可以看出以下三点:

第一,溶液的 pH 值是随浓度的增加而提高,但提高幅度较缓和,这表明其中的碱剂组分具有一定程度的缓冲性。

第二,溶液经高温处理(130℃,40min),其 pH 值会明显下降。这对分散染料在高温(>

100℃)碱性浴中染色保持较好的稳定性有利。

第三,根据耐碱分散染料的耐碱能力(pH＝10),以及一浴练染剂的浓度、pH值,在涤/棉织物一浴练染工艺中一浴练染剂的使用浓度,应该是4～5g/L。

b. 精练与漂白效果(表4-35)。

表4-35　一浴练染剂 RTK＋H₂O₂ 的练漂效果

助剂用量(g/L)		练漂效果				
RTK	100% H₂O₂	手　感	白度值(%)	毛效 (cm/30min)	棉籽壳	断裂强力(N)
3	1	软柔软	74.3	8.1	无	经　316.6
3	1.5	柔　软	78.5	8.6	无	316.3
3	2.0	柔　软	80.1	10.4	无	314.7
3	2.5	柔　软	81.6	11.2	无	295.1

　注　织物为19.4tex×19.4tex(30英支×30英支),268根/10cm×268根/10cm(68根/英寸×68根/英寸)全棉平布。
　　　浴比为1∶25,以2℃/min升温速度升至130℃,保温处理40min,温水洗净。
　　　白度值以2BD白度测定仪检测。

从检测结果可以看出:

普通全棉织物,经一浴练染剂 RTK(3g/L)和双氧水(100%,1～2.5g/L)同浴高温(130℃)处理,其手感柔软、毛效良好、布面白净、强度正常。完全可以达到常规染色的要求。

涤/棉织物含棉量少,其练漂效果无疑会更好。所以,涤/棉织物采用练染一浴工艺加工时,一浴练染剂 RTK 的用量3g/L、100% H₂O₂ 用量1～1.5g/L已经足已,在通常情况下无须再增加用量。

还有几点需注意:

①练、漂、染一浴一步法染色工艺,适合涤棉织物的小批量多品种加工。尤其适合涤棉织物染中浅色(因为染深浓色泽无须漂白),推荐工艺为:

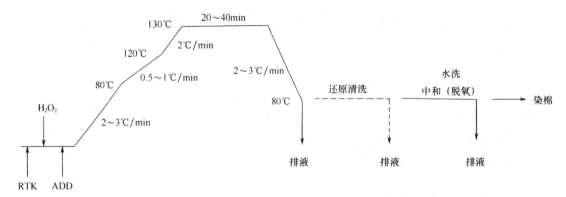

②练、漂、染一浴一步法染色的 pH 值,以10为最佳。原因有以下三点:

一是,碱是双氧水的活化剂,能使 H₂O₂ 转变为具有漂白能力的过氧氢离子(HOO⁻),从而对棉纤产生漂白作用。但碱性过高会使 H₂O₂ 分解过快,生成较多 O₂ 和过氧氢游离基(HOO·)。

这既会损伤纤维,又会因 H_2O_2 无效分解过多降低漂白效果。

二是,双氧水的分解速率是随温度的提高而加快。一浴一步法工艺采用的练、漂、染温度为超高温 130℃。由于 H_2O_2 的分解速率较快,染液(练漂液)的 pH 值,应该比常规 100℃ 漂白 $(pH＝10.5～11)$ 要低,以防止 H_2O_2 过快分解影响练漂效果。

三是,多数耐碱分散染料的耐碱能力 $pH＝9～10$。所以,练染液的 pH 值必须与之相适应。倘若 pH 值偏低,会直接影响棉纤的练漂效果。pH 值偏高,又会使涤纶的染色结果产生显著甚至严重的减色与变色。

③活性染料的耐氧漂稳定性较差。经检测,染浴中含 H_2O_2(100％)5mg/L(5PPM),染色的得色量就会下降 5％～20％。因此,当染不需要做还原清洗的中浅色泽时,在过酸中和浴中最好施加 0.5～1.0g/L 过氧化氢酶,以有效清除残余的 H_2O_2,防止在活性染料后套棉时造成危害。

④由于本工艺是在高温(130℃)碱性浴中进行,对涤纶渗出的低聚物具有较强的水解、溶解能力。因而,可有效克服低聚物对织物(容易产生色点、色斑、白粉),对设备(容易产生粘缸、粘管)造成的危害。

⑤高温(130℃)练、漂、染一浴法的加工质量与常规 100℃ 练漂、130℃ 染涤的分浴分步法的加工质量相同,而且手感更柔滑,色泽更艳丽。特别是"节能、减排、增效"优势为分步加工法不可相比。

70 纯涤纶织物,怎样才能染出特黑色(又称中东黑)?

答:阿拉伯伊斯兰地区,对黑色涤纶织物的需求量大,而且对黑度的要求特别高。然而,由于涤纶丝表面平滑,对光的反射(白光)性很强,因而,涤纶丝织物的显色性差。即使采取选择染料、调整配伍、增加用量以及超高温染色、超时间保温等增深措施,也难以染得乌黑度高的特黑色。所以,只能采用特殊工艺染整。

根据实验,纯涤纶织物染特黑色,必须从前处理、染色与后整理三个阶段分别采取有效措施才行。以 111dtex DTY/111dtex DTY、256 根/10cm×220 根/10cm、142g/m² 的绉麻染特黑色为例:

(1)前处理。

①要采用全松式精练,在去除纤维油剂、尘垢的同时,使织物充分收缩、产生绉效应。而且,定形超喂要大,经纬张力要小,要最大限度地保留绉效果。以提高布面对光的漫反射能力,这有利于增深。

②纤维表面要粗糙,对光的漫反射能力要强。为此,必须进行适度的碱减量处理。通过"剥皮"作用,使纤维表面由平滑变凹凸。一来可增加纤维对光的漫反射能力,二来可提高纤维对后整理剂的吸附量,使之产生更大的增深效果。

(2)染色。

①配方:

100％分散深蓝 S—3BG	6.7％(owf)
100％分散橙 S—4RL	2.2％(owf)
100％分散红玉 S—2GFL	0.26％(owf)

六偏磷酸钠	1.5g/L
高温匀染剂	1g/L(根据需要)
98%水醋酸	0.5mL/L(pH=4.06)

②染色工艺:室温加料、以2.5℃/min的升温速度升温至135℃、保温染色60min。降温、水洗、还原清洗、水洗。

③重要提示:这组处方染特黑色有以下优点:第一、第三只染料均为高温型,故色泽虽深,但升华牢度尚好。第二、第三个拼色组分加合性(染深性)好,其色泽乌黑度比分散黑S—2BL(分散深蓝 HGL、分散黄棕 S—2RFL、分散大红 S—3GFL 组成)、分散黑 S—3BL(分散深蓝 HGL、分散大红 S—3GFL、分散红玉 S—2GFL 组成)表现更好。第三,这组染料配伍性好,重现性好,色光较稳定。

这组处方的最大缺点:对染浴 pH 值敏感。因为,这三只染料的分子结构中都含有酯基、酰氨基等不耐碱的基因,在高温(130~135℃)染色时,染浴 pH 值一旦大于6,便会因染料水解并且水解程度不一而产生明显,甚至严重减色变色。

pH=5	pH=7	pH=8	pH=9
黑色	咖啡色	红棕色	锈红色

因而,这组染料在高温高压染色时,染浴 pH 值必须自始至终稳定地控制在4~5范围内。

(3)后整理。据实践,即使按以上处方、工艺染色,其色泽乌黑度往往也达不到要求。所以,还必须借助特殊后整理来改善。

①浸轧抗静电剂(5g/L)→烘干。目的是防止尘灰黏附,使色泽黑度更乌。

②浸轧防纰裂剂→170℃焙烘40s。主要目的有两个:一是防止浸轧增深剂后,因涤纶丝变滑爽变柔软受到不匀应力而产生位移纰裂现象。二是改善涤纶丝的附着能力,提高增深剂的附着量,使乌黑度更好。

③浸轧增深剂(60~100g/L)→170℃焙烘40s。增深剂是一种附着性强、吸光性大,且能使纤维产生凹凸粗糙表观的助剂。因而,包覆在涤丝表面的增深剂在较多吸光的同时,又能产生较多的漫反射,使直反射光(白光)大大减弱,使扩散折射光(着色)大大增加,从而显著提高乌黑度。

注:市供增深剂品种较多,经检测,韩国生产的浓染剂 EBONY、BLACK 实用效果良好,可提深20%以上,值得选用。

但要注意,浸轧增深剂要均匀,不然会产生色差、色花。浸轧增深剂后要打卷落布,以防产生"折皱印"。

71 分散染料染涤/锦织物,为什么两相色泽的均一性差,而且皂洗牢度低下? 该如何应对?

答:涤纶和锦纶同属疏水性纤维。因而,涤/锦织物可用疏水性的分散染料染色。分散染料染涤/锦织物,工艺简便,操作容易。但却存在着外观质量问题与内在质量问题。

(1)外观质量。分散染料染涤/锦织物,涤锦两相的同色性差(即深浅不匀或色光不一致),布面色泽不匀净,"夹花"现象显著。

①涤锦两相深浅不匀的原因。分散染料虽然都以氢键、范德华力及偶极等作用力上染涤纶和锦纶,但由于涤纶和锦纶的微结构存在着显著不同,所以,分散染料的染色结果有着明显的深浅差异。比如,多数分散染料是"涤深锦浅",少数分散染料是"涤浅锦深",在涤锦二相分配量相同或相近的分散染料实际很少。这就是分散染料染涤/锦织物,涤锦两相深浅不匀的根源。

②涤锦两相色光不一致的原因。大多数分散染料涤纶与染锦纶具有不同的发色性。即同一只分散染料,染涤纶与染锦纶的得色色光不同(这种现象,与染料在纤维中的分布和存在状态有关)。而且,其色光的异变程度还不一样。比如,大红、枣红类染料色变程度大,黄色染料的色变程度则相对较小。只有少数染料在涤锦两相纤维上的色光相似。这就是分散染料染涤/锦织物,涤锦两相色光不一致的原因所在。表4-36为常用分散染料染涤纶与锦纶的色光比较。

表4-36　常用分散染料染涤纶与染锦纶的色光比较

染　料	发色色光	
	130℃染涤纶	100℃染锦纶
分散嫩黄 SE—4GL.(C. I. 分散黄 211)	鲜亮的嫩黄色	橘黄色
分散红 E—FB(C. I. 分散红 60)	桃红色	玫红色
分散大红 S—GS(C. I. 分散红 153)	橘红色	枣红色
分散红 E—ED(C. I. 分散红 13)	暗红色	酱红色
分散红 S—BS(C. I. 分散红 152)	黄光艳红色	蓝光枣红色
分散红 SE—B(C. I. 分散红 82)	暗红色	暗紫色
分散红 S—FRL(C. I. 分散红 177)	黄光大红色	枣红色
分散红 SE—4RB(C. I. 分散红 73)	黄光普红色	蓝光枣红色
分散蓝 E—4R(C. I. 分散蓝 56)	红光艳蓝色	黄光普蓝色
分散翠蓝 S—GL(C. I. 分散蓝 60)	微黄光翠蓝色	灰光湖蓝色
分散红 E—3B(C. I. 分散红 60)	桃红色	玫红色
分散大红 S—BWFL.(C. I. 分散红 74)	大红色	枣红色
分散紫 HFRL.(C. I. 分散紫 26)	红莲色	暗紫色

　注　染料用量为1%(owf),染浴 pH=5～5.5,130℃、30min 染涤纶,100℃、30min 染锦纶。

(2)内在质量。分散染料染涤/锦织物,与染纯涤纶织物相比,染浅色时,耐日晒牢度明显较差。染深色时,皂洗牢度显著较低。很难达到外销客商的质量要求。

①皂洗牢度差的原因(表4-37)。

a. 分散染料在涤/锦纤维上会产生"热迁移"。分散染料无论涤纶还是染锦纶,染色后在高温(高于130℃)干热后整理(定形、热拉)过程中,都存在热迁移现象(即染着在纤维内部的染料,趁纤维热胀结构变松弛,会从纤维内部向纤维表面迁移,形成新的二次浮色)。因而,会导致皂洗牢度显著下降。

表 4-37 分散染料的热迁移性对染品色牢度的影响

染色用染料	涤/锦交织物的皂洗牢度（级）	
	定形前	定形后
分散金黄 SE—3R	4	3
分散大红 S—3GFL	3	2～3
分散红玉 S—5BL	3～4	3
分散蓝 E—4R	4	3～4
分散深蓝 HGL	3～4	3

注 染料用量 2%(owf)、120℃染 30min；定形温度 180℃，时间 30s。

b. 分散染料与锦纶的染着结合能力弱。涤纶染色，是分散染料借助高温条件下涤纶结构变松弛，扩散进入纤维内部，并以氢键、范德华力等分子作用发生染着。当温度降至玻璃化温度（80～85℃）以下时，涤纶会重新"冻结"，染着在纤维中的染料，在皂洗牢度测试条件（60℃）下，很难解吸并通过全程移染溶落下来。因此，显示出良好的皂洗牢度。

分散染料染锦纶的情况则不同。锦纶在水中的玻璃化温度低，很容易发生溶胀，再加上锦纶的吸水性远远高于涤纶，所以，在皂洗牢度测试条件下，染着在锦纶上的部分染料，容易解吸溶落下来沾污试样。因而，表现出皂洗牢度低下（表 4-38）。

表 4-38 常用分散染料染涤纶和锦纶皂洗牢度比较

染料名称	60℃皂洗牢度（级）			
	涤 纶		锦 纶	
	沾棉	沾锦	沾棉	沾锦
分散金黄 SE—3R	4～5	3	3	2～3
分散大红 S—GS	4～5	3～4	3～4	2～3
分散蓝 E—4R	4～5	3～4	3～4	3
分散红 SE—4RB	4	3	3	2
分散紫 HFRL	4～5	3～4	3～4	3
分散深蓝 HGL	4	3	3	2
分散红玉 S—2GFL	4	3	3	2
分散翠蓝 S—GL	4	3	3	2～3
分散大红 S—BWFL	4	3	3	2

注 染料用量 1.5%(owf)pH=5～5.5；120℃，30min。

② 日晒牢度差的原因。多数分散染料染涤纶，耐日晒牢度表现良好。而染锦纶的耐日晒牢度则普遍低下。这与锦纶结构相对较松弛，含湿率相对较高，有直接关联（表 4-39）。

表 4－39　常用分散染料染涤纶和锦纶日晒牢度比较

染色用染料	日晒牢度（级）	
	涤　纶	锦　纶
分散嫩黄 S—G	5	2
分散金黄 SE—3R	6	5
分散大红 S—GS	5～6	4
分散红 SE—3B	5	4
分散红 G	3	2
分散红玉 S—2GFL	6	5
分散大红 S—BWFL	5～6	3～4
分散紫 HFRL	6	4
分散翠蓝 S—GL	5	3
分散蓝 E—4R	6	5
分散深蓝 HGL	5	2

注　染料用量 1.5%（owf）pH＝5～5.5；120℃，30min。

可见，分散染料染涤锦织物耐日晒牢度差，主要是分散染料在锦纶上的耐日晒牢度不良引起。

（3）应对措施。行之有效的应对举措有两点：

①采用分散染料/中性染料同浴染色。实践证明，以分散染料/中性染料同浴染色，可以显著提高涤/锦织物的染色质量。这是因为：在 100℃以下的升温阶段，由于涤纶的玻璃化温度高（80～85℃），仅是表面"解冻"。所以，分散染料对涤纶的实际上染量很少，只是"环染"。而锦纶由于玻璃化温度低（47～50℃），在水中容易溶胀。50℃以上，分散染料和中性染料便会快速上染。

在 100℃以上的升温阶段，由于涤纶溶胀度的增大，分散染料对涤纶的上染加快。与此同时，在 100℃以下升温阶段染着在锦纶上的部分分散染料，会由于与锦纶的染着结合力较弱，而逐渐溶落下来，继而逐渐向涤纶定向转移。经 120℃保温染色适当时间，涤纶主要是分散染料染色，中性染料的沾色轻微。而锦纶主要是中性染料染色，滞留下来的分散染料只是少量。

所以，涤/锦织物以分散/中性染料同浴染色，既能因中性染料染锦纶皂洗牢度与日晒牢度优良，有效克服单分散染料染色皂洗牢度差、日晒牢度低的内在质量问题，又能因分散染料对涤纶有较强的上染定向性，中性染料对锦纶有突出的专一性，选用分散/中性染料的适当配比染色，使单分散染料染色涤锦两相色泽（深浅、色光）不匀一的外观质量问题，得到较好的调整与解决。

②认真选用分散染料。涤/锦织物染色，对分散染料的要求较高。

a. 在 120℃条件下染涤/锦织物，分散染料在锦纶上的残留量要低。即涤纶组分得色要深，锦纶组分得色要浅，而且两者的深浅差要大。

b. 染浅色时，分散染料的耐日晒牢度一定要高。以下分散染料可供选择表 4－40。

表 4－40　可供选择的国产分散染料(耐日晒牢度大于 6 级)

颜　色	品　种
黄色染料	分散黄 SE—5GL(S—5GL)(C.I. 分散黄 241)、分散黄 S—5G(C—5G)(C.I. 分散黄 119)、分散黄 SE—3GF(SE—3GL)(C.I. 分散黄 64)、分散黄 SE—4G(C—4G、M—4G)(C.I. 分散黄 211)、分散黄 S—BRL(C.I. 分散黄 163)、分散黄 SE—FL(C.I. 分散黄 42)、分散黄 SE—6GLN (C.I. 分散黄 49)、分散黄 SE—2GFL(C.I. 分散黄 50)、分散黄 SE—2FL(C.I. 分散黄 56)、分散黄 S—6G(C.I. 分散黄 114)、分散黄 H—4GL(C.I. 分散黄 134)、分散黄 E—3G(C.I. 分散黄 54)、荧光黄 5GL(C.I. 分散黄 198)
橙色染料	分散橙 S—3RL(C.I. 分散橙 62)、分散橙 SE—2RF(C.I. 分散橙 31)、分散橙 S—4RL(C.I. 分散橙 30)、分散橙 SE—RBL、SE—3GL、SE—GL(C.I. 分散橙 29)、分散橙 SE—3RL(C.I. 分散橙 76)、分散橙 S—SF(C.I. 分散橙 73)、分散橙 S—3RF(C.I. 分散橙 44)
红色染料	分散红玉 S—5BL(S—2GFL)(C.I. 分散红 167)、分散红 SE—GFL(S—BGL)(C.I. 分散红 73)、分散红 SE—B、S—BBL、S—3BL、H—BBL(C.I. 分散红 82)、分散红 E—RF(C.I. 分散红 4)、分散红 SW—R3L(C.I. 分散红 86)、分散红 2GH(C.I. 分散红 50)、分散红 E—3B、E—FB (C.I. 分散红 60)、分散红 E—BL(C.I. 分散红 146)、分散红 SE—RL(C.I. 分散红 191)、分散红 S—2BL(C.I. 分散红 145)
紫色染料	分散紫 SE—2RL(C.I. 分散紫 28)、分散紫 SE—RL(C.I. 分散紫 63)、分散紫 SE—BL(C.I. 分散紫 26)
蓝色染料	分散蓝 E—4R、E—FBL、2BLN(C.I. 分散蓝 56)、分散蓝 S—F2G(C.I. 分散蓝 367)、分散蓝 H—BGL(C.I. 分散蓝 73)、分散蓝 3G(C.I. 分散蓝 291)、分散翠蓝 S—GL(C.I. 分散蓝 60)

注　涤/锦织物以分散染料与中性染料同浴 120℃染色，虽然锦纶主要是中性染料染色，但毕竟还有部分分散染料残留。倘若分散染料在锦纶上的耐日晒牢度低下，仍会给涤/锦织物的整体耐日晒牢度造成负面影响。因此，选择分散染料时，不能只考虑染涤纶的耐日晒牢度，染锦纶的耐日晒牢度也应该有所兼顾。

　　c. 染深色时，分散染料的皂洗牢度一定要高。以下分散染料相对分子质量较大，对涤纶亲和力较高，热迁移性较小，可供选择(表 4－41)。

表 4－41　热迁移性小水洗牢度高的分散染料

厂　家	品　种
江苏亚邦染料股份有限公司	H—WF 系列染料： 分散嫩黄 H—WF　　分散黄棕 H—WF 分散大红 H—WF　　分散红 H—WF　　分散红玉 H—WF 分散艳蓝 H—WF　　分散藏青 H—WF　　分散黑 H—WF
浙江龙盛集团	LXF 系列染料： 分散嫩黄 LXF　　分散黄棕 LXF 分散大红 LXF　　分散红 LXF　　分散红玉 LXF 分散艳蓝 LXF　　分散翠蓝 LXF　　分散藏青 LXF　　分散黑 LXF

厂　　家	品　　种
杭州吉华化工有限公司	HXF 系列染料： 分散橙 HXF 分散红 HXF 分散艳蓝 HXF　　分散藏青 HXF　　分散黑 HXF
上海安诺其纺织化工有限公司	安诺可隆 MS 系列染料： 分散嫩黄 MS　　分散黄棕 XF 分散粉红 MS　　分散红 MS　　　分散大红 MS 分散艳蓝 MS　　分散藏青 MS　　分散黑 MS
德国德司达公司	大爱尼克司 XF/SF 系列染料： 分散嫩黄 XF　　分散黄棕 XF 分散大红 XF　　分散红玉 XFN 分散翠蓝 XF　　分散艳蓝 XF　　分散藏青 XF　　分散黑 XF 分散大红 SF　　分散红 SF　　分散艳红 SF　　分散深红 SF
汽巴精化有限公司	托拉司 W/WW 系列染料： 分散嫩黄 W—6GS　分散金黄 W—3R 分散大红 W—RS　分散红玉 W—4BS 分散艳蓝 W—RBS　分散藏青 W—RS　分散黑 W—NS 分散黄棕 WW—DS 分散大红 WW—FS　分散红 WW—BFS　分散红 WW—3BS 分散紫 WW—2RS 分散艳蓝 WW—2GS　分散藏青 WW—GD　分散黑 WW—KS

72　染色后的涤纶或锦纶织物，该怎样进行减色（减浅）处理？

答：染色后的涤纶或锦纶织物，一旦色泽偏深、偏暗或者色光过头，就必须先行减色（减浅）处理，而后再打样复染（修色）。

（1）涤纶织物的减色。分散染料染涤纶，染料与涤纶之间是靠多种分子作用力（主要是氢键和范德华力）而结合。所以，染色涤纶减色，可采用一般物理方法，即高温移染法减色。

①减色机理。染色涤纶的减色，是多种效应的综合体现。

a. 涤纶在高温（100℃以上）条件下，密实的结构变松弛，微结构中的瞬间空隙增大增多，染料易于通过。

b. 在高温（100℃以上）条件下，染料的活化能提高，振动加剧，染料分子间、染料与纤维分子间间距增大，结合力减弱，染料容易移动。

c. 施加的修色剂，对涤纶能产生较强的溶胀作用和较大的剥色作用。

所以，在有修色剂存在的高温（130～135℃）处理浴中，染着在涤纶上的分散染料，会产生较大的移染行为，部分染料会从涤纶上回落到水中，使涤纶的色泽变浅。

②减色方法。

涤纶修色剂：3~5g/L（根据需要）；

冰醋酸：　　0.5mL/L（pH=4~4.5）；

处理温度：　130℃；

处理时间：　高温高压卷染机，处理 6~8 道；高温高压喷染机，处理 30~50min；

工艺提示：该减色法的减色率，一般为 15%~25%。减色率的高低与染料的分子结构、助剂的减色能力以及处理温度、处理时间等因素密切相关。

③减色效果。

表 4-42　不同处理条件的减色率

减色率（%）　　　助剂用量（g/L）	修色剂 M—212			高温匀染剂 M—214	
染　料	3 120℃，30min	3 130℃，30min	5 130℃，30min	3 130℃，30min	5 130℃，30min
分散金黄 SE—3R	12.53	13.60	24.72	8.44	9.98
分散红玉 S—5BL	12.06	15.14	26.42	7.02	8.58
分散蓝 E—4R	15.39	19.25	27.16	9.10	11.35

注　实验用布染料用量：1.25%(owf)，处理浴 pH 值为 4~4.5。

修色剂 M—214、匀染剂 M—214 由杭州美高华颐化工公司提供。

表 4-42 数据表明：

a. 涤纶染色织物，在处理温度较高（130℃）、修色剂用量较多（4~5g/L）的条件下，减色效果相对较好。其减色率一般可达 25%左右。处理温度降低或修色剂用量减少，其减色率均会随之下降。

b. 高温匀染剂的减色效果差，不宜采用。

（2）锦纶织物的减色。

①锦纶通常采用分散染料、中性染料和酸性染料染色。分散染料主要靠染料—锦纶之间的分子引力上染，故比较容易减色。中性染料和酸性染料，既能以染料—锦纶之间的分子引力上染，又能和锦纶中的—NH₂ 呈离子键结合上染。所以，中性染料、酸性染料与锦纶之间的结合牢度，相对较好，减色相对较困难。

②锦纶对氧化剂的稳定性较差。次氯酸钠中的有效氯能取代酰胺键上的氢，进而使锦纶水解，强力下降；双氧水也能使锦纶大分子降解，强力降低。

③锦纶对碱的稳定性较高。经检测，100%烧碱 50g/L，100℃处理 2h，强力下降很少。

因此，锦纶的染色物，只能进行碱减色。

碱减色的方法：

　　　　　　　轻质粉状纯碱　　　　　　　　　　　　　　　20g/L；

　　　　　　　或 30%烧碱　　　　　　　12~50mL/L（根据需要）；

　　　　　　　螯合分散剂　　　　　　　　　　　　　　　　2g/L；

沸温碱煮处理，处理时间根据需要。

表 4-43 锦纶的碱减色效果

染 料	纯碱 20g/L	100％烧碱 5g/L	100％烧碱 10g/L	100％烧碱 20g/L
分散蓝 E—4R	减色率约 50％,红蓝光消失,变灰绿光	减色率约 50％,色相改变,呈蓝灰色	减色率约 60％,呈灰蓝色,色相改变	减色率约 80％,色相改变,呈浅灰色
中性藏青 S—B	减色率为 0,凸显红色,呈红光藏青	减色率约 10％,呈红光藏青,色变明显	减色率约 30％,呈红光藏青,色变大	减色率约 50％,呈红光藏青,色变严重
酸性艳蓝 A—RL	减色率为 0,色光变化较小(稍暗)	减色率约 5％,艳亮的色光消退,变为普蓝色	减色率约 5％,艳亮的色光严重消退,呈普蓝色	减色率约 5％,艳亮的色光完全消失

表 4-43 说明:分散染料染锦纶,采用碱剂减色比较容易。但是色光变化很大,而且变暗严重。中性染料染锦纶,纯碱处理几乎没有减色能力,且色光有变。烧碱有减色能力,且浓度越高,减色能力越大,而且色光变化也越大。酸性染料染锦纶,纯碱几乎没有减色能力,但色光变化较小;烧碱略有减色能力,但色光变化严重。

可见,锦纶的染色物采用碱剂减色,不是减色率低,就是色变严重(尤其是变暗)。这给下道修色带来很大困难,甚至无法修成原有色光。

因此,锦纶的染色物,必须进行减色(减浅)处理时,只能根据需要,采用剥色剂(CY—730)—烧碱法进行适当程度的剥色处理,而后再打样复染(修色)。

73 新型 PTT 纤维和普通 PET 纤维,两者的性能有什么不同?

答:PTT 纤维,学名聚对苯二甲酸丙二醇酯。它是一种新型聚酯纤维,是常用普通涤纶(PET)的同族产品。PTT 纤维与 PET 纤维最根本的差异,是两者分子单元结构中的软段成分不同。PTT 是丙二醇,PET 是乙二醇。

PET 的分子结构

PTT 的分子结构

由于 PTT 在单元结构中的亚甲基(—CH_2—)为奇数,在大分子链间具有"奇碳效应",使苯环不能与三个亚甲基处在同一平面上,只能以空间 120°错开排列,这就使得 PTT 大分子链形成螺旋状,呈现出明显的"Z"字构象。因而,PTT 大分子具有弹簧一样的弹性,并且最终决定了 PTT 纤维比普通涤纶(PET)和锦纶(PA6、PA66),具有更加优异的实用性能(表 4-44、表 4-45)。

207

表 4-44 PTT 短纤与其他纤维的性能对比

性能＼纤维	PTT	PET	PA6	PA66
蓬松性及弹性	优	中	中	良
抗折皱性	优	优	中	良
静电产生	低	很高	高	高
拉伸回复性	优	差	良	优
吸水性	差	差	中	中
耐日光性	优	良	差	差
尺寸稳定性	良	良	良	良
染色性	优	优	良	良
印花适应性	优	中	良	良
加工及后处理费用	低	高	中	中

表 4-45 PTT 长丝与其他长丝的性能对比

性能＼纤维	PET—FDY	PTT—FDY	PA—FDY
抗拉强度(cN/dtex)	38	30	40
断裂伸长率(%)	30	40	35
回弹性	良	优	优
沸水收缩率(%)	8	14	10
染色性	差	优	良
所用染料类型	分散染料	分散染料	酸性染料
热定形	良	良	差
热定形卷曲率(%)	20	42	—
冷却定形卷曲率(%)	42	>50	>50

PTT 纤维和 PET 纤维,虽然同属疏水性的聚酯纤维,都适合以疏水性的分散染料染色。但 PTT 纤维特有的不同于 PET 纤维的分子结构与分子构象,使其在染色性能方面,与 PET 纤维也产生了诸多差异。

PTT 纤维的玻璃化温度(T_g)比 PET 纤维要低得多。PTT 纤维非结晶区的 T_g 值约为 45℃,结晶区的 T_g 值约为 55℃;PET 纤维非结晶区的 T_g 值约为 68℃,结晶区的 T_g 值约为 81℃。因而,PTT 纤维的染色转变温度 T_D 值(指上染速度开始显著加快的温度),比 PET 纤维明显要低(PET 纤维为 80~90℃,PTT 纤维为 60~70℃)。

PTT 纤维的临界染色温度范围(指相对上染率为 10% 和 90% 的染色温度,即有效上染温度),比 PET 纤维低约 15℃。比如,低温型(E 型)分散染料,染 PTT 纤维的有效上染温度范围为 70～105℃。染 PET 纤维的有效上染温度范围为 85～120℃。

PTT 纤维的最佳染色温度(得色量最高、匀染透染效果最好的染色温度),比 PET 纤维低 5～10℃。比如,低温型(E 型)分散染料,染 PTT 纤维约为 120℃,染 PET 纤维约为 125℃。高温型(S 型)分散染料,染 PTT 纤维约为 125℃,染 PET 纤维为 130～135℃。

在同条件下染色,PTT 纤维的得色深度明显高于 PET 纤维。倘若 PTT 纤维与 PET 纤维进行交织,染色后将会产生明显的深浅双色效果。因而,PTT 纤维一般不和 PET 纤维进行交织,通常是与棉纱交织成纬弹织物。

PTT 纤维之所以对染色温度的要求比 PET 纤维低,而且得色量比 PET 纤维高,完全是 PTT 纤维的微结构相对松弛、自由空隙相对较多,纤维相对容易溶胀,染料更容易扩散的结果。

74　T—400 纤维与普通涤纶(PET)纤维有什么不同?该怎样染色?

答:(1)T—400 纤维与 PET 纤维的不同(表 4 - 46)。T—400 纤维是杜邦公司的专利产品。是由 PTT/PET 两种聚酯成分并列复合而成的一种复合纤维。由于各组分的微观形态结构不同,经湿热处理后,会产生大小不同的收缩,使纤维产生强烈的纵向应力的同时,又产生偏离纵轴的扭转。从而使纤维呈现出永久性的频率很高的三维卷曲。纤维自身的这种空间三维卷曲结构,使其具有极佳的弹性(T—400 长丝的弹性比普通 PET 长丝高 2～5 倍)。即使经 500次重复拉伸,其弹性回复率仍可保持 95% 以上。加之 T—400 纤维是一种带沟槽的中空纤维,所以它不仅蓬松性、柔软性优于普通涤纶,其吸湿、排汗功能也好。特别是 T—400 纤维具有突出的记忆功能。即纤维经定形后,能记忆外界赋予的形状,而且定形后的纤维在较低温度下,还可产生二次定形效果。而当受到外界特定条件的刺激时,又可恢复至原始形态。也就是说,T—400 纤维具有对机械形变能快速记忆与在外界应力下形变能快速消失的绝好能力。因而,T—400 纤维与其他纤维一起织成的服装面料,又具有独特的折皱易抚平面料平整性好的特点。而且,抗静电和抗污性能也优于普通涤纶(PET)。

T—400 纤维含 PTT/PET 双组分,而 PTT 纤维与 PET 纤维的分子结构与分子构象不同,所以 T—400 纤维的染色性能与 PET 纤维有一定差异。

①T—400 纤维的染色转变温度(T_D)(上染速度开始显著加快的温度),为 70～80℃(PET 纤维为 80～90℃)。T—400 纤维比 PET 纤维低约 10℃。

②T—400 纤维的临界染色温度(相对上染率为 10% 和 90% 的染色温度),低温型分散染料染色为 75～110℃(PET 纤维为 85～120℃)。高温型分散染料染色为 80～120℃(PET 纤维为 90～125℃)。T—400 纤维比 PET 纤维低约 10℃。

③T—400 纤维的最佳染色温度,低温型分散染料染色约为 120℃(PET 纤维约为 125℃)。高温型分散染料染色约为 125℃(PET 纤维约为 130℃)。T—400 纤维比 PET 纤维低约 5℃。

④在同条件下染色,T—400 纤维的得色量比 PET 纤维高 30%～60%。

表 4 - 46　(75 旦)T—400 长丝与 PET 长丝得色深度的比较

染　料		PET 长丝	T—400 长丝	最大吸收波长(nm)
分散红 R—60	E—FB	100	141.41	520
分散蓝 B—56	E—4R	100	132.79	630
分散红玉 R—167	S—5BL	100	164.21	520
分散深蓝 B—79	S—3BG	100	167.65	610
安诺可隆黄棕	PTT	100	156.13	440
安诺可隆红	PTT	100	165.52	520
安诺可隆红玉	PTT	100	159.41	520
安诺可隆黄	PTT	100	148.54	590

注　染料 1.9%(owf)高温分散匀染剂 1.5g/L,醋酸 pH=4.5。

以 1.5℃/min 升温速度升至 120℃,保温染色 60min,热水洗。

以 PET 长丝的得色深度作 100% 相对比较。

由于 T—400 纤维的服用性能与染色性能都比较优秀,所以,当今被广泛用来替代氨纶,与棉纱交织织造各种低弹织物。

(2)T—400 纤维的染色技术。T—400 纤维含 PTT/PET 双组分。而 PTT 和 PET 均属聚酯纤维,所以,T—400 纤维与普通涤纶(PET)在染色工艺上具有相当大的相似性。

染 T—400 纤维必须引起重视的关键点,主要有三个:

第一,由于 T—400 纤维中的 PTT 组分在水中,形成自由空穴的能力远远大于 PET 纤维。即容易上染而且上色速度快。从而使 T—400 纤维的临界染色温度与染色转变温度,要比单一 PET 纤维低 10℃ 左右。倘若按照染常规涤纶的工艺起染、升温、保温,势必会因上色迅猛产生吸色不匀。所以,要求起染温度要低,70℃ 以后升温要慢,而且宜保温染色一定时间。实践证明,此举对 T—400 纤维实现均匀染色意义重大。尤其是采用低温型分散染料染浅色时,其效果愈加突出。

第二,T—400 纤维的最大亮点是具有比氨纶弹性纱更好的回弹性与更舒适更丰满的柔软性。然而,在温度过高的条件下,它会产生塑化和过分收缩,从而导致柔软性和回弹性下降,手感变糙。原本具有的优秀品质遭到破坏。因此,T—400 纤维在染整加工中,不仅要求干热定形温度要控制在 160℃ 以下,染色温度更是宜低不宜高(在水中 T—400 纤维的耐热性更差)。既不能为了提高染料的上染量采用过高温度染色,使面料的服用性能下降,也不能为了保持面料的服用性能采用过低温度染色,导致染料的上染率过低。实践表明,染 T—400 纤维(织物),其染色温度控制在低于 125℃ 可以较好地实现得色深度与服用性能两者兼顾的效果。

第三,T—400 纤维含 PTT/PET 双组分。PTT 染色容易需要的染温较低,而 PET 染色困难要求的染温较高。因而,T—400 纤维染色所需的染色温度比单一 PTT 纤维染色要高。经检测,T—400 纤维染色效果(深度、弹性)较佳的染色温度,普通低温型分散染料与多数 PTT 专用分散染料为 120～125℃。普通高温型分散染料与部分 PTT 专用分散染料为 125～130℃。

显然,前者适合 T—400 纤维染色。而后者由于要求的染色温度较高并不适用。因此,对分散染料要进行选择。

经实践,以下工艺染色效果较好。

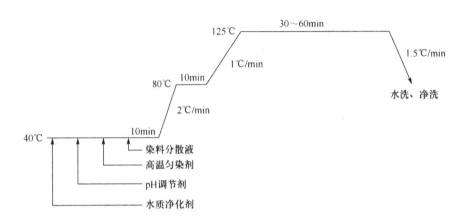

工艺提示:

①升温过程中保温温度的高低,视所染色泽的深浅而定。染浅色宜 70℃保温,染深色可提高至 80℃保温。这是因为 T—400 纤维的染色转变温度为 70～80℃。

②升温速率在 80℃前可适当加快些(2℃/min),80℃后必须减慢(1℃/min),这对匀染有利。

③染色温度的高低,视所用染料对染色温度的要求而定。实验表明,对染色温度要求较低的分散染料可采用 120℃染色。不过,若以相对较高的温度(125℃)染色,其得色会更稳定,重现性会更好,尤其是染中深色泽。而对纤维的回弹性并无明显影响。

④T—400 纤维染深浓色泽,可以进行还原清洗,以提高染色牢度。清洗条件为纯碱 2g/L,二氧化硫脲 0.25g/L;80℃,10min。

T—400 纤维主要用来与棉纱织造低弹交织物。棉/T—400 交织物与常规棉/涤交织物的染色方法基本相同。只是升温速率相对较慢,中途保温温度相对较低,恒温保温染色温度控制在≤125℃。具体染色方法有三种:

第一种,一浴一步法染色。即采用分散/活性(热固型)染料,于中性、高温(120～125℃)条件下一浴一步染色(最适合染中浅色)。由于分散染料与热固型活性染料具有较好的同浴染色适应性,所以该工艺不仅可以获得良好的染色效果,而且节能、减排、增效优势十分显著。

该染色法的关键点,是要选用耐碱稳定性较好适合中性浴染色的分散染料。

第二种,一浴二步法染色。即先以分散染料在酸性(pH=4～5)高温(120～125℃)条件下染 T—400 纤维,再以高温型(H—E 型)活性染料在中性-弱碱性(pH=7～8)浴中,于 80℃套染棉纤维。

该染色法的关键点,是 T—400 纤维高温高压染色后,要降温至 80℃并施加微量纯碱,将残液的 pH 值调至 7～8。而后再加入高温型活性染料与电解质按常规保持恒温(80℃)吸色、固色套染棉组分。

该染色法如此操作是基于以下两点：

第一，尽管高温型活性染料耐热稳定性较好，但在酸性(pH＝4～5)高温(120～125℃)条件下，依然会发生显著甚至严重的水解。即使是先采用中性高温条件染 T—400 纤维而后降温至 80℃再加碱固色，其得色量仍会下降 5%～15%。因此，高温型活性染料不能与分散染料同时加入，而必须在降温至 80℃后施加(表 4－47)。

表 4－47　高温型活性染料在高温高压条件下的上色稳定性

染色工艺 ＼ 相对得色深度(%)	吸色浴 pH	活性嫩黄 H—E4G	活性黄 H—E4R	活性红 H—E3B	活性宝蓝 H—EGN	活性蓝 H—ERD
80℃吸色 30min	7.2	100	100	100	100	100
80℃固色 40min	4.3	100.03	98.32	91.85	76.24	89.36
120℃吸色 30min	7.2	99.91	95.01	87.07	81.94	82.85
80℃固色 40min	4.3	95.29	90.04	84.36	71.42	13.84
130℃吸色 30min	7.2	93.91	75.59	82.83	75.38	71.32
80℃固色 40min	4.3	93.27	74.03	78.04	64.66	3.47

注　(1)染料用量为 1%(owf)，(模拟分散/活性染料一浴二步工艺染色)。
　　(2)采用检测雷磁分析仪器厂 pH S—25 型酸度计与 Datacolor　SF 600X 检测。

第二，高温型活性染料带有双-氯均三嗪活性基，其耐酸稳定性比耐碱稳定性更差(乙烯砜活性基是耐酸稳定性比耐碱稳定性好)。所以，高温型活性染料即使降温至 80℃后加入，也应保持中性条件吸色。因为，在中性浴中染料的水解稳定性最好。因此，要将 T—400 的染色残液由酸性调至中性—弱碱性。

第三种，二浴二步法染色。所谓"二浴二步"，是指先以分散染料在酸性(pH＝4～5)高温(120～125℃)条件下染 T—400 纤维，水洗或清洗后再以中温型活性染料或低温型活性染料在 60℃或 40℃套染棉组分。

该染色法适用面广，既可以染中浅色，又可以染中深色。其优点是布面色光容易调整符样率高，T—400 染色后可以还原净洗色牢度较好；缺点是与节能、减排、增效的染色理念相背。

75　用分散染料染锦纶浅色，该如何选择分散染料？

答：锦/棉织物染浅淡色泽，其锦纶组分通常采用分散染料染色。原因是：分散染料不含水溶性基团，在水中不电离，更不带活性基团。因而，分散染料染锦纶，不存在离子键结合和共价键结合。完全依赖两者之间的分子引力上染。再加上分散染料的相对分子质量较小，扩散能力和移染能力强劲，对锦纶内在质量的差异，遮盖性优良，故匀染透染效果极佳，非常适合染锦纶浅淡色泽(注：由于分散染料与锦纶的结合力较弱，染深性与色牢度较差，故不适合染锦纶深浓色泽)。

分散染料染锦纶，虽有匀染性特别突出，中性染料和酸性染料无法相比的优势，但也并非所有的分散染料都适用。

实验表明,锦纶染浅淡色,对分散染料的要求有"二高、四低":

(1)对染料的日晒牢度的要求高。原因有两个:

①染浅淡色泽,染料在纤维上呈高度分散状态,与日光、空气、水分接触的比表面积大,更容易受到破坏。故色泽越浅日晒牢度越差。

②分散染料染锦纶的日晒牢度,通常总是低于或严重低于染涤纶,即多数分散染料染锦纶日晒牢度较差(表4-48)。究其原因,这与锦纶微结构相对松弛,吸湿能力相对较高,日光、空气、水分更容易入侵有关。

表4-48 分散染料染涤纶与染锦纶的日晒牢度比较

染 料	染料用量 (%,owf)	日晒牢度(ISO105—B02标准)(级)	
		染涤纶	染锦纶
分散金黄 SE—3R	1	6	5
分散红玉 SE-GFL(C.I.分散红73)	1	6	3~4
分散大红 SE—GS(C.I.分散红153)	1	5~6	4
分散红 SE—3B(C.I.分散红343)	1	5	4
分散荧光红 G(C.I.分散红277)	1	4	2
分散红玉 S—2GFL(C.I.分散红167)	1	6	5
分散大红 S—BWFL(C.I.分散红74)	1	4	2~3
分散紫 HFRL(C.I.分散紫26)	1	5~6	4
分散翠蓝 S—GL(C.I.分散蓝60)	1	5	3
分散蓝 E—4R(C.I.分散蓝56)	1	6	5
分散深蓝 HGL(C.I.分散蓝79)	1	4~5	2

注 染料1%(owf),染浴 pH=5~5.5,130℃、30min 染涤纶,100℃、30min 染锦纶。

实践证明,选用染锦纶日晒牢度好的,而且日晒牢度相近的分散染料配伍染色,是分散染料染锦纶浅淡色质量好坏的关键之一。

(2)对染料色光的稳定性要求高。分散染料染锦纶与染涤纶相比,有一个突出问题,就是具有色光异变性。

①分散染料染锦纶与染涤纶的色光大多不同(表4-49)。

表4-49 常用分散染料染锦纶的色光异变性

染 料	发色色光	
	130℃染涤纶	100℃染锦纶
分散嫩黄 SE—4GL(C.I.分散黄211)	鲜亮的嫩黄色	橘黄色
分散红 E—FB(C.I.分散红60)	桃红色	玫红色
分散大红 SE—GS(C.I.分散红153)	橘红色	枣红色
分散红 E—BD(C.I.分散红13)	暗红色	酱红色

染　料	发色色光	
	130℃染涤纶	100℃染锦纶
分散红 S—BS(C. I. 分散红 152)	黄光艳红色	蓝光枣红色
分散红 SE—B(C. I. 分散红 82)	暗红色	暗紫色
分散红 S—FRL(C. I. 分散红 177)	黄光大红色	枣红色
分散红 SE—4RB(C. I. 分散红 73)	黄光普红色	蓝光枣红色
分散蓝 E—4R(C. I. 分散蓝 56)	红光艳蓝色	黄光普蓝色
分散翠蓝 S—GL(C. I. 分散蓝 60)	微黄光翠蓝色	灰光湖蓝色
分散红 E—3B(C. I. 分散红 60)	桃红色	玫红色

②分散染料染锦纶，染浴 pH 值不同，其得色色光也不同。经检测，许多分散染料染锦纶，其得色色光随染浴 pH 值而变化(表 4－50)。

表 4－50　分散染料染锦纶染浴 pH 值对色光的影响

染　料	不同 pH 值的得色色光	
	pH＝5～5.5	pH＝7～8
分散大红 SE—GS(C. I. 分散红 153)	枣红色	黄光红色
分散金黄 SE—3R	金黄色	深艳金黄色
分散蓝 E—4R(C. I. 分散蓝 56)	普蓝色	蓝光艳蓝色
分散灰 SE—N	红光灰色	蓝光灰色
分散红 SE—B(C. I. 分散红 82)	暗紫色	红莲色
分散红玉 S—2GFL(C. I. 分散红 167)	蓝光红色	枣红色
分散大红 S—BWFL(C. I. 分散红 74)	橘红色	枣红色
分散红 S—FRL(C. I. 分散红 177)	大红色	枣红色
分散红 E—BD(C. I. 分散红 13)	酱红色	艳酱红色
分散红 SE—4RB(C. I. 分散红 73)	艳枣红色	艳枣红色
分散红 SE—3B(C. I. 分散红 343)	玫瑰红色	玫瑰红色

　　注　染料 0.5％(owf)，100℃、30min 染锦纶。

　　注:分散染料在 100℃ 条件下稳定性良好，几乎不会发生可察觉的水解现象。因此，在 pH＝7～8 的微碱性染浴中，其色光的变化并非因染料水解所致。

　　这说明，分散染料染锦纶，一旦染浴 pH 值波动(通常是水、织物释碱引起)，其得色色光就可能产生明显,甚至严重的差异。其原因,很可能是因染料的同分异构现象或染料在纤维内的存在状态不同引起的。

(3)对染料温型的配伍性要求低。涤纶结构紧密,溶胀度小。所以,不同温型的染料,上色的难易程度不同(E 型染料相对分子质量小,上色容易;S 型染料相对分子质量较大,上色较困难)。一旦不同温型的染料配伍染色,很容易因染色时间的差异或染色温度的差异而产生色差。而锦纶的结构相对疏松,在水中的溶胀度较大。所以,无论是低温型(E 型)染料,还是高温型(S型)染料,在 100℃上色都比较容易。即不同温型的分散染料染锦纶,其上色同步性比染涤纶要好得多。因此,分散染料染锦纶,对分散染料温型的选择范围较宽,对染料温型的配伍一致性要求低。

(4)对染料水解稳定性的好坏要求低。分散染料在高温高压(130℃)条件下,普遍存在着容易水解,会使得色明显或严重变浅变色光的缺陷。可是,经检测,在常温常压(100℃)条件下,只要染浴的 pH 值<8,染料的水解现象就很小,不足以对染色结果构成影响。因而,染锦纶与染涤纶相比,对分散染料水解稳定性的好坏要求低。

(5)对染料热迁移性的大小要求低。实验表明,分散染料染锦纶,在高温干热条件下后处理,也有热迁移现象发生。但由于分散染料的热迁移量与色泽的深度呈正比,所以,锦纶染浅淡色泽时,分散染料的热迁移现象对色光及色牢度的影响并不明显。因此,分散染料染锦纶浅色,对染料的热迁移性可以少加或不加考虑。

(6)对染料热凝聚性的大小要求低。检测结果说明,常用分散染料的热凝聚程度,在沸温(100℃)条件下比在高温(130℃)条件下要小得多,一般不足以影响染色质量。显然,这是由于染色温度低,扩散剂的稳定性较好,染料自身的凝聚倾向相对较小的缘故。

因此,就染料的凝聚性而言,多数常用分散染料可以选用。

可见,选用在锦纶上日晒牢度好,色光稳定性也好的分散染料染色,是锦纶染浅淡色泽的关键。

76 中性染料染锦纶,应该注意哪些事项?

答:中性染料的染深性好,色牢度高,被广泛用于锦纶染色。然而,由于中性染料存在一些实用缺陷,一旦应用不当,就容易给染色质量造成危害。

(1)溶解度低。国产中性染料的水溶性欠佳,原因有两个:

①在中性染料的分子结构中,大多没有强亲水性基团(—SO_3Na)。其低弱的水溶性,主要来自磺酰氨基(—SO_2NH_2)或磺酰烷基(—SO_2CH_3)。因为,这些基团中的氧原子作为电子的供给体能与水中的氢形成氢键结合。

$$
\begin{array}{ccc}
\mathrm{O\cdots H\cdot OH} & \mathrm{O\cdots H\cdot OH} & \mathrm{H} \\
\| & \| & | \\
\mathrm{-S-CH_3} & \mathrm{-S-NH_2} \quad 或 \quad & \mathrm{-SO_2-N} \\
\| & \| & | \\
\mathrm{O\cdots H\cdot OH} & \mathrm{O\cdots H\cdot OH} & \mathrm{H\cdots OH_2}
\end{array}
$$

②中性染料的相对分子质量较大(一般大于 600),且为金属络合型染料。染料分子之间具有相对较高的内聚力,在水中容易相互聚集。

表 4-51　国产中性染料的实际溶解度

染料类型	染料名称	80℃溶解,自然降温至 60℃的实际溶解度(g/L)	溶解状态
第一代 2∶1 型染料	中性深黄 GL	30	有凝聚现象
	中性枣红 GRL	5	聚集现象严重
	中性蓝 BNL	5	聚集现象严重
	中性黑 BL	30	有凝聚现象
第二代改良的 2∶1 型染料	中性黄 S—2G	＞70	溶解状态良好
	中性橙 S—R	40	凝聚现象明显
	中性红 S—GN	＞70	溶解状态良好
	中性棕 S—3R	50	凝聚现象明显
	中性棕 S—GR	60	溶解状态良好
	中性棕 S—DR	70	溶解状态良好
	中性藏青 S—B	40	胶凝现象明显
	中性藏青 S—R	＞70	溶解状态良好
	中性灰 S—BG	＞70	溶解状态良好
	中性黑 S—2B	＞70	溶解状态良好
复合型中性染料	中性橙 C—RN	＞70	溶解状态良好
	中性棕 C—G	＞60	溶解状态良好
	中性棕 C—B	＞60	溶解状态良好
	中性藏青 C—R	＞70	溶解状态良好
	中性灰 C—G	＞70	溶解状态良好
	中性黑 C—B	60	胶凝现象明显

注　检测方法:将不同量的染料用软化水(含六偏磷酸钠 2g/L 的自来水),配制不同浓度的染液。在搅拌下加热至 80℃,保温溶解 10min,放置自然冷却至 60℃,以滤纸渗圈法检查染料的溶解状态。以滤纸中心出现染料色淀圈以前的一挡浓度作为实用溶解度。

从表 4-51 可见:在 80℃→60℃的条件下,第一代 2∶1 型中性染料的实际溶解度为 5～30g/L;第二代改良型 2∶1 中性染料的实际溶解度为 40～70g/L;复合型中性染料的实际溶解度为 60～70g/L(注:活性染料 60℃的溶解度通常大于 100g/L)。

而生产现实是:染料总是在染色前溶解、过滤,而后加入染浴中稀释,即使是染一般中深色泽,在化料溶解时染液的浓度,也往往高于染料的实际溶解度。再加上染料溶解后,通常不能立即加入染浴中稀释(有一个降温时段)。所以,许多中性染料会因浓度超高温度降低而产生过度凝聚或沉淀。

特别是有部分染料,一旦凝聚、沉淀,即使以沸水(100℃)再度溶解,也往往难以"解聚"(中性枣红 GRL　C.I.213 是典型代表)。因此,一旦加入染浴中,很容易造成色点、色渍、色花。在拼色时还会因不同结构的染料溶解性能差异过大,而产生显著的色差。

因而,在实际生产时,务必要注意以下两点:

第一,选用溶解性能较好的改良型或复合型中性染料染色。溶解性能差的第一代中性染料中的中性枣红 GRL 与中性蓝 BNL 不宜使用。中性深黄 GL、中性黑 BL 可以谨慎使用。

第二,不宜过早化料。一定要在加缸前,以大浴比的沸温水溶解。而且,要趁热过滤入缸、稀释。

(2)对硬水敏感。中性染料的母体结构大多为偶氮染料,其基本结构模型如下:

从染料的结构模型可看出,三价正电荷的金属原子铬与染料的四个羟基结合,形成了带有一价负电荷的螯形络合物离子。所以,它容易与水中的 Ca^{2+}、Mg^{2+}、Fe^{3+} 等离子结合。不仅会影响得色深度,还会影响得色色光。这一点可用以下实验来验证。

以中性深黄 GL、中性枣红 GRL、中性蓝 BNL 三者拼染锦纶,水质硬度对其染色结果的影响如下(表 4-52):

深井水染色(硬度 243mg/L)　　软化水染色(硬度 64mg/L)

得色:略浅的军绿色———————→略暗的咸菜色

(红色、蓝色染料上色较多所致)

表 4-52　水质硬度对中性染料染锦纶得色深度的影响

染料类型	染　　料	深井水硬度(240mg/L)	相对得色深度(%)		
			六偏磷酸钠(0.5g/L)	六偏磷酸钠(1g/L)	六偏磷酸钠(2g/L)
2:1型	中性深黄 GL	100	100.40	103.17	103.40
	中性枣红 GRL	100	101.05	103.42	105.65
	中性蓝 BNL	100	103.17	106.06	109.10
复合型	尤丽特黄 C-2R	100	100.63	101.24	101.58
	尤丽特红 C-G	100	100.16	100.79	101.34
	尤丽特蓝 C-2R	100	102.31	105.66	106.03

注　(1)染料 1%(owf)、锦纶匀染剂 1.5g/L,硫酸铵 2g/L(2:1型),醋酸 0.5mL/L(复合型),浴比 1:25,2℃/min 升温,100℃保温染色 30min,水洗。

(2)以深井水染色的得色深度作 100%相对比较,Datacolor　SF 600X 测色仪检测。

因此,中性染料染色,务必要使用离子交换水或者施加足够量的软水剂软化。实践证明,这对提高染色的重现性很有效。

(3)匀染性差。中性染料染锦纶,亲和力高上色快,容易产生吸色不匀。尤其是对锦纶质疵的遮盖性差,很容易产生"经柳、纬档"染疵。

这里要特别注意的是,其匀染效果受染浴 pH 值的制约。即染浴 pH 值越低,染料—锦纶间的亲和力越高,上色越快,匀染性遮盖性相对越差。染浴 pH 值越高,染料—锦纶间的亲和力越低,上色越慢,匀染性遮盖性相对越好。

原因是:锦纶为两性纤维,在分子链两端同时含有羧基(—COOH)与氨基(—NH$_2$),其等电点为 5~6。染浴的 pH 值越小于等电点,—$\overset{+}{N}H_3$ 的含量越多,—COO$^-$ 的含量越少,锦纶所带的正电荷越多,对阴离子性中性染料的吸附能力越强,上色越慢,匀染性遮盖性自然越好。

因而,中性染料染锦纶,务必要注意以下三点:

第一点,施加锦纶匀染剂染色。实践证明,加入适量锦纶匀染剂染色,可以明显提高锦纶的匀染效果。

当前,市供锦纶匀染剂中,阴离子型匀染剂与阴离子/非离子复合型匀染剂的实用效果较好,应用较多。

阴离子型锦纶匀染剂的匀染机理,是利用其自身相对分子质量较小且带阴离子性,可抢先于染料进入纤维,占据氨基阳离子(—$\overset{+}{N}H_3$)染座。随着染温的升高再逐渐被染料取代。因而,可减缓染料的上染速率,产生匀染效果。

阴离子/非离子复合型锦纶匀染剂,为阴离子活性物与非离子活性物的复合物。由于它既有亲纤维性,又有亲染料性,所以其缓染作用与移染作用更加突出,实用效果往往更好。

注:锦纶匀染剂的实用量以 1~2g/L 为宜。用量少匀染效果差,用量多会降低得色量。

第二点,以较高 pH 值染色。2∶1 型中性染料染锦纶,染浴 pH 值的高低,对上染率(得色深度)的影响相对较小(表 4-53),但对上染速率(匀染效果)的影响却较大。

表 4-53　染浴 pH 值对中性染料染锦纶得色深度的影响

相对得色深度(%)　　染料	染浴 pH 值 5.1	6.4	7.3	8.2
2∶1 络合型　中性深黄 GL	100	100.19	99.50	99.17
中性枣红 GRL	100	100.04	99.23	99.10
中性蓝 BNL	100	99.73	98.06	97.94
复合型　尤丽特黄 C—2R	100	98.34	95.03	93.14
尤丽特红 C—G	100	98.29	96.82	94.12
尤丽特蓝 C—2R	100	98.64	96.44	94.33

注　(1)配方:染料 2%(owf)、六偏磷酸钠 1.5g/L、锦纶匀染剂 951 2g/L。

(2)工艺:升温速度 2℃/min,升到 100℃染色 30min。染浴 pH 值以醋酸、硫酸铵、纯碱调节。

(3)检测:以杭州雷磁分析仪器厂 pHS—25 型酸度计与 Datacolor　SF 600X 测色仪检测。

因此,染锦纶浅色时,以采用较高的 pH 值(7～8)染色为宜。染锦纶深色时,染浴 pH 值(视色泽深度)以 5～6.5 为宜。

复合型中性染料,由于含有酸性染料成分,故对染浴 pH 值相对敏感。染浴 pH 值不同,对匀染效果与染深效果的影响相对明显。所以,复合型中性染料染锦纶时,染浴 pH 值应比第一代、第二代 2∶1 型中性染料要低些。最适合采用硫酸铵—醋酸复合酸剂染色。即先加硫酸铵 2～3g/L,保持 pH＝6～6.5 染色,后期再追加醋酸将染浴 pH 值调至 4～5 染色。实践证明,这可以获得匀染性与染深性皆佳的效果。

第三点,以中性/分散染料拼合染色。中性染料染锦纶,匀染性与遮盖性差。染锦纶中浅色时,容易产生吸色不匀与"经柳、纬档"染疵(但染深性、色牢度优良)。分散染料染锦纶,匀染性、遮盖性特好(但染深性、色牢度较差)。因而,最适合采用中性染料与分散染料作拼染。两者拼染染色,具有取长补短的协同效应,可以使匀染效果与染色牢度均能达到客商要求。

(4)对棉有沾色性。中性染料在染锦纶的条件下,对棉纤具有不同程度的沾色性(表 4－54)。

表 4－54　常用中性染料对丝光棉的沾色性

染料	中性黄 S—2G	中性橙 S—R	中性红 S—GN	中性红 S—G	中性酱红 S—B	中性棕 S—3R	中性棕 S—GR	中性棕 S—DP	中性藏青 S—B	中性藏青 S—R	中性翠蓝 3G	中性灰 S—BG	中性黑 S—2B
沾色性(级)	3	2～3	2～3	2～3	2～3	3	4	3～4	3～4	3～4	2	4	3

注　中性染料 1%(owf),六偏磷酸钠 1.5g/L,硫酸铵 2g/L,锦纶匀染剂 951　1.5g/L。
　　浴比　1∶25;100℃保温染色 30min;水洗、皂洗(灰卡评级)。

这对锦/棉或棉/锦类织物染中深色泽的均一色风格,负面影响通常较小。但对染浅淡色泽,却会造成诸多危害:

①在先染棉(粘)后套染锦纶的工艺中,会造成棉(粘)组分的色光改变,使棉(粘)组分的色光难以掌控。

②在先染锦纶后套染棉(粘)的工艺中,棉(粘)组分的沾色,会降低鲜艳度,甚至无法染出所要求的浅淡色泽。

③对棉沾色明显,往往染不出锦/棉或棉/锦类织物的棉"闪白"风格。

④棉(粘)组分上的沾色,会降低染色物的皂洗沾锦牢度。

⑤由于染色方式不同,沾色程度也不同,在染浅淡色泽时,会严重影响小样放大样的一次成功率。

所以,中性染料染锦/棉或棉/锦织物的浅淡色泽时,认真选用沾棉程度轻微的染料,也是重要的。

77　锦纶织物卷染,为什么大样总比小样浅? 如何解决?

答:(1)原因。锦纶织物卷染染色,大样得色深度一般只有小样的 85%～90%,必须追加染料。主要原因是:锦纶织物浸染小样,通常是在红外线染样机上,以 40r/min 转速,在不锈钢杯

中浸渍式染色。显然,这与卷染机染大样存在着两大差异:

①卷染机染大样,染色温度偏低。卷染机染色,染料上染主要发生在卷轴(布卷)上。即使加罩染色,布卷的温度也要比染液温度(98℃)低5℃(夏季)至10℃(冬季)。而小样是在不锈钢杯中密闭式染色,其染色温度可以确保98～100℃。大样染色温度偏低,对染料上染无疑会产生负面影响。

②卷染机染大样,染液更新频率低。织物(纤维)所带染液更新频率低,是卷染染色固有的缺陷。再加上锦纶的抱水力差,带液量少,并且上卷后还会因"层压"产生排液问题。所以,锦纶织物(特别是纯锦纶织物)卷染,与纯棉织物或锦/棉织物卷染相比,染料吸附不充分的问题就显得愈加突出。

小样染色,织物大半浸渍在染液中,而且染杯是在40r/min翻滚状态下运行,所以织物(纤维)所带染液的更新频率高,染料的吸附量大,绝非卷染染色所能相比。

正是由于染料的吸附量,卷染大样小于染色小样,才导致大样竭染率低,上染率低,得色偏浅。这是因为,染料与纤维之间的染着作用,是建立在染料的吸附与扩散基础上的。在正常条件下,染料的吸附量越高,染着量才会越高。

(2)应对措施。

①锦纶织物卷染,配缸量不宜过长,车速应适当加快,运行道数应适当增加。这不仅可加快织物所带染液的更新频率,提高染料的吸附量,增加得色深度,而且还能有效提高匀染透染效果。

②卷染机要加罩染色。而且在罩壳顶部要加足够的间接蒸汽管加热。这样,一是可防止冬季滴水,产生"水渍印"。二是可有效提高与匀化布卷的环境温度,即能缩小大样与小样实际染色温度的差异,使大样与小样的得色更接近。又能减小布卷两端与中间的温度差,使布卷左、中、右的色泽更加一致。

③染样机小样与卷染机染大样,染色方式不同导致染料吸附量不同,是客观存在的,不可能彻底改变。只能作适当的技术处理,具体方法是:

第一步,将日常生产的色种,划定染色所用的染料范围(即哪种色泽选用哪三种染料拼染),不轻易改变。

第二步,在染料固定的前提下,通过大生产摸索小样放大样的得色规律。

第三步,按照小样放大样的得色规律,将小样处方预先做适当调整以后,再放大样。

实践证明,如此技术处理,可以使小样放大样的一次成功率显著提高。

78 锦/棉或棉/锦类织物染色,为什么容易产生色差?该如何应对?

答:(1)产生色差的原因。锦/棉或棉/锦类织物染色,往往容易产生色差染疵。实验探明,这是染色前处理使锦纶的染色性能发生了改变所致。

①湿热的影响。锦纶的玻璃化温度低(锦纶6为47～50℃),在湿热条件下特别容易收缩,故布面尺寸稳定性差。为了消除练漂半制品的内应力,稳定布面尺寸,防止和消除折皱,染色前,通常要在定形机上进行轧水、拉幅、烘干。

由于锦纶对湿热敏感,在160～170℃拉幅、烘干的过程中,大分子链段会发生重排,微结构中的结晶区会变得更加完整,取向度和结晶度会变得更高。倘若热拉温度超高,锦纶大分子链上的部分氨基($-NH_2$),还有可能氧化成硝基($-NO_2$)。因而,会导致锦纶的吸色性能发生明显改变。

以下实验可以佐证:经过不同温度预处理的锦纶织物,采用以下处方工艺染色。

a. 处方:

中性黄 GL	0.174%(owf)
中性黑 BL	0.25%(owf)
分散红玉 S—5BL	0.132%(owf)
硫酸铵	2g/L

b. 工艺:

浴比 1:25;

以 2℃/min 升温速度升至 100℃,保温染色 30min,

水洗。

c. 结果(4-55):

表 4-55   不同温度预处理对锦纶吸色性能的影响

未处理	160℃烘 45s	180℃烘 45s	200℃烘 45s
咖啡色(标准)	色光—走红 深度—浅 19.2%	色光—明显走红 深度—减 27.8%	色光—严重走红 深度—减 47.6%

从实验结果可见,锦纶织物经高温热处理(湿布高温热烘)以后,对中性染料的吸色能力显著下降,对分散染料的吸色能力则影响较小。所以,染色结果,不仅会产生显著的深度差,而且还会产生明显的色光差。

注:由于中性染料染锦纶,染深性好,色牢度好。分散染料染锦纶,匀染性好,遮盖性好。所以,锦纶染色通常采用中性(或酸性)染料与分散染料拼染,以获得取长补短的效果。

②预缩的影响。

锦/棉或棉/锦类织物,由于锦纶组分容易收缩,在练漂处理过程中,布面容易产生"折皱"。折皱程度轻者,经定形机轧水、拉幅、烘干可以去除。折皱程度重者,特别是后道尚需磨毛的织物,则必须通过高温(100℃以上)松式缩水才能去除。不然,染色后会因"皱条"染疵严重降等。

然而,高温缩水处理,会给锦纶的染色性能造成显著影响。这种影响有两个特点:

a. 对不同类型的染料,影响大小不同。如对中性染料和酸性染料的吸色性影响较大,上染率降低较多。对分散染料的吸色性影响却较小。

b. 预缩水的温度不同,影响大小也不同。如缩水温度在 105℃左右时,对中性染料的吸色性能影响相对较大。而在 115℃左右时的影响则相对较小。

因此,当采用分散染料、中性染料拼染染色时,染前缩水与不缩水或缩水条件不同,都会使染色结果产生明显差异(表 4-56)。

表 4 - 56　预缩水对锦纶吸色性能的影响

染前未缩水	105℃缩水 30min	115℃缩水 30min
咖啡色(标准)	色光—严重变红 深度—严重变浅	色光—明显变红 深度—明显变浅

注　染色条件:中性黄 GL 0.174%(owf)、中性黑 BL 0.25%(owf)、分散红玉 S—5BL 0.132%(owf)、硫酸铵 2g/L,100℃保温染色 30min,水洗。

(2)净洗的影响。锦/棉或棉/锦类织物染中浅色泽时,在染色前有时要用净洗剂再做一次净洗。目的是去除织物上的油渍、污渍和水渍。

然而,由于锦纶在 pH=5～6 的弱酸性条件下染色时,含有较多带阳离子的氨基($-\overset{+}{N}H_3$),阴离子性净洗剂和锦纶会产生较大的亲和力,而与氨基产生离子键结合。从而对中性(或酸性)染料的上染产生较大的阻滞作用。

因而,净洗后,一旦出水不清,净洗剂残留较多并带入后道染浴中(特别是采用与锦纶亲和力较大的净洗剂时,如杭州传化化学制品有限公司的去油灵等)。就会导致中性(或酸性)染料对锦纶的上染产生严重阻碍。使得色深度显著下降。如果是拼染,还会因不同染料所受的影响大小不同,使得色色光发生显著改变。

(3)应对措施。

①锦/棉或棉/锦类织物,染前不进行预定形。在定形机轧水、拉幅、烘干、去皱,温度应控制在 160～170℃。落布要穿冷水辊筒或打冷风冷却,且不可出烘房立即打卷,以免因布卷温度过高而且边、中温差过大,染色后产生布卷内外色差与布卷边、中色差。

②染色前,必须进行高温缩水时,一是缩水条件以 115℃处理 20min 为宜。而且缩水条件必须保持一致,以杜绝缸差。二是经缩水的织物,必须重新打样、放样。千万不可与未缩水的织物混染,以免产生色差。

③染前净洗,要选用对锦纶亲和力小的净洗剂,用量也不宜过多。而且净洗后出水要净,以消除净洗剂对锦纶吸色产生阻滞作用。

79　锦/棉类织物染"闪白"风格,染料该如何选择?

答:锦/棉或棉/锦类织物染"闪白"风格(只染锦纶而棉留白或只染棉纤维而锦纶留白),其工艺关键是所用染料对留白的锦纶或棉纤不沾色或微沾色,能够确保染得的色泽,色、白鲜明清晰生动。

然而,常用染锦纶的染料,如中性染料、弱酸性染料、分散染料、活性染料等。和常用染棉纤维的染料,如中温型活性染料、高温型活性染料、热固型活性染料等。在染锦纶或棉纤维的条件下,对棉纤维或锦纶普遍存在着不同程度的沾色性。因而,一旦选用的染料(即使是拼色组合中的一只染料)不当,就会因留白纤维的沾色,染不出色、白分明的"闪白"风格,甚至会导致染色失败。所以,正确选用染料,是锦/棉类织物染"闪白"风格最大的技术关键。

(1)染锦纶留白风格。染锦纶留白风格(只染棉纤维而锦纶留白),必须选用在染棉条件下,对锦纶不沾色或微沾色的染料来染棉。

常用活性染料在染棉条件下对锦纶的沾色性如下(表 4-57):

表 4-57 活性染料在染棉条件下对锦纶的沾色性

产地	活性染料	对锦纶的沾色性	产地	活性染料	对锦纶的沾色性
江苏泰兴	黄 M—3RE	重沾色	上海万得	嫩黄 B—6GLN	重沾色
	红 M—3BE	轻沾色		橙 B—2RLN	重沾色
	蓝 M—2GE	轻沾色		大红 B—3G	重沾色
	艳蓝 KN—R	严重沾色		红 B—4BD	重沾色
	黑 KN—B	轻沾色		翠蓝 B—BGFN	轻沾色
				黑 B—3BL	严重沾色,变棕红色
台湾永光	黄 3RS	轻沾色	浙江舜龙	紫 A—R	重沾色
	红 3BS	轻沾色		黑 A—ED	轻沾色
	红 LF—2B	重沾色		黑 A—RC	严重沾色,呈棕红色
	蓝 BRF	重沾色		黑 A—GSP	严重沾色,呈棕红色
汽巴精化	黄 FN—2R	微沾色	南京虹光	嫩黄 H—E4G	不沾色
	红 FN—2BL	微沾色		黄 H—E4R	轻沾色
	蓝 FN—R	轻沾色		大红 H—E3B	轻沾色
				宝蓝 H—EGN	不沾色
				蓝 H—ERD	微沾色
上海雅运	黄 NF—GR	不沾色	天津恒泽	黑 TFR	严重沾色,呈棕红色
	红 NF—3B	不沾色		黑 TFB	严重沾色,呈棕红色
	蓝 NF—MG	不沾色			

注 1. 实验用布:77dtex/27.8tex(70 旦×21 英支),433 根/10cm×299 根/10cm 的锦/棉府绸。

2. 染色处方:染料 1%(owf),六偏磷酸钠 1.5g/L,食盐 40g/L,纯碱 20g/L。

3. 染色操作:浴比 1∶30,在圆周平动染样机上进行。

中温型染料:以 4℃/min 升温,65℃恒温吸色 30min,固色 40min→水洗→皂洗(净洗剂 8g/L)65℃净洗 10min→水洗。

高温型染料:以 4℃/min 升温,80℃恒温吸色 30min,固色 40min→水洗→皂洗(同前)→水洗。

热固型染料:以 2℃/min 升温,100℃恒温染色 40min(pH=7)→水洗→皂洗(同前)→水洗。

4. 沾色程度:分不沾色、微沾色、轻沾色、重沾色、严重沾色五档。

从表 4-57 可见:

①常用中温型活性染料,染锦/棉类织物的棉组分时,对锦纶普遍具有沾色性。但沾色程度轻重不一,可分为微沾色、轻沾色、重沾色、严重沾色。其中严重沾色者,如活性艳蓝 KN—R、活性黑 B—3BL、活性黑 A—GSP、活性黑 A—RC、活性黑 TFR、TFB 等。既不适合染锦棉两相均一色,更不适合只染棉纤维而锦纶留白的闪白风格。

其中沾色重者,如活性黄 M—3RE、活性嫩黄 B—6GLN、活性橙 2RLN、活性大红 3G、活性紫 A—R 等,只适合染锦棉两相均一色。而且,锦纶的色光稳定性差。

其中轻沾色者,如活性红 M—3BE、活性蓝 M—2GE、活性黄 3RS、活性红 3BS、活性翠蓝

B—BGFN 等,通常不适合染锦纶留白的风格,只适合染锦棉两相的均一色泽。

染锦纶留白的产品,只有少量微沾色或轻沾色的染料,如汽巴精化活性黄 FN—2R、活性红 FN—2BL、活性蓝 FN—R 等,可以试用。

②常用高温型活性染料,染锦/棉类织物的棉组分时,对锦纶组分的沾色比中温型活性染料要轻得多,其沾色程度一般为不沾色或轻沾色。

③常用热固型活性染料,染锦/棉类织物的棉组分时,对锦纶组分几乎不沾色。显而易见,染锦纶留白风格中的棉组分,中温型活性染料并不适用。棉组分染较深色泽时,只能从高温型活性染料中选用。棉组分染较浅色泽时,选用热固型活性染料染色最为合适。

(2)染棉留白风格。染棉留白风格(只染锦纶,棉留白),必须选用在染锦纶的条件下,对棉纤维不沾色或微沾色的染料来染锦纶。

常用染锦纶的染料,在染锦纶条件下,对棉纤维的沾色性如下(表 4-58～表 4-61):

表 4-58　常用中性染料在染锦条件下对棉的沾色性

产　地	中性染料	对棉的沾色性	产　地	中性染料	对棉的沾色性
浙江新晟	黄 S—2G	轻沾色	浙江新晟	藏青 S—R	微沾色
	橙 S—R	重沾色		灰 S—BG	微沾色
	红 S—GN	重沾色		黑 S—2B	轻沾色
	棕 S—3R	轻沾色	浙江横店	深黄 GL	轻沾色
	棕 S—GR	微沾色		枣红 GRL	重沾色
	棕 S—DP	微沾色		蓝 BNL	严重沾色
	藏青 S—B	微沾色		黑 BL	微沾色

注　染料 1%(owf),六偏磷酸钠 1.5g/L,锦纶匀染剂 1.5g/L,硫酸铵 2g/L,浴比 1∶25,以 2℃/min 升温,100℃保温染色 30min,水洗、皂洗(皂洗剂 8g/L,65℃、10min)、水洗。

表 4-59　弱酸性染料在染锦条件下对棉的沾色性

产　地	弱酸性染料	对棉的沾色性	产　地	弱酸性染料	对棉的沾色性
英国	卡普仑黄 3G	微沾色	浙江上虞新晟化工	蓝 ARL	微沾色
汽巴精化	普拉红 B	轻沾色		蓝 BRL	重沾色
	普拉红 10B	轻沾色		紫 FB	微沾色
	普拉蓝 RAWL	轻沾色		红玉 A—5BL	重沾色
浙江上虞新晟化工	黄 A—4R	重沾色		深蓝 5R	微沾色
	黄 N—3R	轻沾色		黑 BR	微沾色
	大红 FGSN	重沾色	台湾永光	大红 E—R	轻沾色
	红 A—B	轻沾色			

注　染料 1%(owf),六偏磷酸钠 1.5g/L,锦纶匀染剂 1.5g/L,98%醋酸 0.5mL/L,浴比 1∶25,以 2℃/min 升温,100℃保温染色 30min,水洗、皂洗(皂洗剂 8g/L,65℃、10min)、水洗。

表 4-60　常用分散染料在染锦条件下对棉的沾色性

产　地	分散染料	对棉的沾色性	产　地	分散染料	对棉的沾色性
温州开源	金黄 SE—3R	轻沾色		蓝 E—4R	重沾色
上海安诺其	大红 MS	轻沾色	杭州吉华	红 FB	重沾色
	红 MS	重沾色		大红 SE—GS	重沾色
杭州吉华	嫩黄 SE—4GL	微沾色		红玉 S—2GFL	轻沾色

注　分散染料 1%(owf),硫酸铵 2g/L,扩散剂 N 1g/L,浴比 1∶25,染 77dtex×27.8tex(70 旦×21 英支)、433 根/10cm×299 根/10cm 的锦/棉府绸,以 2℃/min 升温,100℃保温染色 30min,水洗、皂洗(皂洗剂 8g/L,65℃,10min)、水洗。

表 4-61　常用活性染料在染锦条件下对棉的沾色性

产　地	活性染料	对棉的沾色性	产　地	活性染料	对棉的沾色性
	黄 M—3RE	轻沾色	上海万得	翠蓝 B—BGFN	微沾色
江苏泰兴	红 M—3BE	轻沾色		红 LF—2B	微沾色
	蓝 M—2GE	轻沾色	台湾永光	蓝 BRF	微沾色
上海万得	嫩黄 B—6GLN	不沾色	浙江舜龙	紫 A—R	轻沾色

注　染料 1%(owf),六偏磷酸钠 1.5g/L,锦纶匀染剂 1.5g/L,98%醋酸 0.5mL/L,浴比 1∶25,以 2℃/min 升温,100℃保温染 30min(锦/棉布),水洗、皂洗(皂洗剂 8g/L,65℃,10min)、水洗。

从表 4-58～表 4-61 可见,不同类型的染锦纶染料,在染锦纶过程中对棉的沾色程度差异较大。从整体上看,分散染料沾棉相对较重;中性染料和酸性染料沾棉相对略轻;活性染料(酸性浴染锦纶)沾棉程度相对最轻。

可见,锦/棉类织物染棉留白风格,分散染料不适用,只能从活性染料或者中性染料与酸性染料中严格筛选。

(3)重要提示。锦/棉类织物染闪白风格,选用不沾色或微沾色的染料染色,无疑是保证"闪白"质量的关键因素。然而,实验表明,染色工艺条件对"闪白"效果也会产生重要影响。

以活性染料染锦纶留白的风格为例:

①染浴 pH 值的影响。活性染料染锦/棉织物中的棉组分时,染浴(指吸色浴)pH 值越低(酸性),对锦纶的沾色越重。染浴 pH 值越高(碱性),对锦纶的沾色越轻。

采用活性染料染锦纶留白风格,以弱碱性浴吸色为宜(注:热固型活性染料要按中温型活性染料应用。)

②染色温度的影响。活性染料按常规染色法(中性吸色,碱性固色)染锦棉织物的棉组分时,通常是吸色温度越高,对锦纶组分的沾色程度相对越重。

显然,这是锦纶的玻璃化温度(47～50℃)低,染温提高溶胀度相应增大,染料更容易吸附的缘故。

这表明,活性染料按常规染色法染锦/棉织物的棉组分时,以相对较低的温度吸色,对提高锦纶的"闪白"效果更有利。

80 棉/锦类织物染浅色,能否实现一浴一步法快速染色?

答:棉/锦类织物,由棉纱与锦纶长丝交织而成。由于棉和锦纶的染色性能截然不同,即使染浅色,通常也是采用二浴二步套染染色。可是,二浴套染法,能耗大、排污多、产量低、成本高。不符合"节能、减排、增效"的染整理念。然而,要实现一浴一步法快速染色,染棉染料与染锦染料就必须"三适应"。即对染色温度要彼此适应、对染浴 pH 值要彼此适应、对电解质要彼此适应。

经实验,热固型活性染料与分散染料配伍组合,能够使棉/锦类织物一浴一步法快速染色(浅色)成为可能。

原因有以下三点:

第一,热固型活性染料的力份较低,染深效果较差,用于棉纤维染浅色最合适。分散染料染锦纶,提深性较差,湿处理牢度较差,染锦纶浅色最恰当。

第二,热固型活性染料染棉,是靠染色温度发生键合固着,而不需要添加碱剂。因而,只要控制升温速度,就能获得良好的匀染效果。

分散染料染锦纶,主要靠氢键和范德华力上染,不存在离子键结合。故上色温和,移染活跃。再加上染料的相对分子质量小,扩散性特佳。所以,分散染料对锦纶自身的结构性差异,具有极好的遮盖效果,几乎不会暴露"经柳"、"纬档"等染疵。

因此,无论是热固型活性染料染棉,还是分散染料染锦纶,都能很好地满足"浅色"对匀染效果较高的要求。

第三,热固型活性染料染棉与分散染料染锦纶,具有较好的同浴适应性。

①染色温度。热固型活性染料染棉,经检测,其染色温度在 100~120℃ 范围内,上染率稳定,深浅变化不明显。染温低于 100℃,得色会明显变浅,染温高于 120℃ 得色会表现出走浅趋势。可见,这类染料的最佳染色温度范围较大,既适合沸温 100℃ 染色,也适合高温高压 120℃ 染色。

分散染料染锦纶,经检测,染色温度在 100~130℃ 范围内,得色量是随染色温度的提高而增加。但是,由于锦纶在高于 100℃ 的条件下,会逐渐发生"纸化",即弹性逐渐消失、手感逐渐僵化、强力逐渐下降、色泽逐渐泛黄。而且,染温高于 120℃ 后,"纸化"现象会骤然加剧,其染色物会完成丧失服用价值。因而,分散染料染锦纶的最佳温度,应该是沸温 100℃。

可见,热固型活性染料染棉,与分散染料染锦纶,都适合沸温 100℃ 染色。这说明,两者对染色温度的适应性良好。

②染浴 pH 值。经检测,热固型活性染料染棉,对染浴 pH 值比较敏感,最适合在中性浴中染色。染浴 pH<7 或 pH>7,都会造成得色量显著下降。分散染料染锦纶,由于分散染料为非离子性,与锦纶不会发生离子键结合,$—\overset{+}{N}H_3$ 的多少对上染量不会产生明显的影响。所以,对染浴 pH 值不甚敏感。沸温 100℃ 中性浴染色与酸性浴染色,得色为深度相当,匀染效果相似。而且,由于是在沸温常压条件下染色,即使是在中性浴中,分散染料也不会因水解而发生减色、变色问题。

可见,无论是热固型活性染料染棉,还是分散染料染锦纶,均适应在中性条件下进行。这表明,两者对染浴 pH 值的适应性良好。

③电解质。热固型活性染料和中温型活性染料一样,水溶性较大,亲和力较低,只有在电解质的存在下染色,才能获得最高的上染量。因而,即使是染浅色,也必须添加 10~20g/L 食盐或元明粉。

　　分散染料几乎不溶于水,是借助于阴离子性扩散剂的包覆,形成带负电荷的染料微粒而分散在水中。电解质的存在,会将染料微粒表层的负电荷抵消,使染料微粒之间丧失同性电荷的排斥力。所以,对染料的分散稳定性会带来一定的影响。由于分散染料属于非离子性,而且具有很大的疏水性,所以电解质对分散染料染锦纶的上色量影响不明显。

　　实验证明,由于分散染料自身带有较多的扩散剂(如扩散剂 N、扩散剂 MF 等),所以,在沸温条件下染棉/锦织物浅色,对电解质的存在,尚有一定的适应性。

　　工艺推荐:

　　(1)染色配方:

热固型活性染料	x
分散染料	y
软水剂	1～1.5g/L
中性缓冲剂(pH=7)	1～1.5g/L
食盐	10～20g/L
扩散剂 N	1g/L

　　(2)喷染工艺如下:

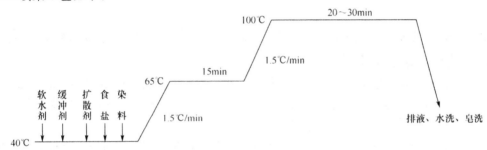

　　(3)工艺提示:

　　①在实际染色时,由于织物、水、染料、助剂等自身的 pH 值,具有不稳定性,会对染浴 pH 值造成直接影响。所以,有必要添加 1～1.5g/L,pH=7 的缓冲剂,将染浴 pH 值始终稳定在中性范围。以确保热固型活性染料的得色稳定性。

　　②染涤纶常用的分散染料,在染锦纶时,通常存在以下三方面的问题:

　　a. 多数分散染料,染锦纶与染涤纶相比,耐光牢度会大幅度下降。往往达不到服装面料对日晒牢度的要求。

　　b. 许多分散染料染锦纶,会发生明显甚至严重的色光异变,使得色色光的纯正度不佳(与染涤纶相比)。

　　c. 部分分散染料对锦纶的亲和力弱,不能正常上色。

　　因此,染涤纶常用的分散染料,绝大多数不适合染锦纶,只有少数品种可以选用。如分散蓝 E—4R、分散金黄 SE—3R、分散大红 2S—GS、分散红玉 S—5BL 等。所以,实用前,务必要认真选择。

　　③分散染料染锦纶,移染性、遮盖性特好。不容易暴露"经柳"、"纬档"染疵。因此,施加锦纶匀染剂对提高匀染效果几乎无作用。再则,分散染料在沸温 100℃ 条件下染锦纶浅色,由于染色温度较低,染液浓度较淡,即使有少量电解质存在,多数分散染料的热凝聚现象依然较小。

因此,施加高温分散匀染剂意义不大。

再说,锦纶匀染剂和高温分散匀染剂,对不同分散染料上染锦纶的得色量会产生不同的影响(表4-62)。

表4-62 扩散剂、匀染剂对分散染料上染锦纶的影响

相对得色深度(%) 助剂 染料	扩散剂 N 的用量(g/L)			高温匀染剂 1011 的用量(g/L)			锦纶匀染剂 951 的用量(g/L)		
	0	1	2	0	1	2	0	1	2
分散金黄 SE—3R	100	100.12	99.24	100	124.13	124.96	100	111.38	119.06
分散红玉 S—5BL	100	100.06	96.16	100	97.47	97.51	100	99.09	97.08
分散蓝 E—4R	100	100.03	97.43	100	97.54	96.09	100	99.65	98.00

注 染料1%(owf)、六偏磷酸钠1.5g/L,浴比1:25,升温速度2℃/min,升至100℃封闭染色30min,水洗、净洗。Data-color SF 600X 测色仪检测。

因此,染色时,这些匀染剂的用量一旦存在差异,就可能产生明显色差。而常用扩散剂 N,则没有这种缺陷。所以,部分热凝聚倾向较大的分散染料染色时,如果由于染浅色染料自身带入的扩散剂少,不足以保证染液的分散稳定性时,另外补加1~1.5g/L 扩散剂 N,还是必要的。

81 棉/锦类织物染深浓色泽,改二浴二步套染染色为一浴一步快速染色,染料该怎样选择?工艺该怎样设定?

答:棉/锦类织物染色,长期以来,都是采用二浴二步套染染色。可是,该工艺"耗能大、排污多、产量低、成本高"的缺陷严重。所以,改二浴二步套染染色为一浴一步快速染色势在必行。既有当今的现实意义,又有长远的历史意义。

一浴一步快速染色,由于染棉、染锦同浴进行,所以,染棉染料与染锦染料之间,既应该有良好的同浴相容性,对染色条件(温度、pH、助剂)又应该具有良好的同浴适应性。

经选择,反应性直接染料与2:1型中性染料配伍组合,以一浴一步快速染色工艺染棉/锦类织物深浓色泽,可以获得满意的染色效果。原因有以下三点:

第一,反应性直接染料,是近年问世的染料新品。染纤维素纤维的性能,不同于直接性染料又类似于直接性染料;不同于活性染料又类似于活性染料。它染棉的最大优势,是染深性好、湿处理牢度好。

2:1型中性染料,实为酸性含媒染料。它染锦纶的最大特点,是吸尽率高,染深性好,湿处理牢度高,日晒牢度好。

所以,两者完全可以满足棉/锦类织物染深浓色泽时,对染深性、色牢度的苛刻要求。

第二,反应性直接染料与2:1型中性染料,均为阴离子水溶性染料。两者之间不存在性能冲突。所以,彼此间的同浴相容性良好。

第三,反应性直接染料与2:1型中性染料,对染色条件具有较好的同浴适应性。

(1)染色温度。反应性直接染料染棉,其表观深度与染色温度之间的依附关系,和直接性染料相类似。具有中温(70~90℃)染色得色偏深,沸温(100℃)染色得色反而偏浅的现象。这是由于在较低的温度下,染料的缔合度较大,吸附较快,扩散较慢,染料在纤维表层堆积较多。随着染色温度的升高,纤维溶胀度的增大,染料的扩散能力、移染能力,以及水溶能力的增强,纤维表层染料会逐渐减少的缘故。因此,并不说明这类染料属于中温型染料最适合中温染色。

从得色深度、匀染效果,以及重现性的好坏、染色牢度的高低等综合考虑,反应性直接性染料的最佳染色温度,应该是沸温100℃,而绝非是80℃染色。

锦纶的结构相对疏松,玻璃化温度低(47～50℃),在水中溶胀容易。所以,2∶1型中性染料,在沸温(100℃)条件下染锦纶,就可获得最佳染色效果。

可见,反应性直接染料染棉与2∶1型中性染料染锦纶,对染色温度的要求相同,均以沸温100℃染色为最佳。

(2)染浴pH值。反应性直接染料的分子结构中,带有反应性基团,在碱性条件下,能与纤维素纤维发生化学性交联结合,从而产生良好的染色牢度。经检测,反应性直接染料的固着,与常用中温型活性染料相比,需要的碱剂(纯碱)用量明显较少(1g/L)。其最佳pH值为10.5左右(表4-63)。

表4-63 克牢克隆AA型染料的得色深度与染浴pH值的依附性

相对得色深度% / 染料	染浴pH值					
	pH=8.64 (纯碱0.05g/L)	pH=9.04 (纯碱0.1g/L)	pH=9.56 (纯碱0.25g/L)	pH=10.08 (纯碱0.4g/L)	pH=10.47 (纯碱0.8g/L)	pH=10.73 (纯碱1.4g/L)
克牢克隆黄棕 AA—D	65.91	78.16	90.84	98.49	99.75	100
克牢克隆红玉 AA—D	87.65	95.38	97.81	102.72	102.36	100
克牢克隆藏青 AA—D	67.53	80.79	96.46	99.87	101.42	100
克牢克隆黑 AA—B	61.39	80.60	94.56	103.56	100.18	100

注 ①染料:上海兴康化工有限公司生产。
②处方:染料1%(owf)、六偏磷酸钠1.5g/L、食盐60g/L、纯碱0.05～1.4g/L。
③工艺:浴比1∶25,以2℃/min的升温速度升温至100℃保温染色40min、水洗、二次皂洗。
④检测pH值以杭州雷磁分析仪器厂pHS-25型数显酸度计检测,色力度以Datacolor SF 600X测色仪检测。

2∶1型中性染料染锦纶,既能以离子键结合上染,又能以氢键力与范德华力上染。所以,对染浴pH值不甚敏感。在pH>7的弱碱性浴中染色,上染量虽有一定降低,但减浅程度远没有酸性染料那么大。尤其是在电解质的存在下,其上染量可以达到甚至超过弱酸浴染色的水平(表4-64)。

表4-64 中性染料染锦纶不同染浴pH值的得色深度

相对得色深度(%) / 染料	染浴pH值		
	酸性浴 pH=5.58	中性浴 pH=7.18	碱性盐浴 pH=10.08
(浙江新晟)中性红 S—GN	100	93.48	108.55
(浙江新晟)中性藏青 S—B	100	89.97	97.64
(浙江横店)中性黄 GL	100	97.86	99.65
(浙江横店)中性黑 BL	100	101.66	112.29

注 ①处方:染料1.25%(owf)、六偏磷酸钠1.5g/L、食盐(酸性浴、中性浴染色不加,碱性浴染色加60g/L)、pH值以纯碱和醋酸调节。
②工艺:浴比1∶30、以2℃/min升温至100℃保温染色40min、水洗、皂洗。
③检测:见表4-63。

可见，2∶1 型中性染料染锦纶，具有适应弱碱性浴（含电解质）染色的能力，可以和反应性直接染料同浴染色。

注：复合型中性染料（以 2∶1 型中性染料与带活性基的酸性染料复合而成），如杭州恒升化工的丽华特系列染料，青岛双桃牌尤丽特 C 型系列染料等，对染浴 pH 值的依附性较大，pH＞7，得色量下降明显，故不适合碱性浴染色。

（3）电解质。反应性直接染料和普通型直接染料、中温型活性染料相类似，只有在电解质的促染作用下，才能获得最佳上染量。而且，前者对电解质浓度的要求更高。经检测，染 2%（owf）以上的深色，电解质需 80g/L 左右。电解质浓度降低，得色量会明显下降（表 4－65）。

表 4－65　反应性直接染料的上染量与电解质的依附关系

染　料　＼　相对得色深度（%）	食盐用量（g/L）			
	20	40	60	80
反应性直接橙 N—4R	80.87	85.80	96.10	100
反应性直接红 N—DS	84.63	92.78	95.46	100
反应性直接蓝 N—DN	57.67	69.07	88.50	100
反应性直接黑 N—A	55.40	78.74	87.93	100

注　①处方：染料 2%（owf）、六偏磷酸钠 1.5g/L、纯碱 1g/L、食盐 20～80g/L。
　　②工艺：浴比 1∶25、2.5℃/min 升温至 100℃保温染色 50min，水洗、皂洗、水洗。
　　③检测：以添加食盐 80g/L 的得色深度作 100%相对比较。
　　　以 Datacolor　SF 600X 测色仪检测。

2∶1 型中性染料，是以带一价负电荷的螯形络合物离子溶于水中。因此，在碱性浴中染锦纶，会因锦纶带负电荷影响染料的吸附而降低上染量。所以，电解质的存在会产生显著的促染作用（表 4－66）。

表 4－66　2∶1 型中性染料在弱碱性浴中染锦纶食盐的促染作用

食盐（g/L）＼相对得色深度（%）＼染料	中性黄 GL	中性红 S—GN	中性藏青 S—B	中性黑 BL
0	100	100	100	100
60	103.17	123.45	119.94	116.07

注　①处方：染料 1.25%（owf）、六偏磷酸钠 1.5g/L、食盐 0.60g/L、纯碱 0.4g/L。
　　②工艺：以 2℃/min 升温至 100℃保温染色 40min，水洗、皂洗、水洗。
　　③测试：以食盐 0g/L 染色的得色深度作 100%，相对比较。
　　　相对得色深度以 Datacolor　SF 600X 测色仪检测。

可见，反应性直接染料与 2∶1 型中性染料，在弱碱性浴中染色，受电解质的影响是一致的，均起促染作用。

综合以上分析可知，反应性直接染料染棉与 2∶1 型中性染料染锦纶，两者的染深性好、色牢度好、同浴相容性好、对工艺条件的适应性好,完全能够以一浴一步法快速染棉/锦类织物深浓色泽。

工艺推荐:

(1)染色配方:

反应性直接染料	x
2:1中性染料	y
软水剂	1.5g/L
食盐	60~80g/L
纯碱	0.4g/L(pH=10.08)

(2)染色工艺:

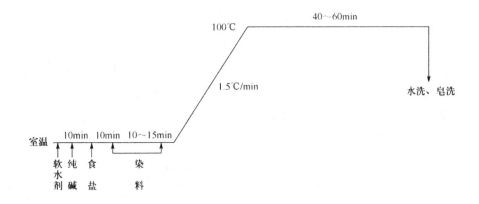

(3)工艺提示:

①反应性直接染料染棉,其最佳 pH 值范围为 10~11。连云港轻质粉状纯碱的实用量应该是 0.4~1.5g/L。但考虑到 pH 值高对锦纶上色不利,故以下限 pH 值为 10 染色为宜。但是,对染浴 pH 值要严加控制,尤其要防止染浴 pH<10 的状况出现,以确保棉纤维色泽的稳定。

②反应性直接染料染棉的深浓色泽,对电解质的依赖性大,需 60~80g/L。但用量也不宜过多。因为,国产 2:1 型中性染料的分子结构中,一般没有强亲水性基团磺酸基(—SO₃Na),只有弱亲水性基团磺酰氨基(—SO₂NH₂)或磺酰烷基(—SO₂CH₃)。故水溶性较低(60℃的溶解度一般为 40~70g/L)。电解质浓度过高,有可能造成溶解不良产生质量问题。

③电解质和碱剂要在染色初始加入。原因有以下三点:

一是,反应性直接染料和中温型活性染料不同,在碱性盐浴中不会产生明显的"凝聚"现象与"骤染"现象。经检测,在 40~100℃的升温区间,染料的与染量是稳步提高,一般不会产生上色不匀。

二是,中性染料在碱性浴中染锦纶,在染料—纤维间几乎不存在库仑引力,主要靠氢键和范德华力上染。因此,即使有电解质促染,其上染速率依然比较温和,匀染性良好。

三是,反应性直接染料对锦纶具有沾染性(继承了直接染料的性能),其沾染程度与染浴pH值直接相关,酸性浴染色最重,中性浴染色次之,碱性浴染色较轻。因此,碱剂在染色初始加入,可以明显减轻反应性直接染料对锦纶的沾染程度,这有利于棉、锦两相纤维色光的调控。

④在碱性浴中染色,2:1型中性染料上色温和,匀染性较好。只要控制升温速率不要过快,即使不加锦纶匀染剂,一般也能获得较好的匀染效果。如果需要,可酌情施加锦纶匀染剂0.5~1g/L。对反应性直接染料染棉,不会产生负面影响。

82 二浴法套染锦/棉或棉/锦织物时,锦、棉两相的色泽为什么容易波动? 该如何应对?

答:二浴法套染锦/棉或棉/锦织物时,锦纶组分与棉组分的色泽(深度、色光)容易波动。常因此导致染品色泽与标样不符,而不得不进行"修色"。原因有以下两点:

第一,锦纶为正面的锦/棉织物染色时,为了确保织物正面锦纶的色泽与标样相符,必须采用中温型活性染料先染棉,而后再在酸性、沸温条件下套染锦纶的工艺(工艺不宜颠倒)。

这里的问题是,染棉后套染锦纶的过程,对染着在棉纤维上的活性染料而言,相当于"酸洗"处理。经检测,常用活性染料,经沸温(100℃)、酸性浴(pH=4~5)处理,其色泽(深度、色光)会发生不同程度的变化(表4-67)。

表4-67　活性染料染棉的耐酸洗稳定性

染　料	酸洗后的减色变色程度	染　料	酸洗后的减色变色程度
活性嫩黄 B—6GLN	色浅,变化程度明显	活性紫 A—R	偏红偏浅,变化程度显著
活性黄 M—3RE	色浅,变化程度明显	活性翠蓝 B—BGFN	偏浅偏蓝,变化程度较明显
活性红 M—3BE	偏浅偏蓝,变化程度较小	活性蓝 BRF	偏红光,变化程度较小
活性红 LF—2B	偏红暗,变化程度较明显	活性蓝 M—2GE	偏红光,变化程度较小

注　1. 染色:染料1%(owf),六偏磷酸钠1.5g/L,食盐40g/L,纯碱20g/L,浴比1:30,65℃吸色30min、固色40min、皂洗(皂洗剂8g/L;65℃,10min;平动染样机)。

　　2. 酸洗(模拟酸性染料套色):六偏磷酸钠1.5g/L,锦纶匀染剂1.5g/L,98%醋酸0.5mL/L(pH=4.2);4℃/min升温至100℃恒温处理30min,水洗。

第二,棉纤维为正面的棉/锦织物染色时,为了确保织物正面棉纤维的色泽与标样相符,必须采取先染锦纶而后再以活性染料套染棉纤维的工艺。

然而,活性染料套染棉纤维时的固色过程,对染着在锦纶上的染料来说,却是一个"碱洗"过程。而染锦纶的染料,存在着不同程度的耐"碱洗"稳定性问题。所以,一经活性染料染棉(相当碱洗),预先染好的锦纶色泽,便会发生明显甚至显著的色泽(深度、色光)变化。从而使布面整体色泽发生波动。

常用染锦纶的染料耐碱洗稳定性如表4-68~表4-71所示。

表 4-68　分散染料染锦纶的耐碱洗稳定性

染　料	碱洗后的减色变色程度	染　料	碱洗后的减色变色程度
分散金黄 SE-3R	色光偏红,变化程度较明显	分散红玉 S-2GFL	色光变蓝暗,变化程度大
分散大红 SE-GS	色光偏浅偏暗,变化程度较明显	分散蓝 E-4R	色浅转绿光,变化程度大
分散红 MS	色光变浅,变化程度较小	分散嫩黄 SE-4GL	变金黄色,色相改变,变化程度严重
分散大红 MS	色光变红暗,变化程度大	分散红 FB	变紫红色,色相改变,变化程度严重

注　1. 染色:染料 1%(owf),硫酸铵 2g/L,扩散剂 N 1g/L,浴比 1:25,2℃/min 升温至 100℃保温染色 30min,净洗(净洗剂 8g/L,65℃,10min),水洗。

2. 碱洗(模拟活性染料碱固色):六偏磷酸钠 1.5g/L,食盐 40g/L,纯碱 20g/L,浴比 1:48;65℃,40min;水洗。

表 4-69　酸性染料染锦纶的耐碱洗稳定性

染　料	碱洗后的减色变色程度	染　料	碱洗后的减色变色程度
卡普仑嫩黄 3G	色浅,变化程度较大	普拉红 10B	变浅变红,变化程度严重
弱酸性黄 A-4R	色浅,变化程度严重	弱酸性紫 FB	变蓝变暗,变化程度较明显
弱酸性大红 E-R	偏浅偏暗,变化程度较小	弱酸性红玉 A-5BL	色光偏红较亮,变化程度较小
弱酸性红 A-B	色光变暗,变化程度严重	弱酸性蓝 BRL	偏浅偏绿光,变化程度较小
普拉红 B	变浅变暗,变化程度严重	弱酸性蓝 RAWL	变浅偏黄光,变化程度严重

注　1. 染色:染料 1%(owf),六偏磷酸钠 1.5g/L,锦纶匀染剂 1.5g/L,98%醋酸 0.5mL/L(pH=4.1~4.3),浴比 1:25,2℃/min 升温至 100℃保温染色 30min,水洗,净洗(净洗剂 8g/L,65℃,10min)、水洗。

2. 碱洗:同表 4-68。

表 4-70　活性染料染锦纶的耐碱洗稳定性

染　料	碱洗后的减色变色程度	染　料	碱洗后的减色变色程度
活性嫩黄 B-6GLN	色光偏红,变化程度较小	活性紫 A-R	色光偏浅偏蓝,变化程度较小
活性黄 M-3RE	色光偏红,变化程度较小	活性翠蓝 B-BGFN	色光偏浅偏暗,变化程度较小
活性红 M-3BE	色光偏蓝,变化程度较小	活性蓝 BRF	色光略显红亮,变化程度较小
活性红 LF-2B	色光偏浅偏蓝,变化程度较明显	活性深蓝 M-2GE	色光略偏黄,变化程度较小

注　1. 染色:染料 1%(owf),六偏磷酸钠 1.5g/L,锦纶匀染剂 1.5g/L,98%醋酸 0.5mL/L,浴比 1:25,2℃/min 升温至 100℃保温染色 30min,水洗,净洗(净洗剂 8g/L,65℃,10min)、水洗。

2. 碱洗:同表 4-68。

表 4-71　中性染料染锦纶的耐碱洗稳定性

染　料	碱洗后的减色变色程度	染　料	碱洗后的减色变色程度
中性黄 S-2G	色略浅,变化小	中性棕 S-DP	略浅,变化小
中性橙 S-R	色略浅,变化小	中性藏青 S-B	略浅,变化小
中性红 S-GN	变浅偏暗,变化较明显	中性藏青 S-R	略浅,变化小
中性棕 S-3R	略红光,变化小	中性灰 S-BG	略浅,变化小
中性棕 S-GR	略红光,变化小	中性黑 S-2B	略浅,变化小

注　①染色:染料 1%(owf),六偏磷酸钠 1.5g/L,锦纶匀染剂 1.5g/L,硫酸铵 2g/L,浴比 1:25,2℃/min 升温至 100℃保温染色 30min,水洗,净洗(净洗剂 8g/L,65℃,10min)、水洗。

②碱洗:同表 4-68。

从表 4-68～表 4-71 可知,常用染锦纶的染料,一经中温型活性染料套染(相当 pH=11、65℃碱洗),其色泽(深度、色光)均会发生不同程度的变化。其中,分散染料染锦纶,经"碱洗",变浅程度不大,但变色程度明显。弱酸性染料染锦纶,经"碱洗",不仅变浅程度大,变色(主要是变暗)程度也明显。活性染料染锦纶(酸性条件下),经"碱洗",色泽稳定性相对较好。分散染料与弱酸性染料不能相比。这是因为,在活性染料后套棉的加碱固色过程中,原本以离子键染着在锦纶氨基上的活性染料,会转变为共价键结合,因而会大幅度提高其染色牢度的缘故。中性染料染锦纶,经"碱洗",其减色、变色程度,在所有染锦纶染料中最小。显然,这与中性染料既能以分子引力(氢键、范德华力等)上染,又能以离子键结合,亲和力大,色牢度高密切相关。

应对措施如下:

(1)锦纶为正面的锦/棉类织物染色。这类织物是采用先染棉纤维,而后套染锦纶的工艺染色。由于染着在棉纤维上的中温型活性染料,在套染锦纶的条件下(100℃,pH=4～5),几乎不会发生断键,仅部分浮色染料被洗落。故由此引起的色泽(深度、色光)变化,对布面的整体色光,实际影响并不显著。所以,对染棉活性染料的耐"酸洗"稳定性,要求并不高。常用中温型活性染料皆可应用。

(2)棉纤维为正面的棉/锦类织物染色。

①染深浓色泽时,锦纶组分以采用中性染料染色为最佳。因为中性染料染锦纶,不仅色泽的耐"碱洗"稳定性好,染深性、色牢度也好。

②染中浅色泽时,则以采用变色程度较小的分散染料与中性染料拼合染色比较合适。理由是:分散染料染锦纶,遮盖性匀染性特好,不容易暴露"经柳"、"纬档"染疵。但耐"碱洗"稳定性较差。中性染料染锦纶,染深性、色牢度特好,耐"碱洗"稳定性也相对优良。但遮盖性匀染性差。因而,两者拼合染锦纶,可以取长补短,使色牢度、染深性及匀染性三者皆可达到要求。

但两者的拼合比例一定要适当。只有两者的拼合比例达到或接近色牢度好、匀染性也好的平衡点,才可能获得良好的综合效果。

据实践,两者的拼合比例应符合以下规律:所染色泽越深,中性染料的用量比例应越大,直到 100%;分散染料的用量比例应越小,直至 0。所染色泽越浅,中性染料的用量比例应越小,直至 0;分散染料的用量比例应越大,直至 100%。如下所示。

染　料	所染色泽		
	浅 ←──── 染料用量 ────→ 深		
中性染料			
分散染料			

第五章 染色助剂篇

83 该如何正确施加染色助剂?

答:无论什么染料,染什么纤维,通常都要施加染色助剂。如匀染剂、软水剂、促染剂等。这些染色助剂用其自身的分散、移染、缓染、促染、螯合以及助溶增溶、渗透润湿等功能,可以使染色结果在匀染效果、透染效果、得色深度、染色牢度、色光艳度等方面,获得明显的提高和改善。然而,实践表明,染色助剂如果施加不当,也会给染色质量造成危害。

案例一:

中性染料染锦纶,存在亲和力高,上色快,扩散性慢,遮盖性差的缺陷,极易暴露"经柳"、"纬档"染疵,故施加匀染(缓染)剂是必需的。

然而,常用锦纶匀染剂,具有用量低,匀染效果差,用量高,匀染效果好,但会降低得色深度的特点。因此,锦纶匀染剂的施加浓度必须适当。倘若小样、大样施加浓度不同,势必导致小样放大样符样率低。而大生产缸与缸之间施加浓度不同,则必然会产生"缸差"(表 5-1)。

表 5-1 匀染剂 TWB—951 用量对得色深度的影响

染料	相对得色深度(%) / 匀染剂用量(g/L)	0	1	2	3	4
2∶1型	中性深黄 GL	100	100.12	99.21	95.03	91.31
	中性红 S—BRL	100	98.27	93.13	89.19	81.42
	中性蓝 BNL	100	98.94	98.07	97.67	94.13
复合型	中性嫩黄 C—4GN	100	99.35	96.66	94.11	90.94
	中性红 C—2B	100	98.96	97.74	95.39	92.44
	中性蓝 C—2R	100	95.58	94.65	92.88	91.02

注 (1)配方:染料 1%(owf),六偏磷酸钠 1.5g/L,硫酸铵 2g/L(2∶1型),醋酸 0.05mL/L(复合型)。

(2)工艺:以 2℃/min 升温速度升至 100℃保温染 30min,浴比 1∶25。

(3)检测:Datacolor SF 600X 测色仪检测。

案例二:

分散染料在高温(100℃以上)条件下,具有"热凝聚"的性能缺陷。因此,高温高压染涤纶必须施加高温分散匀染剂。高温分散匀染剂,具有良好的分散、增溶与移染功能,既能有效改善分散染料在染液中的分散稳定性,又能明显提高匀染效果与染色牢度。

但是,高温分散匀染剂的施加,具有降低上染量的倾向(表5-2)。因此,高温分散匀染剂实用浓度的差异(尤其是浓度过高),同样会产生深度差与色光差。

表5-2 高温分散匀染剂的实用量对得色深度的影响

相对得色深度(%)　高温分散匀染剂(g/L)　染料	0	0.5	1	2	3
分散蓝 E—4R	100	100.67	99.84	94.50	92.68
分散红玉 S—2GFL	100	101.01	98.87	96.31	93.93

注 染料 1.25%(owf),六偏磷酸钠 1.5g/L,德美匀 1011 0~3g/L,98%醋酸 0.5mL/L。以 3℃/min 升温速度升至 130℃,保温染色 30min,净洗。Datacolor SF 600X 测色仪检测。

案例三:

中性染料在水中呈阴离子钠盐形式存在。因此,无论是 2:1 型中性染料还是复合型中性染料,对硬水都比较敏感。故必须施加软水剂染色。从表5-3 数据可见,水中 Ca^{2+}、Mg^{2+} 离子会降低中性染料的上染率。而且对不同染料的影响又不尽相同。因而,软水剂施加与不施加以及施加浓度的大小,不仅会使拼染结果产生深度差,而且也会产生色光差(表5-3)。

表5-3 水质硬度对中性染料染锦纶得色深度的影响

染料类型	染料	深井水硬度240mg/L	相对得色深度(%)		
			六偏磷酸钠 0.5g/L	六偏磷酸钠 1g/L	六偏磷酸钠 2g/L
2:1型	中性深黄 GL	100	100.40	103.17	103.40
	中性枣红 GRL	100	101.05	103.42	105.65
	中性蓝 BNL	100	103.17	106.06	109.10
复合型	尤丽特黄 C—2R	100	100.63	101.24	101.58
	尤丽特红 C—G	100	100.16	100.79	101.34
	尤丽特蓝 C—2R	100	102.31	105.66	106.03

注 1. 染料 1%(owf)、锦纶匀染剂 1.5g/L,硫酸铵 2g/L(2:1型),醋酸 0.5g/L(复合型),浴比 1:25,以 2℃/min 升温速度升至 100℃保温染色 30min,水洗。

2. 以深井水染色的得色深度作 100%相对比较,Datacolor SF 600X 测色仪检测。

案例四:

中温型活性染料(特别是乙烯砜型染料),存在两大性能缺陷:其一,在盐、碱共存的固色浴中,"凝聚"现象明显。其二,在加碱固色初期,"骤染"问题显著。因此,必要时要施加活性染料匀染剂。如上海康顿纺织化工公司的 L—800,上海德桑精细化工公司的 RG—133 等。这些匀染剂对活性染料具有一定的分散、助溶功能。在固色阶段可以减小染料的凝聚程度与骤染程度。从而缓解染料自身的性能缺陷对染色质量的不良影响。

但是,这些匀染剂的匀染效果,是随用量浓度的增加而提高。而得色深度却是随用量浓度的增加而下降。经检测,用量为 2g/L 时,得色量下降幅度在 3% 以内。用量浓度大于 2g/L 时,得色量下降幅度在 8% 以上。可见,活性染料匀染剂实用浓度的差异,也会产生明显色差。

案例五:

活性染料的溶解度较大,亲和力较低,故必须施加电解质促染。然而,促染剂浓度的高低,不仅会直接影响得色深浅与拼色色光,而且一旦用量浓度过高,还会导致染料在固色浴中的凝聚程度与骤染程度加重(乙烯砜型染料尤为敏感)。从而使匀染效果与染色牢度明显下降(表 5-4)。

表 5-4 中温型活性染料浸染得色深度对电解质的依附性

相对得色深度(%) 染料		食盐浓度(g/L)						
		0	10	20	30	40	50	60
活性艳蓝 KN-R	0.5%(owf)	77.13	85.44	89.49	94.68	98.76	100	100.21
	2%(owf)	68.10	78.82	81.24	89.27	96.37	100	99.32
雷玛索蓝 RGB	0.5%(owf)	69.75	79.70	85.71	96.32	99.66	100	100.02
	2%(owf)	57.04	67.78	73.72	85.57	95.10	100	101.86
活性翠蓝 B-BGFN	0.5%(owf)	63.78	80.33	85.27	95.12	97.05	100	103.51
	2%(owf)	62.10	72.39	84.19	90.85	96.68	100	105.74
活性红 3BS	0.5%(owf)	65.70	76.07	85.49	92.03	98.83	100	99.89
	2%(owf)	57.83	68.98	77.11	89.25	91.91	100	100.72
活性黄 M-3RE	0.5%(owf)	86.40	89.31	90.64	96.74	99.94	100	100.01
	2%(owf)	69.05	83.34	88.57	95.62	96.79	100	99.64
活性蓝 M-2GE	0.5%(owf)	90.94	95.92	94.31	98.88	100.99	100	100.42
	2%(owf)	83.84	88.81	89.78	96.86	96.75	100	99.89

可见,染色助剂的施加,有一个"度"的问题。即施加量过"度"低,实用效果差,施加量过"度"高,又会给染色结果造成不可低估的负面影响。因此,施加染色助剂,务必注意两点:

(1)染色助剂的施加量必须适当。所谓施加量适当,就是说能够产生实用效果好、负面影响小的双赢效果。为此,必须在实用条件下进行优选,从中找出最佳的实用浓度。

(2)染色助剂的施加量必须准确、一致。即染同一个色单,从小样机与小样机之间、大样机与大样机之间、小样机与大样机之间,助剂的施加浓度必须准确一致。为此,必须清除重染料轻助剂的糊涂观念。彻底克服助剂不称重,挡车工跟着感觉自行添加,以及染色浴比控制不严,助剂浓度波动大等疏于管理的问题。

84 硫酸钠和氯化钠作为促染剂,其实用效果哪个更好?

答:众所周知,直接染料、活性染料染色,只有在足量电解质存在下,才能获得最高上染量。

所以,电解质是直接染料与活性染料染色不可或缺的关键助剂。

染色常用的电解质为硫酸钠和氯化钠。

硫酸钠有粉状无水硫酸钠(俗称元明粉)和晶体硫酸钠($Na_2SO_4 \cdot 10H_2O$,俗称芒硝)。市售商品主要是元明粉,硫酸钠含量为 $92\%\sim95\%$。芒硝由于在空气中极易风化,当气温超过 $33℃$ 时会溶化于所含结晶水中。因此,运输储存不方便,含量也不稳定,故应用者甚少。

氯化钠一般不含结晶水。只是晶体的小孔中蓄有少量水分。市售商品中,氯化钠含量为 $85\%\sim90\%$,含杂较多,主要是钙、镁的盐酸盐和硫酸盐。

工业元明粉和工业食盐用作促染剂的优缺点:

工业食盐的最大缺点,是含有较多的可溶性钙镁盐($CaCl_2$、$MgCl_2$、$CaSO_4$、$MgSO_4$)。即 Ca^{2+}、Mg^{2+} 含量高硬度大(表 5－5)。作为促染剂加入染液中,会使较多染料变为难溶的钙染料与镁染料,丧失正常的上染功能。这既会导致得色变浅,又会影响染色坚牢度与色光鲜艳度。优点是,水溶性较好,化料容易。而且,售价便宜,成本较低。

工业元明粉的最大优点,是含钙、镁盐少,硬度较低(表 5－5),对染料的染色性能影响较小,故得色量相对较高,色牢度与鲜艳度相对较好。缺点是,往往含有残留硫酸,显示出酸性。这在某些应用场合,如活性染料染棉/锦织物时,会因吸色浴的 pH 值偏低,使活性染料对锦纶的沾染加重,而影响染色效果。

表 5－5　不同浓度电解质溶液的总硬度(以 $CaCO_3$ 计)

硬度(mg/L) \ 电解质浓度(g/L) \ 电解质	0	10	20	30	40
工业食盐	1.76	51.2	101.3	152.7	203.2
工业元明粉	1.76	25.1	50.2	75.6	101.8

　注　将食盐或元明粉溶于蒸馏水中,配成不同浓度的溶液,然后用单标移液管理取水样 50mL,置于 250mL 锥形瓶中,加 NH_4OH—NH_4Cl 缓冲溶液 5mL(pH=10),铬黑 T(EBT)指示剂 5 滴,摇匀。然后用 $0.05mol/L$ EDTA 溶液滴定,滴至由红色变为紫色,再变为纯蓝色即为终点。

　　　计算:

$$总硬度(CaCO_3,mg/L)=\frac{V_{EDTA}\times c_{EDTA}\times\frac{100}{2}\times100}{V_{水样}}=V_{EDTA}\times50$$

从染色效果看,显然是以元明粉作促染剂比食盐作促染剂更好。而在实际生产中,通常是染中浅色泽或艳亮色泽以元明粉作促染剂居多。染深浓色泽或灰暗色泽一般以工业食盐作促染剂者较普遍。

这里有一个问题必须注意:

由于工业元明粉和工业食盐含有较多的可溶性钙、镁盐,而作为促染剂实际的施加浓度又相对较高,所以,染色水质的总硬度应该是:染色用水的总硬度与电解质带入的总硬度之和。也就是说,染色时软水剂的恰当用量应根据染液的总硬度来计算。比如,染色用水的总硬度为 $210mg/L$,食盐(40g/L)带入的总硬度为 $203.2mg/L$,则染液的总硬度为 $413.2mg/L$。

85% 的六偏磷酸钠软水能力约为 1g 相当 $277.9mg$ $CaCO_3$,所以,六偏磷酸钠的理论用量为：
$$413.2÷277.9＝1.49g/L$$
实践表明,软水剂的实际用量应大于理论用量。

85　活性染料固色代用碱的实用效果能否与纯碱相媲美？

答：活性染料固色代用碱是近几年来国内化工企业推出的新型碱剂。

代用碱与纯碱相比,优点有两个：

第一,纯碱作固色碱剂,实用浓度高(约 15～20g/L),而且,对化料操作要求严格。操作稍有不当,容易产生"石碱",即结晶碳酸钠($Na_2CO_3 · 10H_2O$)硬块。轻者会造成织物擦伤,重则会堵塞管道,甚至会导致循环泵磨损(气流染色机和喷射溢流染色机的问题最突出)。

固色代用碱,大多为无色透明或淡棕色液体(也有粉状者),而且用量浓度低(约为纯碱的 1/10～1/8 量),稀释或溶解容易,加料方便,完全没有纯碱的化料缺陷。

第二,纯碱作固色碱剂,固色浴中的电解质混合浓度高(纯碱也是电解质),一些耐盐、碱溶解稳定性差的染料,如活性艳蓝系列、活性嫩黄系列、活性翠蓝系列等,很容易产生凝聚过度。轻则会使吸色不匀,牢度下降,重则会造成色点、色渍染疵,甚至导致"坏汤"使染色失败。

而固色代用碱,由于自身用量浓度很低,固色浴中的电解质(盐、碱)混合浓度大幅度下降,使染料的溶解稳定性大大提高。所以,可以有效克服固色阶段由于染料"凝聚"给染色质量造成的危害。

 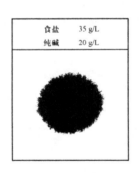 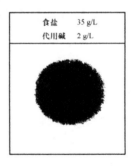

（**注**：活性艳蓝 KN—R10g/L,六偏磷酸钠 1.5g/L,60℃保温吸色 10min 滴测）

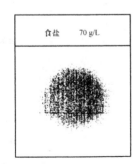  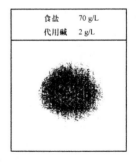

（**注**：活性翠蓝 B—BGFN10g/L,六偏磷酸钠 1.5g/L,60℃保温吸色 10min 滴测）

图 5-1　活性染料在代用碱/纯碱固色浴中的凝聚性

代用碱作碱剂,由于固色浴中电解质(盐、碱)混合浓度低,对固色初期阶段染料的"骤染"现象也有一定的缓解趋势(但并不十分明显)(表5-6)。

表5-6 活性染料以代用碱/纯碱作碱剂在固色初期的骤染性

染料 \ 相对吸色量(%) \ 固色碱剂	固色碱剂	S 值 中性盐浴中吸色 30min 的吸色量	S'或 S"值 加碱固色 10min 的吸色量	S'或 S"-S 值 固色 10min 内的吸色量净增加值
活性黄 M—3RE	代用碱	40.04	88.08	48.04
	纯碱	40.04	92.29	52.25
活性红 M—3BE	代用碱	35.11	77.28	42.17
	纯碱	35.11	83.12	48.01
活性蓝 M—2GE	代用碱	55.60	84.83	29.23
	纯碱	55.60	7.53	31.93
活性艳蓝 KN—R	代用碱	10.36	79.42	69.06
	纯碱	10.36	80.94	70.58

注 染料 1.25%(owf)、六偏磷酸钠 1.5g/L、食盐 40g/L、纯碱 20g/L 或代用碱 2g/L,60℃吸色 30min,固色 10~60min,不水洗、固色剂固色、中和、清水过净。

代用碱和纯碱相比,其缺点有两个:

(1)固着率偏低,得色偏浅。

检测数据证明(表5-7),中温型活性染料染色,以代用碱(2g/L pH=11.97)作碱剂与纯碱(20g/L pH=11.13)作碱剂相比较,其固着率(得色深度),前者普遍低于后者(下降幅度小于10%)。

表5-7 不同固色碱剂的固色效果

染料 \ 相对得色深度(%)与相对得色色光	固色碱剂			
	纯碱		代用碱	
	得色深度	得色色光	得色深度	得色色光
活性嫩黄 B—6GLN	100	标准	90.85	偏红、稍暗
活性黄 M—3RE	100	标准	100.03	偏红、更亮
活性红 M—3BE	100	标准	89.51	偏蓝、稍暗
活性红 B—4BD	100	标准	99.43	偏紫、更亮
活性大红 B—3G	100	标准	94.89	偏黄、更亮
活性橙 B—2RLN	100	标准	97.52	偏黄、稍暗
活性蓝 M—2GE	100	标准	95.78	偏蓝、更亮
活性艳蓝 KN—R	100	标准	93.34	少红偏蓝、更亮
活性翠蓝 B—BGFN	100	标准	93.19	偏绿、稍暗
活性黑 KN—B	100	标准	93.17	偏蓝绿光、稍亮

注 (1)处方:染料 2.5%(owf)、六偏磷酸钠 1.5g/L、食盐 45g/L、纯碱 20g/L 或代用碱 2.5g/L(相当纯碱的 1/8)。

(2)工艺:浴比 1∶30,60℃吸色 30min,固色 60min。(翠蓝 80℃吸色、固色),二次高温皂洗。

(3)检测:Datacolor SF 600X 测色仪检测。

代用碱作固色碱,固着率偏低,其原因有两个:

第一,代用碱的实用量少,固色浴中电解质(盐、碱)混合浓度低,对染料的促染作用较弱。

第二,代用碱的碱性较强,即使用量浓度低(如 2g/L pH=11.97),其 pH 值依然超出中温型活性染料的最佳固色 pH 范围(pH=10.5~11.0)。因此,染料的水解量相对较多,得色自然会偏浅。

(2)pH 值易波动,重现性较差。

质量浓度在常规用量范围内波动,代用碱对染浴 pH 值的影响远比烧碱大,经检测,纯碱在 10~20g/L 内波动,其 pH 值的变化小于 0.045 个 pH 单位。代用碱在 1~4g/L 内波动,其 pH 值的变化小于 0.69 个 pH 单位。

这表明,代用碱作固色碱剂,即使用量浓度有较小的差异,(如计量误差、残液误差),也会引起染浴 pH 值的波动,从而影响染色的重现性。

以下实验结果(表 5-8)可以佐证:

表 5-8 不同碱剂浓度对得色深度的影响

相对得色深度(%) 染料	纯碱浓度(g/L)			代用碱浓度(g/L)		
	15	20	25	2	3	4
活性黄 M—3RE	100	102.65	103.00	100	104.55	101.99
活性红 M—3BE	100	101.27	103.85	100	98.59	91.85
活性蓝 M—2GE	100	100.76	101.63	100	98.52	96.82
活性大红 B—3G	100	105.91	106.20	100	98.70	94.41
活性艳蓝 KN—R	100	106.27	107.11	100	99.28	96.26
活性嫩黄 B—6GLN	100	102.95	104.45	100	95.09	92.81
活性翠蓝 B—BGFN	100	107.24	108.34	100	110.81	111.12
活性黑 KN—B	100	106.08	107.12	100	92.69	84.73

注 (1)处方:染料 2.5%(owf)、六偏磷酸钠 1.5g/L、食盐 45g/L,纯碱 15g/L、20g/L、25g/L,代用碱 2g/L、3g/L、4g/L。
　　(2)工艺:浴比 1:30,60℃吸色 30min 固色 60min,二次皂洗。
　　(3)测试:Datacolor SF 600X 测色仪检测。

可见,代用碱作固色碱剂,尚不能完全与纯碱相媲美,还有进一步研究改进之必要。

86 什么是复合碱? 它与代用碱的实用效果有何不同? 两者是否可以代用?

答:所谓复合碱,是指纯碱与烧碱复合而成的固色碱剂。

复合碱在活性染料连续轧染中作固色碱剂,国内应用普遍。而在活性染料浸染中作固色碱剂,国外应用较多,国内则应用较少。

经检测,复合碱用于中温型活性染料浸染,固色效果较好的配比范围是:95%粉状纯碱 5g/L+30%液体烧碱 0.67~5.33g/L。

应用结果发现,复合碱与市供代用碱,在中温型活性染料浸染中的实用效果,有着惊人的相似。

(1)复合碱和代用碱一样,碱性强,用量少,固色浴中的电解质(盐、碱)混合浓度低。因此,染料的溶解稳定性好,匀染性好。因染料的"凝聚"或"凝合"产生染疵的可能性要比纯碱作碱剂小得多。

(2)复合碱与代用碱在实用浓度下,染浴的 pH 值基本相同。

复合碱:95%纯碱 5g/L+30%液体烧碱 0.67~55.33g/L,pH=11.4~12.5,代用碱:1.0~4.5g/L,pH=11.5~12.4。

(3)复合碱与代用碱在实用浓度下的 pH 值,都明显高于中温型活性染料的最佳固色 pH 值范围(10.5~11.0)。按常规工艺浸染,由于染料的水解量偏高,两者的固色率(得色深度)均没有纯碱高(减浅幅度小于 10%)。

(4)复合碱和代用碱作固色碱剂,其染浴 pH 值都不及纯碱作碱剂稳定。一旦由于计量误差或残液误差引起实用配比或实用浓度发生波动,即使是较小的差异,都会造成 pH 值的变化,从而影响染色的重现性。原因是,复合碱和代用碱一样,碱性强、用量少,其配比和浓度对染浴 pH 值的影响,远比纯碱更敏感、更大。

(5)由于结构不同的活性染料,对固色浴较高的 pH 值具有不同的适应性。所以,复合碱和代用碱对染料、温度具有比纯碱更加突出的选择性。

案例一:活性翠蓝(C. I. 活性蓝 21)

活性翠蓝为铜酞菁结构,反应性弱,按中温(60℃)法染色时,采用复合碱或代用碱作固色碱剂,由于碱性较强,固色率较高,可以达到或超过纯碱的固色水平。而按高温(80℃)法染色时,则会由于复合碱和代用碱的碱性较强,染料水解较多,其得色深度比纯碱固色浅。即活性翠蓝采用复合碱或代用碱作固色碱剂时,都必须采用中温(60℃)染色法染色,而不能采用常规高温(80℃)染色法染色。

案例二:活性元青(C. I. 活性蓝 5)

活性元青是带双乙烯砜活性基的染料。由于它对碱剂敏感,采用复合碱或代用碱作固色碱剂,以常规中温(60℃)染色法染色时,由于染料水解量偏高,得色深度明显低于纯碱固色。而以较低的温度(50℃)染色,则会因染料水解量较少,得色深度可以达到或超过纯碱的固色水平。即活性元青采用复合碱或代用碱作固色碱剂,都需要在较低的温度(50℃)下染色,而不能采用常规中温(60℃)染色法染色。

从以上分析可知,复合碱与代用碱有着共同的优点,都适合耐盐、碱溶解且稳定性差的染料,在较低温度下染色。如活性翠蓝 60℃染色、活性艳蓝 50℃染色、活性元青 50℃染色等。并且得色深度可以达到或超过纯碱的固色水平。特别是固色初期,染料的凝聚程度小,骤染程度小。所以,其匀染透染效果比纯碱作碱剂要优秀。

由于复合碱与代用碱的实用性能和实用效果相似。所以,两者可以相互代用,但以复合碱的实用成本为最低。

87 为什么说剥色剂CY—730用于染色物剥色是保险粉的最佳替代品？

答：当染色物的深度或色光，与客商提供的标准色样相比，明显过深或显著不符，或者有色泽不匀等染疵时，就必须将染色物上的染料适度地剥除，然后再重新打样复染。通常是采用强还原剂作剥色处理。因为，强还原剂能将染料分子中的一些不耐还原的基团，如—N≡N—、—NO₂等破坏，从而达到减色或消色的目的。传统的剥色剂为保险粉。适当浓度的保险粉在碱性浴中（如保险粉15g/L、30%烧碱液40mL/L、95～98℃），其还原负电位可达－1080mV，能使直接、活性、分散、中性、酸性等染料，产生不同程度的减色、消色效果。

然而，保险粉作剥色剂，存在以下缺点：

(1)保险粉的储存稳定性差，尤其在湿热环境中容易分解，造成还原力下降，影响实用效果。

(2)保险粉的耐热稳定性差，在60℃以上的水中分解很快，有效利用率低。

(3)保险粉分解后，会逸出大量刺激性SO₂气体，严重影响生产环境。

(4)保险粉的实际剥色能力有限，许多染料尤其是活性染料染棉后的剥色，往往只有半剥效果，而且还容易产生剥色不匀现象。所以，剥色后的改染质量难以保证。

(5)保险粉的剥色残液通常还有还原性，对污水处理不利。

(6)保险粉受潮后，有自燃特性，具有火灾隐患。

(7)保险粉剥色用量大，实用成本高。

因此，以新型的环保、安全、高效的剥色剂来取代保险粉，具有长远与现实意义。

剥色剂CY—730是广州创越化工有限公司的产品。具有优质、高效、环保、安全的优势。实用效果如下（表5-9）：

表 5-9 直接耐晒染料染棉的剥色效果

染料	染料用量(%,owf)	剥色效果	
		保险粉—烧碱	剥色剂—烧碱
直接耐晒翠蓝 FBL	1.5	良好,呈浅蓝绿色,脱色约80%	良好,呈浅蓝绿色,脱色约80%
直接耐晒黄 D—RL	1.5	较好,呈浅黄色,脱色约60%	很好,呈料白色,脱色95%以上
直接耐晒 BWS	1.5	较好,呈浅红色,脱色约60%	良好,呈浅红色,脱色约80%
直接耐晒 B2RL	1.5	良好,呈浅湖蓝色,脱色约85%	很好,呈浅蓝色,脱色95%以上

注 (1)保险粉—烧碱剥色法为：85%保险粉15g/L,30%烧碱30g/L,冷水中加入烧碱,升温到65℃,加入1/2量的保险粉,保温剥色15min,再加入其余1/2量的保险粉,并升温到80℃,保温剥色15min,而后再升温到95℃,继续剥色10min,水洗、皂洗、水洗。

(2)剥色剂—烧碱剥色法为：催化剂CY—770 8g/L,剥色剂CY—730 4g/L,30%烧碱液30g/L。先将催化剂CY—770加入40℃的水中,运转10min后,加入剥色剂CY—730和碱剂,并以2.5℃/min升温至100℃,保温剥色40min,水洗、皂洗、水洗、烘干。

从表5-9中可看出，对直接耐晒染料染棉，剥色剂—烧碱法的剥色效果比传统的保险粉—烧碱法的剥色效果大大提高。对1.5%染料用量的染色布来说，其脱色程度均在80%以上，有些染料，如直接耐晒黄D—RL、直接耐晒蓝B2RL等剥色率可达95%以上。而且，剥色后的织物色光变化小，明亮度也好，因此改色容易。

表 5－10　活性染料染棉的剥色效果

染料	染料结构	染料用量（%，owf）	剥色效果		
			保险粉—烧碱法	剥色剂—纯碱法	剥色剂—烧碱法
活性翠蓝 B—BGFN	铜酞菁— 乙烯砜	3	较好，呈浅蓝绿色，脱色率约60%，色变大	较差，呈暗黄绿色，色变大	很好，呈淡湖绿色，脱色约95%
活性艳蓝 KN—R	蒽醌—乙烯砜	3	良好，呈浅莲色，脱色约90%	较差，呈红莲色，色变大	很好，呈淡莲色，脱色约95%
活性红 M—3BE	偶氮—混双基	3	较差，呈浅黄色，色变严重	较差，呈暗黄色，色变严重	较好，呈淡黄色，色变严重
活性黑 KN—B	双偶氮— 双乙烯砜	3	较差，呈浅棕灰色，色变明显	良好，呈浅蓝灰色，脱色约90%	很好，呈淡蓝灰色，脱色约95%

由表 5－10 可看出：

（1）剥色剂—烧碱法对常用不同结构的中温活性染料染棉的剥色效果，比保险粉—烧碱法的剥色效果显著提高，平均脱色率可达 90% 上，许多染料如活性艳蓝 KN—R、活性黑 KN—B 等脱色率可达 95%，而且，剥色后的织物除少数染料（如红 M—3BE）的色光变化外，多数染料的色光变化小，布面匀净度与鲜艳度也较好。

（2）剥色剂—烧碱法比剥色剂—纯碱法的脱色效果好。并显示出碱性越强，脱色能力越大的趋势。显然，这与活性染料在高温碱性条件下水解断键的染料增多，在皂煮时脱落有关。

表 5－11　分散染料染锦纶的剥色效果

剥色处方(g/L)	保险粉　　15 烧碱　　10	CY—770　　8 CY—730　　4	CY—770　　8 CY—730　　4 烧碱　　10	CY—770　　8 CY—730　　4 CWP—410　　5
分散金黄 SE—3R	较好，呈浅黄棕色，脱色约80%，有色变	较差，呈浅金黄色，脱色约50%	很好，呈淡米棕色，脱色约95%	较好，呈浅金黄色，脱色约60%
分散蓝 E—4R	较好，呈中蓝色，脱色约60%	较差，呈中蓝色，脱色约25%	良好，呈浅蓝灰色，脱色约95%	较差，呈中蓝色，脱色约10%
分散红玉 S—5BL	呈浅红棕色，色变大，而且色花	良好，呈浅红色，脱色约85%	呈黄棕色，色变大，而且色花	良好，呈淡红色，脱色约90%
分散大红 SE—GS	良好，呈浅暗红色，脱色约90%	很好，呈淡橙色，脱色约95%	呈淡米灰色，有色变，脱色约95%	良好，呈淡红色，脱色约90%

注　载体为CWP—410，苏州科信化工公司产品，染料用量为1%（owf）。

由表 5－11 可看出：

（1）从总体剥色效果（脱色率、明亮度）看，一是分散染料染锦纶的剥色效果没有活性染料染棉或直接耐晒染料染棉的剥色效果好。二是剥色剂—烧碱法的剥色效果比保险粉—烧碱法要好,而部分分散染料,如分散红玉 S—5BL 等剥色后产生显著色变的问题,两者同时存在。

(2)剥色剂在中性条件下(不加烧碱)的脱色能力不如在碱性条件下强,但具有剥色后色光变化小的优点。如分散红玉 S—5BL 在碱性条件下,无论是保险粉剥色还是剥色剂剥色,其得色均呈棕色,而在中性条件下,剥色剂剥色后则呈明亮的浅红色,完全可以改染同色。

(3)在剥色液中加入载体,对剥色效果影响不明显。显然,这是由于锦纶的玻璃化温度低(47～50℃),在沸温条件下,其溶胀度可达到足够大的缘故。

表 5－12　酸性染料染锦纶的剥色效果

剥色处方(g/L)	保险粉 15 烧碱 10	CY—770 8 CY—730 4	CY—770 8 CY—730 4 烧碱 10	CY—770 8 CY—730 4 CWP—410 5
弱酸大红 E—R	较差,脱色约 30%, 色变较小	较好,脱色约 50%, 色变较小	较好,脱色约 50%, 色变较小	较差,脱色约 10%, 无变色
普拉红 10B	较好,脱色约 50%, 无色变	较差,脱色约 40% 无色变	良好,脱色约 90%, 无色变	较差,脱色约 30%, 无色变
普拉蓝 RAWL	较好,脱色约 70%, 无色变	较差,脱色约 10%, 显著变暗	良好,脱色约 80%, 无色变	较差,脱色约 30%, 无色变
卡普仑黄 3G	较好,脱色约 50%, 无色变	较差,脱色约 20%, 无色变	较好,脱色约 50%, 无色变	较好,脱色约 50%, 无色变

注　染料用量为 2%(owf)。

从剥色后的总体效果(表 5－12)看:

(1)无论是保险粉剥色,还是剥色剂剥色,对酸性染料染锦纶后的剥色效果都不尽如人意。相比之下,剥色剂—烧碱法的剥色效果较好,其脱色率可达 50%以上,而且色光变化小,明亮度也好。

(2)剥色液中加入载体对不同染料有不同表现,如可以提高普拉蓝 RAWL、卡普仑黄 3G 的剥色效果,却会降低弱酸大红 E—R、普拉红 10B 的剥色效果。从总体来看,实用意义不大。

表 5－13　中性染料染锦纶的剥色效果

剥色处方(g/L)	保险粉 15 烧碱 10	CY—770 8 CY—730 4	CY—770 8 CY—730 4 烧碱 10	CY—770 8 CY—730 4 CWP—410 5	CY—770 8 CY—730 4 NaOH 10 EDTA 5
中性黄 GL	较好,脱色约 50%,无色变	较差,脱色约 10%,无色变	良好,脱色约 90%,无色变	较差,脱色约 10%,无色变	良好,脱色约 90%,无色变
中性枣红 GRL	较好,脱色约 50%,无色变	较差,脱色约 10%,无色变	良好,脱色约 90%,无色变	较差,脱色约 10%,无色变	良好,脱色约 90%,无色变

剥色处方(g/L)	保险粉 15 烧碱 10	CY—770 8 CY—730 4	CY—770 8 CY—730 4 烧碱 10	CY—770 8 CY—730 4 CWP—410 5	CY—770 8 CY—730 4 NaOH 10 EDTA 5
中性蓝 BNL	较好,脱色约50%,无色变	较差,脱色约60%,无色变	良好,脱色约90%,呈淡绿色	较差,脱色约40%,无色变	较好,脱色约60%,无色变
中性黑 BL	色光变蓝红光,脱色约20%	较差,脱色约10%,无色变	良好,脱色约90%,变蓝红光	较差,几乎不脱色,转蓝红光	较差,几乎不脱色,转蓝红光

注 染料用量为2%(owf)。

由表5—13可看出:

(1)剥色剂—烧碱法的剥色率一般可达90%左右(中性黑BL较差,约为30%)。而保险粉烧碱法的剥色率一般只有50%左右(中性黑BL约为20%)。可见,剥色剂—烧碱法的剥色效果远比保险粉—烧粉碱法好。

(2)剥色剂在中性条件下使用,其剥色率一般只有10%左右,远不及在碱性条件下的剥色效果。

(3)剥色液中加载体或螯合剂EDTA,对提高中性染料的剥色效果不明显,没有实用意义。

表5—14 分散染料染涤纶的剥色效果

温度(℃)	130	130	130	100	100
剥色处方(g/L)	CY—770 8 CY—730 4 NaOH 10	CY—770 8 CY—730 4 NaOH 10 CWP—410 5	CY—770 8 CY—730 4 NaOH 5 CWP—410 5	CY—770 8 CY—730 4 NaOH 10	CY—770 8 CY—730 4 NaOH 10 CWP—410 5
分散金黄 SE—3R	较好,脱色约60%,无色变	很好,脱色约95%,无色变	良好,脱色约85%,无色变	较差,几乎不脱色,也不变色	较好,脱色约50%,无色变
分散红玉 S—5BL	较好,脱色约50%,无色变	良好,脱色约90%,呈浅橘色	良好,脱色约80%,呈浅砖红色	几乎不脱色,稍变黄	较差,脱色约25%,无色变
分散深蓝 S—3BG(HGL)	较好,脱色约50%,无色变	良好,脱色约85%,无色变	良好,脱色约80%,无色变	较差,脱色约10%,无色变	较差,脱色约25%,无色变
分散翠蓝 S—GL	良好,脱色约90%,无色变	良好,脱色约90%,呈紫莲色	良好,脱色约90%,无色变	较差,脱色约10%,无色变	较好,脱色约50%,无色变

注 染料用量为2%(owf)。

由表5—14可看出:

(1)在剥色剂—烧碱液中加入适量载体,100℃条件下剥色,脱色率可提高25%以上。130℃条件下剥色,脱色率也可提高35%以上。这表明载体的加入,对降低涤纶的玻璃化温度、促进纤维溶胀、提高化学品的可及度作用显著。

（2）以剥色剂—烧碱—载体法剥色时,130℃条件下的脱色率比100℃条件下的脱色率要高45％左右,这说明提高剥色温度可以显著提高剥色效果。显然,这是由于在高温条件下涤纶的溶胀度更大、剥色剂的剥色能力更强的缘故。

（3）染色涤纶用剥色剂高温（130℃）剥色时,剥色液中加入适量烧碱会使剥色效果显著提高。这显然与分散染料在高温条件下,部分染料发生碱性水解而消色有关。

然而,在130℃的碱性浴中剥色处理,特别是有载体存在下,涤纶的减量严重,很容易造成纰裂与强力下降。而且还会导致剥色色光异变,因此,必须根据织物（纤维）特点,严格控制烧碱的施加,确保织物强力与剥色效果兼顾。

综上所述,剥色剂CY—730具有以下特点:

（1）剥色剂CY—730单独储放时稳定性好,不会发生分解,与催化剂CY—730同浴使用,没有刺激性气味产生。因此,其安全性、环保性明显好于保险粉。

（2）剥色剂CY—730比保险粉有更强的还原能力。因此,经其剥色的织物,脱色程度更高,均匀度和明亮度更好,更适合改染。

（3）染色剂CY—730用于汽蒸法剥色（室温浸渍,饱和带液,饱和蒸汽汽蒸）,无论是活性染料或直接染料所染的棉织物,还是分散染料、中性染料、酸性染料所染的锦纶织物,剥色效果都很差。即使延长汽蒸时间或提高助剂用量,其剥色效果还远远达不到保险粉的剥色水平。因此,就目前的实验结果而论,剥色剂CY—730仅适合浸渍法剥色（其剥色效果明显好于保险粉）,而不适合汽蒸法剥色（其剥色效果远远差于保险粉）。

88　市供 pH 缓冲剂抗酸抗碱的缓冲能力是否比醋酸好?

答:众所周知,分散染料高温（130℃）染涤纶或酸性染料沸温（100℃）染锦纶,其得色量与染浴 pH 值的依附性很大。染浴 pH 值一旦发生波动,其染色结果就可能产生显著甚至严重的色差。所以,染色时总是要施加 pH 调节剂,将染浴的 pH 值调至规定范围（通常 pH=4～5）。

然而,在实际大生产中,由于待染的练漂半制品通常总是带碱（其沸温萃取液会由中性变为碱性）,染色用水一般又多为碱性水（经沸煮会由中性转为碱性）。因而,在染色过程中,随着织物和水所含碱性物质的不断释放,染浴的 pH 值会逐渐"走高",甚至超出工艺的安全上限,从而产生显著缸差。

正因为如此,适用的 pH 调节剂,不仅能调节染浴的 pH 值,而且必须具有强劲的抗酸抗碱缓冲能力。

在染整生产中,传统的 pH 调节剂为醋酸。醋酸在实用浓度范围内,具有相对较宽的调节pH 值的能力,但抗酸抗碱的缓冲能力,在实际应用中却显得不足。

经检测,市供 pH 缓冲剂（杭州多恩纺织科技有限公司的 pH 缓冲剂 45 具有代表性）,实为一剂型 pH 缓冲体系。所以,和醋酸相比,其两大优点十分突出:

（1）在实用浓度（0.5～4.5g/L）下,其 pH 值能够稳定在工艺要求（pH=4～5）的范围内。即使浓度有差异,pH 的变化也很微小（表 5－15）

表5-15　pH缓冲剂45不同浓度的pH值

浓度(mL/L)	水溶液的pH值	
	未经热处理	经130℃,30min热处理
0.1	6.50	7.41
0.3	5.38	5.55
0.5	4.76	4.85
0.7	4.62	4.66
0.9	4.49	4.51
1.1	4.37	4.43
1.3	4.33	4.35
1.5	4.28	4.29
1.7	4.25	4.26
1.9	4.24	4.25
2.1	4.23	4.24
2.3	4.21	4.21
2.5	4.19	4.10
2.7	4.17	4.18
2.9	4.16	4.17
3.1	4.14	4.16
3.7	4.12	4.12
4.1	4.10	4.09
4.5	4.08	4.07

注　①在室温条件下,以杭州雷磁分析仪器厂pH S—25型数显酸度计检测。

②自来水配制,自来水pH,未经热处理pH=7.23;经130℃,30min热处理pH=7.94。

(2)在实用浓度下,其耐酸抗碱的缓冲能力大(图5-2、图5-3)。

①抗碱能力。

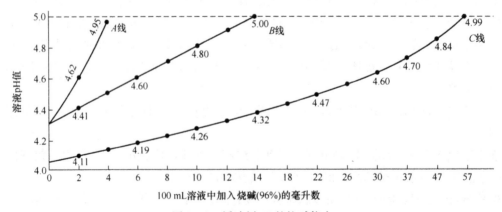

图5-2　缓冲剂45的抗碱能力

注　(1)A—80%醋酸　0.3mL/L　pH=4.33的水溶液,B—缓冲剂45　1.3mL/L　pH=4.33的水溶
液,C—缓冲剂45　4.5mL/L　pH=4.08的水溶液。

(2)以杭州雷磁分析仪器厂　pH S—25型数显酸度计检测。

从图5-2可见：

a. 采用单一醋酸调染浴 pH 值，由于实际用量浓度低，抗碱的能力弱。比如，以醋酸调 pH＝4.33，染浴的最大抗碱能力(以 96％NaOH 计)，只有 0.05g/L。也就是说，在实际生产中，当外界(水、织物)带入染浴的碱性物质(按 96％NaOH 计)，一旦超过 0.05g/L，染浴的 pH 值便会由 4.33 上升至 5 以上，而突破 pH 值的安全上限，给染色的重现性造成隐患。

这表明，在实际染色中，采用单一醋酸作 pH 调节剂，其抗酸抗碱的缓冲能力并不大，安全系数并不高。

b. pH 缓冲剂对碱的缓冲容量比单一醋酸的缓冲容量要大得多，比如，以缓冲剂 45 同样调染浴 pH＝4.33，染浴的最大抗碱能力(以 96％NaOH 计)，可达 0.14g/L，相当单一醋酸的 2.8 倍。

这表明，用于喷射溢流机染色(液量为 3000L/双管)时，水、织物等带入染浴的碱性物质总量(以 96％NaOH 计)，只要不超过 420g，缓冲剂 45 就有能力将其对染浴 pH 值的影响消除，使染浴的 pH 值自始至终稳定在 4～5 安全范围以内。

c. pH 缓冲剂的浓度越高，对碱的缓冲容量越大。比如，当以缓冲剂 45 的最大实用浓度 (4.5mL/L pH＝4.08)染色时，对碱的最大缓冲容量高达 0.57g/L(以 96％NaOH 计)。就是用于卷染机(1∶1.5)～(1∶2.0)小浴比染色(残液通常为 400L)，其抗碱的缓冲容量(以 96％NaOH 计)也可达 228g。因而，依然有能力保持染浴 pH 值的稳定。

②抗酸能力。

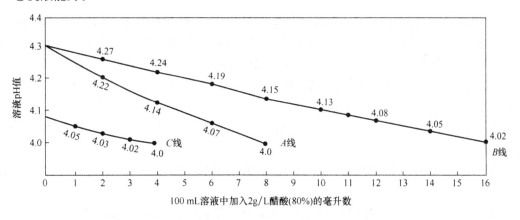

图5-3　缓冲剂 45 的抗酸能力

注　(1)A—80％醋酸　0.3mL/L　pH＝4.33 的水溶液，B—缓冲剂 45　1.3mL/L　pH＝4.33 的水溶液，
　　　C—缓冲剂 45　4.5mL/L　pH＝4.08 的水溶液。
　　(2)以杭州雷磁分析仪器厂　pH S—25 型数显酸度计检测。

从图5-3可以看出：以单一醋酸与缓冲剂 45 分别用于调染浴 pH＝4.43，其中，醋酸浴的 pH 值降至 pH 安全底线 4.0 时的抗酸缓冲容量(以 80％HAc 计)为 0.16g/L。而缓冲剂 45 则为 0.32g/L，相当单一醋酸的 2 倍。

注：在实际生产中，由于外界(主要是织物和水)将酸性物质带入染浴的概率很小，所以对 pH 调节剂的抗酸能力要求不高。

从以上分析可知，pH 缓冲剂对酸碱(尤其是对碱)具有强劲的缓冲能力。在常规浓度(1～

2g/L)下，其抗酸抗碱的缓冲容量，足以抵消水或织物带入的酸碱性物质对染浴pH值产生的影响。可从根本上确保染浴的pH值自始至终保持稳定。经检测，其染色效果正常，对棉纤维强力的影响也小。相比之下，醋酸在实用浓度(pH＝4～5)下的抗酸抗碱能力显著较小，染浴的pH值依然存在波动的隐患。

所以，以pH缓冲剂取代醋酸来调节染浴的pH值是提高染色一次成功率最有效的举措。

89 市供中和酸作织物中和剂与醋酸相比有何优缺点？

答：近年来，外商对印染产品pH值的要求越来越高，只允许呈弱酸性，而不可呈弱碱性。因此，印染企业在加工过程中，不得不采用醋酸反复中和。然而，却往往达不到客商的要求，甚至造成退货净洗。

究其原因，这是由于醋酸中和碱的生成物为醋酸钠。醋酸钠是弱酸（醋酸）与强碱（烧碱）组成的盐，会与水发生复分解反应，新生物质为醋酸和烧碱。

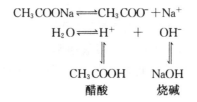

由于醋酸为弱酸，电离度小，烧碱为强碱，电离度大，故醋酸钠自身为弱碱性。加上织物中和大多在后整理工段，与后整理剂同浴浸轧、烘干，不再经水洗。因此，中和后多余的醋酸挥发掉，而生成的醋酸钠则残留在织物上。这正是醋酸作织物中和剂，只能呈现弱碱性，不能中和到中性或弱酸性的原因。而且，醋酸钠的残留，还容易使织物产生"黄变"。这是醋酸作织物中和剂最大的缺陷。

其优点是，醋酸的挥发性强，多余的醋酸在烘燥过程中会挥发掉，故对织物强力的影响小，安全系数高。

市供织物中和酸（常州市宏恒纺织原料公司的织物中和酸PEU具有代表性）与常用醋酸相比，有两点不同：

(1)中和机理不同。中和酸的有效成分不是酸而是硫酸盐。在水中能离解出大量SO_4^{2-}，可以快速中和纯碱及烧碱，生成易溶解洗除的硫酸钠(Na_2SO_4)。硫酸钠为强酸与强碱形成的盐，其自身为中性。所以，织物上有硫酸钠残留，既不会影响织物的pH值，也不会使织物产生"黄变"。故硫酸钠没有醋酸钠的缺陷。

(2)中和能力不同。

①不同中和酸的酸度（表5-16）。

②不同中和酸的酸碱中和值。所谓中和值，是指1g酸剂，在室温条件下，能中和多少克碱。经检测，1g98％冰醋酸，可中和0.476g烧碱，1g汽巴酸AC，可中和0.237g烧碱，1g中和酸PEU，可中和0.428g烧碱。

检测方法：取3g/L的酸剂100mL，量于三角瓶中，加入酚酞指示剂数滴，以0.1mol/L NaOH标准浴液滴定。按0.1mol/L NaOH液的消耗量(mL)计算出中和值。

表 5-16　不同中和酸的酸度

浓度(g/L) \ pH值	98%冰醋酸	汽巴酸 AC	中和酸 PEU
1	3.73	3.41	2.19
2	3.48	3.07	1.96
3	3.35	2.93	1.84

注　自来水(pH=7.12)化料,室温,杭州雷磁分析仪器厂 pH S-25 型数显酸度计检测。

从检测结果可看出,中和酸 PEU 的中和能力与冰醋酸相近。而汽巴酸 AC 的中和能力,远远小于冰醋酸和中和酸 PEU。

(3)不同中和酸的中和效果。

检测方法:

①用自来水分别配制各酸剂 1.5g/L、2.0g/L 的溶液,取 27.8tex×27.8tex(20 英支×20 英支),425 根/10cm×228 根/10cm(108 根/英寸×58 根/英寸)全棉纱卡练漂半制品,室温一浸一轧(轧液率 62.5%),70℃热风烘干,冷却待用。

②取试样 8g,剪碎,置入三角瓶中,注入 1:25 的蒸馏水,沸煮 10min,冷却后,平行测试萃取液的 pH 值。

表 5-17　不同中和酸的中和效果

浓度 g/L \ pH值	水(空白)	98%冰醋酸	汽巴酸 AC	中和酸 PEU
1.5	9.35	7.28	7.96	6.72
2.0		7.13	7.85	5.97

表 5-17 的检测数据显示:

①单就中和效果而论,中和酸 PEU 的实际中和能力最强,而汽巴酸 AC 的实际中和能力最弱。

②冰醋酸对碱的中和值,高于中和酸 PEU,而实际中和效果,却比中和酸 PEU 差。这显然与冰醋酸自身的两个缺陷有关。

表 5-18　实验结果

酸剂	挥发性	中和产物
98%冰醋酸	大	醋酸钠,呈碱性
中和酸 PEU	小	硫酸钠,呈中性

③中和酸的酸度高,挥发性小,中和能力强(表 5-18)。从正面讲,它中和去碱比较彻底,并且容易使织物呈酸性;从反面讲,却会因此带来两大隐患。

a. 一旦用量偏多,剩余的中和酸会使织物的 pH 值过低。一经干热处理,会导致织物强力下降。

检测方法:取 27.8tex×27.8tex(20 英支×20 英支),425 根/10cm×228 根/10cm(108 根/英寸×58 根/英寸)全棉纱卡练漂半制品,室温,分别一浸一轧自来水以及中和酸 PEU 3g/L,70℃烘干,跟随车间定形机,经 200℃,30s 干热处理→测织物强力。

表 5 - 19　实验结果

试样种类	织物经向强力(N)	织物纬向强力(N)
浸轧自来水(空白)	焙烘前,织物萃取液的 pH=9.35	
	1412	593
浸轧中和酸 PEU 3g/L	焙烘前,织物萃取液的 pH=4.03	
	1214(下降 14%)	546(下降 7.9%)

注　织物萃取液的 pH 值为:8g 剪碎的试样,按 1:25 加入蒸馏水,沸煮 10min,冷却后的 pH 值。

检测结果(表 5 - 19):织物(棉)经中和酸 PEU 中和后,当 1:25 萃取液的 pH 值,降至 4 左右时,一经干热处理,织物强力便会明显下降。这表明,中和酸 PEU 虽不是酸,但用量浓度偏高,纤维素纤维仍会发生酸解脆损。

b. 一旦浓度过量,还会因织物 pH 值过低,使活性染料—纤维素纤维间的共价键结合发生"断键",导致染色牢度明显下降,染色色光发生异变。

表 5 - 20　中和酸过量对染色牢度与染色色光的影响

织物	染料	处理方式	摩擦牢度(级)		色光变化
			干摩擦	湿摩擦	
棉弹力斜纹	米色 活性黄 M—3RE 0.08% 活性红 M—3BE 0.04% 活性蓝 M—3FE 0.026%	未经中和处理 pH=8.7	5	4.5	标准
		经中和(pH=6.23)→ 焙烘(200℃,30s)	5	4～5	偏红光
		经中和(pH=6.23)→ 汽蒸(100℃,120s)	5	4～5	微黄光
棉弹力斜纹	藏青 活性黑 ED—Q 3.75% 活性黑 KN—B 0.38%	未经中和处理 pH=8.7	4～5	3～4	标准
		经中和(pH=4.16)→ 焙烘(200℃,30s)	4～5	2～3	转黄光
		经中和(pH=4.16)→ 汽蒸(100℃,120s)	4～5	3	微黄光
棉弹力府绸	艳蓝 活性艳蓝 AE3 8.358g 活性艳红 AES 1.65g 活性蓝 M—2GE 0.8g	未经中和处理 pH=7.8	5	4～5	标准
		经中和(pH=4.83)→ 焙烘(200℃,30s)	4～5	2	严重萎暗
		经中和(pH=4.83)→ 汽蒸(100℃,120s)	5	4	微红变暗
棉弹力府绸	大红 活性红 4BD 1.06% 活性橙 2RLN 2.38%	未经中和处理 pH=7.8	4～5	3	标准
		经中和(pH=4.43)→ 焙烘(200℃,30s)	4	2	显著变暗
		经中和(pH=4.43)→ 汽蒸(100℃,120s)	4～5	3	偏红转暗

注　检测方法:(1)取染色布试样一块,室温一浸一轧中和酸 PEU(2g/L),70℃ 烘干后,将试样一分三块。其中一块取样 8g,剪碎,按 1:25 加入蒸馏水,沸煮 10min,冷却后,测处理液的 pH 值,另外两块试样,分别经焙烘处理和汽蒸处理。

(2)在相同条件下,同时做不浸轧中和酸 PEU 的空白实验。并依此为标准比较摩擦牢度的高低和色光变色之大小。

表 5 - 20 说明:市供中和酸用于中和织物上的碱剂,是简单而有效的。应用的关键点是,用量浓度必须适当(织物经中和处理,其 1∶25 的萃取液 pH=6~7。一旦 pH<6,在高温干热条件下,织物强力和染色牢度就会明显下降)。

为此,在浸轧中和酸前,一定要根据织物带碱量的多少,轧液率的高低,找出最适当的用量浓度,而且实用时计量一定要准确。

90　染色酸 RS 能否替代醋酸调节染浴 pH 值?

答:染色酸 RS 多为复合型有机酸。它的问世,旨在替代醋酸来调节染浴的 pH 值。然而,适合的 pH 调节剂,必须具备几个基本条件。诸如,染料的竭染率(上染率)要高、抗酸碱的缓冲能力要强、高温稳定性要好、不影响纤维强力等。

实践证明,醋酸特别是醋酸—醋酸钠复合使用,基本能达到要求。而染色酸 RS 能否替代醋酸作 pH 调节剂,主要取决于三个方面的实用性能。

苏州联胜化学有限公司的产品——染色酸 RS 具有代表性。

(1)对纤维素纤维的损伤性。染色酸对纤维素的损伤,主要是所含无机酸(H_2SO_4、HCl)引起。所以,染色酸中不允许含有无机酸。

检测方法如下:

①硫酸:吸取试品 2mL,置于试管中,加入 3mL 蒸馏水摇匀,再加入 10%$CaCO_3$ 溶液数滴,如发现白色混浊,说明有硫酸根(SO_4^{2-})存在。

$$SO_4^{2-}+Ba^{2+}\longrightarrow BaSO_4\downarrow(白色沉淀)$$

②盐酸:吸取试品 2mL,置于试管中,加入 3mL 蒸馏水摇匀,再加入 0.1mol/L 硝酸银溶液数滴,若呈现白色混浊,说明有盐酸根(Cl^-)存在。

$$Ag^++Cl^-\longrightarrow AgCl\downarrow(凝乳白色沉淀)$$

对染色酸 RS 的检测结果证明,其中却不含 SO_4^{2-},也不含 Cl^-。

表 5 - 21　染色酸 RS 在高温下对纤维素纤维的损伤性

织物	织物的断裂强力(N 平均值)					
	空白 pH=7.2		醋酸 pH=3.8		RS 酸 pH=3.7	
	经	纬	经	纬	经	纬
棉 19.4tex×19.4tex(30 英支×30 英支) 268 根/10cm×268 根/10cm(68 根/英寸×68 根/英寸)	476	295	469	299	471	296
棉 9.7tex×9.7tex(60 英支×60 英支) 354 根/10cm×346 根/10cm(90 根/英寸×88 根/英寸)	281	249	276	241	391	244

注　测试条件:按常规高温染色方法处理(130℃,40min)以 YGO26B 型电子织物强力机测试。

检测数据(表 5 - 21)说明:染色酸 RS 和醋酸一样,在常规条件下,不会造成纤维素纤维水解降强,具有良好的安全性。

(2)对酸碱的缓冲性。待染练漂半制品,通常总是带酸或带碱(主要是带碱)。而且,染色用水大多为碱性水(经沸煮由中性变为碱性)。因此,在染色过程中,织物和水通常会释碱。使染浴 pH 值发生波动,从而导致染色结果产生明显甚至严重的差异。

所以,pH 调节剂,一定要有良好的抗酸抗碱的缓冲能力。

染色酸 RS 的抗酸抗碱缓冲能力如图 5-4 所示。

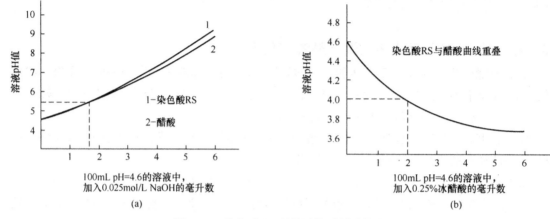

(a)   (b)

图 5-4　染色酸 RS 的抗酸抗碱缓冲能力

(注:以上海三信仪表厂 pH B—2 型 pH 计检测)

从图 5-4 可以看出:染色酸 RS 与醋酸的抗酸抗碱能力基本相同。两者存在共同的缺陷,即单独用作 pH 调节剂,对织物、水带入染浴的酸碱性物质,缺乏必要的缓冲能力。比如,织物、水带入的碱性物质(以 100%NaOH 计),只能承受 0.017g/L。织物、水带入的酸性物质(以 98%CH₃COOH 计),只能承受 0.05g/L。这就是说,在实际生产中,织物、水带入染浴的酸碱性物质,一旦超出这个浓度极限,染浴的 pH 值就会突破正常的工艺范围,给染色质量造成危害。

这表明,染色时单独使用染色酸 RS 作 pH 调节剂,与单独使用醋酸作 pH 调节剂一样,其实用效果并不理想。最好是与强碱弱酸型的碱性盐相结合,组成 pH 缓冲体系来使用(表 5-22)。

表 5-22　pH 缓冲体系的组成比例与溶液的 pH 值

pH 值	98%醋酸∶100%醋酸钠	染色酸 RS∶100%醋酸钠
3.7	1∶0.94	1∶0.33
4.0	1∶1.41	1∶0.57
4.1	1∶1.60	1∶0.61
4.2	1∶1.79	1∶0.70
4.3	1∶1.96	1∶0.73
4.4	1∶2.26	1∶0.78
4.5	1∶2.45	1∶0.86
4.6	1∶2.82	1∶0.94
4.7	1∶3.20	1∶1.19

pH 值	98％醋酸：100％醋酸钠	染色酸 RS：100％醋酸钠
4.8	1：3.95	1：1.43
4.9	1：4.51	1：1.68
5.0	1：5.70	1：1.92
5.1	1：6.19	1：2.33
5.2	1：7.70	1：2.99
5.3	1：9.22	1：3.76
5.4	1：11.94	1：4.37
5.5	1：13.54	1：5.43
5.6	1：14.48	1：6.28

注　以 pH＝7.1 的自来水配制。

缓冲体系对酸碱的缓冲能力如图 5－5 所示。

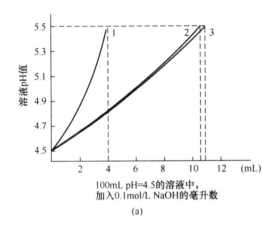
(a)

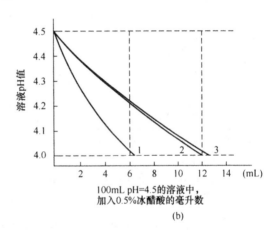
(b)

图 5－5　缓冲体系对酸碱的缓冲能力

1—染色酸 RS 1mL，100％醋酸钠 0.94g/L　　2—染色酸 RS 2.3mL，

100％醋酸钠 2.16g/L　　3—98％冰醋酸 1mL，100％醋酸钠 2.82g/L

从图 5－5 可以看出：

①以 98％醋酸 1mL/L、100％醋酸钠 2.82g/L，组成的 pH＝4.5 的缓冲溶液，对外界带入的碱性物质（按 100％NaOH 计算），能承受的浓度极限为 0.44g/L，比单独使用醋酸，要高 25.9 倍。对外界带入的酸性物质（按 98％醋酸计算），能承受的浓度极限为 0.625g/L。比单独使用醋酸高 12.5 倍。

②以染色酸 RS 1mL/L、100％醋酸钠 0.94g/L，组成的 pH＝4.5 的缓冲溶液，对外界带入碱性物质（按 100％NaOH 计算），能承受的浓度极限为 0.16g/L，比单独使用染色酸 RS，要提高 9.4 倍。对外界带入的酸性物质（按 98％醋酸计算），能承受的浓度极限为 0.3g/L，比单独使用染色酸 RS 要高 6 倍。

③以染色酸 RS 2.3mL/L、100%醋酸钠 2.16g/L,组成的 pH＝4.5 的缓冲溶液,对外界带入的碱性物质(按 100%NaOH 计算),能承受的浓度极限为 0.42g/L,比单独使用染色酸 RS 高 24.7 倍。对外界带入的酸性物质(按 98%醋酸计算),能承受的浓度极限为 0.6g/L,比单独使用染色酸 RS 为高 12 倍。

在实际生产中,织物和水将酸性物质带入染浴的概率很小,主要是带入碱性物质。经生产现场检测,染色酸或醋酸与醋酸钠按一定比例复合使用,完全能够消除织物和水带入染浴的酸碱性物质对染浴 pH 值的影响,确保染浴 pH 值自始至终实现稳定。

(3)对色泽的提深性。经染色对比,染色酸的染色结果(深度、色光)与醋酸的染色结果基本相同,两者的差异不明显(表 5 - 23)。

表 5 - 23 染色酸 RS 与醋酸的染色结果比较

染料	Δa	Δb	Δc	相对色力度(%)	相对浓度差(%)
分散金黄 SE—3R	- 0.68	- 0.59	0.85	100.97	0.97
分散大红 S—GS	0.83	1.19	1.31	103.54	3.54
分散红玉 S—5BL	0.56	0.82	0.62	106.12	6.12
分散蓝 E—4R	0.13	- 0.04	0.05	102.56	2.56
卡普仑嫩黄 3G	- 0.30	0.47	- 0.51	98.50	- 1.5
弱酸性大红 E—R	0.14	0.00	0.13	99.80	- 0.2
普拉红 B	0.33	0.24	0.36	100.92	0.92
普拉红 10B	0.07	- 0.09	0.10	99.58	- 0.42

注 (1)以上数据是以醋酸作 pH 调节剂的染色效果作标准,相对比较的结果。Datacolor SF 600X 测色仪检测。
　　(2)实验条件:
　　　①分散染料染涤纶:染料 1%(owf);高温匀染剂 1.5g/L;pH＝4.50;130℃,30min;还原清洗。
　　　②酸性染料染锦纶:染料 1%(owf);锦纶匀染剂 1g/L;pH＝4.50;100℃,30min;皂洗。

综合以上实验分析,有理由认为染色酸完全可以替代醋酸作 pH 调节剂。而且,耐热稳定性(热挥发性)比醋酸好。不过染色酸和醋酸一样,单独施加会因浓度低,抗酸抗碱的能力小,染浴 pH 值的稳定性不尽如人意。倘若与醋酸钠组成缓冲体系,则实用效果将是最佳。

第六章 其他篇

91 仿色打样前,为什么一定要先认真"审单"?

答:所谓"审单",就是对客户下达的生产订单,进行认真的研究。目的是:要准确无误地吃透客商对染色质量的所有要求。以免因对客商的要求理解不透,了解不全,造成染品达不到客商要求而返工复修,或者无法出货而压库。

(1)客商对内在质量的要求。内在质量主要指染色牢度。客商对染色牢度的等级要求,有一个执行哪个标准问题,是 GB 我国国家标准;还是 ISO 国际化组织标准;是 CEN 欧洲标准化委员会标准,还是 AATCC 美国纺织化学家及染色家协会标准;是 ATTS 日本纤维制品技术协会标准,还是 ASAC 亚洲标准化咨询委员会标准。问题是,不同的标准,检测方法与表示方法不同,其结果自然也有差异,甚至有较大差异。因此,对客商执行的牢度标准,必须搞清楚。

近年来,有耐光牢度与耐氯牢度要求的外销色单越来越多。其中,对耐光牢度的要求,要搞清两点:

①执行 ISO 国际标准时,为八级制,其中一级最差,八级最好。执行 AATCC 美国标准时,为五级制,其中一级最差,五级最好。即 ISO 标准五级相当于 AATCC 标准三级强。

②耐光牢度包括两种:一是,耐日晒牢度。指染色物经可见光或紫外光照射后的褪色变色程度。二是,耐汗光牢度。指染色物在人造汗液的存在下,经可见光或紫外光照射后的褪色变色程度。由于织物上的染料,受着日光与汗液的双重作用,所以耐汗光牢度比耐日晒牢度一般要低得多。

以活性染料为例(表6-1):黄色活性染料的耐汗光牢度相对较好,比普通耐日晒牢度下降的幅度较小。红色、蓝色活性染料,特别是含金属的活性染料,其耐汗光牢度最差。

表6-1 活性染料的耐光牢度

耐光牢度类别 \ 耐光牢度(级)	红 3B	红 F3B	红 3BS	红 3GF	蓝 BB	艳蓝 R	黄 4GL	黄 C—GL	黄 3RS	翠蓝 G
耐日晒牢度(氙灯) ISO.105—B02	>6	5	5~6	5	>6	>6	>6	>6	>6	>6
耐碱汗光牢度(氙灯) 模拟 ISO.105—B02	3~4	3	3	4~5	3~4	4~5	5~6	5~6	5	3

注 染料用量:3%(owf),织物:丝光棉布。

可见,活性染料的耐日晒牢度与耐汗光牢度,是不同的,许多染料二者的差异很大。因此,客商对耐光牢度的要求,是指常规耐日晒牢度还是指耐汗光牢度,务必要分清,绝不可混淆。

对客商的耐氯牢度要求,要搞清两点:

第一点,耐氯牢度,是指染色物经有效氯处理后的褪色变色程度。其表示方法有两种:一是耐氯漂牢度,二是耐氯浸牢度。两者虽说都是表示染料耐有效氯氧化的能力,但其检测条件却相差很大。

耐氯漂牢度,是指染色试样,经浴比 1:50,有效氯 2g/L,pH=11±0.2,温度 27℃±2℃,处理 60min 后的褪色变色程度。

耐氯浸牢度,是指染色试样,经浴比 1:100,有效氯 20mg/L,温度 27℃±2℃ 处理 60min 后的褪色变色程度。

由于试液的有效氯浓度的相差悬殊,两者的检测结果完全没有可比性。因此,对客商提出的耐氯牢度要求,务必要探明实情,不可主观臆断。

第二点,有耐氯牢度要求的外销色单中,除部分医用工作服面料为耐氯漂牢度外,大多指耐氯浸牢度。值得注意的是,耐氯浸牢度的检测方法有三挡,即有效氯浓度分 20mg/L、50mg/L、100mg/L。三挡的有效氯浓度不同,其检测结果当然不一样。所以,客商对耐氯浸牢度的要求,是指哪一挡的牢度,一定要明确。

(2)客商对外观质量的要求。

①对客供棉(粘)织物的原始样,一定要作染料鉴别。是以还原染料所染,则最好是以还原染料染色。如果以活性染料染色,则会因还原、活性两种染料的吸光性能不同,而产生明显甚至是严重的"跳灯"问题,很难达到客商对色光的要求。

②对客供原始样,是否含荧光增白剂,要作鉴别。为此,必须在标准灯箱中,检测原始样是否带荧光。倘若带荧光,则必须搞清楚,这荧光是否是客商的特定要求? 这一点,千万不可擅自决定,否则,很可能造成染色物剥色复修,甚至无法出货。

③对客供混纺或交织物原始样,要做布面色光分析。倘若双色感明显,这可能是不同纤维染色不匀所致,但也可能是客商的"风格"要求。对此,必须弄清究竟,不能依葫芦画瓢,保留双色感;也不宜擅自改动,将其变为均一色,不然,往往要造成返工复修。

④当客商提供的原始样,为"闪色织物"(纤维异色)或"闪白织物"(单染一种纤维)时,要对不同纤维的色泽进行鉴别。一定要搞清哪种纤维是哪种色泽。倘若色泽与纤维张冠李戴(注:在混纺比例、组织规格适当的情况下,布面效果有时相似),一旦客商发现纤维错色,即使布面效果相似,也会拒绝收货,于是染色物只能"压库"。因为,就是剥色重染,通常也会因剥色不清或色光萎暗,无法重现原有风格。

⑤当客商订单中提供的原始样为斜纹织物(尤其是不同纤维交织而成的斜纹织物)时,一般都是以斜纹面为正面。但也有例外,是以反面为正面。

因此,在审定客商的原始样时,若发现色样反面朝上,一定要搞清楚,是以反面为正面对色,还是客商把色样贴反。千万不可经验主义,擅自更改。否则,小样重打是小事,若投入大生产将铸成大错。因为,正反面的色泽通常是有明显不同的。

⑥客商的订单为纯棉织物或涤/棉、锦/棉织物,而提供的原始样板却是真丝织物或腈纶织物。由于真丝或腈纶是以酸性染料或阳离子染料染成,鲜艳度特好。致使小样无法达到原始样的亮度要求时,千万不能自作主张添加荧光增白剂增艳。而必须预先征得客商同意。否则,由

于不能修色复染(荧光增白剂难以去除),将无法交货。

以上分析说明,仿色打样前,只有通过认真"审单",才能全面、正确地了解客商对染色质量的要求。才能依据客商对"三度"(牢度、艳度、深度)的要求,有的放矢地正确选用染料、助剂,正确设定染色工艺。才能有效降低返工复修率,提高染色一次成功率。

92　客商确认样的小样处方,为什么放大样前一定要重新复样?

答:所谓"复样",是指染色色单在大样投产前,按客商确认的小样处方、工艺,采用车间生产现场准备投产的前处理半制品以及染料、助剂,再重新打一次样,并做必要的修正。而后,以"复样"的处方、工艺为依据,进行大生产前的先锋试产。根据实践经验,未经"复样"的客商确认样处方、工艺,绝不能作为大样试产的依据。原因是:

(1)打客商确认样都是超前进行的。只能利用打样现场所用的前处理半制品与染料、助剂打样。而客商落单试产,通常要拖后一周或数周。因而,大样试产所用的前处理半制品、染料、助剂,与超前打客商确认样所用的前处理半制品、染料、助剂之间,客观上存在着质量差异。比如,前处理半制品毛效、白度的差异、丝光效果、磨毛效果、缩小程度、定形程度的差异,以及染料、助剂力份、含量的差异等。这些质量差异的存在,无疑会给小样放大样造成明显甚至显著的深度差与色光差。从而使放样一次成功率大大下降,甚至会导致放样失败。

因而,大样投产前,以车间现场待用的前处理半制品与染料、助剂进行复样,可以有效消除前处理半制品与染料、助剂质量的差异,给小样放大样的准确性造成的影响。

(2)经客商确认的认可样是一人所为。在工艺、处方、操作等方面,很难保证不存在缺欠或错误。如打样工艺与规定不符、染料配伍组合不当、助剂施加有误、处方数据有错、打样操作欠妥等。因此,以未经复样的确认样为依据放样试产,容易造成色泽或风格与客商标样不符,甚至会完全失败。

实践证明,大样试产前,由专人负责,对客商确认小样的工艺处方,再做一次复样,不仅可以将小样的差错阻挡在车间以外,避免造成批量性次品。而且,可以确保小样更准确、更可靠。

93　不同类型的染样机有什么优缺点? 该怎样选择?

答:当前,使用的染样机,就其工作方式分类,主要有三种:升降式染样机、旋转式染样机、振荡式染样机。这些染样机,有着共同的特点。

(1)对特定温度点的温度控制和对恒温染色时间的检测,都具有相对较好的准确性和可调控性,可使小样的重现性明显提高。

(2)染样机的机械运动可以确保染杯中的样布自然翻动,消除了手工搅拌的劳累,以及因手工搅拌的频率,搅拌的力度、搅拌的均匀度存在的差异给染色造成的弊端。

染样机一次可染 12~24 只样,比手工搅拌染色要多数倍。所以,染样机不仅可以提高小样的稳定性,大幅度降低劳动强度,而且还可以使操作者省出更多的时间和精力做更多的事情,从而大大提高工作效率。

(3)染样机染色,在染色过程中,染色浴比以及染浴 pH 值、助剂浓度等,其变化相对较小。所以,与电炉、水浴锅染色相比,染样机染色小样的准确性、稳定性、与大样的近似性等都要好。

染样机的优缺点如下：

(1)升降式染样机。国产升降式染样机是伴随着国内涤纶织物的染色加工出现的。它的最大特点是：

①耐高压(0.39MPa)，耐高温(140℃)，最适合130℃染色。

②不仅具有特定温度点的恒温保温功能，而且具有降温功能。

③封闭式染色，染色浴比与染浴pH值相对稳定。

④无论是单只染杯，还是一起染色的其他染杯，染液温度均一性好，而且染样的翻动频率一致。因此适合在同温度、同时间条件下作其他条件的对比实验。

⑤以水作热传媒，染杯通常为开口玻璃杯。因此，没有对样布的渗色污染与工作环境的污染问题。

应用实践说明，升降式染样机既适合在高温高压条件下，分散染料染涤纶及其混纺、交织物，也适合在沸温或沸温以下用直接染料、活性染料等染一般棉织物或粘纤织物。

以中性染料、酸性染料染锦纶织物时，由于吸色上色速度太慢，容易染花，必须通过染料的优化选择、染温的适当控制和助剂的正确施加来改善。

有些过于轻薄疲软的织物，由于样布是呈"回"字形扎在吊钩上的，层与层之间容易粘贴在一起，阻碍染液在样布中均匀地穿透流动。因此，容易产生云斑状色花。

除此而外，还有两个缺点：一是，高温高压染色时，染杯不能随时放入取出，常温常压染色时，染杯可以随时取出，但新的染杯不宜中途加入，因为新的染杯直接放入高温水浴中，上色快匀染性差；二是，130℃高温染色时，盖子上的密封圈容易漏气，轻者，升温缓慢，重者，达不到所需要的染色温度。

(2)旋转式染样机。按加热方式分为两种：一种是甘油型，一种是红外线型。

它们的共同特点如下：

①染杯是装在转盘上的，在甘油浴中或红外线的辐射中，作360°的旋转运动，其旋转速度具有可调性。由于染杯内的样布，是随着染液作快速翻动，染液在样布之间的流动、更新快速而均匀。所以，其匀染效果良好。

②旋转式染样机的浴比小，一般为(1:10)~(1:15)(升降式染样机的浴比一般为1:30)。与喷射溢流染色机的大生产浴比很相近。与卷染染色机的大生产浴比也靠近了一大步。这对提高小样放大样的符样率十分有利。

③旋转式染样机，无论是高温高压130℃染色，还是常温常压(100℃以下)染色，其染杯在染色时都是封闭的。这对分散染料染涤纶，中性染料、酸性染料或分散染料染锦纶无大碍。而对活性染料、直接染料等染棉织物或粘纤织物，中途施加助剂(食盐、纯碱等)则是一个无法操控的问题。也就是说，这种染样机，不适合活性染料、直接染料等需要中途加料的染料染色。即使有的红外线染样机，如台湾瑞比红外线染样机LA·2000—A，具有"注射枪"加料装置，在染杯不开盖的情况下可以用注射枪将助剂溶液压入染杯内。但由于中途必定要停机操作，而且，每注射一个染杯后，尚须立即旋转至20~30s(以防色花)，因此染色温度和染色时间都应予以控制，在实际应用时，可操作性很差。

④甘油浴染样机具有操作方便，染杯可随时加入或取出，可以采用不同浴比同锅染色等优

点。但其染色温度是检测甘油温度,因此在升降阶段染杯内染液的温度表现滞后。即染液与甘油浴之间存在温差。而且,甘油浴使用的时间越长,黏度越高,两者之间的温差越大(新甘油黏度较小,传热较快较匀,所以温差相对较小)。

应用实践表明,当恒温保温 5～10min 以后,染液温度与甘油浴温度才能实现平衡。

红外线染样机,由于其温度探头是直接插入染杯中的,所以其检测温度更贴近实际。然而,它却存在着以下两个缺点:一是,染杯的形状、尺寸以及染液液量必须一致,否则,染杯之间将产生温差;二是,染色过程中,染杯不可随时加入或取出,不然,染色的温度、时间难以正确掌控。

⑤无论是甘油型染样机,还是红外线型染样机,都或多或少地存在着染杯密封圈吸附染料、污染染液或样布的问题。应用实践表明,不管是染浅色还是染深色(尤其是分散染料高温 130℃染涤纶时),密封圈的渗色污染现象普遍存在,只是污染程度的大小而已。因此,染杯密封垫圈的清洗、更新工作频繁,稍有怠慢,便会造成样布的色光"失真"。

一般的旋转式染样机适合分散染料高温高压染色,也可以用于沸温及沸温以下染色。其中,甘油型染样机,由于有油烟的环境污染,不符合环保要求,近年来使用者已逐渐减少;红外型染样机,由于对染色温度、染色时间、升温速率、旋转速度等的监控,相对较准确,自动化程度相对较高,所以应用范围日益扩大。

(3)振荡式染样机。振荡式染样机的工作方式,通常是将装有染液和样布的 250mL 容量的三角烧瓶嵌入染样机的"指座"中,烧瓶底浸入水中,烧瓶随着机械作左右摆动,摆动频率与水浴温度具有可调性和自控性。烧瓶中的染液和样布就在振荡中进行染色。该机的主要特点如下:

①它是以机械振荡的方式替代手工搅拌,实现染液与样布的均匀接触,达到匀染的效果。

②它消除了手工搅拌给染色质量所带来的一切弊病。

③以三角烧瓶替代开口染杯,具有染液不易溅出、水分蒸发较少、染色过程直观,而又不影响助剂中途施加的特点。

④染色物在染液中完全处于自由状态。既不需要扎挂固定,也不需要加盖密封。所以,其操作对比旋转式和升降式染样机更简单,也不存在杯盖垫圈污染的问题。

⑤在染色过程中,杯可以随时加入或取出。因此,可以多人一机使用,提高染样机的利用率。

最大的缺点有两个:一是,机械噪声大,对工作环境的噪声污染重;二是,机器在染色过程中,由于需要追加助剂、观察染色状态,以及染色烧瓶的交替放入与取出,染样机的上盖经常要开放,故该机属半敞开式。一来,冬季蒸汽溢出严重,对工作环境影响大;二来,烧瓶内染液的温度达不到98℃,只有93℃。因此,对一些高温染色的染料,如中性染料、酸性染料、中性固色活性染料,以及部分直接染料等,其最终上染率会由于染温偏低而有所下降。

仿色染样机应该具有以下基本条件:

①匀染性要好,不易产生色花。

②浴比要小,要尽量贴近大样。而且,要求浴比的稳定性好,不容易发生变化。

③染色温度的检测要准确。升温、降温速率要有可控性。

④对染样要有搅动功能,而且搅动频率要有灵活的可调性。

⑤染色时间要有自动报警装置。

⑥加料方便,操作简单,人身安全因素高。

⑦对染样没有沾色、串色现象,对环境没有污染弊端。

⑧工作效率要高,适应的染色品种要广。

⑨各工艺因素的调控精确性和稳定性要好,染色要有良好的重现性。

94 常规卷染染色机有什么性能缺陷? 应用时该如何应对?

答:(1)性能缺陷。国产卷染染色机,通常存在以下实用缺陷:

①升温方式的缺陷。在卷染染色机染槽底部铺有直接(多孔式)蒸汽管和间接(封闭式)蒸汽管。利用直接蒸汽管喷蒸汽加热染液,利用间接蒸汽管做染色保温。问题是,直接蒸汽管是多孔管,即使在设计上对孔径的大小与分布的疏密方面有所考虑,加热时的喷汽量与喷水量(冷凝水)依然具有很大的不均匀性。主要原因:一是,蒸汽(含水)从管子的一端进入,管内压力不匀,尤其是蒸汽压力较低时;二是,蒸汽中的冷凝水会影响蒸汽均匀喷出;三是,喷汽孔很容易被花衣、纱头等不均匀地堵塞。很显然,直接加热管喷汽量的不均匀性,必然要造成染液的左中右温差,喷水量(冷凝水)的不均匀性,必然要造成染液左中右浓度不一。这在开车前的加料升温时,只要操作上充分及时地实施手工搅拌,并无大碍。怕就怕染色中间升温(尤其是边染色边升温),倘若操作工搅拌不及时或不到位,染液产生左中右温度不同或浓度不同,那么产生边中色差或左右色差就肯定无疑。特别是直接性高、上色快的染料染色时(如中性染料或酸性染料染锦纶),其表现最敏感、最突出。

②加料方法的缺陷。国产卷染染色机大多没有电脑控制的加料装置,而是靠手工从布卷两头添加。在第1~2道添加染料的过程中,布卷两头的浓度必然偏高。这在染浅淡色起染温度偏高时就可能产生"头尾色差"。如中性染料或酸性染料染锦纶浅色时,染温超过40℃就会产生。

在染色中途添加助剂的过程中,倘若染料对相关助剂比较敏感,如直接耐晒染料添加促染剂——电解质,活性染料添加固色剂——碱剂等,助剂的添加会使染料的上染速率突然加快,这对染深浓色泽一般无大碍。而在染中浅色泽时就容易产生明显的"头尾色差"。如初始吸色率低、二次吸色率高的一些活性染料,或对电解质敏感的一些直接耐晒染料,在染中浅色时就很容易产生。

③带液量的缺陷。卷染染色,由于浴比小,织物浸渍染液的时间很短,其上染行为主要发生在布卷上。因此,织物每道卷染所带染液的多少,既决定着染色速度的快慢,更决定着布面匀染性的好坏。实践证明,织物每道上卷染所带染液较多,则染色进程较快,匀染性相对较好,而且"缝头印"也相对较少。倘若织物带液左中右不均,则必然要产生"边中色差"或"左右色差"。

卷染染色机为了防止织物在运行中起皱,都装有弧形张力架(俗称绷布架)。张力加弧形的大小会直接影响织物左中右的带液量。如组织形过大,会造成布边带液量高、中间带液量低,这很容易形成边深中浅的"边中色差"。倘若弧度左右不匀,则会使织物左右带液不均,形成"左右色差"。

布卷张力的大小和线速度的快慢也是影响织物带液量多少的重要因素。这是因为,织物上卷有个排液问题(张力架排液与上卷挤压排液),张力大,排液多,带液量少。而且张力大更容易带液不匀,使左中右色差和"缝头印"加重。染色过程中布卷头、中、尾的线速度快慢不同,会直接影响织物浸渍染液时间的长短,这对织物均匀吸附染料、消除"头尾色差"无疑会产生负面影响,而现实问题是,一些国产卷染机只是号称"等速恒张力",实际检测结果既不等速,也不恒张力。布卷在运行过程中首尾与中间或大或小,都存在张力与线速度的差异。如有的线速度竟相差 20% 以上,中型和巨型卷染机问题最突出。由于布卷启动后线速度相对慢,往往会造成几十米深头疵布。

④染色保温的缺陷。布卷在染色过程中,由于中间为封闭状,两端为敞开状,所以中间散热慢,两端散热快。据检测,布卷边中的温差有 $3\sim6℃$ 之多(冬季温差比夏季大,大卷温差比小卷大,敞开染色的温差比封闭加罩染色大)。布卷边中客观存在的温度差异,很容易使那些对染温敏感的染料产生"边中色差"染疵。如直接耐晒翠蓝 GL 与直接耐晒嫩黄 5GL 拼染粘胶纤维织物艳绿色时,由于翠蓝 GL 适合沸温染色,染温降低得色深度会明显变浅;而嫩黄 5GL 则适合低温 $40\sim50℃$ 染色,染温提高,其得色深度反而会显著下降。因此,在卷染染色时,以下问题就特别突出:一是,在卷染过程中,由于布卷中间温度高,两端温度低,所以染色结果是布幅中间蓝、两边黄、黄边现象严重。二是,在卷染过程中,由于布卷两头靠近卷轴,布面温度相对较低。因经嫩黄上色多,翠蓝上色少,黄头子现象特别突出。因此说,对染温依附性大的染料,其实并不适合卷染染色。如果用于封闭式的流体染色(溢流染色、气流染色或喷射溢染色),其得色色光就会稳定得多。

(2)应对措施如下:

①中温型活性染料宜采用间接蒸汽管保温,恒温($60℃$)加罩染色。只要开车前将染料搅匀同样不会因蒸汽加热不匀或冷凝水冲淡而产生左中右色差。直接、中性、酸性、分散等染料宜采用分段阶梯升温法染色,而不宜采用边染色边升温的工艺。实践证明,在分段停车升温的短暂时间内,布卷一般不会因染液短暂的下垂而产生"色档"染疵。却可以从根本上消除边染色边升温时因搅拌不及时、不到位而产生布幅方向的色差。

②卷染机张力架的弯弓弧度一定要用支头螺丝认真调节好,调节的原则有两点:一是,左右弧度一定要匀称,否则不仅会产生左右色差,还会造成织物在运行中偏移而产生斜皱;二是,在确保织物不起皱的前提下,弯弓弧度宜小不宜大。尤其对松边织物,弯弓的弧度一定要小,否则会由于布卷两边松软隆起,带液量多,深边严重,还会造成织物"边皱",甚至破边。因此,严格来讲,张力加弯弓的弧度应按加工织物特点(厚薄、松边紧边等)来调节,而不该一刀切。最现实的做法是把所用的卷染机分成弯弓弧度大、中、小三档,按加工织物的特点分别安排在适合的卷染机上生产。

③要克服布卷两头加料给染色质量造成的危害,最有效的方法是在加料的过程中控制染料的上染速率。如直接耐晒染料沸温染棉(粘纤),在第 $1\sim2$ 道加料的过程中,保持较低的染温($50℃$ 以下)。促染剂(电解质)一定要在染色后期与绝大部分染料已经上色的情况下从布卷两头分 1/3 的量与 2/3 的量二次加入。活性染料中温染棉(粘),在实施固色时,纯碱一定要先少后多,分次加入。一般情况是分 1/3 的量与 2/3 的量从布卷两头加入。倘若加碱初期染料的瞬

间上色现象特别突出而很容易造成"头尾色差",则可以从布卷两头分 1/10、2/10、3/10、4/10 四次加入。

④一定要加罩染色,尤其是气温低的季节。加罩色可以有效提高布卷周围的环境温度,缩小布卷两端与中间的温差,减小边中色差的程度。

⑤由于染色色差与染色操作有直接关联,故操作要注意几点:

a. 织物进缸,布边要卷齐,倘若布边有伸有缩参差不齐,会产生深浅边。

b. 织物进缸要居中,否则织物在运行过程中容易产生斜皱,也会因两边带液不匀产生左右边差。

c. 染料助剂要沿槽壁从左到右均匀加入,这有利于染液的均一,尤其是固体助剂(如食盐、纯碱等)。固体助剂的溶解需要一定的时间,如果从染槽端加入,一旦开车前未溶尽,但会出现边染边溶解的现象,这很容易由于助剂浓度左中右不匀而产生色差病疵。

95 为什么单只染料染色,也会产生色光差? 如何解决?

答:(1)产生原因。在常用染料中,绝大多数染料应该是单一结构,拼混染料只是少数。因而,采用单只染料染色,即使工艺条件发生波动,也应该是只有深浅变化,而没有色光变化。可是,在现实生产中,采用单只染料染色(不作拼混),工艺条件的变化,不仅会产生深度差,还会产生色光差。

原因是:一些染料生产厂家,工艺技术比较落后,生产管理比较薄弱,致使合成出来的染料深浅、色光不稳定,与出厂标准相差较大。所以,在商品化处理过程中,只能靠外加染料大幅度"调色"(这类似于染色中的"修色")。目的是使染料成品的强度、色光接近或达到出厂标准。

值得注意的是,"调色"用的外加染料国内外有两点共识:

第一,调色用的外加染料,在染色性能方面与主体染料必须具有良好的配伍性,特别是上染的同步性、色牢度的一致性和尝试的加合性等。然而,一些染料生产厂家,对调色用的外加染料缺乏严格的选择,只顾"调色"不顾性能的倾向比较严重。

第二,调色用外加染料的数量,通常要求掌握在 2% 以内。因为,2% 的外加染料,对主体染料的染色性能影响较小。然而,有些染料企业,调色所用的外加染料的数量,远远超出 2% 的上限,甚至高达 5%～10%。

因而,调色后的染料成品,实际上已经从单一结构的染料变成了"拼混染料"。而且,其拼混组分的性能又往往缺乏良好的染色配伍性。

正因为如此,对同一个染料而言,不仅不同生产厂家的产品存在着深浅、色光的差异,就是同一个生产厂家不同批次的产品,其深浅、色光也不完全一样。一只单一染料染同样的纤维,一旦工艺条件波动,不仅深浅会变化,色光也会变化。问题的症结就在这里。

再加之有些染料企业烘干造粒技术落后,商品化处理水平不高,使得染料成品中各种组分的比例、粒度不同,在运输、储藏、使用过程中,产生分层现象。导致同一染料包装的上、下层,力份、色光都存在差异。

(2)应对措施为:由于染料自身存在着质量的不稳定性,所以,必须强化染料的检测工作。

①染料的检测，不能 30%～50% 抽验，而应该 100% 采样检测。

②染料的取样，不能只从包装的表层取样，而要专用工具从包装的上下层分别取样，以提高代表性。

③检测的方法，不能只打简单的对比样，而要通过变动工艺因素，来检测染料染色重现性的优劣。

96　染色后的织物经后整理，为什么色光会发生变化？该如何应对？

答：(1)产生原因。织物染色后，经后整理，其色光会发生一定程度的变化。这是染色普遍存在的现象。经分析，以下因素与色光波动密切相关。

①许多染料染色后，在纤维上并非是稳定态，而是亚稳态(还原染料最为突出)。经后道的湿、热处理，有可能发生以下变化：

a. 纤维中处于高度分散状态的染料分子，进一步聚集，会使染料的结晶状态发生一定的改变。

b. 纤维中的染料分子，会从纤维分子链的平行状态，变为垂直状态，使染料的存在取向发生改变。

c. 具有分子异构化(顺式⇌反式)倾向的染料，会发生构型变化。

染着在纤维中的染料，一旦发生结晶、取向、构型等改变，必然会导致染料的吸光性能产生变化，从而引起色光波动。

②常用的后整理剂(柔软剂、防水剂、抗菌剂、抗紫外线剂等)，在湿、热处理的过程中，会产生以下问题：

a. 阳离子性助剂与阳离子性染料之间，会产生一些复杂的化学反应。

b. 纤维上的助剂膜，会发生一定程度的"泛黄"。

c. 后整理液的酸碱度(主要是酸度)，会导致染料的色光发生异变。

d. 后整理剂会促使分散染料在高温条件下，产生不同程度的"热迁移"与"热升华"。后整理剂与染料之间的这种复杂关系，必然会给染色色光造成影响。

③经过后整理的染色布，在放置过程中，其色光还有可能发生变化，主要影响因素有以下三点：

a. 常用染料普遍存在着不同的"三敏"(湿敏、热敏、光敏)现象。即其染色色光会随着纤维含湿量的多少、温度的高低、光照的强弱不同而不同。因此，织物的含湿、温度、光照一旦变化，其色光就会不同。

b. 织物上残留的矿物质与重金属化合物(主要来自水和后整理剂)，在色布放置过程中，会与染料缓慢地发生复杂性的化学作用，从而引起色光的变化。

c. 色布在放置过程中，周围环境的酸、碱性气体或氧化性、还原性气体，也会导致染料的稳定性下降，进而发生色光异变。

(2)应对措施如下：

①染色后一定要进行充分净洗(皂洗)。原因有两点：一是，充分净洗(皂洗)，可以促使纤维中的染料，在结晶、取向、构型等方面实现稳定态；二是，浮色(含沾色)染料，对湿、热、光以及酸、

碱、化学品更敏感,更容易引起色光的变化。充分洗(皂洗)净浮色以及各种染色化学品尽可能去除,无疑会提高色光的稳定性。

②对染料要进行优选。要选用"三敏"现象不明显的,色光受整理剂以及酸、碱影响小的。分散染料要选用"热迁移"与"热升华"牢度好的。

③要择优使用整理剂。要选用泛黄性小的,对色光影响轻微的。为此,必须预先做先锋试验。

④生产车间要加强通风换气,提高空气的清洁度。而且,布箱要加罩,成品要及时。

实践证明,落实以上综合措施,可以明显提高染色布的色光稳定性。

97 浸染染色影响小样放大样准确性的主要因素是什么?该如何应对?

答:浸染染色,小样放大样准确率低。影响因素是多方面的,主要影响因素有以下三点:

(1)待染半制品布染色性能的差异。

①待染半制品布纺织纤维的染色性能小样与大样不同。检测证明,无论是合成纤维(如锦纶、涤纶)、再生纤维(如粘胶、天丝)、还是天然纤维(如棉、麻),品牌不同、规格不同或产地不同、批次不同,其染色性能都存在一定程度的差异。差异程度的大小顺序为:天然纤维<再生纤维<合成纤维。合成纤维(锦纶、涤纶)染色性能的差异最大。

a. 锦纶。在聚合、纺丝、热处理等制造过程中,细微的条件差异,都会导致其聚合物相对分子质量的大小不同,氨基的含量、微结构的取向度、结晶度不同。

b. 涤纶。涤纶在制造过程中,工艺因素的差异,也会造成涤纶结晶度不同。

经检测,国产涤纶因结晶度大小不同,可产生 5%～10%的色差。进口涤纶的质量相对稳定,结晶度的差异较小,可产生色差的幅度通常≤5%。

c. 再生纤维。再生纤维(如粘胶),也有类似合成纤维的情况。在制造过程中,工艺条件的差异,不但会造成纤维素相对分子质量的大小不同,而且使其带有不同数量的羧基和醛基。还会影响纤维素分子的取向度与结晶度,直接使粘胶纤维"皮层"结构厚薄不一。

d. 天然纤维。棉、麻等天然纤维,由于产地、成熟度不同,其结晶度、含杂量等也有差异,只是比合成纤维的差异较小而已。

纺织纤维内在的这些差异,无疑会使纤维的染色性能有所不同。因而,以不同产地、不同牌号、不同批次的纺织纤维织成的织物,在同条件下的染色结果(深度、色光)必然存在"色差"。这种色差通常是明显的,甚至是显著的,但由于是"胎里毛病"很容易被忽视。

应对措施为:染小样与放大样所用的织物,必须是同一牌、同一批次的纤维织成。即织物的织造纤维必须相同,以免因纺织纤维染色性能的差异,导致染色小样放大样失准。

②待染半制品布的前处理质量小样与大样不同。实践表明,待染半制品布,即使经同样的工艺前处理,其染色结果(深度、色光)仍然会存在差异。原因是,同一个工艺分次实施,其工艺条件不可能绝对相同。工艺条件的差异,必然会影响半制品的染色效果。

比如,棉、麻织物,会因煮练、漂白、丝光等工艺条件的差异,产生毛效不同、白度不同、丝光效果不同。其中,丝光程度不同,会使染色结果产生显著及至严重的差异。如果染前磨毛,更会因磨毛程度不同,织物的显色性好坏不一而产生显著的"色差"。

涤、锦织物,则会因定形(或热烘拉)等工艺因素的差异,而使染色性能产生明显甚至显著的不同。原因是,涤纶和锦纶经高温热处理,纤维大分子链段会发生重排,使微结构中的结晶区更加完整,取向度和结晶度更好。因而,涤、锦织物染前高温处理,在提高纤维热稳定性的同时,会改变(降低)纤维的吸色性能。

应对措施为:由于染前各处理工序的处理条件不同,会导致染色半制品染色性能的差异,所以染小样与大样所用的半制品布,必须是同一工艺同一批次生产。以免因前处理条件的差异而使染色结果不同。

(2)染料、助剂质量的差异。到目前为止,国家对染料还没有一个统一标准。国产染料基本上是各自为政。不同生产厂家同一染料的产品,甚至同一生产厂家不同批次的产品,其力份色光都会存在一定差异。

原因是:一些染料生产厂家,工艺技术比较落后,生产管理比较薄弱,致使合成出来的染料深浅、色光不稳定,与出厂标准相差较大。所以,在商品化处理过程中,只能靠外加染料大幅度"调色"(这类似于染色中的"修色")。目的是使染料成品的强度、色光接近或达到出厂标准。

值得注意的是,"调色"用的外加染料国内外有着两点共识:

第一,调色用的外加染料,在染色性能方面与主体染料必须具有良好的配伍性,特别是上染的同步性、色牢度的一致性和深度的加合性等。然而,一些染料生产厂家,对调色用的外加染料缺乏严格的选择,只顾"调色"不顾性能的倾向比较严重。

第二,调色用外加染料的数量,通常要求掌握在2%以内。因为,2%的外加染料,对主体染料的染色性能影响较小。然而,有些染料企业,调色所用的外加染料的数量,远远超出2%的上限,甚至高达5%~10%。

可见,调色后的染料成品,实际上已经从单一结构的染料变成了"拼混染料"。而且,其拼混组分的性能又往往缺乏良好的染色配伍性。

正因为如此,对同一个染料而言,不仅不同生产厂家的产品存在着深浅、色光的差异,就是同一个生产厂家、不同批次的产品,其深浅、色光也不完全一样。一只单一染料染同样的纤维,一旦工艺条件波动,不仅深浅会变化,色光也会变化。问题的症结就在这里。

再加之有些染料企业烘干造粒技术落后,商品化处理水平不高,使得染料成品中的各种组分比例相差太大,在运输、储藏、使用过程中,产生分层现象。导致同一染料包装的上、中、下层,力份强度甚至色光都存在差异。

国内生产的染色助剂,更没有统一标准可言。许多助剂厂家的产品,其浓度含量甚至成分组成都带有很大的随意性。而且,不乏产品的成分含量随着销售成交价的高低作无级调节的生产企业。因此,染色助剂批与批,乃至桶与桶之间,都会存在质量差异。

值得注意的是,染客户确认样总是超前进行的。而放样投产通常总要滞后一周至数周。所以,染小样与放大样所使用的染料、助剂,不可能是同批次货,之间必然存在一定程度的质量差异。这对小样放大样的准确性,也是一个不可忽视的影响因素。

应对措施为:最有效的措施,是在放大样前,由技术水平高、责任心强的打样师傅,采用车间放大样所使用的染料、助剂与半制品布,对客商确认的小样进行"复样",并做必要的调整。实践证明,放大样前对客商确认的小样进行复样,不仅可以有效克服染料、助剂质量的差异给染色小样放大样的准确性带来的负面影响,而且可以彻底消除染色半制品布染色性能的差异对染色小样放大样的准确性所产生的危害。同时,对客商确认小样所存在的人为差错,如打样工艺与规定不符;染料组合配伍不当;助剂施加有误;处方数据有错;打样操作欠妥等,这可以产生"把关"的效果。因而,对提高染色小样放大样的一次成功率,具有重要意义。

(3)染色工艺条件的差异。

①染色温度的差异。众所周知,无论是染小样还是染大样,染色温度对染色结果的影响都很大。然而,在实际生产中,染色温度的掌控看似准确其实并不准确。原因是,生产人员或技术人员对测温控温的理解存在着严重误区。许多人都把测温仪表所显示的温度与工艺设定温度之间的差异,看作是"染色温差",因此,总是刻意追求测温仪表的温度与工艺设定温度之间的相符性。一旦两者相近或相同,就认为是"工艺温度上车"。其实不然。这是因为"工艺温度"是指染液的温度。而测温仪表所显示的温度通常并不等于染液的实际温度。

笔者曾对国产和进口多台小样染色机和大样染色机进行现场测试。结果是,机台电脑显示温度与染液实际温度之间的测量误差,在低温段(20～100℃)为1～1.5℃,在高温段(100～130℃)为3～6℃。而且,小样机与小样机之间,大样机与大样机之间,小样机与大样机之间,还存在着测温误差的正负性(即电脑显示温度,有的比染液实际温度偏高,有的比染液实际温度偏低)。

染色机的测温误差,主要产生于铂电阻温度传感器的测温误差、温控电脑的测温线性误差与温度、时间的测温零点飘移误差。甘油浴染色机还存在间接测温误差。

实验证明,染色机自身与染色机之间的温度差异,对小样自身的准确性以及小样放大样的正确性,影响很大。

行之有效的应对措施有以下两点:

第一,对所用的小样染色机与大样染色机的测温控温精度,逐台进行检测。找出不同温度段的测量误差,并以此作为工艺温度设定时的修正系数。

如工艺温度为130℃,机台的测量误差为-4℃(即染液的实际温度比电脑的显示温度低4℃),故测温电脑的设定温度为130℃+4℃=134℃。

这里的关键是检测手段要精确可靠,其中主要是"留点温度计"。上海医用仪表厂生产的玻璃水银留点温度计,表长11cm,测温范围为100～140℃(类似体温表)。国产留点温度计的测温误差偏大(大多为±2℃),使用前必须先用精确的温度计来校验。上海医用仪表厂生产的精密温度计,有50～100℃、100～150℃两种,长50cm,测温精度可达±0.1℃。通过校验,找出不同温度段的测量误差,使用时对其读数做相应修正。

第二,要选择使用测温控温精度高的染色机。目前,国产染色机上装配的测温控温电子元器件,多为外购件,对其测温控温精度无力自控。加之出厂前对测温误差有意无意地不进行检测与修正。所以,不同厂家的染色机甚至同厂家不同批次的染色机,其测温精度往往都不一样。因此,选择使用测温精度高的染色机是重要的。

江苏靖江市新旺染整设备厂生产的染色机,所用的温度传感器和测温控温电脑,是采用上海交通大学的高新技术自行生产的,其测温控温精度可达±0.5℃。

生产实践证明,选用测温精度高的染色机(小样机与大样机),并对其测温精度进行定期检测,可以从根本上消除染色温度的不准确性对染色结果(深度、色光)的影响,从而有效提高染色小样放大样的一次成功率。

②染浴 pH 值的差异。生产实践表明,染浴 pH 值的差异,有时比染色温度的差异,对染色结果(深度、色光)的影响还要大。所以,染小样与放大样之间如果存在 pH 值的差异,也是造成小样放大样失准的重要因素。

在实际生产中,普遍存在两种情况:

a. 许多人并不明确调整染浴 pH 值的基准点在哪里。是指染色前染液的 pH 值,还是指染色后残液的 pH 值。而这两者的 pH 值是有明显差异的。原因是,外界会带入酸碱性物质(主要是碱性物质),在染色过程中会使染浴 pH 值发生改变。比如:

染色用水不呈中性。许多地区的自来水、深井水、江河水为碱性水。在受热前 pH 值接近中性,而经加热处理冷却后则变为碱性水。以常州新北区自来水为例:未经热处理的冷水 pH=7.52,130℃处理 20min 的冷却水 pH=8.24。

待染半制品(尤其是含棉、粘、麻的产品)通常带碱。比如全棉线绢,丝光后经醋酸中和,落布 pH 值为 7 左右(以万能指示剂滴检为草绿色)。而取布 2g 剪成碎末,置于 100mL 蒸馏水中,在搅拌下沸温浸泡 20min,冷却至室温,以杭州雷磁分析仪器厂 pH S—25 型数显酸度计检测,pH=8.86。

这是因为,在练漂前处理过程中,纤维素纤维会形成碱纤维素,在一般条件下水洗,纤维内部的碱是难以去除的。

实践证明,外界带入的这些酸碱性物质,特别是碱性物质,在染液的 pH 值缓冲能力较差时,足以使染液的 pH 值突破工艺设定的安全范围,给染色结果造成明显甚至是严重影响。

b. 习惯采用单一醋酸调节染浴的 pH 值。醋酸对碱有一定的 pH 值缓冲能力。但由于实际用量很少(如 98％冰醋酸 0.13ml/L,pH=4.5),对碱的实际缓冲能力和缓冲范围并不大。所以,常难以抵御外界带入染浴的酸碱性物质对染浴 pH 值的影响[注:提高醋酸浓度,对碱的 pH 值缓冲能力和缓冲范围可以增大,但染浴 pH 值会过低。这会给色光的纯正性(如分散染料)与匀染性(如中性染料)造成危害]。从而导致染浴 pH 值的不稳定。

应对措施如下:

一是,以染后残液的 pH 值作为染色 pH 值的基准点。由于染色过程中染液的 pH 值会发生波动,所以,染色初始调定的 pH 值并不等于染色过程中实际的 pH 值。经检测,只有染后残液的 pH 值稳定在工艺设定的范围以内,才能说明染色过程中的 pH 值符合工艺要求。因此,应该把染后残液的 pH 值作为染色 pH 值的检测标准,并依此确定 pH 调节剂的实用浓度。

二是,以 pH 缓冲剂或 pH 缓冲体系取代单一醋酸作为 pH 调节剂。

检测结果证明,以 pH 缓冲剂(如杭州多恩纺织科技有限公司的 pH 缓冲剂 45)或 pH 缓冲体系(如醋酸—醋酸钠、染色酸—醋酸钠)作 pH 调节剂,对酸、碱的缓冲能力比单一醋酸要高几倍至十几倍。足以确保染浴的 pH 值自始至终稳定不变。

③染色助剂浓度的差异。实验结果说明,染色助剂施加与不施加,施加浓度的大小,不仅会影响匀染效果,而且会影响得色深度(表 6-2~表 6-4)。

表6-2 软水剂对中性染料染锦纶相对得色深度的影响

相对得色深度(%)　　软水剂	深井水	六偏磷酸钠(g/L)		
染料	(硬度240mg/L)	0.5	1	2
2:1型　中性深黄GL	100	100.40	103.17	103.40
中性枣红GRL	100	101.05	103.42	105.65
中性蓝BNL	100	103.7	106.06	109.10
复合型　尤丽特黄C—2R	100	100.63	101.24	101.58
尤丽特红C—G	100	100.16	100.79	101.34
尤丽特蓝C—2R	100	102.31	105.66	106.03

注 (1)配方:染料1%(owf)、锦纶匀染剂951 1.5g/L、硫酸铵2g/L(2:1型)、醋酸0.5mL/L(复合型)。

(2)工艺:浴比1:25,2℃/min升温至100℃保温染色30min,水洗。

(3)检测:以深井水染色的得色深度作100%相对比较,Datacolor SF 600X测色仪检测。

表6-3 高温匀染剂对分散染料染涤纶相对得色深度的影响

相对得色深度(%)　匀染剂(g/L)	0	匀染剂M-214 2	匀染剂M-214 4	修色剂M-212 2
分散蓝E—4R	100	97.57	92.10	91.82
分散红玉S—5BL	100	96.11	94.32	93.97

注 (1)染料1.5%(owf),80%醋酸0.3mL/L。

(2)浴比1:30,2℃/min升温至130℃保温染色30min,净洗。

(3)以不加匀染剂的相对深度作100%相对比较,以Datacolor SF 600X测色仪检测。

表6-4 锦纶匀染剂对酸性染料染锦纶染色效果的影响

相对得色深度(%)　匀染剂TBW—951(g/L)　与匀染效果比较　染料	0	1	2	3
普拉嫩黄GN	100	115.81	102.64	96.64
(C.I.酸性黄117)	轻微经柳	无经柳	无经柳	无经柳
普拉红B	100	108.27	107.47	103.75
(C.I.酸性红249)	经柳严重	轻微经柳	无经柳	无经柳
普拉蓝RAWL	100	116.29	119.87	115.67
(C.I.酸性蓝80)	经柳严重	经柳轻微	无经柳	无经柳

注 (1)配方:染料1%(owf)、六偏磷酸钠1.5g/L、98%醋酸0.5mL/L,pH=4~4.5。

(2)工艺:浴比1:25,2℃/min升温至100℃保温染色30min,60℃净洗。

(3)检测:以不加匀染剂的得色深度作100%相对比较。

　　然而,在现实生产中,对染色助剂的施加,普遍存在着不严肃性,随意性很大。比如:染小样与放大样施加的助剂品种不统一。施加助剂不称重,挡车工跟着感觉走自行添加。助剂的施加量按纤维质量计(%,owf),而不按染液液量计(g/L)(即助剂施加量与染液液量脱钩)。这势必要造成染小样与染大样助剂浓度相差悬殊(染小样浴比大,染大样浴比小)。

显然,这对染色小样放大样的准确性,将产生重大影响。

应对措施为:针对染色助剂对染色小样放大样正确性所产生的影响,最有效的举措有两个:染小样与染大样时所施加的染色助剂品种一定要统一;染色助剂一定要按染液的实际体积(L)准确计量(g/L),一定要确保染液中助剂的浓度相同。

从以上分析可知,影响浸染小样放大样准确性的主要因素,是小样与大样所用半制品布的染色性能存在差异;所用染料、助剂的染色质量存在差异;以及染色的工艺条件(温度、pH 值、助剂浓度)存在差异。实践证明,只要有的放矢地采取应对措施,就可以使小样放大样的准确性得到有效的改善。

98 芳纶有什么实用特性？其染色工艺该如何设定？

答:(1)芳纶的实用特性。芳纶是芳香族聚酰胺纤维的通用名。芳纶有两种,其化学结构不同:一是,间位芳纶(又称芳纶1313);二是,对位芳纶(又称芳纶1414)。

芳纶 1313   芳纶 1414

芳纶独特而稳定的化学结构,使其具有诸多优异性能:

①热稳定性持久。芳纶可在 220℃高温下长期使用而不老化。在 250℃左右的热收缩率仅为 1%,短时间暴露于 300℃高温下,也不收缩、脆化、软化或者熔融,在超过 370℃才开始分解。

②阻燃性骄人。芳纶 1313 的极限氧指数大于 28%(材料在空气中燃烧,所需氧气体积的百分比叫做极限氧指数。极限氧指数越大,其阻燃性能就越好)。不会在空气中燃烧,也不会助燃,具有自息性。

③化学稳定性杰出。芳纶 1313 的化学结构异常稳定,可耐大多高浓无机酸及其他化学品的腐蚀。

④耐辐射性超强。芳纶 1313 耐 α、β、X 射线以及紫外光线辐射的性能十分优异。用 50kV 的 X 射线辐射 100h,其纤维强度仍保持原来的 73%,而此时的涤纶则早已成了粉末。

⑤绝缘性极佳。芳纶 1313 具有优良的电绝缘性,用其制备的绝缘膜耐击穿电压高达10^6V/mm^2。

⑥机械特性优良。芳纶 1313 是柔性高分子材料,低刚度高伸长特性,使其具有良好的可纺性,可用常规纺机加工成各种织物或非织造布,而且耐磨抗撕裂。

因此,芳纶在防护服装、航空地毯、高温过滤材料以及轮胎、拉链、船篷、绳索、传送带等领域被广泛应用。

芳纶最大的缺陷,是染色性特别差。在常规条件下,很难染得中深色泽。显然,这是由于芳纶含有大量酰氨基的芳香环,内氢键多内聚力大,纤维溶胀困难,其玻璃化温度高达 270℃左右的缘故。

(2)芳纶的染色工艺。

①染料的选择。由于芳纶的玻璃化温度极高,必须采用高温高压染色。所以,对高温高压条件具有良好的适应性,是选择染料的前提。经检测,在常用染料中,对芳纶染色具有实际意义的染料有两种,一是分散染料,二是阳离子染料。其中,分散染料的湿处理牢度(水浸、水洗、汗渍、摩擦)较低,色泽艳度也较差。阳离子染料的湿处理牢度优良,色泽艳度也较好。所以,染芳纶阳离子染料是首选。

②溶胀剂的选择。芳纶溶胀剂(又称芳纶载体),在高温条件下可以显著提高芳纶的溶胀度。因此,它既能加快染料在芳纶内部的扩散速率,又能明显增加芳纶对染料的吸收容量,提高得色深度。

机理是:纤维溶胀剂,通常是相对分子质量较小分子结构较简单的有机物。它们比较容易进入纤维内部,降低纤维的紧密度,使纤维发生溶胀,从而提高染料的上染速率与上染量。

经检测,苯甲醇、苯乙酮以及市售载体 SA、载体 CiNDYE DNK 等,对提高芳纶的上染率,都有不同程度的促染作用。其中,载体(CiNDYE DNK)的促染效果最佳。

载体(CiNDYE DNK)为酰胺类衍生物,外观为棕褐色稀薄液体,呈强酸性(50mL/L,pH=3.68),从毒理学看无毒,不溶于沸温(100℃)以下的水中。

表6-5 载体(CiNDYE DNK)对芳纶的促染效果

染料 \ 相对得色深度(%)	CiNDYE DNK 用量(mL/L)					
	0	30	40	50	60	70
阿斯屈拉崇红 FBL	44.30	87.10	99.90	104.61	100	93.64
阿斯屈拉崇蓝 FGRL	33.15	80.11	92.27	97.93	100	92.44
阿斯屈拉崇黑 FDL	23.26	90.23	102.01	102.20	100	93.09

注 检测条件:

(1)织物:(27.8tex×2)×(27.8tex×2)(21英支/2×21英支/2),283根/10cm×169根/10cm(72根/英寸×43根/英寸),以95%芳纶1313(含2%~3%锦纶金属粉导电短纤)+5%芳纶1414混纺纱织成。

(2)处方:染料5%(owf)、载体 CiNDYE DNK 0~70mL/L,食盐40g/L。

(3)工艺:浴比1:25,2℃/min升温至130℃保温染色60min,水洗、皂洗、水洗。

(4)检测:以 Datacolor SF 600X 测色仪检测。

(5)载体(CiNDYE DNK)系宁波卜赛特化工有限公司产品。

表6-5数据说明以下三点:

第一,芳纶以阳离子染料染色,在不加溶胀剂(载体)的条件下,即使采用高温高压(130℃)染色,其上染率依然低下,而且得色色光异常萎暗。这表明,阳离子染料染芳纶,施加一定浓度的纤维溶胀剂是必需的。

第二,载体(CiNDYE DNK)在高温高压条件下,对芳纶的溶胀作用显著。因此,对阳离子染料染芳纶具有突出的促染效果,可以染得深浓的色泽。

第三,载体(CiNDYE DNK)用量的多少,会直接影响得色的深浅。比如,用量浓度过低,会因纤维溶胀不足,使得色减浅。而用量浓度过高,又会因染料溶解度增加,平衡竭染率下降得色量变低。根据实验,芳纶染深色(5%,owf),从整体效果看,载体(CiNDYE DNK)的实用量以50mL/L 为宜。

③染色温度的选择(表 6 - 6)。

表 6 - 6　染色温度对染色结果(深度、色光)的影响

相对得色深度 (%) 染料	染色温度(℃)			
	100	110	120	130
阿斯屈拉崇红 FBL	49.00	82.04	91.63	100 很暗
阿斯屈拉崇蓝 FGRL	47.25	76.69	94.46	100 微暗
阿斯屈拉崇黑 FDL	43.19	62.88	93.76	100 棕光

　　注　检测条件:载体(CiNDYE DNK)50mL/L,染温 100℃、110℃、120℃、130℃其他同表 6 - 5。

　　表 6 - 6 数据显示,阳离子染料在沸温(100℃)条件下染芳纶,即使施加溶胀剂(载体),其上色率也很低。染色温度提高,芳纶的溶胀度增大,染料上染更容易,所以其得色量会显著增加。这表明,阳离子染料染芳纶,即使在溶胀剂的帮助下,也必须在高温高压条件下进行。

　　这里必须指出,阳离子染料在载体(CiNDYE DNK)的存在下高温高压染芳纶时,染色温度的高低,除了对得色温度有显著影响外,还会导致得色色光发生变化(130℃染色,色光明显偏暗),阿斯屈拉崇红 FBL 色光的变化尤为严重。两点提示:一是,芳纶染一般中深色时,从得色的深度与艳度综合考虑,可采用 120℃染色;二是,染色温度与染色时间应保持准确、一致,以提高得色的稳定性。

　　④染浴 pH 值的选择(表 6 - 7)。

表 6 - 7　染浴 pH 值对染色结果(深度、色光)的影响

相对得色深度 (%) 染料	染浴 pH 值			
	3.68	4.21	5.49	6.70
阿斯屈拉崇红 FBL	100 很暗	101.22 亮	102.01 亮	100.07 亮
阿斯屈拉崇蓝 FGRL	100	100.10	101.11	100.40 偏红
阿斯屈拉崇黑 FDL	100	98.76	100.39	100.07 偏黄

　　注　(1)载体(CiNDYE DNK)用量为 50mL/L,其他同表 6 - 5。
　　　　(2)染浴 pH 值以纯碱调节、以杭州雷磁分析仪器厂 pH S—25 型数显酸度计检测。

　　检测结果表明,阳离子染料高温高压染芳纶,染浴 pH 值在 3.5~6.5 范围内变化,对得色深度的影响不明显。对得色色光的影响随染料而异。比如,对阿斯屈拉崇蓝 FGRL 和黑 FDL 的色光影响较小,对阿斯屈拉崇红 FBL 的色光则影响较大(pH 值过低色光会显著变暗)。

　　从整体上看,比较适宜的染浴 pH 值应该是 4.5~5.5。注:载体(CiNDYE DNK)为强酸性(50mL/L,pH=3.68)。因此,必要时(如染较浅或较艳的色泽或染芳纶/粘胶织物时),可用纯碱加以调节。

　　⑤电解质浓度的选择(表 6 - 8)。

表6-8　电解质用量对染色结果(深度、色光)的影响

相对得色深度(%) 染料	食盐用量浓度(g/L)			
	0	30	40	50
阿斯屈拉崇红 FBL	47.74	93.73	98.46	100 很暗
阿斯屈拉崇蓝 FGRL	42.68	95.05	99.17	100 偏蓝
阿斯屈拉崇黑 FDL	39.03	95.73	98.87	100 偏黄

注　(1)染料5%(owf),CiNDYE DNK50mL/L,食盐0,30g/L,40g/L,50g/L。

(2)以2℃/min升温至130℃保温染色60min,水洗、皂洗、水洗。

从检测结果可以看出:阳离子染料在载体(CiNDYE DNK)存在下高温高压染芳纶,不加电解质上染率低下,施加电解质上染量会大幅度增加。这表明,在阳离子染料染芳纶的工艺中,电解质具有突出的促染功效。

其机理是:芳纶中有大量酰氨基(—NHCO—),在酸性浴中,酰氨基能结合 H^+,导致纤维带正电荷,从而与阳离子染料形成库仑斥力,阻碍染料上染。加入电解质可以消除这种斥力,使阳离子染料能顺利上染。而且,电解质的加入,对染料的溶解产生的盐析作用,能使染料的平衡竭染率提高,也是促使得色量增加的积极因素。

从检测结果看,染深浓色泽时,电解质的实用浓度以40g/L为宜。用量过多,得色量提高不明显,色光却有走暗趋势(阿斯屈拉崇红 FBL 的表现尤为突出)。

⑥染色工艺的设定。尽管芳纶与涤纶的染色性能有很大不同,而阳离子染料染芳纶与分散染料染涤纶的工艺曲线却很相似。

以27.8tex×27.8tex(21英支/2×21英支/2),283根/10cm×169根/10cm(72根/英寸×43根/英寸)芳纶格子布染黑色为例。

a.染色处方:

阿斯屈拉崇黑 FDL(200%)	5%(owf)
阿斯屈拉崇红 FBL(200%)	0.18%
阿斯屈拉崇蓝 FGRL(200%)	0.50%
CiNDYE DNK	50g/L
食盐	40g/L

b.染色工艺:

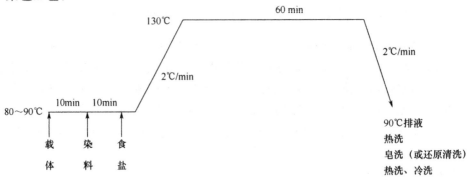

c. 工艺提示：

• 染色助剂实用浓度的高低，不仅会影响得色深度，还会影响得色色光。因此，染色助剂的实用量必须适当且一致。推荐用量如下（表6-9）。

表6-9 染色助剂的推荐用量

助剂 深度	浅色	中色	深色
CiNDYE DNK（mL/L）	30	40	50
食盐 （g/L）	20	30	40

• 载体（CiNDYE DNK）不溶于低于100℃的水中，只能增溶于高于100℃的水中。因此，高温80～90℃加料，只是为了使阳离子染料在酸性浴中充分溶解。

• 在120～130℃范围内染色，对得色深度影响较小，但对色光影响明显。规律是：130℃染色色光偏暗，120℃染色色光艳亮。因此，染深色可采用130℃染色，染中浅色最好采用120～125℃染色。

• 高温（120～130℃）保温染色时间，要适当长于涤纶染色。这是由于阳离子染料在芳纶内部扩散相对较慢的缘故。

• 染后降温过低，染液中的载体会呈油状析出。因此，染后最后采取较高温度排液。

• 染后要采用高效皂洗剂皂洗，以去除织物上黏附的载体（这一点非常重要）。倘若染色泽鲜艳度或色泽坚牢度要求高的色单，还可以再辅以还原清洗。

• 色泽坚牢度。

水洗、水浸、汗渍、摩擦等牢度优良，唯耐光牢度差，实验结果见表6-10。

表6-10 水洗、水浸、汗渍、摩擦牢度的实验结果

检测项目	色变	醋纤沾	棉纤沾	锦纶沾	涤纶沾	腈纶沾	羊毛沾
水浸牢度（级）ISO.105—EO1	4～5	5	5	5	5	5	4～5
水洗牢度（级）ISO.105—CO3	4～5	5	5	5	5	5	4～5
汗渍牢度（级）ISO.105—EO4	4～5	5	5	5	5	5	4～5
摩擦牢度（级）ISO.105—X12	湿摩擦 5 干摩擦 4～5						
耐光牢度（级）ISO.105—BO2	3						

注 实验用布：黑色芳纶格子布，经还原清洗。

芳纶织物，无论以分散染料、阳离子染料还是分散阳离子染料染色，其摩擦牢度都是湿摩擦牢度优于干摩擦牢度。这与棉织物染色效果相反（表6-11～表6-13）。

从整体效果来看，染色后只经皂洗、水洗处理的摩擦牢度，是以分散阳离子染料较好，阳离子染料居中，分散染料最差。

芳纶织物染色后，经还原清洗（保险粉2g/L＋纯碱2g/L，80℃），阳离子染料与分散阳离子染料的摩擦牢度，有提高但提高幅度不大。而分散染料的摩擦牢度则提高显著（表6-14）（注：

经还原清洗,阳离子染料和分散阳离子染料的减色、变色程度小,而分散染料的减色、变色程度大,最终色泽比较难掌握)。

表 6-11　分散阳离子染料染芳纶的摩擦牢度

分散阳离子染料		黄 SD—5GL	黄 SD—2GL	黄 SD—GL	艳红 SO—5GN	红 SD—GRL	蓝 SD—BL	蓝 SD—GSL	翠蓝 SD—GB	藏青 SD—BRL	黑 SD—RL	黑 SD—FBL	黑 SD—O
摩擦牢度(级)	干摩擦	5	4~5	4~5	3	4	3	4	4	4	5	4	4
	湿摩擦	5	5	5	4	4~5	4	4~5	4~5	5	5	4~5	4~5

　　注　(1)处方:染料 3%(owf)、载体(CiNDYE DNK)50mL/L、食盐 20g/L。
　　　　(2)工艺:浴比 1:25,2℃min 升温至 130℃保温染色 60min,水洗、皂洗、水洗(不做还原清洗)。

表 6-12　阳离子染料染芳纶的摩擦牢度

阿斯屈拉崇染料		黄 E—GL	橙 RN	嫩黄 BGL	红 FBL	红 GTLN	蓝 FGRL	蓝 F2RL	蓝 FGGL	蓝 BG	深蓝 2RN	黑 FDL	黑 SW
摩擦牢度(级)	干摩擦	5	3	4	3	3	3	3	3	3	2~3	4	4
	湿摩擦	5	4	4~5	4	4	4	4	4	4	4	4~5	4~5

　　注　处方、工艺同表 6-11,唯食盐用量 40g/L。

表 6-13　分散染料染芳纶的摩擦牢度

分散染料		国产嫩黄 SE—4GL	国产金黄 SE—3R	国产橙 S—4RL	国产红 FB	国产红玉 S—5BL	国产红 MS	国产红 GS	国产紫 S—3BG	国产翠蓝 S—GL	国产蓝 E—4R	国产深蓝 S—3BG	国产黑 ECO	日产大爱尼克司嫩黄 S—6G	日产大爱尼克司红 S—2G	日产大爱尼克司藏青 S—2G
摩擦牢度(级)	干摩擦	3	3	3	2~3	2~3	2	2	3	3	2~3	2	2~3	3~4	2	2~3
	湿摩擦	4~5	4	4	3	3	3	3	4	4	3	3	3	4~5	2~3	3

　　注　处方、工艺同表 6-11,唯不加食盐。

表 6-14　还原清洗对摩擦牢度的影响

摩擦牢度(级)　　染料	染后水洗皂洗处理		染后还原清洗处理	
	干摩擦	湿摩擦	干摩擦	湿摩擦
分散阳离子红 SD—5GN	3	4	4	4~5
分散阳离子蓝 SD—BL	3	4	4	4~5
阿斯屈拉崇红 FBL	3	4	3~4	4~5
阿斯屈拉崇蓝 F2RL	3	4	3	4
大爱尼克斯红 S—2G	2	2~3	4	4~5
分散深蓝 S—3BG	2	3	4~5	4~5

　　注　染色条件分别与表 6-11~表 6-13 相同。

　　这里值得一提的是,分散染料染芳纶与染涤纶有一个很大的不同点,即分散染料染涤纶,在高温(高于130℃)干热后处理(如定形)过程中,涤纶中的分散染料,具有明显的"热迁移性",会使染色牢度显著下降。而分散染料染芳纶,在高温干热条件下,则几乎没有热迁移现象,因而对染色牢度不会造成影响。显然,这是由于芳纶结构紧密,玻璃化温度高(270℃),即使在高温干热条件下,纤维中的染料也难以"移动"的缘故。

　　无论分散染料、阳离子染料还是分散阳离子染料,染芳纶的耐光牢度都很差,一般只能达到≤2级(ISO.105—BO2)标准。其中,只有少数染料可以达到3级(深度3%,owf)。可见,染色芳纶织物的耐光牢度不佳。

表 6-15　阳离子染料染芳纶的耐光牢度

阿斯屈拉崇染料	黄 E—GL	红 FBL	蓝 FGRL	黑 FDL	嫩黄 BGL	红 GTLN	蓝 F2RL	橙 RN	蓝 FGGL	蓝 BG	深蓝 2RN	黑 SW
耐光牢度 ISO 105—BO2 (级)	1	3	3	3	1	2	2	1~2	3	3	1	1

　　注　检测条件:(1)处方:染料3%(owf)、载体CiNDYE DNK 50mL/L、食盐40g/L。
　　　　(2)工艺:浴比1∶25,2℃/min升温至130℃保温染色60min,水洗、皂洗、水洗、烘干。

表 6-16　分散染料染芳纶的耐光牢度

分散染料	分散嫩黄 SE—4GL	分散金黄 SE—3R	分散橙 S—4RL	分散红 FB	分散红玉 S—5BL	分散红 MS	分散红 GS	分散紫 HFRL	分散翠蓝 S—GL	分散蓝 E—4R	分散深蓝 S—3BG	分散黑 ECO	大爱尼克司嫩黄 S—6G	大爱尼克司红 S—2G	大爱尼克司藏青 S—2G
耐光牢度 ISO 105—BO2 (级)	1	2~3	2	1	2	1	1~2	1	1	1	2	1	1	2	2

　　注　检测条件:同表6-15(唯有染色不加食盐)。

表 6-17　分散阳离子染料染芳纶耐光牢度

分散阳离子染料	黄 SD—5GL	黄 SD—2GL	金黄 SD—GL	艳红 SD—5GN	红 SD—GRL	蓝 SD—BL	蓝 SD—GSL	翠蓝 SD—GB	藏青 SD—BRL	黑 SD—RL	黑 SD—FBL	黑 SD—O
耐光牢度 ISO 105—BO2 (级)	1	1	1~2	1	1	1~2	1	1~2	1	1	1	1

　　注　分散阳离子染料为浙江闰土股份有限公司产品。
　　　　检测条件同表6-15,唯食盐为20g/L。

　　根据实验(表6-15～表6-17),改善有色芳纶织物的耐光牢度,有两个途径:一是,染深浓色泽而不染中浅色。因为,色泽越深耐光牢度相对越好。二是,采用原液着色丝织造色泽深浓(如黑色)的织物。由于原液着色与织物染色不同,不存在"环染"问题,而且可以大幅度提高纤维中的染料浓度。因此,其深浓色泽耐光牢度良好,为织物染色品所不及,但中浅色泽的耐光牢度,也不尽如人意。

参考文献

[1]崔浩然．机织物浸染实用技术[M]．北京：中国纺织出版社，2010．

[2]崔浩然．织物仿边打样实用技术[M]．北京：中国纺织出版社，2010．

[3]崔浩然．优质高效节能减排染色技术40例[M]．北京：中国纺织出版社，2012．

中国国际贸易促进委员会纺织行业分会

　　中国国际贸易促进委员会纺织行业分会成立于 1988 年,成立以来,致力于促进中国和世界各国(地区)纺织服装业的贸易往来和经济技术合作,立足为纺织行业服务,为企业服务,以我们高质量的工作促进纺织行业的不断发展。

简况

每年举办(或参与)约 20 个国际展览会
涵盖纺织服装完整产业链,在中国北京、上海和美国、欧洲、俄罗斯、东南亚、日本等地举办
广泛的国际联络网
与全球近百家纺织服装界的协会和贸易商会保持联络
业内外会员单位 2000 多家
涵盖纺织服装全行业,以外向型企业为主
纺织贸促网 www.ccpittex.com
中英文,内容专业、全面,与几十家业内外网络链接
《纺织贸促》月刊
已创刊十八年,内容以经贸信息、协助企业开拓市场为主线
中国纺织法律服务网 www.cntextilelaw.com
专业、高质量的服务

业务项目概览

中国国际纺织机械展览会暨 ITMA 亚洲展览会(每两年一届)
中国国际纺织面料及辅料博览会(每年分春夏、秋冬两届,分别在北京、上海举办)
中国国际家用纺织品及辅料博览会(每年分春夏、秋冬两届,均在上海举办)
中国国际服装服饰博览会(每年举办一届)
中国国际产业用纺织品及非织造布展览会(每两年一届,逢双数年举办)
中国国际纺织纱线展览会(每年分春夏、秋冬两届,分别在北京、上海举办)
中国国际针织博览会(每年举办一届)
深圳国际纺织面料及辅料博览会(每年举办一届)
美国 TEXWORLD 服装面料展(TEXWORLD USA)暨中国纺织品服装贸易展览会(面料)(每年 7 月在美国纽约举办)
纽约国际服装采购展(APP)暨中国纺织品服装贸易展览会(服装)(每年 7 月在美国纽约举办)
纽约国际家纺展(HTFSE)暨中国纺织品服装贸易展览会(家纺)(每年 7 月在美国纽约举办)
中国纺织品服装贸易展览会(巴黎)(每年 9 月在巴黎举办)
组织中国服装企业到美国、日本、欧洲及亚洲等其他地区参加各种展览会
组织纺织服装行业的各种国际会议、研讨会
纺织服装业国际贸易和投资环境研究、信息咨询服务
纺织服装业法律服务

更多相关信息请点击纺织贸促网 www.ccpittex.com